中 国 国 家 标 准 汇 编

2013 年修订-13

中国标准出版社　编

中国标准出版社

北　京

图书在版编目(CIP)数据

中国国家标准汇编:2013年修订.13/中国标准出版社编.—北京:中国标准出版社,2014.9
ISBN 978-7-5066-7632-8

Ⅰ.①中…　Ⅱ.①中…　Ⅲ.①国家标准-汇编-中国-2013　Ⅳ.①T-652.1

中国版本图书馆CIP数据核字(2014)第186721号

中国标准出版社出版发行
北京市朝阳区和平里西街甲2号(100029)
北京市西城区三里河北街16号(100045)

网址 www.spc.net.cn
总编室:(010)64275323　发行中心:(010)51780235
读者服务部:(010)68523946

中国标准出版社秦皇岛印刷厂印刷
各地新华书店经销

*

开本 880×1230 1/16　印张 36.25　字数 1 130 千字
2014年9月第一版　2014年9月第一次印刷

*

定价 220.00 元

出 版 说 明

1.《中国国家标准汇编》是一部大型综合性国家标准全集。自1983年起，按国家标准顺序号以精装本、平装本两种装帧形式陆续分册汇编出版。它在一定程度上反映了我国建国以来标准化事业发展的基本情况和主要成就，是各级标准化管理机构，工矿企事业单位，农林牧副渔系统，科研、设计、教学等部门必不可少的工具书。

2.《中国国家标准汇编》收入我国每年正式发布的全部国家标准，分为"制定"卷和"修订"卷两种编辑版本。

"制定"卷收入上一年度我国发布的、新制定的国家标准，顺延前年度标准编号分成若干分册，封面和书脊上注明"20××年制定"字样及分册号，分册号一直连续。各分册中的标准是按照标准编号顺序连续排列的，如有标准顺序号缺号的，除特殊情况注明外，暂为空号。

"修订"卷收入上一年度我国发布的、被修订的国家标准，视篇幅分设若干分册，但与"制定"卷分册号无关联，仅在封面和书脊上注明"20××年修订-1，-2，-3，……"字样。"修订"卷各分册中的标准，仍按标准编号顺序排列(但不连续)；如有遗漏的，均在当年最后一分册中补齐。需提请读者注意的是，个别非顺延前年度标准编号的新制定的国家标准没有收入在"制定"卷中，而是收入在"修订"卷中。

读者配套购买《中国国家标准汇编》"制定"卷和"修订"卷则可收齐由我社出版的上一年度我国制定和修订的全部国家标准。

3. 由于读者需求的变化，自1996年起，《中国国家标准汇编》仅出版精装本。

4. 2013年我国制修订国家标准共1 979项。本分册为"2013年修订-13"，收入新制修订的国家标准28项。

中国标准出版社
2014年8月

目　　录

ICS 83.060
G 40

中华人民共和国国家标准

GB/T 13646—2013
代替 GB/T 13646—1992

橡胶 结合苯乙烯含量的测定 分光光度法

Rubber—Determination of bound styrene content—Spectrophotometric method

(ISO 5478:2006,Rubber—Determination of bound styrene content—Nitration method,MOD)

2013-07-19 发布　　2013-12-01 实施

中华人民共和国国家质量监督检验检疫总局
中国国家标准化管理委员会　发布

前　言

本标准按照 GB/T 1.1—2009 给出的规则起草。

本标准代替 GB/T 13646—1992《橡胶中结合苯乙烯含量的测定　分光光度法》。

本标准与 GB/T 13646—1992 相比，主要技术差异如下：

——增加了测试范围(1992 年版的第 1 章，本版的第 1 章)；

——调整了取样步骤(见 6.2,1992 年版的 7.1)；

——修改萃取液 10 mL 为 25 mL(见 7.8,1992 年版的 7.7)；

——修改计算公式中的字母(见 9.1、9.2,1992 年版的 8.1、A.4)；

——将“校正常数的测定”纳入正文(见第 8 章，1992 年版的附录 A)；

——增加“本标准与 ISO 5478:2006 相比的结构变化情况”(见附录 A)；

——增加“本标准与 ISO 5478:2006 技术差异及原因”(见附录 B)。

本标准使用重新起草法修改采用国际标准 ISO 5478:2006《橡胶中结合苯乙烯含量的测定　硝化法》。

本标准与 ISO 5478:2006 相比在结构上有较多调整，附录 A 中给出了本标准与 ISO 5476:2006 的章条编号对照一览表。

本标准与 ISO 5478:2006 相比存在的技术性差异涉及的条款已通过在其外侧页面空白位置的垂直单线(|)进行了标示，附录 B 中给出了相应技术性差异及其原因的一览表。

本标准由中国石油和化学工业联合会提出。

本标准由全国橡胶与橡胶制品标准化技术委员会通用试验方法分技术委员会(SAC/TC 35/SC 2)归口。

本标准起草单位：中国石油天然气股份有限公司石油化工研究院、三角轮胎股份有限公司、中国石油天然气股份有限公司独山子石化分公司研究院、国家橡胶及乳胶制品质量监督检验中心、青岛伊科思新材料股份有限公司、北京橡胶工业研究设计院。

本标准主要起草人：方芳、吴毅、倪淑杰、闫福江、孙枫、张江峰、毕学瑞、曾涛、李小娈、吴国旭、谢君芳。

本标准所代替标准的历次版本发布情况为：

——GB/T 13646—1992。

橡胶　结合苯乙烯含量的测定
分光光度法

1　范围

本标准规定了用分光光度计测定苯乙烯-丁二烯橡胶(SBR)中苯乙烯含量的方法。

本标准适用于以苯乙烯均聚物补强的苯乙烯-丁二烯橡胶中苯乙烯含量的测定。

本标准适用于苯乙烯含量不高于50%(质量分数)的嵌段共聚物中苯乙烯含量的测定。

本标准适用于SBR与其他聚合物(NR、BR、IR和CR)的共混硫化胶。若已知共混物中SBR的苯乙烯含量,且其余组分不含苯乙烯,则可用本方法估算共混胶中SBR的含量。

在特定光谱区内任何其他不可抽提的芳香族物质的吸收,将会干扰本方法的测定结果。

当胶料中不溶于硝酸的无机填料超过5%(质量分数)时,本方法所得结果偏低。

2　规范性引用文件

下列文件对于本文件的应用是必不可少的。凡是注日期的引用文件,仅注日期的版本适用于本文件。凡是不注日期的引用文件,其最新版本(包括所有的修改单)适用于本文件。

GB/T 3516　橡胶　溶剂抽出物的测定(GB/T 3516—2006,ISO 1407:1992,MOD)

GB/T 15340　天然、合成生胶取样及其制样方法(GB/T 15340—2008,ISO 1795:2000,IDT)

GB/T 17783　硫化橡胶样品和试样的制备　化学试验(GB/T 17783—1999,ISO 4661-2:1987,IDT)

ISO 4655　橡胶——补强丁苯胶乳——结合苯乙烯总含量的测定(Rubber—Reinforced styrene—butadiene latex—Determination of total bound styrene content)

3　原理

3.1　用丙酮抽提试样,用硝酸硝化,使苯乙烯氧化为对硝基苯甲酸。

3.2　用乙醚萃取对硝基苯甲酸。

3.3　用氢氧化钠溶液将对硝基苯甲酸从乙醚中萃取出来,在紫外光谱区测量其吸光度。

4　试剂与材料

4.1　分析中应使用分析纯试剂和蒸馏水或同等纯度的水。

警告:由于在下述操作中,不可避免地存在着危及健康和安全的可能性。因此,在使用酸和乙醚时,应遵守公认的健康和安全防护措施。萃取应在合适的通风橱中进行,且操作时要戴护目镜。

4.2　硝酸,ρ=1.43 g/mL。

应使用新鲜硝酸,陈硝酸硝化作用较差。

4.3　氢氧化钠溶液:c(NaOH)=5 mol/L。

将200 g氢氧化钠溶于水中,稀释至1 000 mL。

4.4　氢氧化钠溶液:c(NaOH)=0.1 mol/L。

将 4 g 氢氧化钠溶于水中，稀释至 1 000 mL。

4.5 无水乙醚，不含过氧化物。

4.6 氯化钠饱和溶液。

4.7 无水硫酸钠。

4.8 参比丁苯橡胶：结合苯乙烯含量（质量分数）约为 23.5%，用于分光光度计校正。

4.9 瓷沸石屑。

4.10 丙酮。

4.11 二氯甲烷。

5 仪器

5.1 锥形瓶：容积为 100 mL 或 125 mL，可与球型冷凝器相连接（5.2）。

5.2 球型冷凝器：有内插磨口，接口与锥形瓶（5.1）相连接。

5.3 分液漏斗：容积 500 mL。

5.4 分光光度计：配有 10 mm 石英池比色皿，能精确测量 260 nm～290 nm 范围内的吸光度。

5.5 沙浴或加热板：带有可调加热装置，能使浓硝酸持续强力沸腾（加热板的表面温度应达到 350 ℃左右）。

5.6 抽提装置：见 GB/T 3516。

6 取样与试样制备

6.1 按 GB/T 15340、GB/T 17783 的规定或直接从生胶、混炼胶（在 110 ℃下硫化 45 min，即可）、硫化试片和橡胶成品中割取所需样品。

6.2 称取已剪碎试样，精确至 0.1 mg。试样的质量（以 g 计）乘以估计的苯乙烯百分含量等于 4.5，以保证待测试液的吸光度在 0.3 至 0.8 之间。如果苯乙烯含量完全未知，则称取 0.5 g 试样。

6.3 将称重后试样（生胶样品、硫化试片样品或橡胶成品样品）用丙酮（4.10）抽提，如果硫化胶中含有沥青类物质，则用二氯甲烷（4.11）抽提，在抽提装置中抽提 6 h。抽提后的试样在 100 ℃±2 ℃烘箱中干燥至恒重。

7 操作步骤

7.1 将干燥后的试样放入锥形瓶（5.1）中，加入 20 mL 硝酸（4.2），再加入少许瓷沸石屑（4.9）。将锥形瓶置于冷的沙浴或加热板（5.5）上，与球形冷凝器（5.2）连接。缓慢加热沙浴或加热板，避免氧化反应过于剧烈。待反应平稳后，剧烈回流至少 16 h，直至得到透亮溶液。

7.2 停止加热，冷却至室温，用 10 mL～20 mL 蒸馏水仔细冲洗冷凝管内壁和磨口接口，冲洗液并入锥形瓶中。

7.3 将反应液转移至 400 mL 烧杯中，并用少量蒸馏水冲洗锥形瓶 3 次。边摇动烧杯，边小心加入氢氧化钠溶液（4.3），调节溶液 pH 值大于 1 后，再滴加硝酸至溶液 pH 值等于 1。

7.4 反应液冷却至室温，转移至分液漏斗（5.3）中，加入 50 mL 乙醚（4.5）萃取，充分摇荡分液漏斗，分层后静置 2 min，将水相放入原 400 mL 烧杯中（7.3）中，再加入 25 mL 氯化钠饱和溶液（4.6）萃取，萃取后水层并入原 400 mL 烧杯中，乙醚相倒入盛有 5 g 无水硫酸钠（4.7）的 250 mL 烧杯中干燥，并将干燥后的乙醚萃取液移至另一个分液漏斗（5.3）中。

7.5 再按 7.4 重复萃取 400 mL 烧杯中水相 2 次，每次乙醚萃取液仍用原来硫酸钠干燥。

7.6 干燥后的 3 次乙醚萃取液在分液漏斗(5.3)中混合，加入 50 mL 氢氧化钠溶液(4.4)，振荡后分层静置 2 min，将水相放入 250 mL 容量瓶中。再用氢氧化钠溶液(4.4)重复萃取 3 次。

7.7 将 4 次氢氧化钠萃取液合并在一个 250 mL 容量瓶中，用氢氧化钠溶液(4.4)稀释萃取混合液至容量瓶的刻度，摇匀。

7.8 用移液管吸取 25 mL 萃取液(7.7)至另一干燥的 250 mL 容量瓶中。用氢氧化钠溶液(4.4)稀释至刻度，充分摇匀，即得试液。

7.9 以氢氧化钠溶液(4.4)作参比液，用分光光度计在 265 nm、274 nm 和 285 nm 处测定试液的吸光度。如果吸光度高于 0.8，应减少萃取液(7.8)的量，重新制备试液。

7.10 若有参比的 SBR 样品，按 9.1 计算结合苯乙烯含量，若没有参比的 SBR 样品，则按 9.2 计算结合苯乙烯含量。

8 校正常数（K_1、K_2 和 K_3）的测定

8.1 为了得到更准确的分析结果，要用与未知样苯乙烯含量大致相同的共聚物作为参比样品进行分光光度计的校正。例如：未加配合剂的混炼胶标准样品中的苯乙烯含量可用 ISO 4655 进行测定。

8.2 测定并用胶料时，为了获得最佳的准确度，要用已知苯乙烯含量的 SBR 与其他橡胶按与试样同样比例制成试样，求出对其他橡胶硝化产物的校正值。

8.3 为了获得更准确的分析结果，当不溶于硝酸的无机填料含量超过 5%(质量分数)时，应用与该填料含量相近的已知 SBR 加以校正。

8.4 当需要极高的准确度时，应进行重复分析求出校正常数。

8.5 按 6.1 至 7.9 的规定制备参比样品，并按 8.6 测定校正常数(吸收系数)K_1、K_2、K_3。

8.6 参比样品在波长 265 nm、274 nm 和 285 nm 处的平均吸收系数(K_1、K_2、K_3)，按式(1)计算：

$$K=\frac{\left(A\times\frac{V}{m}\right)-K'(1-X)}{X} \qquad \cdots\cdots(1)$$

式中：

K ——参比样品在某一波长的吸收系数；

A ——参比样品试液在指定波长吸光度；

V ——体积 2.5 L，按 7.8 稀释；

m ——在 V 体积试液中参比 SBR 的质量，单位为克(g)；

K' ——聚丁二烯硝化产物的吸收系数，即：265 nm、274 nm、285 nm 时分别为 0.373、0.310、0.265；

X ——参比样品结合苯乙烯含量的质量分数。

9 分析结果的表述

9.1 有已知结合苯乙烯含量参比 SBR 样品。结合苯乙烯含量以质量分数表示，按式(2)计算：

$$S=\frac{S_1+S_2+S_3}{3} \qquad \cdots\cdots(2)$$

其中：

$S_1=(100A_1/c-37.3)/(K_1-0.373)$；

$S_2=(100A_2/c-31.0)/(K_2-0.310)$；

$S_3=(100A_3/c-26.5)/(K_3-0.265)$。

式中：

A_1、A_2、A_3 ——波长 265 nm、274 nm、285 nm 处的未知试液吸光度；

K_1、K_2、K_3——按 8.6 计算确定的硝化苯乙烯的吸收系数；

S_1、S_2、S_3 ——分别为不同波长试液中结合苯乙烯含量的质量分数；

c ——未知试液浓度，按 7.8 稀释时，2.5 L 试液中橡胶质量。

所得结果取 2 次平行试验结果的平均值，结果应表示至 2 位小数。

9.2 没有已知结合苯乙烯含量的参比 SBR 样品。结合苯乙烯含量以质量分数表示，按式(3)计算：

$$S=\frac{S_1+S_2+S_3}{3} \quad \cdots\cdots(3)$$

其中：

$$S_1=\frac{A_{265}\times 3.83}{c}-0.57$$

$$S_2=\frac{A_{274}\times 3.61}{c}-0.45$$

$$S_3=\frac{A_{285}\times 4.01}{c}-0.43$$

式中：

A ——试液在特定波长的吸光度；

c ——按 7.8 稀释时，2.5 L 试液中橡胶质量；

S_1、S_2、S_3——分别为不同波长下试液中结合苯乙烯含量的质量分数。

所得结果取 2 次平行试验结果的平均值，结果应表示至 2 位小数。

10 允许差

平行测定的 2 个结果允许差不大于 0.6%。

11 试验报告

试验报告至少应包括下列内容：

a) 本标准的名称及编号；

b) 识别样品的详细说明；

c) 试验结果，表示单位和所用计算方法(9.1 还是 9.2)；

d) 在测定过程中观察到的任何异常现象；

e) 在本标准中未包括的，而被认为是可以采用的任何操作。

附 录 A
（资料性附录）
本标准与 ISO 5478:2006 相比的结构变化情况

本标准与 ISO 5476:2006 相比在结构上有所调整，具体章条编号对照情况见表 A.1。

表 A.1 本标准与 ISO 5478:2006 章条编号对照情况

本标准章条编号	对应 ISO5478:2006 标准章条编号
6.2	6.2.1,6.2.2
6.3	6.3.1,6.3.2,6.3.3
7.1	7.1,7.2,7.3
7.2	7.4
7.3	7.5,7.6
7.4	7.7,7.8,7.9,7.10,7.11
7.5	7.12
7.6	7.13
7.7	7.14
7.8	7.15
7.9	7.16,7.17
7.10	7.18
10	—
11	10
附录 A	—
附录 B	—
注：除了此表中给出的章节编号外，其他章节编号都和 ISO 5478:2006 相同。	

附 录 B
（资料性附录）
本标准与 ISO 5478:2006 技术差异及原因

表 B.1 本标准与 ISO 5478:2006 的技术差异及原因

本标准的章条编号	技术性差异	原因
2	用修改采用国际标准的 GB/T 3516 代替 ISO 1407； 用等同采用国际标准的 GB/T 15340 代替 ISO 1795； 用等同采用国际标准的 GB/T 17783 代替 ISO 4661-2； 删掉 ISO 383 实验室玻璃仪器 互换锥形磨砂接头	本标准将“格拉亥姆冷凝器改为通用球型冷凝器”，正文中没有涉及 ISO 383 的内容
6.3	将抽提时间一整夜改为 6 h	试验验证后结果
7.1	将格拉亥姆冷凝器改为通用球型冷凝器	适应我国技术条件
7.4	增加静止分层时间 2 min	反应液萃取得更完全
10	增加了方法的平行测定允许差	提高数据的精密度

ICS 97.140
Y 80

中华人民共和国国家标准

GB/T 13666—2013
代替 GB/T 13666—1992

图书用品设备产品型号编制方法

Type organization method of product for books and information articles

2013-12-31 发布　　2014-12-01 实施

中华人民共和国国家质量监督检验检疫总局
中国国家标准化管理委员会　发布

前　言

本标准按照 GB/T 1.1—2009 给出的规则起草。

本标准代替 GB/T 13666—1992《图书用品设备产品型号编制方法》。本标准与 GB/T 13666—1992 相比，主要技术变化如下：

——修改了编制方法（见 2，2003 年版的 2）；

——增加了三角书架、智能型密集书架、防磁柜、光盘柜、图书检索系统、视听架、视听桌和新书展览架的型号编制方法（见 2.6）；

——修改了报架、书柜的分组、特征和参数（见 2.6，2003 年版的 2.6）。

请注意本文件的某些内容可能涉及专利。本文件的发布机构不承担识别这些专利的责任。

本标准由中国轻工业联合会提出。

本标准由全国家具标准化技术委员会（SAC/TC 480）归口。

本标准起草单位：国家办公用品设备质量监督检验中心、宁波朝平现代家具有限公司。

本标准主要起草人：张泓、邓超、郑洪连、顾强、张卫海、徐益平。

本标准首次发布于 1992 年。

图书用品设备产品型号编制方法

1 范围

本标准规定了图书用品设备产品型号的编制方法。

本标准适用于图书用品设备产品型号的编制。

2 编制方法

2.1 图书用品设备产品型号由分类代号、分组代号、特征代号和参数代号组成，具体表示方法见图1。

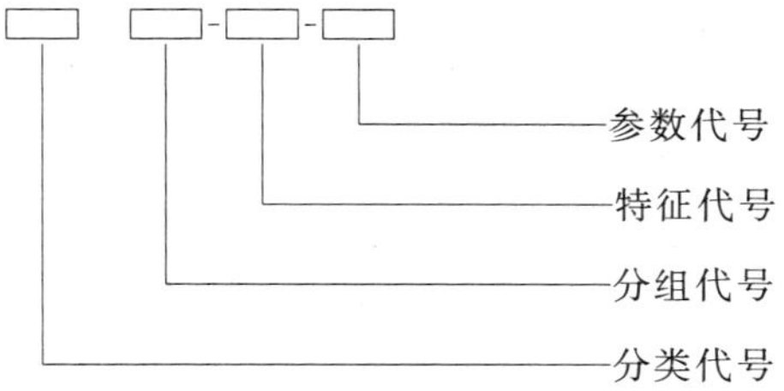

注：产品型号示例见附录A。

图 1

2.2 分类代号表征图书用品设备产品的分类，用组成该分类名称的两个字的汉语拼音第一个大写字母表示。

2.3 分组代号表征图书用品设备产品的结构，用组成该分组名称第一个字的汉语拼音第一个大写字母表示。无分组的产品代号用0表示。

2.4 特征代号表征图书用品设备产品的特征，用组成该特征名称第一个字或第二个字的汉语拼音第一大写个字母表示。无特征的产品代号用0表示。

2.5 参数代号表征图书用品设备的主要参数，用阿拉伯数字表示。无参数的产品代号用0表示。

2.6 分类、分组、特征和参数代号均应符合表1的规定。

表 1

序号	分类		分组		特征		参数	
	名称	代号	名称	代号	名称	代号	名称	代号
1	书架	SJ	单柱	D	开式	K	面数/层数	×/×
					防护	F	面数/层数	×/×
			复柱	F	开式	K	面数、层数	×/×
					防护	F	面数、层数	×/×
			积层	J	—	0	叠层数	×
			三角	S	—	0	面数、层数	×/×
			密集	M	智能型	Z	节数、层数	×/×
					电动	D	节数、层数	×/×
					手动	S	节数、层数	×/×

表 1（续）

序号	分类		分组		特征		参数	
	名称	代号	名称	代号	名称	代号	名称	代号
2	期刊柜、架	QK	架	J	单柱	D	面数、层数	×/×
					复柱	F	面数、层数	×/×
			柜	G	—	0	层数	×
3	报架	BJ	现报	X	平放式	P	面数、层数	×/×
					挂式	G	面数、层数	×/×
			过(期)报	G	平放式	P	面数、层数	×/×
4	资料柜	ZL	缩微	S	抽屉式	C	抽屉数	×
					搁板式	G	层数	×
			图纸	T	抽屉式	C	面数、层数	×/×
					搁板式	G	面数、层数	×/×
			文件	W	搁板式	G	面数、层数	×/×
					移门式	Y	面数、层数	×/×
			档案柜	D	—	0	节数、层数	×/×
			防磁柜	F	—	0	节数、层数	×/×
			光盘柜	G	—	0	节数、层数	×/×
5	书梯	ST	圆形	Y	移动式	Y	级数	×
			扶手	F	移动式	Y	级数	×
					固定式	G	级数	×
6	传送装置	CZ	书车	S	平板型	P	层数、承重	×/×
					V 型	V	层数、承重	×/×
					W 型	W	层数、承重	×/×
					折叠	Z	层数、承重	×/×
					踏台	T	层数、承重	×/×
			电梯	D	普通	P	承重	×
					自动	Z	承重	×
			传送带	C	自动	Z	承重	×
7	图书检索系统	JS	计算机	J	联机	L	—	0
					光盘	G	—	0
					网络	W	—	0
8	书柜	SG	—	0	开方式	K	面数、层数	×/×
			—	0	封闭式	F	层数	×
9	目录柜	MG	—	0	移动式	Y	层数	×
			—	0	固定式	G	节数，斗数	×/×
10	图书监测系统	JC	—	0	发送器	F	—	0
			—	0	接收器	J	—	0
11	阅览桌	YZ	普通	P	普通	P	人数	×
					隔板	G	人数	×
					照明	Z	人数	×
			电子	D	普通	P	人数	×
					隔板	G	人数	×
					照明	Z	人数	×
12	阅览椅	YY	—	0	靠背椅	K	人数	×
			—	0	扶手椅	F	人数	×
			—	0	折叠椅	Z	人数	×
			—	0	多人长椅	C	人数	×

表 1（续）

序号	分类		分组		特征		参数	
	名称	代号	名称	代号	名称	代号	名称	代号
13	阅览凳	YD	—	0	方形凳	F	人数	×
			—	0	圆形凳	Y	人数	×
14	借阅工作台	JY	—	0	组合	Z	人数	×
			—	0	小型	X	人数	×
15	视听桌	TZ	—	0	—	0	人数	×
16	视听架	TJ	—	0	移动式	Y	人数	×
			—	0	固定式	G	人数	×
17	新书展览架	XJ	单柱	D	开式	K	面数、层数	×/×
					防护	F	面数、层数	×/×
			复柱	F	开式	K	面数、层数	×/×
					防护	F	面数、层数	×/×

2.7　未列入表中的图书用品设备产品应参照此规定编制型号。

附 录 A
（资料性附录）
产品型号示例

示例 1：

型号为“SJD-F-1/7”表示：单柱防护式单面七层书架

示例 2：

型号为“SJM-S-4/4”表示：手动密集四节四层书架

示例 3：

型号为“QKJ-F-1/5”表示：复柱单面五层期刊架

示例 4：

型号为“BJX-P-2/6”表示：平放式双面六层现报架

示例 5：

型号为“SG0-K-2/6”表示：开放式双面六层书柜

示例 6：

型号为“ZLD-0-2/2”表示：二节二层档案资料柜

示例 7：

型号为“MGG-0-2/28”表示：二节二十八斗固定式目录柜

示例 8：

型号为“STF-G-2”表示：二层固定式扶手书梯

示例 9：

型号为“CZD-P-200”表示：承重 200 kg 普通图书传送电梯

ICS 97.140
Y 81

中华人民共和国国家标准

GB/T 13667.3—2013
代替 GB/T 13667.3—2003

钢制书架　第3部分：手动密集书架

Steel book shelves—Part 3：Manual dense bookshelf

2013-12-31 发布　　2014-12-01 实施

中华人民共和国国家质量监督检验检疫总局
中国国家标准化管理委员会　发布

前　言

GB/T 13667《钢制书架》分为四个部分：

——第 1 部分：单、复柱书架；

——第 2 部分：层积式书架；

——第 3 部分：手动密集书架；

——第 4 部分：电动密集书架。

本部分为 GB/T 13667 的第 3 部分。

本部分按照 GB/T 1.1—2009 给出的规则起草。

本部分代替 GB/T 13667.3—2003《手动密集书架技术条件》。本部分与 GB/T 13667.3—2003 相比，主要技术变化如下：

——将术语“标准架”改为“密集书架标准架列”，并修改了定义内容(见 3.2，2003 年版的 3.2)；

——删除了材料要求(2003 年版的 5.1)；

——删除了立柱、挂板等零件要求(2003 年版的 6.1)；

——删除了磷化、光泽度要求(2003 年版的 6.3)；

——修改了装配要求(见 5.3，2003 年版的 6.4)；

——修改了稳定性的要求(见 5.5，2003 年版的 6.7)；

——将“尺寸检验”改为“装配要求测定”，并修改了试验方法(见 6.3，2003 年版的 7.1)；

——修改了结构强度试验方法(见 6.6，2003 年版的 7.7)；

——修改了检验规则(见 7，2003 年版的 8)；

——修改了标志、包装、运输及贮存(见 8，2003 年版的 9)。

请注意本文件的某些内容可能涉及专利。本文件的发布机构不承担识别这些专利的责任。

本部分由中国轻工业联合会提出。

本部分由全国家具标准化技术委员会(SAC/TC 480)归口。

本部分主要起草单位：国家办公用品设备质量监督检验中心、江西阳光安全设备有限公司。

本部分参加起草单位：江西金虎保险设备集团有限公司、宁波朝平现代家具有限公司、江西卓尔金属设备集团有限公司、江西远洋保险设备实业集团有限公司、宁波万金现代钣金有限公司、河南省花城办公家具有限公司、杭州万保箱柜有限公司、中国家具协会金属家具专业委员会。

本部分主要起草人：张泓、邓超、顾强、郑洪连、张剑、熊树林、徐益平、聂建春、熊爱如、朱春雷、张焕群、陆琦、杨磊。

本部分所代替标准的历次版本发布情况为：

——GB/T 13667.3—1992、GB/T 13667.3—2003。

钢制书架　第 3 部分：手动密集书架

1　范围

GB/T 13667 的本部分规定了手动密集书架的术语和定义、分类与命名、要求、试验方法、检验规则、标志、包装、运输及贮存。

本部分适用于手动密集书架。

2　规范性引用文件

下列文件对于本文件的应用是必不可少的。凡是注日期的引用文件，仅注日期的版本适用于本文件。凡是不注日期的引用文件，其最新版本（包括所有的修改单）适用于本文件。

GB/T 1720　漆膜附着力测定法

GB/T 1730　色漆和清漆　摆杆阻尼试验

GB/T 1732　漆膜耐冲击测定法

GB/T 9969　工业产品使用说明书　总则

GB/T 10357.4　家具力学性能试验　第 4 部分：柜类稳定性

GB/T 13666　图书用品设备产品型号编制方法

GB/T 13667.1—2003　钢制书架通用技术条件

3　术语和定义

GB/T 13667.1—2003 界定的以及下列术语和定义均适用于本文件。

3.1

手动密集书架　manual dense bookshelf

通过摇动手柄可实现在导轨上运行，由活动架列和固定架列组成的能分散或集合的书架组合，主要由立柱、搁板、侧面板、底梁、操纵手柄、滚轮、传动装置、导轨等零部件组成。

3.2

密集书架标准架列　standard shelf series of dense bookshelf

由一个主架和两个副架组成的供试验用的活动架列。

3.3

活动架列　active shelf series

能在导轨上运行的书架列。

3.4

固定架列　fixed shelf series

相对于活动架列，位置固定，不能运行的书架列。

4 分类与命名

4.1 命名

产品的命名及型号编制方法应符合 GB/T 13666 的规定。

4.2 分类与尺寸

产品的分类及单元架的尺寸见表 1。产品结构示意图见图 1。

表 1 分类及单元架的尺寸

单位为毫米

分类		尺寸		
		高 H	宽 B	深 T
活动架列		1 900～2 500	900～1 000	400～600
固定架列	双面	1 900～2 500	900～1 000	400～600
	单面	1 900～2 500	900～1 000	200～300
注：特殊规格按合同约定。				

5 要求

5.1 外观

5.1.1 各零部件表面应光滑、平整、不应有尖角和突起。

5.1.2 焊接件应焊接牢固，焊痕光滑平整。

5.1.3 涂层表面应平整光滑，色泽均匀一致，不应有流挂、起粒、皱皮、露底、剥落、伤痕等缺陷。

5.1.4 电镀件镀层应明亮，外露部位不应有烧焦、起泡、针孔、裂纹、花斑、明显划痕和毛刺等缺陷。

5.2 表面涂层理化性能

产品的表面涂层理化性能应符合表 2 的规定。

表 2 表面涂层理化性能

序号	检验项目	要求	试验方法
1	硬度	≥0.4	GB/T 1730
2	冲击强度	冲击高度 40 cm，应无剥落、裂纹、皱纹	GB/T 1732
3	附着力	应不低于 2 级	GB/T 1720
4	耐腐蚀	100 h 内，观察在溶液中样板上划道两侧 3 mm 以外，应无气泡产生	GB/T 13667.1—2003 中 7.3.3.7
		100 h 后，检查样板上划道两侧 3 mm 外，应无锈迹、剥落、起皱、变色和失光等现象	

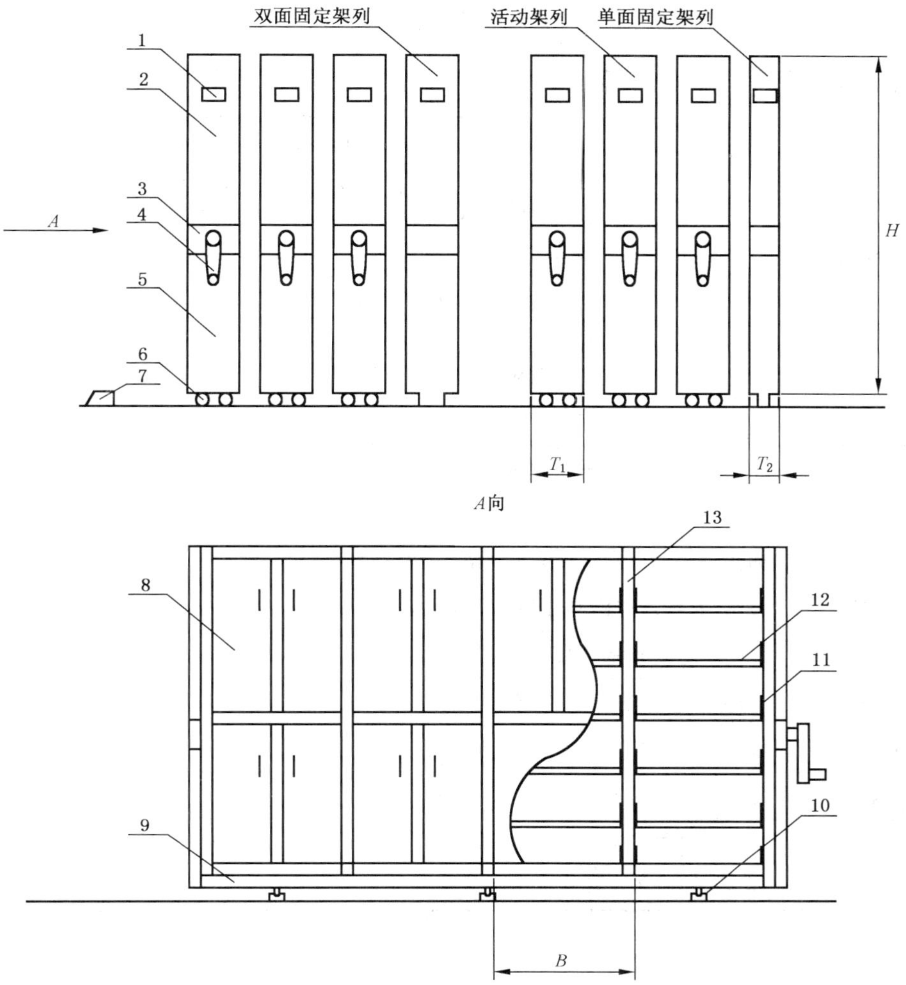

说明：

1 ——标签板；
2 ——上侧面板；
3 ——中腰板；
4 ——操纵手柄；
5 ——下侧面板；
6 ——滚轮；
7 ——限位装置；
8 ——防尘门；
9 ——底梁；
10——导轨；
11——挂板；
12——搁板；
13——立柱。

图 1

5.3 装配要求

产品的装配要求应符合表 3 的规定。

表 3　装配要求

<table>
<tr><th>序号</th><th>检验项目</th><th colspan="3">要　求</th></tr>
<tr><td rowspan="6">1</td><td rowspan="6">尺寸偏差</td><td>外形尺寸偏差</td><td colspan="2">单元架外形尺寸的极限偏差为±4 mm</td></tr>
<tr><td rowspan="5">导轨偏差</td><td rowspan="2">单根导轨</td><td>直线度应不大于 1.0 mm/m</td></tr>
<tr><td>水平偏差不大于 1 mm/m</td></tr>
<tr><td rowspan="2">相邻两根导轨</td><td>宽度之间的平行度偏差不大于 1 mm/m</td></tr>
<tr><td>水平高度偏差应不大于 1 mm</td></tr>
<tr><td colspan="2">导轨对接处高低差应不大于 0.3 mm</td></tr>
<tr><td>2</td><td>垂直度</td><td colspan="3">立柱与底梁的垂直度应不大于 2 mm</td></tr>
<tr><td>3</td><td>位差度</td><td colspan="3">架列侧面相邻两平面的位差度应不大于 5 mm</td></tr>
<tr><td rowspan="2">4</td><td rowspan="2">间隙</td><td colspan="3">侧面板和中腰板对缝处的间隙应不大于 2.0 mm</td></tr>
<tr><td colspan="3">防尘门缝间隙应不大于 2.0 mm</td></tr>
<tr><td>5</td><td>可调性</td><td colspan="3">搁板、挂板应能沿立柱的垂直方向调整高度</td></tr>
<tr><td>6</td><td>互换性</td><td colspan="3">同一型号规格的搁板之间应能互换、同一型号规格的挂板之间应能互换</td></tr>
<tr><td>7</td><td>传动装置的性能</td><td colspan="3">应转动灵活、平稳，不得有失灵现象</td></tr>
<tr><td>8</td><td>防倾倒</td><td colspan="3">活动架列均应安装防倾倒装置</td></tr>
<tr><td>9</td><td>限位</td><td colspan="3">导轨上应安装限位装置</td></tr>
<tr><td rowspan="2">10</td><td rowspan="2">固定</td><td colspan="3">导轨与地面应有固定装置</td></tr>
<tr><td colspan="3">固定架列应有固定装置</td></tr>
</table>

5.4　载重性能

5.4.1　搁板静载荷

搁板经静载荷试验后，不得有裂缝，最大挠度应不大于 4.0 mm，残余变形量应不大于 0.30 mm。

5.4.2　全静载荷

应符合 GB/T 13667.1—2003 中 6.5 的规定。

5.4.3　载重运行

在全静载荷的情况下进行运行试验，架体应运动自如，不得有阻滞现象。手柄摇力应不大于11.8 N。

5.5　稳定性

5.5.1　防尘门打开时的空载稳定性

按 GB/T 10357.4 规定进行，架体不应倾倒。

5.5.2　防尘门打开时的加载稳定性

按 GB/T 10357.4 规定进行，防尘门加载 800 N，架体不应倾倒。

5.5.3 搁板水平加载稳定性

按 GB/T 10357.4 规定进行，在中间单元架的最高搁板上施加水平拉力 90 N，保持 1 min，架体不应倾倒。

5.6 结构强度

标准架列在全静载荷的情况下，沿 X、Y 轴两个方向进行水平拉力试验，水平拉力为自重与全静载荷之和的 1/15，经连续试验 50 次，试验中架体不得发生倾倒现象，试验后架体倾斜量不得大于架体总高的 1%，各结构部件应无塑性变形或其他异常现象。

6 试验方法

6.1 外观测定

应在自然光或近似自然光(如 40 W 日光灯)下目视测定，视距为 700 mm 以内。

6.2 表面涂层理化性能测定

按表 2 的规定进行。

6.3 装配要求测定

6.3.1 外形尺寸偏差

采用精确度不低于±0.6 mm 的钢卷尺、钢直尺测量单元架的高、宽、深，其测量值与标称值的差值即为相应的极限偏差。

6.3.2 导轨偏差

6.3.2.1 单根导轨的直线度

采用精度等级不低于 2 级的 1 000 mm 平尺和塞尺测量，将平尺紧靠导轨侧边，用塞尺测出最大间隙，即为单根导轨的每米直线度。

6.3.2.2 单根导轨水平偏差

采用钢直尺和精确度不低于±0.5 mm/5 m 的水平仪测量，调整水平仪使水平线在导轨上侧，以水平线为基线，测量导轨上多点到基线的距离，任意 1 m 内最大值与最小值的差为单根导轨水平偏差。

6.3.2.3 相邻两根导轨宽度之间的平行度偏差

以其中一根导轨为基线，测量另一导轨上多点到基线的距离，任意 1 m 内最大值与最小值之差为两根导轨宽度之间的平行度偏差。

6.3.2.4 相邻两根导轨水平高度偏差

采用钢直尺和精确度不低于±0.5 mm/5 m 的水平仪测量。将水平仪的水平线调整到两根导轨的上方，以水平线为基线，测量两导轨上相对的两点到基线的距离，两者之差的绝对值为高度偏差，取其中最大值为两根导轨水平高度偏差。

6.3.2.5 导轨对接处高低差

采用平尺和塞尺测量。将平尺紧靠在导轨对接处,用塞尺测出最大间隙,即为导轨对接处高低差。

6.3.3 立柱与底梁的垂直度

用塞尺测量角尺顶端与立柱的间隙 δ'。

立柱与底梁的垂直度按式(1)计算。示意图见图 2。

$$\delta = \frac{H \cdot \delta'}{h} \qquad \cdots\cdots(1)$$

式中:

δ ——立柱与底梁的垂直度,单位为毫米(mm);

H ——立柱高,单位为毫米(mm);

δ' ——角尺顶端与立柱的间隙,单位为毫米(mm);

h ——角尺高,单位为毫米(mm)。

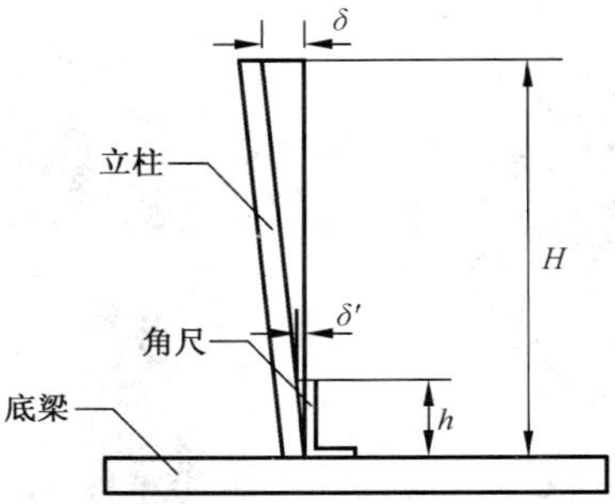

图 2

6.3.4 位差度

采用平尺和钢直尺进行测量。

6.3.5 间隙

6.3.5.1 侧面板和中腰板对接处间隙

采用塞尺进行测量。

6.3.5.2 防尘门缝间隙

采用塞尺进行测量。

6.3.6 可调性

目测和手动检查。

6.3.7 互换性

分别随机抽取同一规格型号的 3 块搁板和 3 块挂板,均作任意位置的互换。

6.3.8 传动装置的性能

目测和手动检查。

6.3.9 防倾倒

目测和手动检查。

6.3.10 限位

目测和手动检查。

6.3.11 固定

目测和手动检查。

6.4 载重性能测定

6.4.1 搁板静载荷测定

按 GB/T 13667.1—2003 中 7.4 要求进行，单面书架每层搁板上均布静载荷 400 N，双面书架每层搁板上均布静载荷 800 N，负载质量精度为额定值的±1%。

6.4.2 全静载荷测定

每层搁板上加均布静载荷，负载见 GB/T 13667.1—2003 中表 8，负载质量精度为额定值的±1%。

6.4.3 载重运行测定

6.4.3.1 在全静载荷下摇动手柄，使架体在导轨上往复运行一次，检查手柄传动装置和架体运行过程。

6.4.3.2 将测力计挂在手柄摇把上，沿手柄运动切线方向，手拉测力计带动手柄转动，记下使标准架列起动时测力计的读数，即为手柄摇力，并观察运行情况。试验在手柄顺时针、逆时针方向各做一次，试验结果为两次测定的平均值。

6.5 稳定性测定

6.5.1 防尘门打开时的空载稳定性

按 GB/T 10357.4 规定进行。

6.5.2 防尘门打开时的加载稳定性

按 GB/T 10357.4 规定进行。

6.5.3 搁板水平加载稳定性

按 GB/T 10357.4 规定进行。

6.6 结构强度测定

6.6.1 试验设备

结构强度试验设备应满足以下规定：

a) 结构强度试验机：加载力精度为额定值的±5%（结构示意图见图 3）；

b) 测距仪：量程 0 mm～150 mm，精度不低于±0.5%；

c) 称重装置 ：量程 0 kg～5 000 kg，精度不低于±1%。

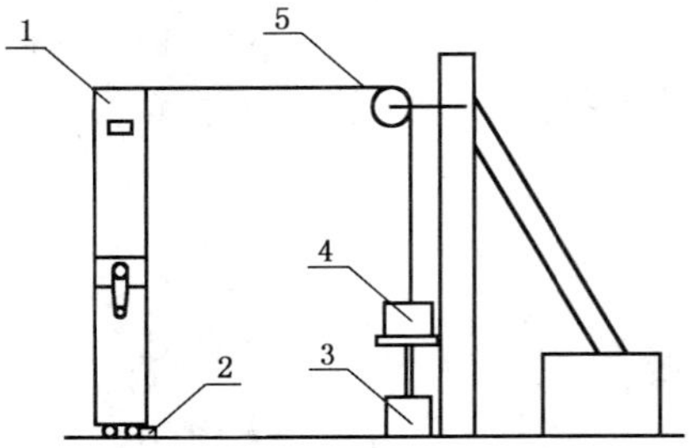

说明：
1——密集书架标准架列；
2——挡块；
3——升降机构；
4——载荷；
5——钢丝绳。

图 3

6.6.2 试验步骤

按 GB/T 13667.1—2003 中 7.6 要求，在结构强度试验机上对标准架列分别进行 X 轴向、Y 轴向的水平拉力试验，加载速度不大于 7 mm/s，每次施加全部负载的时间不低于 10 s，试验后，测量架体的倾斜量，并检查各结构部件。若试验时，架体有严重变形或倾倒趋势时，应立即停止试验，并记录倾斜量和加载次数。

7 检验规则

7.1 检验分类

检验分交收检验、型式检验两种。

7.2 交收检验

7.2.1 交收检验的时机

当产品在使用现场安装完毕后进行交收检验。

7.2.2 交收检验的项目抽样方法

交收检验项目和顺序按表 4 的规定进行。在现场安装好的同一批、同一规格的产品中随机抽取一组手动密集书架做 5.1，表 3 中导轨偏差、序号为 3、8～10 的项目，5.5.1，5.5.2 项目在装有防尘门的活动架列上进行。然后在该组手动密集书架中随机抽取一列活动架列，做表 3 中外形尺寸偏差、序号为 2、4～7 的项目，其他项目在标准架列上进行试验。标准架列可由厂家在现场产品中协助改造或由厂家以同一批、同一规格的配件组装而成，若现场产品符合标准架列要求，可在现场安装好的产品中随机抽取一列作为标准架列。

表 4　项目分类和检验分类

序号	技术条款	检验项目		项目分类		检验分类	
				基本	一般	交收检验	型式检验
1	5.1	外观		—	√	√	√
2	5.2	表面涂层理化性能		√	—	—	√
3	5.3	装配要求	表 3 中 1～7		√	√	√
			表 3 中 8～10	√	—	√	√
4	5.4.1	搁板静载荷		√	—	—	√
5	5.4.2	全静载荷		√	—	√	√
6	5.4.3	载重运行		√	—	√	√
7	5.5.1～5.5.3	稳定性		√	—	√	√
8	5.6	结构强度		√	—	—	√
注：交收检验项目可根据客户需求调整。							

7.2.3　判定原则

基本项目均合格且一般项目不合格项不大于 3 项，则判该产品为合格，否则为不合格。

7.3　型式检验

7.3.1　型式检验的时机

有以下情况之一时，应进行型式检验：

a)　新产品或老产品转厂生产的试制定型鉴定；

b)　正式生产后，如结构、材料、工艺有较大改变，可能影响产品质量和性能时；

c)　正常生产时，定期或积累一定产量后，每年至少应进行一次型式检验；

d)　产品停产一年后，恢复生产时；

e)　交收检验结果与上次型式检验有较大差异时；

f)　其他有型式检验的要求时。

7.3.2　型式检验项目和抽样方法

型式检验项目和顺序按表 4 的规定进行。在一个检验周期内的同一批、同一规格的产品中随机抽取若干配件组装成一组手动密集书架及一列标准架列，然后在该组手动密集书架中做 5.1、表 3 中导轨偏差、序号为 3、8～10 的项目，5.5.1、5.5.2 的项目在装有防尘门的活动架列上进行，其他项目在标准架列上进行试验。

7.3.3　判定原则

基本项目均合格且一般项目不合格项不大于 3 项，则判该产品为合格，否则为不合格。

8 标志、包装、运输及贮存

8.1 标志

8.1.1 产品应有标志，标志应位于产品的明显部位。

8.1.2 标志内容应包括：名称、型号规格、单元架尺寸、制造单位名称、生产日期和执行标准号。

8.1.3 产品应有产品使用说明书，使用说明书应符合 GB/T 9969 规定。

8.1.4 产品应有检验合格证。

8.2 包装

8.2.1 产品的所有零部件、组合件均应分类包装，并加衬垫物以防碰撞损坏。

8.2.2 包装箱宜采用木箱或瓦楞纸箱。

8.3 运输

经包装好的产品应能适应任何交通工具的正常运输，在运输过程中，应避免损坏和雨水淋湿。

8.4 贮存

经包装好的产品应贮存在干燥通风的室内仓库，堆放时应防止压损，避免与腐蚀性物质和气体接触。

ICS 97.140
Y 81

中华人民共和国国家标准

GB/T 13667.4—2013
代替 GB/T 13667.4—2003

钢制书架　第4部分:电动密集书架

Steel book shelves—Part 4:Electric dense bookshelf

2013-12-31 发布　　2014-12-01 实施

中华人民共和国国家质量监督检验检疫总局
中国国家标准化管理委员会　发布

前 言

GB/T 13667《钢制书架》分为四个部分：

——第1部分：单、复柱书架；

——第2部分：层积式书架；

——第3部分：手动密集书架；

——第4部分：电动密集书架。

本部分为GB/T 13667的第4部分。

本部分按照GB/T 1.1—2009给出的规则起草。

本部分代替GB/T 13667.4—2003《电动密集书架技术条件》。本部分与GB/T 13667.4—2003《电动密集书架技术条件》相比，除编辑性修改外主要技术变化如下：

——修改了“电动密集书架”、“控制器”的定义，将术语“保护装置”改为“挤压保护装置”并更改了定义内容(见3，2003年版的3)；

——删除了材料要求(2003年版的5.1)；

——删除了立柱、挂板等零件要求(2003年版的6.1)；

——删除了磷化、光泽度要求(2003年版的6.3)；

——修改了装配要求(见5.3，2003年版的6.4)；

——修改了稳定性要求(见5.5，2003年版的6.7)；

——修改了安全性能要求(见5.8，2003年版的6.9)；

——将“尺寸检验”改为“装配要求测定”并修改了试验方法(见6.3，2003年版的7.1)；

——修改了结构强度试验方法(见6.6，2003年版的7.7)；

——修改了安全性能测定方法(见6.8，2003年版的7.10)；

——修改了噪声试验方法(见6.9，2003年版的7.12)；

——修改了检验规则(见7，2003年版8)；

——修改了标志、包装、运输及贮存(见8，2003年版9)。

请注意本文件的某些内容可能涉及专利。本文件的发布机构不承担识别这些专利的责任。

本部分由中国轻工业联合会提出。

本部分由全国家具标准化技术委员会(SAC/TC 480)归口。

本部分主要起草单位：国家办公用品设备质量监督检验中心、江西金虎保险设备集团有限公司。

本部分参加起草单位：宁波朝平现代家具有限公司、江西远洋保险设备实业集团有限公司、江西阳光安全设备有限公司、江西卓尔金属设备集团有限公司、宁波万金现代钣金有限公司、苏州市永固金属制品有限公司、杭州万保箱柜有限公司、常州市鸥迅智能科技有限公司、哈尔滨飞云实业有限公司、常州市武进东方图书档案设备有限公司。

本部分主要起草人：张泓、邓超、顾强、郑洪连、熊树林、徐益平、熊爱如、张剑、聂建春、朱春雷、吴勇、陆琦、徐建骏、赵明俭、任良。

本部分所代替标准历次版本发布情况为：

——GB/T 13667.4—1993、GB/T 13667.4—2003。

钢制书架　第4部分:电动密集书架

1　范围

GB/T 13667的本部分规定了电动密集书架的术语和定义、分类与命名、要求、试验方法、检验规则及标志、包装、运输及贮存。

本部分适用于电动密集书架。

2　规范性引用文件

下列文件对于本文件的应用是必不可少的。凡是注日期的引用文件,仅注日期的版本适用于本文件。凡是不注日期的引用文件,其最新版本(包括所有的修改单)适用于本文件。

GB/T 3785.1—2010　电声学　声级计　第1部分:规范

GB 5226.1　机械电气安全　机械电气设备　第1部分:通用技术条件

GB/T 9969　工业产品使用说明书　总则

GB/T 13666　图书用品设备产品型号编制方法

GB/T 13667.1—2003　钢制书架通用技术条件

GB/T 13667.3—2013　钢制书架　第3部分:手动密集书架

GB/T 16769—2008　金属切削机床　噪声声压级测量方法

3　术语和定义

GB/T 13667.1—2003、GB/T 13667.3—2013界定的及下列术语和定义均适用于本文件。

3.1

电动密集书架　electric dense bookshelf

通过控制器驱动电机,驱动密集书架在导轨上运行的由活动架列和固定架列组成的能分散和紧密集合的书架列组合,主要由立柱、搁板、侧面板、底梁、控制器、驱动电机、传动机构、电缆、照明灯具、导轨等零部件组成。

3.2

控制器　controller

具有收发指令控制电机,使密集书架达到功能要求的组合模块。

3.3

防挤压保护装置　anti-crushing protection device

在电机驱动密集书架运行时,通过光电保护、压力保护等方式切断驱动电机电源,防止处于两架列之间的人或物品受挤压的装置。

4　分类与命名

4.1　命名

产品的命名及型号编制方法应符合GB/T 13666的规定。

4.2　分类与尺寸

产品结构示意图见图1。产品的分类及单元架的尺寸见表1。

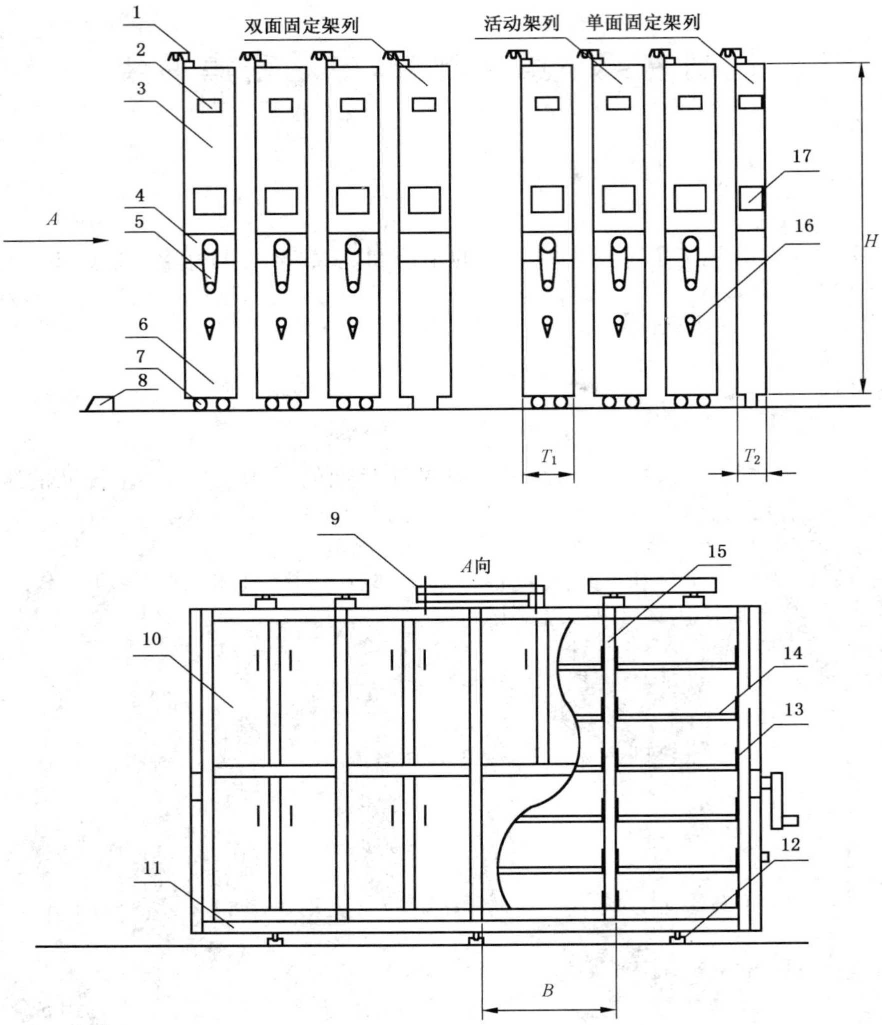

说明：

1 ——照明灯具；

2 ——标签板；

3 ——上侧面板；

4 ——中腰板；

5 ——操纵手柄；

6 ——下侧面板；

7 ——滚轮；

8 ——限位装置；

9 ——电缆架；

10——防尘门；

11——底梁；

12——导轨；

13——挂板；

14——搁板；

15——立柱；

16——手动安全机械锁；

17——控制器。

注：驱动电机、减速器、离合器、传动件在底梁内部。

图 1

表 1 单元架的尺寸

单位为毫米

种类		尺寸		
		高 H	宽 B	深 T
活动架列		1 900～2 500	900～1 000	400～600
固定架列	双面书架	1 900～2 500	900～1 000	400～600
	单面书架	1 900～2 500	900～1 000	200～300
注：特殊规格按合同约定。				

5 要求

5.1 外观

应符合 GB/T 13667.3—2013 的规定。

5.2 表面涂层理化性能

应符合 GB/T 13667.3—2013 的规定。

5.3 装配

应符合 GB/T 13667.3—2013 的规定。

5.4 载重性能

应符合 GB/T 13667.3—2013 的规定。

5.5 稳定性

应符合 GB/T 13667.3—2013 的规定。

5.6 结构强度

应符合 GB/T 13667.3—2013 的规定。

5.7 功能要求

5.7.1 通过控制器操纵密集书架运行，开启、关闭应灵活，无阻滞。

5.7.2 产品可具有选列、选列指示、锁定、自动疏架、自动故障监测、自动照明等功能，所有功能均应正常。

5.7.3 停电时应能采用手柄操作。

5.8 安全性能

5.8.1 电机驱动时，手柄应不被带动。

5.8.2 传输电缆应架空，不得缠绕、打结，开启至最大位置时电缆无绷紧现象。

5.8.3 驱动电机的额定功率应不大于 150 W。

5.8.4 列与列之间应至少在通道门禁、通道、底盘设有挤压保护装置。可通过光电保护、压力保护等形式，保护装置应可靠，一经触发，架列移动的距离应不大于 10 cm，并能自动锁定。重新运行活动架列时，应在触发后被禁止的移动架上手动解锁。

5.8.5 通道门禁处如采用光电保护的防挤压装置，其传感器应至少在离地高度为(20±5)cm 和(80±10)cm 二处安装，采用其他保护装置应达到同等效果。

5.8.6 每个活动架列均应安装手动安全机械锁，手动安全机械锁锁定时，活动架列应无法运行。

5.8.7 密集书架的运行速度为 0.05 m/s～0.15 m/s。

5.8.8 电气系统应符合 GB 5226.1 的规定。

5.9 噪声

电动密集书架在电动运行状态下，整体运行时的噪声声压级(A 计权)应不大于 70 dB。

6 试验方法

6.1 外观测定

按 GB/T 13667.3—2013 的规定进行。

6.2 表面涂层理化性能测定

按 GB/T 13667.3—2013 的规定进行。

6.3 装配要求测定

按 GB/T 13667.3—2013 的规定进行。

6.4 载重性能测定

按 GB/T 13667.3—2013 的规定进行。

6.5 稳定性测定

按 GB/T 13667.3—2013 的规定进行。

6.6 结构强度测定

按 GB/T 13667.3—2013 的规定进行。

6.7 功能测定

目测和手动检查。分别在至少 10 列书架列上进行各项功能检查。少于 10 列的电动密集书架进行全数检查。

6.8 安全性能测定

6.8.1 手柄

手动和目测检查。

6.8.2 传输电缆

手动和目测检查。

6.8.3 电机功率

查看铭牌。

6.8.4 运行速度

空载运行时,用秒表和钢卷尺测量。

6.8.5 防挤压保护装置

目测和手动检查。在固定位置(如地面、导轨)预设一标记,当活动架列运行至该标记的位置时,立即手动触发保护装置,用钢直尺测量从标记位置到活动架列停止位置的距离。测量3次取平均值。

6.8.6 传感器的安装高度

用钢卷尺进行测量。

6.8.7 手动安全机械锁

目测和手动检查。

6.8.8 电气系统

按GB 5226.1的规定进行。

6.9 噪声测定

6.9.1 试验设备

GB/T 3785.1—2010中规定的2型声级计或与该型声级计的准确度相当的其他测量仪器。

6.9.2 试验方法

测量单列运行时的噪声,在书架空载且电动运行时进行。测量点在一组关闭书架的中间位置,距书架侧面板的水平距离为1 m,距地面高度为1.6 m。采用声级计的A[计权]声压级、慢速档进行测量并记录数据。数据处理按GB/T 16769—2008中第7章的规定。

7 检验规则

7.1 检验分类

检验分交收检验、型式检验两种。

7.2 交收检验

7.2.1 交收检验的时机

当产品在使用现场安装完毕后进行交收检验。

7.2.2 交收检验的项目和抽样方法

交收检验项目和顺序按表2的规定进行。在现场安装好的同一批、同一规格的产品中随机抽取一组电动密集书架做6.7、6.8的项目,其他项目按GB/T 13667.3—2013的规定进行。

7.2.3 判定原则

基本项目均合格且一般项目不合格项不大于3项,则判该产品为合格,否则为不合格。

表 2 项目分类和检验分类

<table>
<tr><th rowspan="2">序号</th><th rowspan="2">技术条款</th><th rowspan="2" colspan="2">检验项目</th><th colspan="2">项目分类</th><th colspan="2">检验分类</th></tr>
<tr><th>基本</th><th>一般</th><th>交收检验</th><th>型式检验</th></tr>
<tr><td>1</td><td>5.1</td><td colspan="2">外观</td><td></td><td>√</td><td>√</td><td>√</td></tr>
<tr><td>2</td><td>5.2</td><td colspan="2">表面涂层理化性能</td><td>√</td><td>—</td><td>—</td><td>√</td></tr>
<tr><td rowspan="2">3</td><td rowspan="2">5.3</td><td rowspan="2">装配要求</td><td>GB/T 13667.3—2013 表 3 中 1～7</td><td>—</td><td>√</td><td>√</td><td>√</td></tr>
<tr><td>GB/T 13667.3—2013 表 3 中 8～10</td><td>√</td><td>—</td><td>√</td><td>√</td></tr>
<tr><td>4</td><td>5.4.1</td><td colspan="2">搁板静载荷</td><td>√</td><td>—</td><td>—</td><td>√</td></tr>
<tr><td>5</td><td>5.4.2</td><td colspan="2">全静载荷</td><td>√</td><td>—</td><td>√</td><td>√</td></tr>
<tr><td>6</td><td>5.4.3</td><td colspan="2">载重运行</td><td>√</td><td>—</td><td>√</td><td>√</td></tr>
<tr><td>7</td><td>5.5</td><td colspan="2">稳定性</td><td>√</td><td>—</td><td>√</td><td>√</td></tr>
<tr><td>8</td><td>5.6</td><td colspan="2">结构强度</td><td>√</td><td>—</td><td>—</td><td>√</td></tr>
<tr><td>9</td><td>5.7.1～5.7.3</td><td colspan="2">功能要求</td><td>√</td><td>—</td><td>√</td><td>√</td></tr>
<tr><td>10</td><td>5.8.1～5.8.8</td><td colspan="2">安全性能</td><td>√</td><td>—</td><td>√</td><td>√</td></tr>
<tr><td>11</td><td>5.9</td><td colspan="2">噪声</td><td>√</td><td>—</td><td>—</td><td>√</td></tr>
<tr><td colspan="8">注：交收检验项目可根据客户需求调整。</td></tr>
</table>

7.3 型式检验

7.3.1 型式检验的时机

有以下情况之一时，应进行型式检验。

a) 新产品或老产品转厂生产的试制定型鉴定；

b) 正式生产后，如结构、材料、工艺有较大改变，可能影响产品质量和性能时；

c) 正常生产时，定期或积累一定产量后，每年至少应进行一次型式检验；

d) 产品停产一年后，恢复生产时；

e) 交收检验结果与上次型式检验有较大差异时；

f) 其他有型式检验的要求时。

7.3.2 型式检验项目和抽样方法

型式检验项目和顺序按表 2 的规定进行。在一个检验周期内的同一批、同一规格的产品中随机抽取若干配件组装成一组电动密集书架及一列标准架列，然后在该组电动密集书架中做 5.7、5.8、5.9 的项目，其他项目按 GB/T 13667.3—2013 的规定进行。

7.3.3 判定原则

基本项目均合格且一般项目不合格项不大于 3 项，则判该产品为合格，否则为不合格。

8 标志、包装、运输及贮存

8.1 标志

8.1.1 产品应有标志，标志应位于产品的明显部位。

8.1.2 标志内容应包括：名称、型号规格、单元架尺寸、制造单位名称、生产日期和执行标准号。

8.1.3 产品应有产品使用说明书，使用说明书应符合 GB/T 9969 的规定。

8.1.4 产品应有检验合格证。

8.2 包装

8.2.1 产品的所有零部件、组合件均应分类包装，并加衬垫物以防碰撞损坏。

8.2.2 包装箱宜采用木箱或瓦楞纸箱。

8.3 运输

经包装好的产品应能适应任何交通工具的正常运输，在运输过程中，应避免损坏和雨水淋湿。

8.4 贮存

经包装好的产品应贮存在干燥通风的室内仓库，堆放时应防止压损，避免与腐蚀性物质和气体接触。

ICS 33.060.65
M 37

中华人民共和国国家标准

GB/T 13722—2013
代替 GB/T 13722—1992

移动通信电源技术要求和试验方法

Performance requirements and testing methods for power supplies used in the mobile communication

2013-12-31 发布 2014-08-15 实施

中华人民共和国国家质量监督检验检疫总局
中国国家标准化管理委员会 发布

前　　言

本标准按照 GB/T 1.1—2009 给出的规则起草。

本标准代替 GB/T 13722—1992《移动通信电源技术要求和试验方法》。

本标准与 GB/T 13722—1992 相比,主要变化如下:

——第 2 章中删去了与移动通信电源无关的引用标准,列出了新的引用标准。

——第 3 章按 SJ/T 1670—2001 对电子电源术语和定义进行整理,并加上术语的英文对应词;增加了 GB/T 2900.33—2004、GB/T 4365—2003、GB/T 4793.1—2007 和 GB/T 12113—2003 中有关的术语及定义。

——将 1992 版第 4 章"标准大气条件"内容简化为"试验环境条件"作为本标准中 5.1"试验的基本要求"的内容。

——将 1992 版 3.29、第 5 章和 6.16 关于连续工作能力的内容合并,作为本标准 4.15 的内容。

——将 1992 版 6.17"电磁兼容性"和 11.13"电磁兼容性试验"内容用 YD/T 983—1998 中有关内容代替,分别为 4.17 和 5.13。

——增加了试验用仪器仪表设备基本要求,见本标准的附录 A。

请注意本文件的某些内容可能涉及专利。本文件的发布机构不承担识别这些专利的责任。

本标准由中华人民共和国工业和信息化部提出。

本标准由全国电子测量仪器标准化技术委员会(SAC/TC 153)归口。

本标准起草单位:中国人民解放军空军雷达学院、广东易事特电源股份有限公司、江西清华泰豪三波电机有限公司。

本标准主要起草人:朱忠尼、徐海波、王荣、亓迎川、黄天诚、钱砺、吴文海、陶雪峰、陈元娣、张光明、梅昌义。

本标准所代替标准的历次版本发布情况为:

——GB/T 13722—1992。

移动通信电源技术要求和试验方法

1 范围

本标准规定了移动通信电源的技术要求和试验方法。

本标准适用于供地面、内河或沿海作移动业务使用的，其额定输出电压为48V及以下的直流稳压电源。

2 规范性引用文件

下列文件对本文件的应用是必不可少的，凡是注明日期的引用文件，仅注日期的版本适用于本文件。凡是不注日期的引用文件，其最新版本(包括所有的修改单)适用于本文件。

GB/T 2900.33—2004 电工术语 电力电子技术

GB/T 4365—2003 电工术语 电磁兼容

GB/T 4793.1—2007 测量、控制和实验室用电气设备的安全要求 第1部分：通用要求

GB/T 12113—2003 接触电流和保护导体电流的测量方法

GB 17625.1—2012 电磁兼容 限值 谐波电流发射限值(设备每相输入电流≤16 A)

GB/T 17626.11—2008 电磁兼容 试验和测量技术 电压暂降、短时中断和电压变化的抗扰度试验

SJ/T 1670—2001 电子电源术语及定义

SJ/T 2712 民用小型无线电话机及其附属设备环境要求和试验方法

SJ/T 2713—1986 民用小型无线电话机及其附属设备质量检验规则

YD/T 983—1998 通信电源设备电磁兼容性限值及测量方法

3 术语和定义

GB/T 2900.33—2004、GB/T 4365—2003、GB/T 4793.1—2007、GB/T 12113—2003、GB 17625.1—2012、GB/T 17626.11—2008 和 SJ/T 1670—2001 界定的下列术语和定义适用于本文件。

3.1

源 source

电能的来源点，表征设备的输入端。

3.2

电源 power supply

提供电能的装置。

3.3

稳压电源 stabilized voltage power supply

恒压电源

相对于影响量的变化，能稳定输出电压的电源。

3.4

直流电源 DC power supply

电源输出端极性不随时间交替变化的供电电源。

3.5

交流电源　AC power supply

电源输出端极性随时间交替变化的供电电源。

3.6

开关电源　switching power supply

功率器件处于开关工作状态的电源。

3.7

影响量　influence quantity

不是被测量的量或供给量，但影响被测量或供给量的数值或电源的指示值。

3.8

额定值　rated value

制造厂对电源在规定的工作条件下所指定的一个量值。

3.9

标称值　nominal value

名义上存在的数值，并非是实际数值。

注1：例如，在电源具有校准输出控制的情况下，其标称输出则为控制调节所指示的数值。对具有固定输出的电源而言，其标称输出则为铭牌上所标明的输出值。

注2：对交流输入电压而言，其标称值通常指设计值。例如，220(1±10%)V的电压的标称值为220 V，在远程控制情况下，其标称值则为远控系数所预置的输出值。

3.10

稳态值　steady-state value

所有的非循环瞬变量已衰减到一个规定的最小值之后所保持的量值。

注1：若无其他规定，就直流输入值或输出值而言，稳态值可理解为其平均值。

注2：若无其他规定，有关交流稳态值可理解为有效值。

3.11

性能　performance

电源完成预期功能的程度。

3.12

稳定输出量　stabilized output content

经过电源稳定的输出量。

3.13

源失真　source distortion

源电压或源电流波形与等同有效值的理想正弦波的偏移。

注：源失真可以用下列量来表示：

——总谐波含量；

——单次谐波含量；

——瞬时幅度偏移，其变化率及持续时间。

3.14

源电压失真　source voltage distortion

电源未接入时的源失真。

3.15

总谐波电流　harmonic current

2次～40次谐波电流分量的总有效值。

$$总谐波电流=\sqrt{\sum_{n=2}^{40} I_n^2}$$

3.16

效率　efficiency

总输出有功功率与输入有功功率之比。

3.17

功数因数　power factor

有功功率与源视在功率之比。

3.18

绝缘电阻　insulation resistance

在相互绝缘的任何规定点间所测得的电阻。

3.19

抗电强度　dielectric strength

单位厚度的绝缘材料在击穿之前能够承受的最高电压，即电场强度最大值，单位是 kV/mm。

注：又叫绝缘强度。

3.20

绝缘试验电压　insulation test voltage

进行温热试验时，在规定条件下，规定时间内不发生击穿或飞弧情况的交流或直流电压。

3.21

负载效应　load effect

负载变化引起的稳定输出量的变化(见图 1)。

3.22

安稳效应　settling effect

随着一种影响量发生起始变化时，一个输出量的相对慢变化，它是作为附加的输出效应(见图 1)。

注：通常此安稳过程随着电源内部热平衡而建立。

3.23

温度效应　temperature effect

电源的稳定输出量随环境温度改变的一种稳态变化，通常用温度系数来表示。

3.24

源电压效应　source voltage effect

源电压的变化引起的稳定输出量的变化。

3.25

组合效应　combined effect

由下列两种或更多的影响量在其额定的使用范围内同时发生任何变化所引起的稳定输出量稳态值的最大变化。

a)　负载；

b)　源电压；

c)　源频率；

d)　环境温度。

上述规定的组合效应不包括周期和随机偏移、漂移、安稳效应及安稳偏移。

3.26

周期与随机偏移　periodic and random deviation ;PARD

在全部影响量和控制量均保持恒定时，在规定的带宽范围内，一个直流输出量对其平均值上的无规则波动部分。

注 1：对一规定带宽而言，它可用有效值和/或峰-峰值来表述。

注 2：对非对称波形，可使用尖峰图形表示。

注 3：以前称为纹波和噪声。

3.27

漂移　drift

当全部影响量和控制量在预热时间和测定时间内均保持恒定的情况下，紧随预热时间后的一规定时间内输出量的最大变化。

注：漂移包括整个带宽内从零频(直流)到一指定频率上限的周期与随机偏移。漂移的指定频率上限与PARD的频率下限必须相重合。这样在恒定工作条件下的全部偏移均被规定在这个或那个指标之内。

3.28

安稳时间　settling time

一个影响量的变化或输出的调节从开始变动起到一个稳定输出量仅决定于漂移、PARD所引起的变化这一点间的时间间隔。

3.29

效应带　effect band

所有其他影响量均保持恒定，由一个或多个影响量变化所形成的稳定输出量稳态值的范围。

3.30

总效应带　total effect band

由全部影响量在其额定使用范围内同时发生变化所引起的电源输出稳态值的范围。

3.31

公差带　tolerance band

处于工作误差极限之间的稳定输出量稳态值的范围。

注 1：公差带表征稳定输出量对额定值或预调值的容许偏差。

注 2：如不需要区分输出效应和固定误差时，则给出公差带是有用的。

3.32

过冲幅度　overshoot amplitude

最大过冲的峰值和瞬态恢复带或公差带中心之差的绝对值。

3.33

瞬态恢复时间　transient recovery time

瞬态延迟时间终止至稳定输出量恢复到并能保持于瞬态恢复带时刻的时间间隔。

3.34

过流保护　over-current protection

保护电源与/或其连接的设备防止过大的输出电流(包括短路电流)。

注：可保护稳定电源以防止无限期过流或有限期过流(即绝对过流保护或有限过流保护)。

3.35

(输出)过压保护(output)　over-voltage protection

保护电源与/或其连接的设备，防止过高的输出电压(包括开路电压)。

3.36

电磁兼容性　electromagnetic compatibility；EMC

设备或系统在其电磁环境中能正常工作且不对该环境中任何事物构成不能承受的电磁骚扰的能力。

3.37

骚扰限值　limit of disturbance

对应于规定测量方法的最大许可电磁骚扰电平。

3.38

传导骚扰　conducted disturbance

通过一个或多个导体传递能量的电磁骚扰。

3.39

辐射骚扰　randiated disturbance

以电磁波的形式通过空间传播能量的电磁骚扰。

3.40

静电放电　electrostatic discharge; ESD

具有不同静电电位的物体相互靠近或直接接触引起的电荷转移。

3.41

电压起伏　voltage fluctuation

一系列的电压变化或电压均方根值或峰值的连续变化。

3.42

闪烁　flicker

亮度或频谱分布随时间变化的光刺激所引起的不稳定的视觉效果。

3.43

短时中断　short interruption

供电系统某一点上所有相位的电压突然下降到规定的中断阈限以下，随后经历一段短暂间隔恢复到正常值。

注：典型的短时中断与开关装置的动作有关，该动作是由与系统或系统相连装置上短路的发生和结束引起。

3.44

电压暂降　voltage dip

电气系统某一点的电压突然下降，经历几周波到数秒的短暂持续期后又恢复正常。

3.45

电压浪涌　voltage surge

沿线路或电路传播的瞬态电压波。其特征是电压快速上升后缓慢下降。

3.46

接触电流　touch current

当人体或动物接触一个或多个装置的或设备的可触及零部件时，流过他们身体的电流。

3.47

单一故障条件　single fault condition

防止危险的一个防护措施发生失效的条件或可能引起某种危险而出现一个故障的条件。

4　要求

4.1　工作环境条件和源电压额定条件

在以下工作环境条件和源电压额定条件(见表1)下，电性能应能满足4.2～4.17规定的要求：

a)　工作温度：－5 ℃～＋40 ℃；

b)　相对湿度：≤90％(40 ℃±2 ℃)；

c)　大气压力：86 kPa～106 kPa。

表 1 源电压额定条件

影响量		额定条件
源电压	交流输入	标称值的 90%～110%
	直流输入	标称值的 90%～115%(基地式和车载式电源)
		标称值的 85%～110%(船载式电源)
源频率		标称值的 98%～102%(基地式和车载式电源) 标称值的 95%～105%(船载式电源)
源电压失真	交流输入	总谐波含量不大于 10%
	直流输入	纹波峰-峰值不大于 20%

4.2 额定输出电压偏离值

不超过标称值的 2%。

4.3 额定输出电流偏离值

不超过标称值的 2%。

4.4 负载效应

见表 2。

表 2 主要输出电性能规定

性能名称		线性型		开关型	
		Ⅰ	Ⅱ	Ⅰ	Ⅱ
负载效应(不大于)/%		0.01	0.5	0.4	0.8
源电压效应(不大于)/%		0.01	0.1	0.4	0.6
周期与随机偏移(PARD)	有效值(不大于)/mV	1	5	—	—
	峰-峰值(不大于)/mV	—	—	100	150

4.5 源电压效应

见表 2。

4.6 周期与随机偏移(PARD)

见表 2。

4.7 漂移

由产品标准规定。

4.8 过冲幅度

由产品标准规定。

4.9 瞬态恢复时间

由产品标准规定。

4.10 效率

由产品标准规定。

4.11 过流保护

过流保护限流门限由产品标准规定。

进行短路试验时，电源不应损坏，并且试验后应满足4.2～4.6的要求，不考虑熔断丝的损坏或失效。

4.12 （输出）过压保护

过压保护门限由产品标准规定。

4.13 充电截止电压

由产品标准规定小于规定的电池组的最大电压。

4.14 充电电流

由产品标准规定。

4.15 连续工作能力

a） 对配备基地电台的电源，在额定输出电压条件下，能满载连续工作的时间不小于24 h。

b） 对配备车载式、船载式电台的电源，在额定输出电压条件下，能以额定电流工作1 min，30%的额定电流工作3 min，按此循环连续工作8 h。然后立即以额定工作电流工作5 min，30%的额定电流工作15 min，按此循环3次为1 h。这样每天工作9 h，接着休息15 h。

4.16 源电压超过额定条件时的规定

4.16.1 源电压为交流电压

当源电压变化超过标称值的10%，并且不大于标称值的15%时，电源输出电压变化应不大于额定值的4%，周期与随机偏移(PARD)变化应不大于规定值的70%。

4.16.2 源电压为直流电压

对基地式、车载式电源，当源电压大于标称值的115%，并且不大于标称值的130%时，允许电源输出电压和周期与随机偏移的指标下降的限度与4.16.1相同。

对船载式电源，当源电压大于标称值的110%，并且不大于标称值的130%时，允许电源输出电压和周期与随机偏移的指标下降的限度与4.16.1相同。

4.16.3 高压试验

对交流输入的船载式电源，通常要进行3 min的275 V高压试验。试验后，电源仍能正常工作。

4.17 电磁兼容性

4.17.1 传导骚扰限值应符合YD/T 983—1998中5.1的规定。

4.17.2 辐射骚扰限值应符合 YD/T 983—1998 中 5.2 的规定。

4.17.3 总谐波电流限值应符合 YD/T 983—1998 中 6.1 的规定。

4.17.4 电压起伏和闪烁限值应符合 YD/T 983—1998 中 6.2 的规定。

4.17.5 抗扰性要求应符合 YD/T 983—1998 中 7.1～7.3 的规定。

4.18 安全要求

4.18.1 接地要求

电源外壳应设有接地设施，但不应由此而引起电源输入端接地。

4.18.2 绝缘电阻

电源在受潮预处理后，被测稳压电源的电源线的输入端与机壳间的绝缘电阻应不小于 2 MΩ。

4.18.3 抗电强度

电源在受潮预处理后，对交流输入的电源而言，被测稳压电源的电源线输入端与机壳、交流电路对直流电路之间应能承受 50 Hz、有效值为 1 500 V 正弦交流电压绝缘试验电压，持续时间为 1 min 的试验，并且不应出现飞弧或击穿现象。

如果电源输入端与可触及导电件间有抗干扰电容器，此时不应开路，若这些电容器不能用交流电压进行试验，则可以用 2 100 V 直流电压进行试验。

直流输出端对机壳应能承受 50 Hz、有效值为 500 V 的正弦交流电压或其等效峰值的 710 V 直流电压 1 min 的试验且无飞弧或击穿现象。

4.18.4 接触电流

被测稳压电源的可触及部件和参考试验地之间，或在同一台被试稳压电源上 1.8 m（沿表面或通过空气）的距离内的任意两个可触及零部件之间，在单一故障条件下接触电流的最大允许限值如下：

对正弦波电流为有效值 3.5 mA；对非正弦波或混合频率为峰值 5 mA；或者直流 15 mA。

4.18.5 直流输入电源的极性

对直流输入的电源，应有防止极性反接而造成损坏的措施。

4.19 可靠性要求

平均无故障间隔时间 MTBF 为 800 h。

4.20 环境试验时对电源的要求

4.20.1 电源的环境试验要求应符合 SJ/T 2712 的规定。

4.20.2 电源在进行高温、恒定湿热和低温试验的中间测量时，主要电性能允许下降的限度规定如下：

a) 输出电压变化不大于额定值的 4%；

b) 周期与随机偏移（PARD）的变化不大于规定值的 70%。

4.20.3 电源在进行各种环境试验的最后测量时，其电性能应符合 4.2～4.6 的规定。

4.20.4 电源在气候试验后，不应出现锈蚀现象和机械损伤现象。

4.20.5 对环境有特殊要求的试验项目，如果有中间测量，电源的主要电性能允许下降的幅度应符合 4.20.2的规定，最后测量的电性能应符合 4.2～4.6 的规定。

4.21 结构工艺的一般要求

4.21.1 结构设计要确保在相应的使用条件下工作时，构件紧固、牢靠、性能稳定、操作使用方便和安全。

4.21.2 结构设计应使不打开机壳就能测量电性能。

4.21.3 结构设计应考虑到维修时检测性能和装卸构件方便。

4.21.4 外壳应有铭牌，标明制造厂的名称或标志、电源型号和制造序号等。

4.21.5 电源的极性应有不易磨损的明显标志。

5 试验方法

5.1 试验的基本要求

5.1.1 试验环境条件

在本标准中，除气候环境试验和可靠性试验外，其他试验均在下述试验用标准大气条件下进行：

——环境温度：15 ℃～35 ℃；

——相对湿度：45％～75％；

——大气压力：86 kPa～106 kPa。

5.1.2 被测稳压电源设备的配置与要求

5.1.2.1 按被测稳压电源设备产品标准规定的输入、输出容量、监控装置等进行配置。

5.1.2.2 按被测稳压电源设备产品标准、使用说明书规定的安装方法，连接输入、输出、保护接地等相应的线路。

5.1.2.3 被测稳压电源设备在通电前应达到温度稳定。

5.1.2.4 按被测稳压电源设备产品标准的规定对受试设备施加额定负载预热 30min。

5.1.3 试验用测量仪器仪表设备基本要求

5.1.3.1 试验用测量仪器仪表设备应有合格证书及在有效期内的计量检定证书。

5.1.3.2 试验用测量仪器仪表设备应采用比被测稳压电源设备技术指标至少高一个等级，且具有足够的分辨率、准确度和稳定度。

5.1.3.3 试验用测量仪器仪表设备的基本要求应符合附录 A 的规定。

5.1.4 测量端

被测稳压电源的源电压输入端与稳定输出量的输出端为测量端(若被测稳压电源提供取样端子，测试设备应连接该端子)。

5.2 负载效应

5.2.1 测量要求

在对负载效应进行测量时，应保持所有其他影响量的组合效应的量值小于负载效应规定量值的 1/10，稳态负载效应应在时间等于 5 倍负载瞬态效应恢复时间后建立，并在 $5t_{\tau}$～$5t_{\tau}+10$ s 的时间间隔内测量(见图 1)。

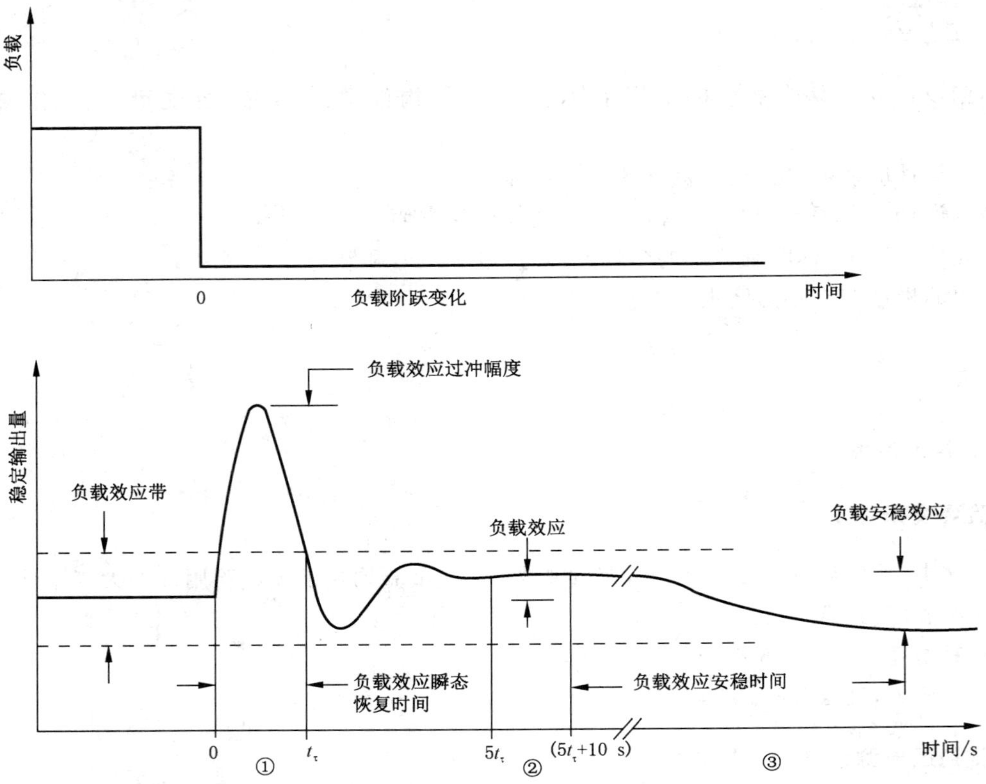

说明：

①——瞬态负载效应；

②——负载效应；

③——负载安稳效应。

图 1　负载效应的三种时间

5.2.2　测量方框图

测量方框图见图 2。

5.2.3　测量方法

测量方法如下：

a)　按图 2 连接线路；

b)　源电压为标称值，测量额定输出电压 U_0 和额定输出电流 I_0；

c)　源电压调至表 1 规定的最小值，负载电流由额定值阶跃至零值，随着负载电流的阶跃变化，在 $5t_τ \sim 5t_τ+10$ s 这一时间间隔中测量出稳定输出电压 U_{01}；

d)　源电压分别调至表 1 规定的标称值和最大值，重复上述测量；

e)　取其稳定输出电压的最大变化量 ΔU_0（$\Delta U_0 = U_0 - U_{01}$）；

f)　ΔU_0 的绝对值与 U_0 之比即为负载效应值；

g)　对于多路输出电源，其他各路输出应与被测一路同时加至零值和额定值负载。

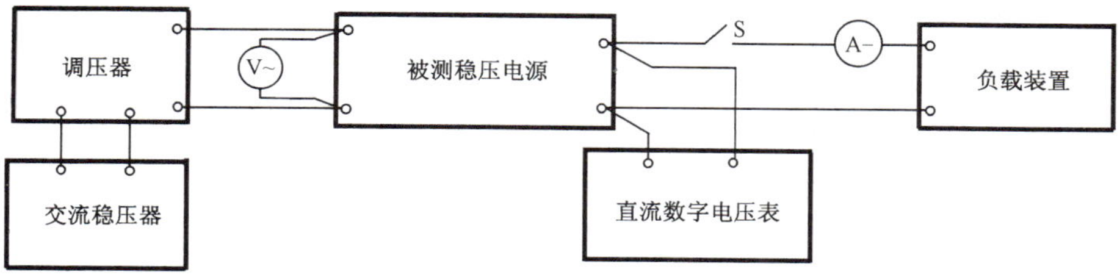

a） 交流源稳压电源负载效应测量方框图

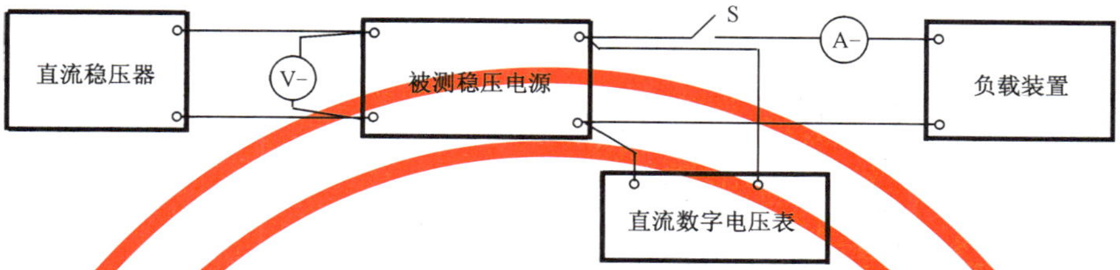

b） 直流源稳压电源负载效应测量方框图

图 2 负载效应测量方框图

5.3 源电压效应

5.3.1 测量要求

在对源电压效应进行测量时，所有其他影响量应保持在使其组合效应的量值小于源电压效应规定量值的 1/10。

5.3.2 测量方框图

测量方框图见图 3。

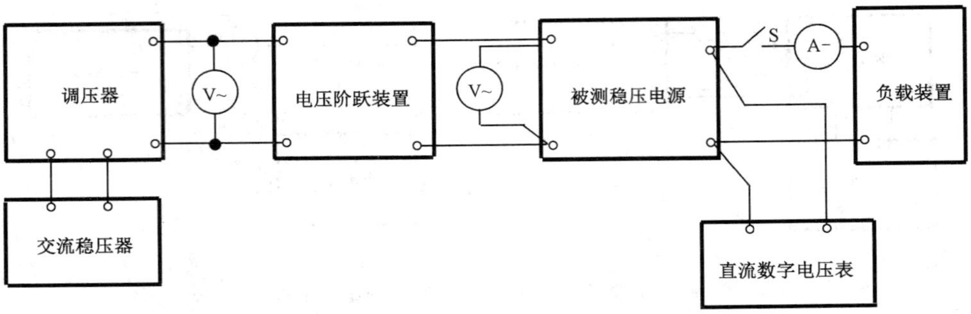

a) 交流源稳压电源源效应测量方框图

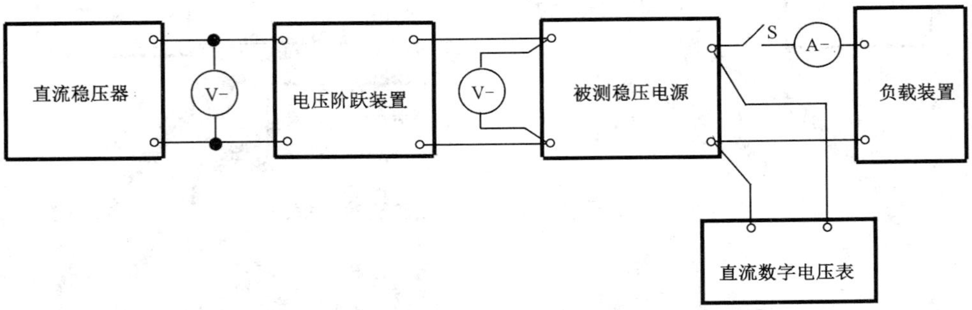

b) 直流源稳压电源源效应测量方框图

图 3 源电压效应测量方框图

5.3.3 测量方法

测量方法如下：

a) 按图 3 连接线路；

b) 负载电流为额定值，源电压为标称值，测量稳定输出电压 U_0；

c) 负载电流为零值，源电压按表 1 的规定从最小值至标称值到最大值进行阶跃变化(例如 198 V→220 V→242 V)或反之(即 242 V→220 V→198 V)，随着源电压的阶跃变化，分别在 $5t_\tau$～$5t_\tau+10$ s 这一时间间隔中测量出稳定输出电压 U_{01}；

d) 负载电流为额定值，重复上述测量；

e) 取其稳定输出电压的最大变化量 ΔU_0($\Delta U_0=U_0-U_{01}$)；

f) ΔU_0 的绝对值与 U_0 之比即为源电压效应；

g) 对于多路输出电源，其他各路输出应与被测一路同时加零值和额定值负载。

5.4 周期与随机偏移(PARD)

5.4.1 测量频率范围

周期与随机偏移的测量频率范围为 20 Hz～10 MHz。

5.4.2 测量条件

测量条件如下：

a) 应使用单一接地点，以避免构成回路和确保任何导线中不存在地电流，因为它可以形成 PARD 测量回路的一部分；

b) 对于采用差分式输入测试系统，应注意不要超过共模电压以及共模信号引入的误差，应增加测试设备抑制比，所有其他影响量应保持在使其组合效应不超过 PARD 规定量值的 1/10。

5.4.3 测量方框图

测量方框图见图 4。

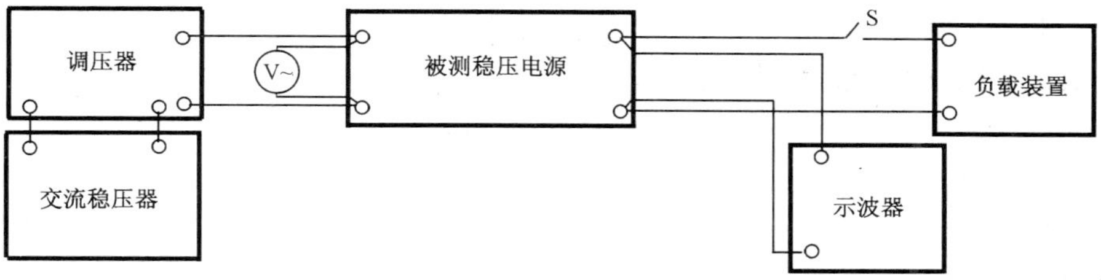

a) 交流源稳压电源 PARD 测量方框图

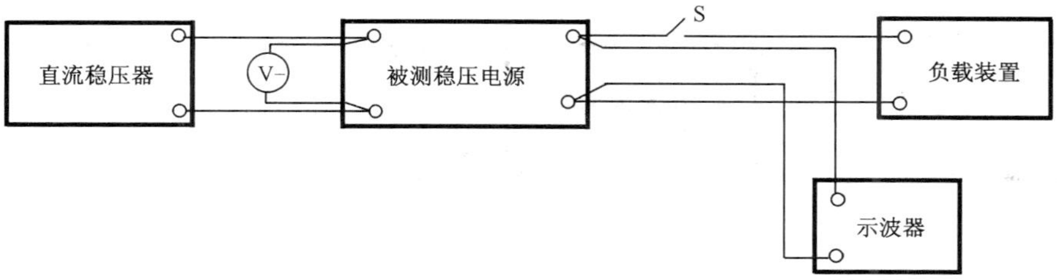

b) 直流源稳压电源 PARD 测量方框图

图 4 周期与随机偏移(PARD)的测量方框图

5.4.4 测量方法

测量方法如下：

a) 按图 4 连接线路；

b) 源电压调至表 1 规定的最小值，输出电压为额定值，负载电流为额定值和零值时通过示波器分别测量 PARD；

c) 源电压调至表 1 规定的最大值，重复上述测量；

d) 取其最大值；

e) 对于多路输出电源，其他各路应与被测一路同时加额定值和零值负载。

5.5 漂移

5.5.1 对测试设备的要求

对测试设备的要求如下：

a) 所有观测设备在测量漂移期间的变化量应小于稳定输出量的漂移值，所有其他影响量组合效应的绝对量值所引入的误差极限不应超过电源漂移指标的 1/10；

b) 漂移的测量包括从直流到 20 Hz 这一频率范围内的输出扰动，测试设备应对直流至 20 Hz 的频率扰动有足够频率响应，对于超过 20 Hz 的信号应由低通滤波器滤除，其带外(大于 20 Hz)抑制不得小于 6 dB/oct；

c) 推荐采用记录仪记录稳定输出量的变化，如果记录仪上限截止频率小于 20 Hz，则用示波器进行辅助观测，在测量的第一个小时和最后一个小时期间各观测一次，观测时间为 5 min；

d) 要控制电源所处的环境(特别是温度)，这些温度效应以及所有其他组合效应的绝对量值不应超过电源漂移指标的1/10。

5.5.2 测量方框图

测量方框图见图5。

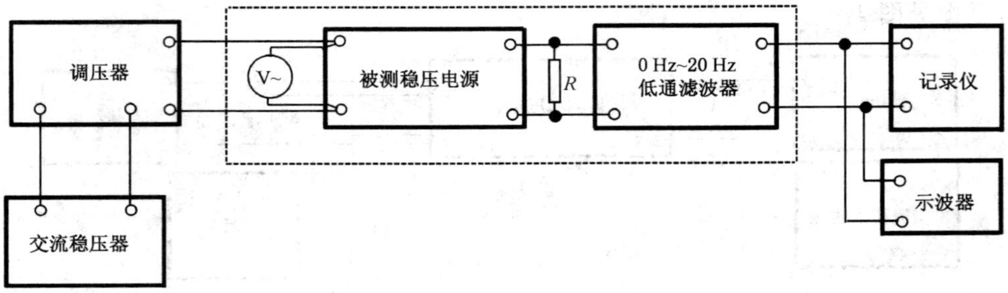

a) 交流源稳压电源漂移的测量方框图

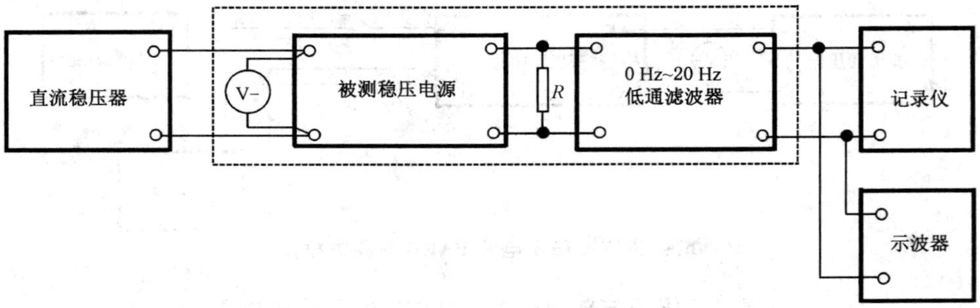

b) 直流源稳压电源漂移的测量方框图

图5 漂移测量方框图

5.5.3 测量方法

测量方法如下：

a) 按图5连接线路。

b) 恒温箱温度为 $t\pm3$ ℃（t 在15 ℃～35 ℃范围内选定）。

c) 源电压为标称值，输出电压为额定值，负载电流按4.15规定的工作方式工作，对于多路输出电源，允许一路稳定输出量按4.15规定的工作方式工作（具体哪一路由产品标准规定）。其他各路的负载电流则为额定值。

d) 连续工作时间为8 h（预热时间30 min除外）。

e) 预热30 min后开始记录源电流、负载电流，环境温度至少每30 min记录一次，稳定输出量至少每15 min记录一次。

f) 计算稳定输出量的最大值与最小值之差的绝对值。

g) 在被测稳压电源预热0.5 h期间，可调整稳定输出量、负载源和测量仪表，一旦开始进入测量，则不可再进行任何调整。

5.6 过冲幅度和瞬态恢复时间

5.6.1 测量条件

测量条件如下：

a) 稳定输出量为额定值；

b) 各影响量每次的阶跃变化应在小于 0.1 倍恢复时间间隔内完成。

5.6.2 对测试设备的要求

对测试设备的要求如下：

a) 源电压阶跃可采用机械阶跃装置。

b) 负载作为影响量，在阶跃时应保证其最小及最大值。如果采用机械阶跃，不应伴随飞弧，为此推荐采用电子开关负载装置。

c) 推荐采用数字存贮示波器作为测试设备。

5.6.3 源瞬态效应的过冲幅度和瞬态恢复时间

5.6.3.1 测量方框图

测量方框图见图 6。

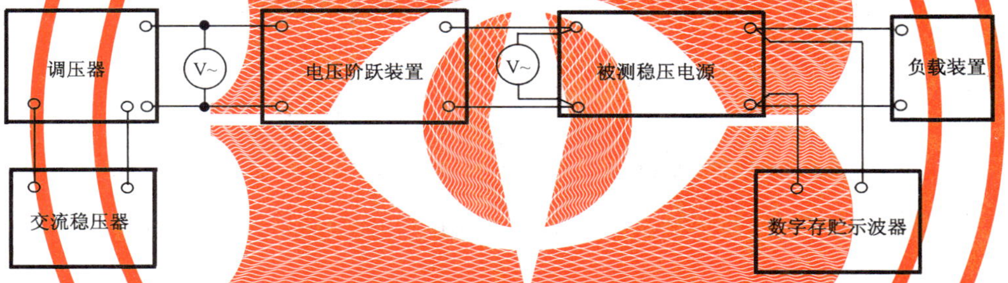

a) 交流源稳压电源源瞬态效应的过冲幅度和瞬态恢复时间测量方框图

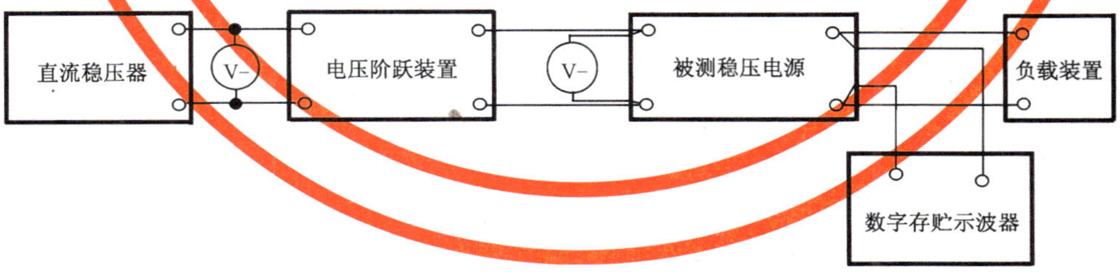

b) 直流源稳压电源源瞬态效应的过冲幅度和瞬态恢复时间测量方框图

图 6 源瞬态效应的过冲幅度和瞬态恢复时间测量方框图

5.6.3.2 测量方法

测量方法如下：

a) 按图 6 连接线路；

b) 源电压按表 1 规定从最小值至标称值至最大值至标称值至最小值(例如 198 V→220 V→242 V→220 V→198 V)进行阶跃变化，分别测出稳定输出量的过冲幅度和瞬态恢复时间；

c) 测量时应注意阶跃变化，源电压不应出现上冲和下冲造成超出额定源电压的极限；

d) 当使用机械式阶跃装置时，要反复多次测量，找出输出电压的最大过冲幅度和瞬态恢复时间。

5.6.4 负载瞬态效应的过冲幅度和瞬态恢复时间

5.6.4.1 测量方框图

测量方框图见图7。

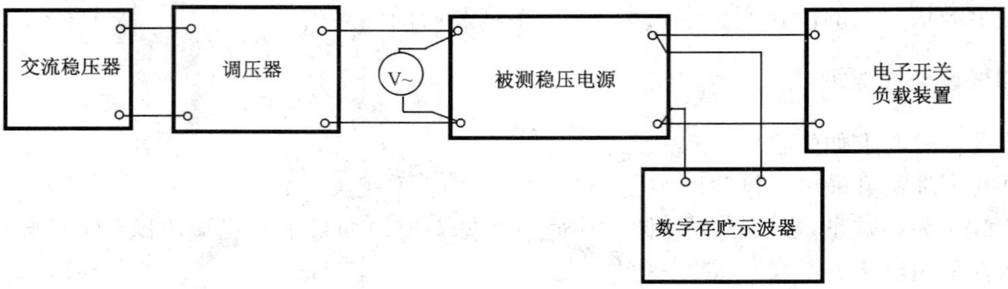

a) 交流源稳压电源负载瞬态效应过冲幅度和瞬态恢复时间的测量方框图

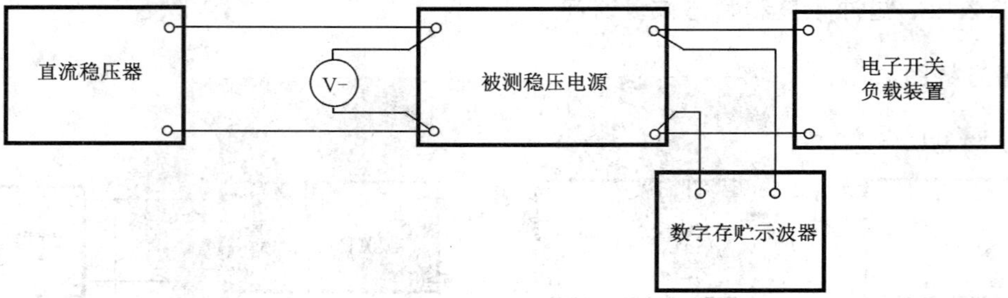

b) 直流源稳压电源负载瞬态效应过冲幅度和瞬态恢复时间的测量方框图

图7 负载瞬态效应的过冲幅度和瞬态恢复时间的测量方框图

5.6.4.2 测量方法

测量方法如下：

a) 按图7连接线路；

b) 源电压为标称值，负载电流由额定值阶跃至零值或反之，测出稳定输出量的过冲幅度和瞬态恢复时间；

c) 源电压按表1的规定调至最小值和最大值，分别重复上述测量；

d) 可通过重复阶跃过程提高测量的准确性，取其最大值。

5.6.5 开机（源电压接通）和关机（源电压断开）的过冲幅度和瞬态恢复时间

5.6.5.1 测量方框图

测量方框图见图8。

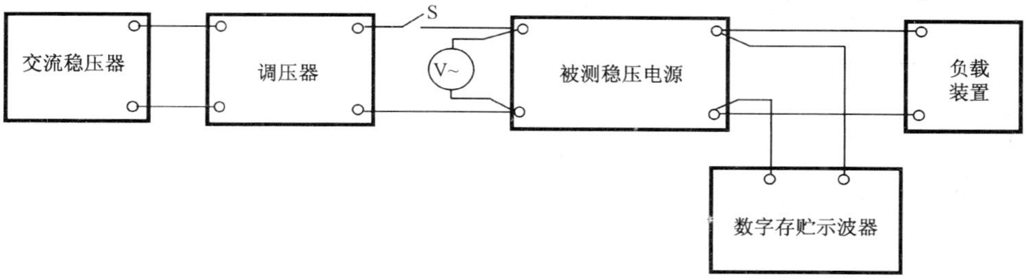

a） 交流源稳压电源的开关机过冲幅度和瞬态恢复时间测量方框图

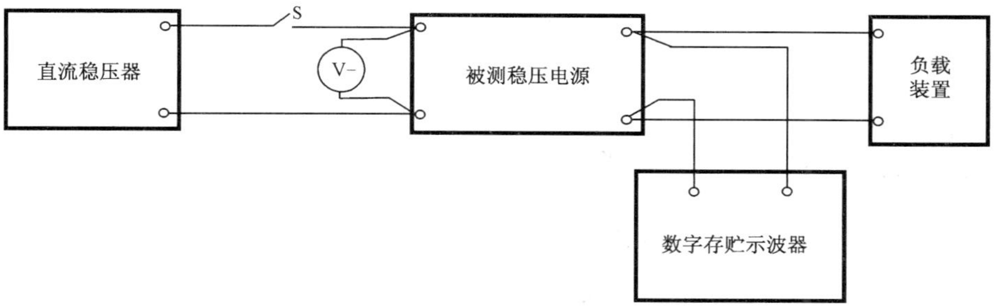

b） 直流源稳压电源的开关机过冲幅度和瞬态恢复时间测量方框图

图 8 稳压电源的开关机过冲幅度和瞬态恢复时间的测量方框图

5.6.5.2 测量方法

测量方法如下：

a） 按图 8 连接线路。

b） 源电压应从零伏分别阶跃至表 1 规定的最小值、标称值、最大值(例如从 0 分别阶跃至 198 V、220 V、242 V)或从表 1 规定的最大值、标称值、最小值分别阶跃至零伏(例如从 242 V、220 V、198 V 分别阶跃至 0)，测量开机和关机时稳定输出量的过冲幅度和开机时稳定输出量到达规定预热带所需要的时间及关机时稳定输出量降到规定值的时间。当瞬态衰减呈现振荡波形时，应在最终回到瞬态恢复带时测定其时间。采用电子开关负载时，其阶跃前后沿应小于规定恢复时间的 1/10。加载和去载时，顶部和底部的倾斜度应小于 5%，要避免与源频率同步。

c） 为保证测量的准确性，应多次重复测量，并找出其中最大峰值作为过冲幅度(有条件时应在源零点、正顶峰、负顶峰时开关机)。

5.7 效率

5.7.1 测量方框图

测量方框图见图 9。

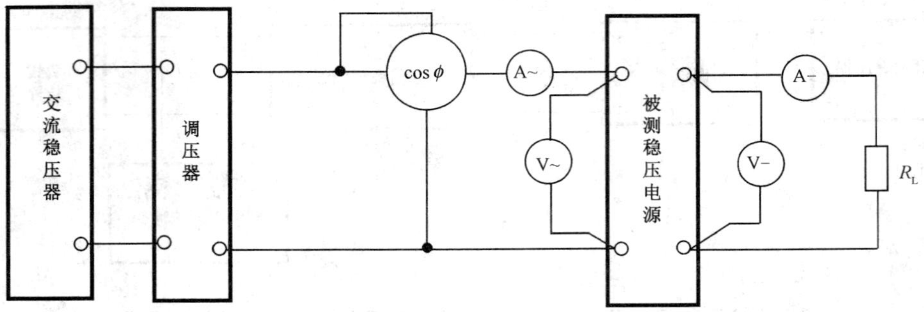

a） 交流源稳压电源效率测量方框图

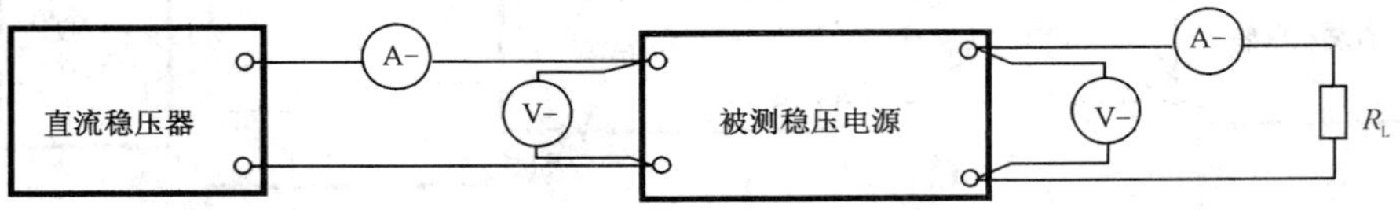

b） 直流源稳压电源效率测量方框图

图 9 稳压电源效率测量方框图

5.7.2 测量方法

测量方法如下：

a） 按图 9 连接线路。

b） 源电压为标称值，输出电压、负载电流为额定值时，测量源电流及输入功率因数。对于多路输出电源，其他各路的输出电压、负载电流也应同时为额定值。

c） 交流源按式(1)计算效率，直流源按式(2)计算效率。

$$\eta = \frac{U_0 I_0}{U_1 I_1 \cos\phi} \times 100\% \quad \cdots\cdots\cdots\cdots(1)$$

$$\eta = \frac{U_0 I_0}{U_1 I_1} \times 100\% \quad \cdots\cdots\cdots\cdots(2)$$

式中：

η ——效率，%；

U_0 ——额定输出电压，单位为伏(V)；

I_0 ——额定输出电流，单位为安培(A)；

U_1 ——源电压(标称值)，单位为伏(V)；

I_1 ——源电流，单位为安培(A)；

$\cos\phi$ ——输入功率因数。

5.8 过流保护

5.8.1 测量条件

测量条件如下：

a） 源电压按表 1 规定的最小值和最大值分别进行测量；

b） 输出电压为额定值；

c） 对于多路输出电源，其他各路的输出电压和负载电流均应为额定值。

5.8.2 对测试设备的要求

初级能源应具有足够的容量，以确保在加载时不致引起源电压有明显的变化和失真。

5.8.3 测量方框图

测量方框图见图10。

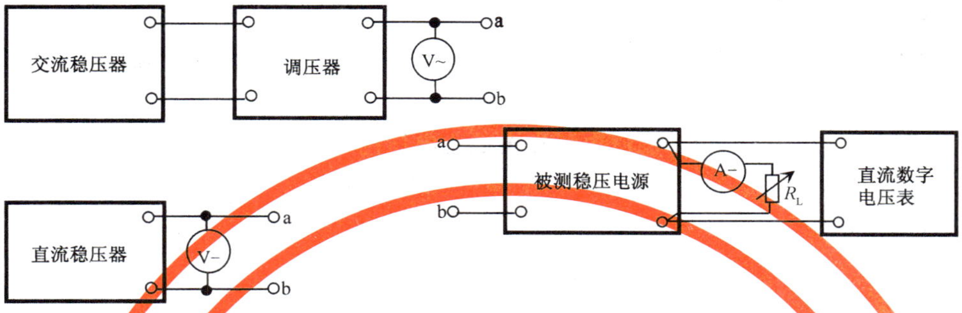

图10 稳压电源过流保护的测量方框图

5.8.4 测量方法

测量方法如下：

a) 按图10连接线路；

b) 调节图10中的负载电阻器 R_L，使负载电流由小逐步变大到超过额定值，当稳压电源的输出电流第一次达到限流门限值时，被测稳压电源进入限流工作状态并告警；

c) 继续调节负载电阻器 R_L（使稳压电源输出端接近短路），此时流过电流表A的电流即为过流保护的最大极限值，并将该值保持一规定时间（例如几秒钟），被测稳压电源应进入短路自动保护状态并告警；

d) 继续调节负载电阻器 R_L，使稳压电源的输出端短路，被测稳压电源应立即进入短路保护状态并告警，当故障排除后，被测稳压电源应能自动恢复工作。

5.9 （输出）过压保护

5.9.1 测量方框图

测量方框图见图10。

5.9.2 测量方法

测量方法如下：

a) 按图10连接线路；

b) 负载电阻器 R_L 为额定值，调节被测稳压电源的输出电压值至其标准规定的过压保护值（过压告警或过压关断），被测稳压电源应出现相应的保护及告警；

c) 被测稳压电源输出的电压恢复至过压保护值以下，被测稳压电源的保护及告警消失。

5.10 充电截止电压

5.10.1 测量方框图

测量方框图见图11。

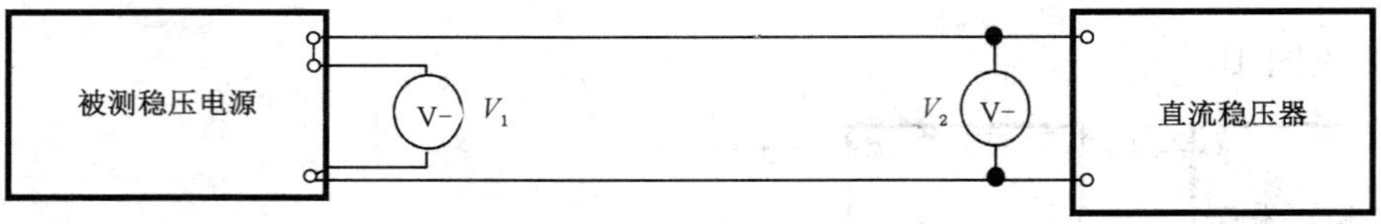

图11 稳压电源充电截止电压的测量方框图

5.10.2 测量方法

测量方法如下：

a) 按图11连接线路；

b) 调节直流稳压器，使输出电压逐步升高，当接于监视充电电压的电压表 V_1 的指示为零时，接于直流稳压器的电压表 V_2 所指示的电压即为充电截止电压。

5.11 充电电流

5.11.1 测量方框图

测量方框图见图12。

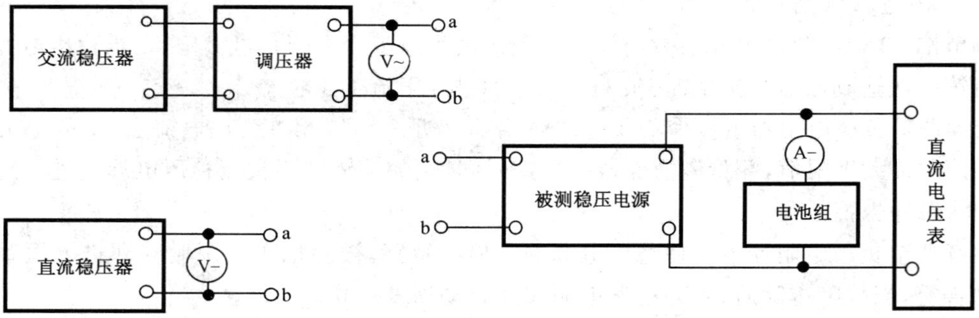

图12 稳压电源充电电流的测量方框图

5.11.2 测量方法

测量方法如下：

a) 按图12连接线路。

b) 源电压为标称值，图12中接于充电回路的电池组为产品标准规定的放电终止电压值(由直流电压表读出)；然后使电池组的电压逐步升高到接近产品标准规定的充电截止电压值，同时在电流表中测得各个充电时段的充电电流。

c) 源电压按表1的规定调至最小值和最大值，分别重复上述测量。

d) 对于多路输出电源，其他各路输出电压和负载电流应为额定值。

5.12 连续工作能力

5.12.1 测量方框图

测量方框图见图 2。

5.12.2 测量方法(对配备基地电台的电源)

测量方法如下:

a) 按图 2 连接线路。
b) 源电压为标称值,输出电压为额定值,负载电流按 4.15 规定的工作方式工作。对于多路输出电源,允许一路稳定输出量按 4.15 规定的工作方式工作(具体哪一路由产品标准规定),其他各路的负载电流均应为额定值。
c) 连续工作时间不小于 24 h(预热时间 30 min 除外)。
d) 每小时记录一次源电压、稳定输出量、负载电流和环境温度。

5.13 电磁兼容性试验

5.13.1 传导骚扰限值试验

按 YD/T 983—1998 中 5.5.1 进行。

5.13.2 辐射骚扰限值试验

按 YD/T 983—1998 中 5.5.2 进行。

5.13.3 总谐波电流限值试验

按 YD/T 983—1998 中 6.3 进行。

5.13.4 电压起伏和闪烁限值试验

按 YD/T 983—1998 中 6.5 进行。

5.13.5 抗扰性测试

5.13.5.1 静电放电抗扰性试验

按 YD/T 983—1998 中 7.4.1 进行。

5.13.5.2 辐射电磁场抗扰性试验

按 YD/T 983—1998 中 7.4.2 进行。

5.13.5.3 电快速瞬变脉冲群抗扰性试验

按 YD/T 983—1998 中 7.4.3 进行。

5.13.5.4 射频场感应的传导骚扰抗扰性试验

按 YD/T 983—1998 中 7.4.4 进行。

5.13.5.5 浪涌(冲击)抗扰性试验

按 YD/T 983—1998 中 7.4.5 进行。

5.13.5.6 电压暂降、电压短时中断抗扰性试验(设备每相输入电流≤16 A)

按 YD/T 983—1998 中 7.4.6 进行。

5.14 源电压超过额定条件时的测量

5.14.1 源电压过压

源电压的变化范围按 4.16.1 和 4.16.2 的规定,测量方法按 5.3 和 5.4 进行。

5.14.2 高压试验

按以下步骤进行高压试验:

a) 按图 2a)连接线路;

b) 输出电压和负载电流均为额定值,按 4.16.3 规定的源电压和通电时间进行试验。

5.15 安全试验

5.15.1 绝缘电阻和抗电强度试验

5.15.1.1 测量条件

被测稳压电源应进行受潮预处理,受潮预处理在潮湿箱内进行,箱内空气相对湿度为 91%～95%,箱内各处空气的温度应保持在 40_{-2}^{0}℃,时间为 48 h。应注意使潮湿箱内的空气流通,不允许露滴和凝水落在被测稳压电源上,被测稳压电源经受潮预处理后,立即进行绝缘电阻测量和抗电强度试验。

5.15.1.2 绝缘电阻

电源开关置通位,在受试电源的电源线的输入端与机壳间,施加 500 V 直流绝缘试验电压稳定 5 s 后测量绝缘电阻。

注:测量时,与绝缘并联的电阻器和其他元器件可以开路。

5.15.1.3 抗电强度试验

电源开关置通位,在被测稳压电源的电源线输入端与机壳间,按 4.18.3 的规定施加绝缘试验电压,试验电压应逐渐上升到规定值,以免出现瞬变,在规定的电压上保持 1 min,然后平稳地下降到零。

5.15.2 接触电流

按 GB/T 12113—2003 中规定的试验方法进行。

5.16 可靠性试验方法

可靠性试验方法按 SJ/T 2713—1986 附录 A 进行。

5.17 环境试验方法

环境试验方法按 SJ/T 2712 规定进行。

5.18 结构工艺试验方法

一般情况下用肉眼直接观察,必要时采用测量器具检查电源产品的结构工艺是否符合要求。

附　录　A
（规范性附录）
试验用仪器仪表设备基本要求

A.1　单相/三相交流稳压器和调压器

单相或三相额定电压为220 V或380 V；电压在0～130％额定电压范围内可调；功率容量为15 kV・A～150 kV・A（输出功率大于5～10倍被测稳压电源输入功率）。

A.2　直流稳压器

额定电压为70 V，输出电压应在0～150％额定电压范围内调整，输出功率大于5～10倍被测稳压电源输入功率。

A.3　单相/三相电压阶跃装置和直流阶跃装置

交流单相或三相额定电压为220 V或380 V，直流额定电压为70 V；阶跃范围：额定值到±30％范围内连续可调；阶跃时间：不大于1 ms；输出波形不间断；功率容量为15 kV・A～150 kV・A（直流输出功率大于5～10倍被测稳压电源输入功率）。

A.4　单相/三相变频电源

频率在45 Hz～55 Hz范围内可调，功率容量大于3～5倍被测稳压电源输入功率，总谐波含量小于5％。

A.5　仪器仪表用单相电源隔离变压器

主要用于由交流市电供电的测量仪器仪表与被测稳压电源输入交流市电的隔离之用。要求隔离变压器的输入市电相线、中线及地线与输出220 V完全隔离。隔离变压器的功率应大于用电仪器功率的总和1倍以上，一般为220 V/1 kV・A。

A.6　可调节阻性负载装置

应满足被测稳压电源的输出电压范围及0～125％额定电流范围；并具有5％、25％、50％、75％、100％、125％额定负载的连续调节功能及微量调节功能。

A.7　仪表用交流电流互感器（或其他交流电流测量装置）

用于扩大交流电流量程，最大量程应满足被测稳压电源的最大输入电流（交流）125％；精度：0.5级。

A.8 仪表用直流电流分流器

用于扩大直流电流量程，按被测稳压电源直流输出电流系列要求配备各档分流器：精度为 0.5 级。

A.9 交/直流数字多用电压表

交流量程：0～600 V；直流量程：0～200 V、0～200 mV；精度：0.2 级。

A.10 直流数字电压表

量程：0～200 V；精度：0.1%±1 个字；分辨率：4 位半以上。

A.11 交流数字电压表

量程：0～1 000 V；精度：0.2%±1 个字；分辨率：4 位半以上。

A.12 功率因数表

量程范围：0～400 V；精度：0.2 级；cosϕ 为 0.3～1.0。

A.13 数字存贮示波器

带宽：100 MHz；采样率：不低于 200 Msa/s；分辨率：8 bit；通道数：双通道；时基：5 ns/div～50 s/div。

A.14 模拟示波器

带宽：20 MHz；扫描：50 ns/div～50 s/div；通道数：双通道。

A.15 绝缘电阻测试仪

测试电压：DC500 V；量程：0～1 000 MΩ。

A.16 失真度测量仪

频率范围：50 Hz～200 kHz；失真度测量范围：0.03%～100%；输入电压范围：300 mVrms～300 Vrms；失真度测量误差：±10%，20 Hz～20 kHz。

A.17 抗电强度测试仪

测试电压：AC/DC0～5 000 V；漏电流测试范围：0～100 mA；测试时间控制：0～99 s；交流输出波形：50 Hz 正弦波。

A.18 恒温、恒湿试验箱

温控范围：应不低于本标准要求。

温控误差：±1 ℃。

容积：应不小于 5～10 倍被测稳压电源的体积。

A.19 低温低气压试验箱

低温、低气压范围：应不低于本标准要求。

控制误差：温度±0.1 ℃；压力±0.5 kPa。

容积：应不小于 5～10 倍被测稳压电源的体积。

A.20 电磁兼容测试设备

A.20.1 传导骚扰限值测试设备

应符合 YD/T 983—1998 中 5.5.1.1～5.5.1.4 要求。

A.20.2 辐射骚扰限值测试设备

应符合 YD/T 983—1998 中 5.5.2.1～5.5.2.4 要求。

A.20.3 总谐波电流限值测试设备

应符合 YD/T 983—1998 中 6.3.1 要求。

A.20.4 电压起伏和闪烁限值测试设备

应符合 YD/T 983—1998 中 6.5.1 要求。

A.20.5 抗骚扰性测试设备

A.20.5.1 抗静电放电骚扰测试设备

应符合 YD/T 983—1998 中 7.4.1.2 要求。

A.20.5.2 抗电磁场辐射骚扰测试设备

应符合 YD/T 983—1998 中 7.4.2.2 要求。

A.20.5.3 抗电快速瞬变脉冲群骚扰测试设备

应符合 YD/T 983—1998 中 7.4.3.2 要求。

A.20.5.4 抗射频场感应的传导骚扰测试设备

应符合 YD/T 983—1998 中 7.4.4.1 要求。

A.20.5.5 抗浪涌骚扰测试设备

应符合 YD/T 983—1998 中 7.4.5.2 要求。

A.20.5.6 抗电压暂降、电压短时中断骚扰测试设备

应符合 YD/T 983—1998 中 7.4.6.2 要求。

A.21 接触电流测量装置

接触电流测量装置设备应满足 GB/T 12113—2003 中第 5 章的要求。

ICS 77.120.20
H 12

中华人民共和国国家标准

GB/T 13748.1—2013
代替 GB/T 13748.1—2005

镁及镁合金化学分析方法 第1部分:铝含量的测定

Chemical analysis methods of magnesium and magnesium alloys— Part 1:Determination of aluminium content

(ISO 791:1973, Magnesium and magnesium alloys—Determination of aluminium—Chromazurol S photometric method, MOD;
ISO 3255:1974,Magnesium alloys—Determination of aluminium —8-hydroxyquinoline gravimetric method, MOD)

2013-09-06 发布　　　　2014-05-01 实施

中华人民共和国国家质量监督检验检疫总局
中国国家标准化管理委员会　发布

前 言

GB/T 13748《镁及镁合金化学分析方法》分为 22 个部分：

——第 1 部分：铝含量的测定；

——第 2 部分：锡含量的测定 邻苯二酚紫分光光度法；

——第 3 部分：锂含量的测定 火焰原子吸收光谱法；

——第 4 部分：锰含量的测定 高碘酸盐分光光度法；

——第 5 部分：钇含量的测定 电感耦合等离子体原子发射光谱法；

——第 6 部分：银含量的测定 火焰原子吸收光谱法；

——第 7 部分：锆含量的测定；

——第 8 部分：稀土含量的测定 重量法；

——第 9 部分：铁含量的测定 邻二氮杂菲分光光度法；

——第 10 部分：硅含量的测定 钼蓝分光光度法；

——第 11 部分：铍含量的测定 依莱铬氰蓝 R 分光光度法；

——第 12 部分：铜含量的测定；

——第 13 部分：铅含量的测定 火焰原子吸收光谱法；

——第 14 部分：镍含量的测定 丁二酮肟分光光度法；

——第 15 部分：锌含量的测定；

——第 16 部分：钙含量的测定 火焰原子吸收光谱法；

——第 17 部分：钾含量和钠含量的测定 火焰原子吸收光谱法；

——第 18 部分：氯含量的测定 氯化银浊度法；

——第 19 部分：钛含量的测定 二安替比啉甲烷分光光度法；

——第 20 部分：ICP-AES 测定元素含量；

——第 21 部分：光电直读原子发射光谱分析方法测定元素含量；

——第 22 部分：钍含量的测定。

本部分为 GB/T 13748 的第 1 部分。

本次对有采标对象的第 1 部分、第 4 部分、第 7 部分、第 8 部分、第 9 部分、第 10 部分、第 12 部分、第 14 部分、第 15 部分 9 个部分进行修订。

本部分按照 GB/T 1.1—2009 给出的规则起草。

本部分代替 GB/T 13748.1—2005《镁及镁合金化学分析方法 铝含量的测定》。

本部分与 GB/T 13748.1—2005 相比，主要技术变化如下：

——将方法一、方法二和方法三的“范围”合并为 第 1 章“范围”；

——增加了第 2 章“总则”的要求；

——增加了第 6 章“实验报告”的要求；

——删除了“质量保证和控制”的要求；

——增加了对仲裁方法的规定。

本部分方法二使用重新起草法修改采用 ISO 3255:1974《镁合金 铝含量的测定 铬天青 S 分光光度法》，与 ISO 3255:1974 相比在结构上有较多调整，附录 A 中列出了本部分方法二与 ISO 3255:1974 的章条编号对照一览表。

本部分与 ISO 3255:1974 相比存在技术性差异，这些差异涉及的条款已通过在其外侧页边空白位

置的垂直单线(|)进行了标示。

本部分与ISO 3255:1974的技术性差异及其原因如下:

——为适应我国的技术条件,将“铬天青S分光光度法”修改为“铬天青S-氯化十四烷基吡啶分光光度法”;

——将测定范围由“0.01%~0.20%”修改为“0.003 0%~0.300%”;

——增加铬天青S-氯化十四烷基吡啶的配制方法;

——修改“工作曲线的绘制”方法,以适应我国标准编写体系的要求;

——修改分析结果的计算公式,以适应我国标准编写体系的要求。

本部分方法三使用重新起草法修改采用ISO 791:1973《镁合金 铝含量的测定 8-羟基喹啉重量法》,与ISO 791:1973相比在结构上有较多调整,附录B中列出了本部分方法三与ISO 791:1973的章条编号对照一览表。

本部分与ISO 791:1973相比存在技术性差异,这些差异涉及的条款已通过在其外侧页边空白位置的垂直单线(|)进行了标示。

本部分与ISO 791:1973的技术性差异及其原因如下:

——修改方法提要,删除氰化钾的使用,减少污染;

——修改分析结果的计算公式,以适应我国标准编写体系的要求。

本部分的“方法一”为铝含量在0.020%~0.300%的镁合金(含锆、铍、钍或稀土)的仲裁方法,“方法二”为铝含量在0.003 0%~0.300%的镁及镁合金(不含钛、锆、铍、稀土)的仲裁方法,本部分的“方法三”为铝含量在1.50%~12.00%的镁合金(不含锆、钍或稀土)的仲裁方法。

本部分由全国有色金属标准化技术委员会(SAC/TC 243)归口。

本部分负责起草单位:中国铝业股份有限公司郑州研究院、中国有色金属工业标准计量质量研究所。

本部分方法一、方法二起草单位:北京有色金属研究总院。

本部分方法三起草单位:北京有色金属研究总院、西南铝业(集团)有限责任公司。

本部分方法一主要起草人:李娜、王爱慈、汪修芬、臧慕文、童坚。

本部分方法二主要起草人:臧慕文、王爱慈、童坚、刘英。

本部分方法三主要起草人:刘冰心、邓兰洪、陈雄立、谭海燕、胡永立。

本部分所代替标准的历次版本发布情况为:

——GB/T 13748.1—1992、GB/T 13748.1—2005。

镁及镁合金化学分析方法 第1部分:铝含量的测定

1 范围

GB/T 13748 的本部分规定了镁及镁合金中铝含量的测定方法。

本部分方法一适用于镁合金(含锆、铍、钍或稀土)中铝含量的测定。测定范围:0.020%~0.300%。

本部分方法二适用于镁及镁合金(不含钛、锆、铍、稀土)中铝含量的测定。测定范围:0.003 0%~0.300%。

本部分方法三适用于镁合金(不含锆、钍或稀土)中铝含量的测定。测定范围:1.50%~12.00%。

2 总则

2.1 除非另有说明,本部分所用试剂均为符合国家标准或行业标准的分析纯试剂,所用水均为蒸馏水。

2.2 试样应加工为厚度不大于1 mm的碎屑。

3 方法一 8-羟基喹啉分光光度法

3.1 方法提要

试料用盐酸溶解。在pH9.5的碳酸铵溶液中,以硫代乙醇酸作掩蔽剂,用苯萃取铝与苯甲酰苯胲生成的沉淀,用稀盐酸反萃取,使铝与干扰元素分离。在pH4.8乙酸-乙酸钠缓冲溶液中用8-羟基喹啉显色,于分光光度计波长390 nm处测量其吸光度。

3.2 试剂

3.2.1 三氯甲烷。

3.2.2 苯。

3.2.3 盐酸(1+1),优级纯。

3.2.4 盐酸(1+10),优级纯。

3.2.5 盐酸:$c(HCl)=0.2$ mol/L,优级纯。

3.2.6 硫代乙醇酸溶液:取20 mL硫代乙醇酸(80%)加入80 mL水。

3.2.7 氨水(1+10),优级纯。

3.2.8 碳酸铵溶液(200 g/L),储存于塑料瓶中。

3.2.9 苯甲酰苯胲(BPHA)乙醇溶液(20 g/L):溶解2 g BPHA于100 mL乙醇中。用时配制。

3.2.10 8-羟基喹啉溶液:称取5 g 8-羟基喹啉溶于100 mL乙酸溶液[$c(CH_3COOH)=2$ mol/L]中,用中速滤纸过滤,保存于棕色试剂瓶中。

3.2.11 乙酸-乙酸钠缓冲溶液:将等体积的无水乙酸钠溶液[$c(CH_3COONa)=2$ mol/L]和乙酸溶液[$c(CH_3COOH)=2$ mol/L]混合。

3.2.12 铝标准贮存溶液:称取1.000 0 g金属铝($w_{Al}\geqslant 99.9\%$)于聚乙烯烧杯中,加入20 mL水、3 g氢氧化钠,待其完全溶解后,用盐酸($\rho=1.19$ g/mL)慢慢中和至出现沉淀,并过量20 mL,不断搅拌使其溶解。冷却，用水移入1 000 mL容量瓶中，用水稀释至刻度，混匀。此溶液1 mL含1.0 mg铝。

3.2.13 铝标准溶液：移取25.00 mL溶液(3.2.12)置于250 mL容量瓶中，加入5 mL盐酸(3.2.3)，用水稀释至刻度，混匀。此溶液1 mL含100 μg铝。

3.2.14 铝标准溶液：移取25.00 mL溶液(3.2.13)置于250 mL容量瓶中，加入5 mL盐酸(3.2.3)，用水稀释至刻度，混匀。此溶液1 mL含10 μg铝。

3.2.15 2,4-二硝基酚饱和溶液。

3.3 仪器

3.3.1 分光光度计。

3.3.2 酸度计。

3.4 分析步骤

3.4.1 试料

按表1称取试样，精确至0.000 1 g。

表1

铝的质量分数/%	试料/g
0.020～0.050	0.30
>0.050～0.100	0.20
>0.100～0.300	0.10

3.4.2 测定次数

独立地进行两次测定，取其平均值。

3.4.3 空白试验

随同试料(3.4.1)做空白试验。

3.4.4 测定

3.4.4.1 将试料(3.4.1)置于150 mL烧杯中，盖上表皿。加入10 mL盐酸(3.2.3)，低温加热使试料完全溶解后，取下冷却，将溶液移入100 mL容量瓶中，以水稀释至刻度，混匀。

3.4.4.2 移取10.00 mL试液(3.4.4.1)至于100 mL分液漏斗中。

3.4.4.3 加入1 mL硫代乙醇酸溶液(3.2.6)、1滴2,4-二硝基酚饱和溶液(3.2.15)，用碳酸铵溶液(3.2.8)调至黄色，再过量5 mL，加水稀释至约30 mL，加入1 mL BPHA乙醇溶液(3.2.9)，混匀放置10 min。加入15 mL苯(3.2.2)，振荡3 min，静置分层。

3.4.4.4 将水相移入50 mL分液漏斗中，加1滴2,4-二硝基酚饱和溶液(3.2.15)，用氨水(3.2.7)调至黄色，滴加盐酸(3.2.4)至黄色恰好消失，加入5 mL乙酸-乙酸钠缓冲溶液(3.2.11)、0.5 mL 8-羟基喹啉溶液(3.2.10)，混匀，放置5 min。加入10.00 mL三氯甲烷(3.2.1)振荡3 min，静置分层，将有机相移入干燥的10 mL比色管中。

3.4.4.5 将部分溶液(3.4.4.4)移入1 cm吸收池中，以随同试料的空白试验溶液(3.4.3)为参比，于分光光度计(3.3.1)波长390 nm处测量其吸光度，从工作曲线上查得相应的铝量。

3.4.5 工作曲线的绘制

3.4.5.1 移取 0 mL、0.50 mL、1.00 mL、1.50 mL、2.00 mL、2.50 mL 铝标准溶液(3.2.14)置于一组 100 mL 分液漏斗中，加水 15 mL。以下按 3.4.4.3～3.4.4.4 步骤进行。

3.4.5.2 将部分溶液(3.4.5.1)移入 1 cm 吸收池中，以试剂空白溶液为参比，于分光光度计(3.3.1)波长 390 nm 处测量其吸光度，以铝量为横坐标，吸光度为纵坐标，绘制工作曲线。

3.5 分析结果的计算

铝含量以铝的质量分数 w_{Al} 计，数值以%表示，按式(1)计算：

$$w_{Al}=\frac{m_1 \cdot V_0 \times 10^{-6}}{m_0 \cdot V_1}\times 100 \qquad \cdots\cdots(1)$$

式中：

m_1——自工作曲线上查得的铝量，单位为微克(μg)；

V_0——试液总体积，单位为毫升(mL)；

m_0——试料的质量，单位为克(g)；

V_1——分取试液体积，单位为毫升(mL)。

计算结果表示到小数点后 3 位。

3.6 精密度

3.6.1 重复性

在重复性条件下获得的两次独立测试结果的测定值，在以下给出的平均值范围内，这两个测试结果的绝对差值不超过重复性限(r)，超过重复性限(r)的情况不超过 5%，重复性限(r)按表 2 数据采用线性内插法求得。

表 2

w_{Al}/%	0.020	0.15	0.30
r/%	0.003	0.02	0.02

3.6.2 允许差

实验室之间分析结果的差值应不大于表 3 所列允许差。

表 3

铝的质量分数/%	允许差/%
0.020～0.050	0.005
>0.050～0.080	0.010
>0.080～0.100	0.015
>0.100～0.200	0.020
>0.200～0.300	0.030

4 方法二 铬天青S-氯化十四烷基吡啶分光光度法

4.1 方法提要

试料以盐酸溶解。用抗坏血酸和邻二氮杂菲掩蔽Fe(Ⅲ)、Cu(Ⅱ)等，在pH5.8的乙酸-乙酸钠缓冲溶液存在下，加入铬天青S-氯化十四烷基吡啶与Al(Ⅲ)生成蓝绿色络合物，于分光光度计波长625 nm处测量其吸光度。

4.2 试剂

4.2.1 盐酸(1+1)，优级纯。
4.2.2 盐酸(1+19)，优级纯。
4.2.3 氨水(1+1)，优级纯。
4.2.4 2，4-二硝基酚乙醇溶液(1 g/L)。
4.2.5 抗坏血酸溶液(10 g/L)，用时现配。
4.2.6 邻二氮杂菲溶液(10 g/L)。
4.2.7 铬天青S(0.3 g/L)-氯化十四烷基吡啶(2 g/L)溶液：称取0.15 g铬天青S和1 g氯化十四烷基吡啶，分别溶于少量水中，然后合并，用水稀释至500 mL，混匀。
4.2.8 乙酸-乙酸钠缓冲溶液(pH5.8)：称取90.2 g无水乙酸钠溶于水中，加入6.0 mL冰乙酸(ρ=1.05 g/mL)，用水移入1 000 mL容量瓶中，用水稀释至刻度，混匀。
4.2.9 铝标准贮存溶液：称取1.000 0 g金属铝金属铝(w_{Al}≥99.9%)于聚乙烯烧杯中，加入20 mL水、3 g氢氧化钠，待其完全溶解后，用盐酸(ρ=1.19 g/mL)慢慢中和至出现沉淀，并过量20 mL，不断搅拌使其溶解。冷却，用水移入1 000 mL容量瓶中，用水稀释至刻度，混匀。此溶液1 mL含1 mg铝。
4.2.10 铝标准溶液：移取25.00 mL铝标准贮存溶液(4.2.9)置于250 mL容量瓶中，加入5 mL盐酸(4.2.1)，用水稀释至刻度，混匀。此溶液1 mL含100 μg铝。
4.2.11 铝标准溶液：移取25.00 mL铝标准溶液(4.2.10)置于250 mL容量瓶中，加入5 mL盐酸(4.2.1)，用水稀释至刻度，混匀。此溶液1 mL含10 μg铝。

4.3 仪器

分光光度计。

4.4 分析步骤

4.4.1 试料

称取0.10 g试样，精确至0.000 1 g。

4.4.2 测定次数

独立地进行两次测定，取其平均值。

4.4.3 空白试验

随同试料(4.4.1)做空白试验。

4.4.4 测定

4.4.4.1 将试料(4.4.1)置于200 mL烧杯中，加入约5 mL水、2 mL盐酸(4.2.1)，剧烈反应后加热蒸至约1 mL。用水将溶液移入100 mL容量瓶中，以水稀释至刻度，混匀。按表4分取试液，置于100 mL容量瓶中。

表 4

铝的质量分数/%	分取试液体积/mL
0.003 0～0.020	—
>0.020～0.100	20.00
>0.100～0.200	10.00
>0.200～0.300	5.00

4.4.4.2 用水稀释至约 50 mL，加入 4 滴 2,4-二硝基酚乙醇溶液(4.2.4)，滴加氨水(4.2.3)至溶液呈黄色，再滴加盐酸(4.2.2) 至黄色恰好消失。

4.4.4.3 加入 2 mL 抗坏血酸溶液(4.2.5)，混匀，加入 2 mL 邻二氮杂菲溶液(4.2.6)，混匀。沿瓶壁加入 10 mL 铬天青 S-氯化十四烷基吡啶溶液(4.2.7)，轻轻混匀，加入 10 mL 乙酸-乙酸钠缓冲溶液(4.2.8)，用水稀释至刻度，混匀。

4.4.4.4 放置 20 min 后，将部分溶液(4.4.4.3)移入 1 cm 吸收池中，以随同试料的空白试验溶液(4.4.3)为参比，于分光光度计波长 625 处测量其吸光度。从工作曲线上查得相应的铝量。

4.4.5 工作曲线的绘制

4.4.5.1 移取 0 mL、0.20 mL、0.40 mL、0.60 mL、0.80 mL、1.00 mL 铝标准溶液(4.2.11)，分别置于 6 个 100 mL 容量瓶中，以下按 4.4.4.2～4.4.4.3 步骤进行。

4.4.5.2 放置 20 min 后，将部分溶液(4.4.5.1)移入 1 cm 吸收池中，以试剂空白溶液为参比，于分光光度计波长 625 处测量其吸光度。以铝量为横坐标，吸光度为纵坐标，绘制工作曲线。

4.5 分析结果的计算

铝含量以铝的质量分数 w_{Al} 计，数值以%表示，按式(2)计算：

$$w_{Al}=\frac{m_1 \cdot V_0 \times 10^{-6}}{m_0 \cdot V_1}\times 100 \qquad \cdots\cdots(2)$$

式中：

m_1——自工作曲线上查得的铝量，单位为微克(μg)；

V_0——试液总体积，单位为毫升(mL)；

m_0——试料的质量，单位为克(g)；

V_1——分取试液体积，单位为毫升(mL)。

计算结果表示到小数点后 3 位。

4.6 精密度

4.6.1 重复性

在重复性条件下获得的两个独立测试结果的测定值，在以下给出的范围内，两个测试结果的绝对值不超过重复性限(r)，超过重复性限(r)的情况不超过 5%。重复性限(r)按以下表 5 数据采用线性内插法求得。

表 5

w_{Al}/%	0.004 3	0.030	0.30
r/%	0.000 3	0.004	0.02

4.6.2 允许差

实验室之间分析结果的差值应不大于表 6 所列允许差。

表 6

铝的质量分数/%	允许差/%
0.003 0～0.005 0	0.000 7
>0.005 0～0.007 5	0.001 1
>0.007 5～0.010 0	0.001 5
>0.010～0.025	0.002 5
>0.025～0.050	0.005
>0.050～0.075	0.007
>0.075～0.100	0.010
>0.100～0.300	0.025

5 方法三 8-羟基喹啉重量法

5.1 方法提要

试料以盐酸和硝酸溶解，在还原性乙酸介质中，用苯甲酸铵沉淀铝，过滤分离。用盐酸、酒石酸溶解苯甲酸铝沉淀，在乙酸铵缓冲介质中，用 8-羟基喹啉沉淀铝，将沉淀过滤、洗净，干燥后称量。

5.2 试剂

5.2.1 亚硫酸钠($Na_2SO_3 \cdot 7H_2O$)。

5.2.2 盐酸(ρ=1.19 g/mL)。

5.2.3 氨水(ρ=0.90 g/mL)。

5.2.4 氨水(1+3)。

5.2.5 盐酸(1+3)。

5.2.6 硝酸(3+1)。

5.2.7 乙酸溶液：量取 100 mL 冰乙酸(ρ=1.05 g/mL)，用水稀释至 1 000 mL。

5.2.8 混合溶液：称取 50 g 盐酸羟胺和 50 g 氯化铵，用 50 mL 冰乙酸(ρ=1.05 g/mL)及少量水溶解，冷却，用水稀释至 1 000 mL。

5.2.9 苯甲酸铵溶液(100 g/L)：称取 100 g 苯甲酸铵溶于温水中，加 0.001 g 麝香草酚，冷却后用水稀释至 1 000 mL。

5.2.10 苯甲酸铵洗液：量取 100 mL 苯甲酸铵溶液(5.2.9)，用 900 mL 水稀释，加 20 mL 冰乙酸(ρ=1.05 g/mL)混匀。

5.2.11 酒石酸溶液(500 g/L)。

5.2.12 8-羟基喹啉溶液(20 g/L)：称取 20 g 8-羟基喹啉溶于 80 mL 冰乙酸(ρ=1.05 g/mL)，用水稀释至 1 000 mL。用中速滤纸过滤，保存于棕色瓶中。

5.2.13 乙酸铵溶液(600 g/L)。

5.2.14 溴酚蓝乙醇溶液(2.0 g/L)。

5.2.15 中性红乙醇溶液(0.5 g/L)。

5.3 仪器

坩埚式过滤器(孔隙度 3 μm～15 μm)。

5.4 分析步骤

5.4.1 试料

按表 7 称取试样,精确至 0.000 1 g。

表 7

铝的质量分数/%	试料/g	盐酸(5.2.2)体积/mL
1.50～5.00	0.50	5
>5.00～12.00	1.0	10

5.4.2 测定次数

独立地进行两次测定,取其平均值。

5.4.3 测定

5.4.3.1 将试料(5.4.1)置于 250 mL 烧杯中,盖上表皿。加入 25 mL 水,按表 5 缓慢加入盐酸(5.2.2),加入 2 mL 硝酸(5.2.6),反应缓慢后,加热至完全溶解。如有残余物,用中速滤纸过滤,用热水洗涤烧杯及残余物各 5 次～6 次,弃去残余物。合并主液和洗液,煮沸 1 min～2 min,用水稀释至约 50 mL。

铝的质量分数大于 5%时,将试液移入 250 mL 容量瓶中,用水稀释至刻度,混匀。移取 50.00 mL 试液于 250 mL 烧杯中。

5.4.3.2 于试液(5.4.3.1)中加入 40 mL 水,2 滴～3 滴溴酚蓝乙醇溶液(5.2.14),用氨水(5.2.4)中和至溶液变为紫色,加入 20 mL 混合溶液(5.2.8),在搅拌下缓慢加入 20 mL 苯甲酸铵溶液(5.2.9),继续搅拌加热至沸并保持微沸 5 min。用中速滤纸过滤,用煮沸的苯甲酸铵洗液(5.2.10)洗涤烧杯和沉淀各 8 次～10 次,弃去滤液。

5.4.3.3 将 50 mL 盐酸(5.2.5)和 10 mL 酒石酸溶液(5.2.11)混合,加热煮沸,分次将沉淀(5.2.3.2)溶于原烧杯中,用热水洗涤滤纸 8 次～10 次,洗涤液与主液合并,移入 400 mL 烧杯中。加入 1 g 亚硫酸钠(5.2.1),搅拌使其完全溶解。加数滴中性红乙醇溶液(5.2.15),用氨水(5.2.3)调至溶液恰变为黄色。

5.4.3.4 将试液(5.4.3.3)用水稀释至约 200 mL,加热至约 70 ℃。用乙酸溶液(5.2.7)调至红色,在搅拌下缓慢加入 40 mL 8-羟基喹啉溶液(5.2.12)和 50 mL 乙酸铵溶液(5.2.13),在约 70 ℃静置 30 min。

5.4.3.5 用在 130 ℃恒量的坩埚式过滤器(5.3)过滤含沉淀的试液(5.4.3.4),用热水洗涤沉淀 6 次～8 次。在烘箱中于 130 ℃干燥至恒量,置于干燥器中,冷却至室温后称量。

5.5 分析结果的计算

铝含量以铝的质量分数 w_{Al} 计,数值以%表示,按式(3)计算:

$$w_{Al}=\frac{m_1 \cdot V_0 \times 0.058\ 73}{m_0 \cdot V_1}\times 100 \qquad (3)$$

式中：

m_1 ——8-羟基喹啉铝的质量，单位为克(g)；

V_0 ——试液总体积，单位为毫升(mL)；

m_0 ——试料的质量，单位为克(g)；

V_1 ——分取试液体积，单位为毫升(mL)；

0.058 73——8-羟基喹啉铝换算为铝的因数。

计算结果表示到小数点后2位。

5.6 精密度

5.6.1 重复性

在重复性条件下获得的两个独立测试结果的测定值，在以下给出的范围内，两个测试结果的绝对值不超过重复性限(*r*)，超过重复性限(*r*)的情况不超过5%。重复性限(*r*)按以下表8数据采用线性内插法求得。

表 8

w_{Al}/%	1.77	6.63	10.00
r/%	0.05	0.09	0.10

5.6.2 允许差

实验室之间分析结果的差值应不大于表9所列允许差。

表 9

铝的质量分数/%	允许差/%
1.50～3.00	0.09
>3.00～5.50	0.12
>5.50～9.00	0.15
>9.00～12.00	0.20

6 试验报告

试验报告包括以下内容：

——试样；

——使用的标准(包括发布或出版年号)；

——使用的方法(如果标准中包括几个方法)；

——分析结果及其表示；

——与基本分析步骤的差异；

——测定中观察到的异常现象；

——试验日期。

附　录　A
（资料性附录）
本部分方法二与 ISO 3255:1974 相比的结构变化情况

本部分方法二与 ISO 3255:1974 相比在结构上有较多调整，具体章条编号对照情况见表 A.1。

表 A.1　本部分与 ISO 3255:1974 的章条编号对照情况

本部分章条编号	对应的国际标准章条编号
1	1
4.1	2
4.2	3
4.3	4
2.2	5
4.4.1	6.1
4.4.3	6.2
4.4.5	6.3
4.4.4	6.4
4.5	7
6	8

附　录　B
（资料性附录）
本部分方法三与 ISO 791:1973 相比的结构变化情况

本部分方法三与 ISO 791:1973 相比在结构上有较多调整，具体章条编号对照情况见表 B.1。

表 B.1　本部分与 ISO 791:1973 的章条编号对照情况

本部分章条编号	对应的国际标准章条编号
1	1
5.1	2
5.2	3
5.3	4
2.2	5
5.4.1	6.1
5.4.3	6.2
5.5	7
6	8

ICS 77.120.10
H 12

中华人民共和国国家标准

GB/T 13748.4—2013
代替 GB/T 13748.4—2005

镁及镁合金化学分析方法 第4部分:锰含量的测定 高碘酸盐分光光度法

Chemical analysis methods of magnesium and magnesium alloys—Part 4:Determination of manganese content—Periodate spectrophotometric method

[ISO 2353:1972,Magnesium and its alloys—Determination of manganese in magnesium alloys containing zirconium,rare earths,thorium and silver — Periodate photometric method,NEQ、
ISO 809:1973,Magnesium and magnesium alloys—Determination of manganese—Periodate photometric method (Manganese content between 0.01 and 0.8%),NEQ、
ISO 810:1973,Magnesium and magnesium alloys—Determination of manganese—Periodate photometric method (Manganese content less than 0.01%),NEQ]

2013-09-06 发布　　2014-05-01 实施

中华人民共和国国家质量监督检验检疫总局
中国国家标准化管理委员会　发布

前　言

GB/T 13748《镁及镁合金化学分析方法》分为22个部分：

——第1部分：铝含量的测定；

——第2部分：锡含量的测定　邻苯二酚紫分光光度法；

——第3部分：锂含量的测定　火焰原子吸收光谱法；

——第4部分：锰含量的测定　高碘酸盐分光光度法；

——第5部分：钇含量的测定　电感耦合等离子体原子发射光谱法；

——第6部分：银含量的测定　火焰原子吸收光谱法；

——第7部分：锆含量的测定；

——第8部分：稀土含量的测定　重量法；

——第9部分：铁含量的测定　邻二氮杂菲分光光度法；

——第10部分：硅含量的测定　钼蓝分光光度法；

——第11部分：铍含量的测定　依莱铬氰蓝R分光光度法；

——第12部分：铜含量的测定；

——第13部分：铅含量的测定　火焰原子吸收光谱法；

——第14部分：镍含量的测定　丁二酮肟分光光度法；

——第15部分：锌含量的测定；

——第16部分：钙含量的测定　火焰原子吸收光谱法；

——第17部分：钾含量和钠含量的测定　火焰原子吸收光谱法；

——第18部分：氯含量的测定　氯化银浊度法；

——第19部分：钛含量的测定　二安替比啉甲烷分光光度法；

——第20部分：ICP-AES测定元素含量；

——第21部分：光电直读原子发射光谱分析方法测定元素含量；

——第22部分：钍含量的测定。

本部分为GB/T 13748的第4部分。

本次对有采标对象的第1部分、第4部分、第7部分、第8部分、第9部分、第10部分、第12部分、第14部分、第15部分9个部分进行修订。

本部分按照GB/T 1.1—2009给出的规则起草。

本部分代替GB/T 13748.4—2005《镁及镁合金化学分析方法　锰含量的测定　高碘酸盐分光光度法》。

本部分与GB/T 13748.4—2005相比，主要技术变化如下：

——将方法一、方法二和方法三的“范围”合并为 第1章“范围”；

——增加了第2章“总则”的要求；

——增加了第6章“实验报告”的要求；

——删除了“质量保证和控制”的要求；

——对“方法二”中错误的试剂序号进行了修订。

——增加了对仲裁方法的规定。

本部分方法一使用重新起草法参考ISO 2353:1972《镁及镁合金　含锆、稀土、钍和银的镁合金中锰含量的测定　高碘酸盐光度法》，与ISO 2353:1972一致性程度为非等效；方法二使用重新起草法参考ISO 809:1973《镁及镁合金　介于0.01%～0.8%锰含量的测定　高碘酸盐光度法》,与ISO 809:1973一致性程度为非等效;方法三使用重新起草法参考ISO 810:1973《镁及镁合金　小于0.01%锰含量的测定　高碘酸盐光度法》,与ISO 810:1973一致性程度为非等效。

本部分的"方法一"为锰含量在0.050%～2.70%的镁合金(含Zr、RE、Th、Ag)仲裁方法,"方法二"为锰含量在0.010%～0.80%的镁及镁合金(不含Zr、RE、Th、Ag)仲裁方法,"方法三"为锰含量在0.000 5%～0.010%的原生镁锭仲裁方法。

本部分由全国有色金属标准化技术委员会(SAC/TC 243)归口。

本部分负责起草单位:中国铝业股份有限公司郑州研究院、中国有色金属工业标准计量质量研究所。

本部分起草单位:中国铝业股份有限公司郑州研究院、洛阳铜加工集团有限责任公司。

本部分方法一主要起草人:薛宁、石磊、夏庆珠、王惠、刘爱菊。

本部分方法二主要起草人:张树朝、吴豫强、石磊、夏庆珠、王惠。

本部分方法三主要起草人:郭永恒、刘战伟、赵春芳、杨晓丽、姚巧萍、阎国庆。

本部分所代替标准的历次版本发布情况为:

——GB/T 13748.2—1992;

——GB/T 13748.4—2005。

镁及镁合金化学分析方法 第4部分:锰含量的测定 高碘酸盐分光光度法

1 范围

GB/T 13748的本部分规定了镁及镁合金中锰含量的测定方法。

本部分方法一适用于镁合金(含Zr、RE、Th、Ag)中锰含量的测定。测定范围:0.050%~2.70%。

本部分方法二适用于镁及镁合金(不含Zr、RE、Th、Ag)中锰含量的测定。测定范围:0.010%~0.80%。

本部分方法三适用于原生镁锭中锰含量的测定。测定范围:0.000 5%~0.010%。

2 总则

2.1 除非另有说明,本部分所用试剂均为符合国家标准或行业标准的分析纯试剂,所用水均为蒸馏水。

2.2 试样应加工为厚度不大于1 mm的碎屑。

3 方法一

3.1 方法提要

试料以硫酸溶解,在氟硼酸及硝酸存在下,用高碘酸钾将锰(Ⅱ)氧化至锰(Ⅶ)。于分光光度计波长545 nm处测量其吸光度。

3.2 试剂

3.2.1 高碘酸钾。

3.2.2 硝酸(ρ=1.40 g/mL):煮沸3 min~5 min或通入二氧化碳气流以除去氮的氧化物。

3.2.3 硫酸(1+3)。

3.2.4 氟硼酸溶液(1+99):取10 mL氟硼酸(40%)用水稀释至1 000 mL。

3.2.5 去还原剂的水:将分析用水加热煮沸,每升用10 mL硫酸(3.2.3)酸化,加少许高碘酸钾(3.2.1),继续煮沸约10 min,冷却。

3.2.6 亚硝酸钠溶液(20 g/L):用时现配。

3.2.7 锰标准贮存溶液:按3.2.7.1或3.2.7.2制备。

3.2.7.1 取适量电解锰[w_{Mn}≥99.9%]置于盛有60 mL~80 mL硫酸(3.2.3)和约100 mL水的烧杯中,摇动数分钟,弃去酸溶液,以水洗涤数次,再用丙酮清洗1~2次。在100 ℃恒温箱中烘干约2 min,置于干燥器中冷却。称取1.000 0 g电解锰于400 mL高形烧杯中,加入40 mL硫酸(3.2.3),加热溶解,加约80 mL水,煮沸数分钟,冷却至室温,移入1 000 mL容量瓶中,以水稀释至刻度,混匀。此溶液1 mL含1 mg锰。

3.2.7.2 称取2.877 g高锰酸钾置于400 mL高形烧杯中,用约200 mL水溶解,加入40 mL硫酸(3.2.3)、适量亚硫酸钠或过氧化氢(ρ=1.10 g/mL)还原高锰酸,煮沸除去过量的二氧化硫或过氧化氢,冷却,移入 1 000 mL 容量瓶中,以水稀释至刻度,混匀。此溶液 1 mL 含 1 mg 锰。

3.2.8 锰标准溶液:移取 10.00 mL 锰标准储存溶液(3.2.7)于 100 mL 容量瓶中,以水稀释至刻度,混匀。此溶液 1 mL 含 100 μg 锰。

3.3 仪器

分光光度计。

3.4 分析步骤

3.4.1 试料

按表 1 称取试样,精确至 0.000 1 g。

表 1

锰的质量分数/%	试料/g	硫酸(3.2.3)体积/mL
0.05~0.50	0.20	15
>0.50~2.70	0.50	10

3.4.2 测定次数

独立地进行两次测定,取其平均值。

3.4.3 空白试验

于铂皿中加入 20 mL 硝酸(3.2.2),蒸发至干,以少量温水溶解残渣,移入 250 mL 高形烧杯中,用水稀释至约 40 mL,加入 15 mL 硫酸(3.2.3)、5 mL 氟硼酸(3.2.4),以水稀释至约 60 mL,以下随同试料(3.4.1)按 3.4.4.2 和 3.4.4.3 进行。

3.4.4 测定

3.4.4.1 将试料(3.4.1)置于 250 mL 高形烧杯中,盖上表皿。按表 1 慢慢加入硫酸(3.2.3),待试料溶解完全后,加入 20 mL 硝酸(3.2.2)、5 mL 氟硼酸(3.2.4),以水稀释至 60 mL。

当锰的质量分数大于 0.50%时,将溶解完全后的试液移入 100 mL 容量瓶中,以水稀释至刻度,混匀。分取 10.00 mL 试液于原烧杯中,加入 15 mL 硫酸(3.2.3)、20 mL 硝酸(3.2.2)、5 mL 氟硼酸(3.2.4),以水稀释至约 60 mL。

3.4.4.2 将试液(3.4.4.1)煮沸 1 min~2 min,稍冷,加入 0.5 g 高碘酸钾(3.2.1),继续煮沸 3 min,在近沸下保温 10 min,冷却。移入 100 mL 容量瓶中,用去还原剂的水(3.2.5)稀释至刻度,混匀。

3.4.4.3 移取部分显色溶液(3.4.4.2)于 1 cm 吸收池中,向剩余的显色液中边摇边滴加亚硝酸钠溶液(3.2.6)至紫色刚好褪去,移取其溶液于另一吸收池中为参比。于分光光度计波长 545 nm 处测量其吸光度。减去随同试料的空白试验(3.4.3)溶液的吸光度,从工作曲线上查出相应的锰量。

3.4.5 工作曲线的绘制

3.4.5.1 移取 0 mL、1.00 mL、3.00 mL、6.00 mL、9.00 mL、12.00 mL、15.00 mL 锰标准溶液(3.2.8)置于一组 250 mL 高形烧杯中,加入 15 mL 硫酸(3.2.3)、20 mL 硝酸(3.2.2)、5 mL 氟硼酸(3.2.4),以下按 3.4.4.2 和 3.4.4.3 进行。

3.4.5.2 减去试剂空白溶液的吸光度,以锰量为横坐标,吸光度为纵坐标,绘制工作曲线。

3.5 分析结果的计算

锰含量以锰的质量分数 w_{Mn} 计，数值以%表示，按式(1)计算：

$$w_{Mn}=\frac{m_1\cdot V_0\times 10^{-6}}{m_0\cdot V_1}\times 100 \quad\cdots\cdots(1)$$

式中：

m_1——自工作曲线上查得的锰量，单位为微克(μg)；

V_0——试液总体积，单位为毫升(mL)；

m_0——试料的质量，单位为克(g)；

V_1——分取试液体积，单位为毫升(mL)。

计算结果表示到小数点后3位。

3.6 精密度

3.6.1 重复性

在重复性条件下获得的两次独立测试结果的测定值，在以下给出的平均值范围内，这两个测试结果的绝对差值不超过重复性限(r)，超过重复性限(r)的情况不超过5%，重复性限(r)按表2数据采用线性内插法求得：

表2

w_{Mn}/%	0.100	1.00	2.60
r/%	0.006	0.04	0.06

3.6.2 允许差

试验室之间分析结果的差值应不大于表3所列允许差。

表3

锰的质量分数/%	允许差/%
0.050～0.150	0.010
>0.150～0.30	0.020
>0.30～0.80	0.040
>0.80～1.50	0.05
>1.50～2.70	0.08

4 方法二

4.1 方法提要

试料以硫酸溶解，硝酸氧化，在磷酸存在下，用高碘酸钾将锰(Ⅱ)氧化到锰(Ⅶ)。于分光光度计波长525 nm处测量其吸光度。

4.2 试剂

4.2.1 高碘酸钾。

4.2.2 硝酸（ρ=1.40 g/mL）：将硝酸煮沸 3 min～5 min 或通二氧化碳气流以除去氮的氧化物。

4.2.3 磷酸（ρ=1.71 g/mL）。

4.2.4 氢氟酸（ρ=1.14 g/mL）。

4.2.5 硫酸（1+3）。

4.2.6 亚硝酸钠溶液（20 g/L）：用时现配。

4.2.7 去还原剂的水：将分析用水加热煮沸，每升用 10 mL 硫酸（4.2.5）酸化，加少许高碘酸钾（4.2.1），继续煮沸约 10 min，冷却。

4.2.8 锰标准贮存溶液：按 4.2.8.1 或 4.2.8.2 制备。

4.2.8.1 取适量电解锰[w_{Mn}≥99.9%]置于盛有 60 mL～80 mL 硫酸（4.2.5）和约 100 mL 水的烧杯中，摇动数分钟，弃去酸溶液，以水洗涤数次，再用丙酮清洗 1～2 次。在 100 ℃恒温箱中烘干约 2 min，置于干燥器中冷却。称取 1.000 0 g 电解锰于 400 mL 高形烧杯中，加入 40 mL 硫酸（4.2.5），加热溶解，加入约 80 mL 水，煮沸数分钟，冷却至室温，移入 1 000 mL 容量瓶中，以水稀释至刻度，混匀。此溶液 1 mL 含 1 mg 锰。

4.2.8.2 称取 2.877 g 高锰酸钾置于 400 mL 高形烧杯中，用约 200 mL 水溶解。加入 40 mL 硫酸（4.2.5）、适量亚硫酸钠或过氧化氢（ρ=1.10 g/mL）还原高锰酸，煮沸除去过量的二氧化硫或过氧化氢，冷却。移入 1 000 mL 容量瓶中，以水稀释至刻度，混匀。此溶液 1 mL 含 1 mg 锰。

4.2.9 锰标准溶液：移取 100.00 mL 锰标准储存溶液（4.2.8）于 1 000 mL 容量瓶中，以水稀释至刻度，混匀。此溶液 1 mL 含 100 μg 锰。

4.3 仪器

分光光度计。

4.4 分析步骤

4.4.1 试料

按表 4 称取试样，精确至 0.000 1 g。

表 4

锰的质量分数/%	试料/g	硫酸（4.2.5）体积/mL	硝酸（4.2.2）体积/mL
0.010～0.050	1	25	25
>0.050～0.40	0.5	20	25
>0.40～0.80	0.5	10	5

4.4.2 测定次数

独立地进行两次测定，取其平均值。

4.4.3 空白试验

4.4.3.1 锰的质量分数为 0.010%～0.050%时，于铂皿中加入 25 mL 硝酸（4.2.2）和 5 mL 硫酸（4.2.5），蒸发至干，以少量温水溶解残渣。移入 250 mL 高形烧杯中，用水稀释至约 40 mL，加入 20 mL

硫酸(4.2.5)、5 mL 磷酸(4.2.3)和 2～3 滴氢氟酸(4.2.4),以下随同试料(4.4.1)按 4.4.4.3 及 4.4.4.4 进行。

4.4.3.2 锰的质量分数大于 0.050%～0.400%时,于铂皿中加入 25 mL 硝酸(4.2.2),蒸发至干,用少量温水溶解残渣。移入 250 mL 高形烧杯中,用水稀释体积约为 40 mL,加入 20 mL 硫酸(4.2.5)、5 mL 磷酸(4.2.3)和 2～3 滴氢氟酸(4.2.4),以下随同试料(4.4.1)按 4.4.4.3 及 4.4.4.4 进行。

4.4.3.3 锰的质量分数大于 0.400%～0.800%时,于铂皿中加入 25 mL 硝酸(4.2.2),蒸发至干,用少量温水溶解残渣,加入 5 mL 硫酸(4.2.5),移入 100 mL 容量瓶中,冷却。以水稀释至刻度,混匀。移取 20.00 mL 试液于 250 mL 高形烧杯中,用水稀释体积约为 40 mL,加入 15 mL 硫酸(4.2.5)、3 mL 硝酸(4.2.2)、5 mL 磷酸(4.2.3)和 2～3 滴氢氟酸(4.2.4),以下随同试料(4.4.1)按 4.4.4.3 及 4.4.4.4 进行。

4.4.4 测定

4.4.4.1 将试料(4.4.1)置于 250 mL 高形烧杯中,盖上表皿,加入 10 mL 水,然后按表 4 慢慢加入硫酸(4.2.5),待反应完全后,按表 4 加入硝酸(4.2.2)和 2～3 滴氢氟酸(4.2.4),煮沸数分钟,取下,冷却。

锰的质量分数大于 0.400%～0.800%时,将上述试液移入 100 mL 容量瓶中,以水稀释至刻度,混匀。移取 20.00 mL 试液于 250 mL 高形烧杯中,加入 15 mL 硫酸(4.2.5)、25 mL 硝酸(4.2.2)。

4.4.4.2 将试液(4.4.4.1)用水稀释至约 60 mL,加入 5 mL 磷酸(4.2.3)。

4.4.4.3 煮沸溶液,加入 0.5 g 高碘酸钾(4.2.1),煮沸 3 min,在近沸下保温 15 min ,冷却。移入 100 mL 容量瓶中,用去还原剂的水(4.2.7)稀释至刻度,混匀。

4.4.4.4 移取部分显色溶液(4.4.4.3)于 1 cm～3 cm 吸收池中,向剩余的显色液中边摇动边滴加亚硝酸钠溶液(4.2.6)至紫色刚好褪去。移取其溶液于另一吸收池中为参比,于分光光度计波长 525 nm 处测量其吸光度。

4.4.4.5 减去随同试料的空白试验溶液(4.4.3)的吸光度,从工作曲线上查出相应的锰量。

4.4.5 工作曲线的绘制

4.4.5.1 移取 0 mL、1.00 mL、2.00 mL、3.00 mL、4.00 mL、5.00 mL 锰标准溶液(4.2.9)和 0 mL、1.00 mL、2.00 mL、5.00 mL、10.00 mL、15.00 mL、20.00 mL 锰标准溶液(4.2.9),分别置于两组 250 mL 高形烧杯中,用水稀释至约 20 mL,加入 15 mL 硫酸(4.2.5)、25 mL 硝酸(4.2.2)、5 mL 磷酸(4.2.3),以下按 4.4.4.3 及 4.4.4.4 进行。

4.4.5.2 减去试剂空白溶液的吸光度,以锰量为横坐标,吸光度为纵坐标,分别绘制锰的质量分数为 0.010%～0.050%和>0.050%～0.800%的两条工作曲线。

4.5 分析结果的计算

锰含量以锰的质量分数 w_{Mn} 计,数值以%表示,按式(2)计算:

$$w_{Mn}=\frac{m_1\cdot V_0\times10^{-6}}{m_0\cdot V_1}\times100 \qquad \cdots\cdots(2)$$

式中:

m_1——自工作曲线上查得的锰量,单位为微克(μg);

V_0——试液总体积,单位为毫升(mL);

m_0——试料的质量,单位为克(g);

V_1——分取试液体积,单位为毫升(mL)。

计算结果表示到小数点后 3 位。

4.6 精密度

4.6.1 重复性

在重复性条件下获得的两次独立测试结果的测定值，在以下给出的平均值范围内，这两个测试结果的绝对差值不超过重复性限(r)，超过重复性限(r)的情况不超过5%，重复性限(r)按表5数据采用线性内插法求得。

表5

w_{Mn}/%	0.010	0.10	0.70
r/%	0.001	0.01	0.02

4.6.2 允许差

实验室之间分析结果的差值应不大于表6所列允许差。

表6

锰的质量分数/%	允许差/%
0.010～0.030	0.003
>0.030～0.10	0.008
>0.10～0.30	0.020
>0.30～0.80	0.040

5 方法三

5.1 方法提要

试料以硫酸溶解，硝酸氧化，在磷酸存在下，用高碘酸钾将锰(Ⅱ)氧化至锰(Ⅶ)。于分光光度计波长525 nm处，测量其吸光度。

5.2 试剂

5.2.1 硝酸(ρ=1.40 g/L)。
5.2.2 磷酸(ρ=1.71 g/L)。
5.2.3 硫酸(1+3)。
5.2.4 高碘酸钾溶液(50 g/L)：称取25.0 g高碘酸钾于500 mL烧杯中，加入400 mL水，加热溶解后，加入100 mL硝酸(5.2.1)。
5.2.5 亚硝酸钠溶液(5 g/L)：用时现配。
5.2.6 去还原剂的水：将分析用水加热煮沸，每升用10 mL硫酸(5.2.3)酸化，加少许高碘酸钾，继续煮沸10 min，冷却。
5.2.7 锰标准贮存溶液：称取1.000 0 g金属锰{预先将适量电解锰[w_{Mn}≥99.9%]置于盛有60 mL～80 mL硫酸(5.2.3)和100 mL水的烧杯中，摇动数分钟，弃去酸液，以水洗涤数次，再用丙酮洗1～2次，于100 ℃恒温箱中烘干约2 min，置于干燥器中冷却}于400 mL烧杯中，加入40 mL硫酸(5.2.3)，加热溶解，加入80 mL水，煮沸数分钟，冷却，移入1 000 mL容量瓶中，用水稀释至刻度，混匀。此溶液1 mL含1 mg锰。

5.2.8 锰标准溶液：移取10.00 mL锰标准贮存溶液(5.2.7)于500 mL容量瓶中，用水稀释至刻度，混匀。此溶液1 mL含20 μg锰。

5.3 仪器

分光光度计。

5.4 分析步骤

5.4.1 试料

称取2 g试样，精确至0.000 1 g。

5.4.2 测定次数

独立地进行两次测定，取其平均值。

5.4.3 空白试验

随同试料(5.4.1)做空白试验。

5.4.4 测定

5.4.4.1 将试料(5.4.1)置于250 mL烧杯中，加入30 mL硫酸(5.2.3)，待试料溶解完全后，以少量的水洗杯壁，加入5 mL硝酸(5.2.1)，1 mL磷酸(5.2.2)，混匀，加水使体积约50 mL。

5.4.4.2 将试液(5.4.4.1)置于电炉上加热至沸，取下，加入10 mL高碘酸钾溶液(5.2.4)，继续加热至沸，待溶液显紫红色后低温煮沸20 min[其间不断吹入去还原剂的水(5.2.6)，使体积保持一致并小于50 mL]，在电炉上保温10 min，取下冷却，移入50 mL容量瓶中，用去还原剂的水(5.2.6)稀释至刻度，混匀。

5.4.4.3 移取部分显色液(5.4.4.2)于5 cm吸收池中，向剩余的显色液中边摇边滴加亚硝酸钠溶液(5.2.5)使紫色刚好褪去，取其溶液于另一个吸收池中为参比，于分光光度计波长525 nm处测量其吸光度。

5.4.4.4 将所测得试液的吸光度，减去试剂空白试验(5.4.3)溶液的吸光度后，从工作曲线上查的相应的锰量。

5.4.5 工作曲线的绘制

5.4.5.1 移取0 mL、1.00 mL、2.00 mL、4.00 mL、6.00 mL、8.00 mL、10.00 mL锰标准溶液(5.2.8)于250 mL烧杯中，加入10 mL硫酸(5.2.3)，加入5 mL硝酸(5.2.1)，加入1 mL磷酸(5.2.2)，混匀，加水使体积约50 mL。以下按5.4.4.2～5.4.4.3进行。

5.4.5.2 将测得系列标准溶液的吸光度，减去试剂空白溶液的吸光度后，以锰量为横坐标，吸光度为纵坐标，绘制工作曲线。

5.5 分析结果的计算

锰含量以锰的质量分数 w_{Mn} 计，数值以%表示，按式(3)计算：

$$w_{\mathrm{Mn}}=\frac{m_1\times10^{-6}}{m_0}\times100 \qquad (3)$$

式中：

m_1——自工作曲线上查得的锰量，单位为微克(μg)；

m_0——试料的质量，单位为克(g)。

计算结果表示到小数点后4位。

5.6 精密度

5.6.1 重复性

在重复性条件下获得的两次独立测试结果的测定值，在以下给出的平均值范围内，这两个测试结果的绝对差值不超过重复性限(r)，超过重复性限(r)的情况不超过5%，重复性限(r)按表7数据采用线性内插法求得。

表 7

w_{Mn}/%	0.002 5	0.005 0	0.007 5
r/%	0.000 3	0.000 6	0.001 0

5.6.2 允许差

实验室之间分析结果的差值应不大于表8所列允许差。

表 8

锰的质量分数/%	允许差/%
0.000 5～0.002 0	0.000 3
>0.002 0～0.005 0	0.000 8
>0.005 0～0.010	0.001 5

6 试验报告

试验报告包括以下内容：

——试样；

——使用的标准(包括发布或出版年号)；

——使用的方法(如果标准中包括几个方法)；

——分析结果及其表示；

——与基本分析步骤的差异；

——测定中观察到的异常现象；

——试验日期。

ICS 77.120.20
H 12

中华人民共和国国家标准

GB/T 13748.7—2013
代替 GB/T 13748.7—2005

镁及镁合金化学分析方法 第7部分:锆含量的测定

Chemical analysis methods of magnesium and magnesium alloys—Part 7:Determination of zirconium content

(ISO 2354:1976,Magnesium alloys—Determination of insoluble zirconium—Alizarin sulphonate photometric method,MOD;
ISO 1178:1976,Magnesium alloys—Determination of soluble zirconium—Alizarin sulphonate photometric method,MOD)

2013-09-06 发布　　2014-05-01 实施

中华人民共和国国家质量监督检验检疫总局
中国国家标准化管理委员会　发布

前　言

GB/T 13748《镁及镁合金化学分析方法》分为 22 个部分：

——第 1 部分：铝含量的测定；

——第 2 部分：锡含量的测定　邻苯二酚紫分光光度法；

——第 3 部分：锂含量的测定　火焰原子吸收光谱法；

——第 4 部分：锰含量的测定　高碘酸盐分光光度法；

——第 5 部分：钇含量的测定　电感耦合等离子体原子发射光谱法；

——第 6 部分：银含量的测定　火焰原子吸收光谱法；

——第 7 部分：锆含量的测定；

——第 8 部分：稀土含量的测定　重量法；

——第 9 部分：铁含量的测定　邻二氮杂菲分光光度法；

——第 10 部分：硅含量的测定　钼蓝分光光度法；

——第 11 部分：铍含量的测定　依莱铬氰蓝 R 分光光度法；

——第 12 部分：铜含量的测定；

——第 13 部分：铅含量的测定　火焰原子吸收光谱法；

——第 14 部分：镍含量的测定　丁二酮肟分光光度法；

——第 15 部分：锌含量的测定；

——第 16 部分：钙含量的测定　火焰原子吸收光谱法；

——第 17 部分：钾含量和钠含量的测定　火焰原子吸收光谱法；

——第 18 部分：氯含量的测定　氯化银浊度法；

——第 19 部分：钛含量的测定　二安替比啉甲烷分光光度法；

——第 20 部分：ICP-AES 测定元素含量；

——第 21 部分：光电直读原子发射光谱分析方法测定元素含量；

——第 22 部分：钍含量的测定。

本部分为 GB/T 13748 的第 7 部分。

本次对有采标对象的第 1 部分、第 4 部分、第 7 部分、第 8 部分、第 9 部分、第 10 部分、第 12 部分、第 14 部分、第 15 部分 9 个部分进行修订。

本部分按照 GB/T 1.1—2009 给出的规则起草。

本部分代替 GB/T 13748.7—2005《镁及镁合金化学分析方法　锆含量的测定　二甲苯酚橙分光光度法》。

本部分与 GB/T 13748.7—2005 相比，主要技术变化如下：

——增加了“方法二　茜素磺酸盐光度法”测定不溶性锆含量；

——增加了“方法三　茜素磺酸盐光度法”测定可溶性锆含量；

——修改了第 1 章“范围”；

——增加了第 2 章“总则”的要求；

——增加了第 6 章“实验报告”的要求；

——删除了“质量保证和控制”的要求；

——增加了对仲裁方法的规定。

本部分包括 3 个方法，“方法一”是对 GB/T 13748.7—2005《镁及镁合金化学分析方法　锆含量的

测定　二甲苯酚橙分光光度法》的重新确认；“方法二”是新增加方法“茜素磺酸盐光度法”，测定不溶性锆；“方法三”是新增加方法“茜素磺酸盐光度法”，测定可溶性锆。

本部分方法二使用翻译法修改采用ISO 2354：1976《镁合金　不溶性锆的测定　茜素磺酸盐光度法》；本部分方法三使用翻译法修改采用ISO 1178：1976《镁合金　可溶性锆的测定　茜素磺酸盐光度法》。

本部分方法一为仲裁方法。

本部分由全国有色金属标准化技术委员会(SAC/TC 243)归口。

本部分负责起草单位：中国铝业股份有限公司郑州研究院、中国有色金属工业标准计量质量研究所。

本部分起草单位：中国铝业股份有限公司郑州研究院。

本部分方法一主要起草人：张元克、路霞、路培乾、薛宁、张炜华。

本部分方法二主要起草人：张洁、张树朝、张炜华、匡玉云、胡璇。

本部分方法三主要起草人：吴豫强、李跃平、胡璇、张洁、石磊。

本部分所代替标准的历次版本发布情况为：

——GB/T 13748.7—1992、GB/T 13748.7—2005。

镁及镁合金化学分析方法
第7部分:锆含量的测定

1 范围

GB/T 13748 的本部分方法一规定了镁及镁合金中锆含量的测定方法。

本部分方法二规定了镁合金中不溶性锆含量的测定方法。

本部分方法三规定了镁合金中可溶性锆含量的测定方法。

本部分方法一适用于镁及镁合金中锆含量的测定。测定范围:0.10%~1.00%。

本部分方法二适用于镁合金中不溶性锆含量的测定。测定范围:0.020%~0.30%。

本部分方法三适用于镁合金中可溶性锆含量的测定。测定范围:0.10%~1.0%。

本部分方法三不适用于含铅和(或)铋的镁合金,含铅和(或)铋的镁合金宜按附录A进行分析。

镁合金中稀土、钍和银的存在不干扰锆的测定。

注:铪容易与质量分数小于1%的锆共存,干扰锆的测定。

2 总则

2.1 除非另有说明,本部分所用试剂均为符合国家标准或行业标准的分析纯试剂,所用水均为蒸馏水。

2.2 试样应加工为厚度不大于1 mm的碎屑。

3 方法一 二甲苯酚橙分光光度法

3.1 方法提要

试料用盐酸和氢氟酸分解,加入高氯酸除去氟离子。以高氯酸调整酸度,加入二甲苯酚橙与锆生成红色络合物,于分光光度计波长535 nm处测量其吸光度。

3.2 试剂

3.2.1 盐酸(ρ=1.19 g/mL)。

3.2.2 氢氟酸(ρ=1.14 g/mL)。

3.2.3 高氯酸(ρ=1.69 g/mL)。

3.2.4 高氯酸[$c(HClO_4)$=6.5 mol/L]:移取275 mL高氯酸(3.2.3)以水稀释至500 mL,混匀(需要时标定)。

3.2.5 盐酸(1+1)。

3.2.6 二甲苯酚橙溶液(1 g/L):过滤,贮存于棕色瓶中。

3.2.7 苦杏仁酸溶液(150 g/L):过滤备用。

3.2.8 洗涤液:1 000 mL溶液中含有20 mL盐酸(3.2.1)及50 g苦杏仁酸,加热溶解后,过滤备用。

3.2.9 锆标准贮存溶液,按3.2.9.1配制和3.2.9.2标定。

3.2.9.1 配制:称取1.77 g氧氯化锆($ZrOCl_2 \cdot 8H_2O$)置于300 mL烧杯中,加入100 mL水及166 mL盐酸(3.2.5)溶解,移入500 mL容量瓶中,以水稀释至刻度,混匀。此溶液1 mL约含1 mg锆。

3.2.9.2 标定:移取50.00 mL锆标准贮存溶液(3.2.9.1)于300 mL烧杯中,加入30 mL盐酸(3.2.1),加

热至沸，加入 50 mL 苦杏仁酸溶液(3.2.7)，充分搅拌，放置于 80 ℃的恒温水浴锅中保温 30 min，取出冷却，用中速滤纸过滤，用洗涤液洗净烧杯，将沉淀全部转移到滤纸上，用洗涤液洗涤沉淀 6～8 次，将滤纸及沉淀物一同放入预先恒重的 30 mL 带盖铂坩埚中(重量为 m_0)，烘干，炭化后，放入 700 ℃马弗炉(3.3.2)中灰化 20 min，取出再放入 1 000 ℃高温炉中灼烧 2 h～3 h，取出，置于干燥器中冷却，称量。重复灼烧至恒量(重量为 m_1)。

按式(1)计算锆标准贮存溶液中锆的质量浓度：

$$\rho_{Zr}=\frac{(m_1-m_0)\times 0.740\ 3}{V} \qquad \cdots\cdots(1)$$

式中：

ρ_{Zr} ——锆的质量浓度，单位为毫克每毫升(mg/mL)；

m_1 ——灼烧后铂坩埚加沉淀的重量，单位为毫克(mg)；

V ——移取的锆标准贮存溶液体积，单位为毫升(mL)；

m_0 ——预先恒重的铂坩埚重量，单位为毫克(mg)；

0.740 3——二氧化锆换算为锆的系数。

3.2.10 锆标准溶液：根据标定结果(3.2.9.2)移取适量锆标准贮存溶液(3.2.9)于 500 mL 容量瓶中，加入 80 mL 盐酸(3.2.1)，用水稀释至刻度，混匀。此溶液 1 mL 含 40 μg 锆。

3.3 仪器

3.3.1 分光光度计。

3.3.2 马弗炉：1 000 ℃±20 ℃。

3.4 分析步骤

3.4.1 试料

按表 1 称取试样，精确至 0.000 1 g。

表 1

锆的质量分数/%	试料/g
0.10～0.50	0.50
>0.50～1.00	0.25

3.4.2 测定次数

独立地进行两次测定，取其平均值。

3.4.3 空白试验

随同试料(3.4.1)做空白试验。

3.4.4 测定

3.4.4.1 将试料(3.4.1)置于 250 mL 三角烧杯中，盖上表皿，缓慢加入 10 mL 盐酸(3.2.5)，加入 1 滴氢氟酸(3.2.2)，加热至试料完全溶解，加入 20 mL 高氯酸(3.2.3)，加热蒸发至白色浓烟聚集在烧杯口部，继续冒烟 3 min，取下冷却。加入约 50 mL 水使盐类完全溶解，冷却，移入 100 mL 容量瓶中，以水稀释至刻度，混匀。

3.4.4.2　移取5.00 mL溶液(3.4.4.1)于100 mL容量瓶中,加入10.0 mL高氯酸(3.2.4),混匀,加入5.0 mL二甲苯酚橙溶液(3.2.6),以水稀释至刻度,混匀。

3.4.4.3　将部分溶液(3.4.4.2)移入1 cm吸收池中,以空白试验溶液(3.4.3)为参比,于分光光度计(3.3.1)波长535 nm处测量其吸光度,从工作曲线上查出相应的锆量。

3.4.5　工作曲线的绘制

3.4.5.1　移取0 mL、0.50 mL、1.00 mL、2.00 mL、3.00 mL、4.00 mL锆标准溶液(3.2.10),分别置于一组100 mL容量瓶中,加入10.0 mL高氯酸(3.2.4),混匀,加入5.0 mL二甲苯酚橙溶液(3.2.6),以水稀释至刻度,混匀。

3.4.5.2　将部分溶液(3.4.5.1)移入1 cm吸收池中,以试剂空白溶液为参比,于分光光度计波长535 nm处测量其吸光度。以锆量为横坐标,吸光度为纵坐标绘制工作曲线。

3.5　分析结果的计算

锆含量以锆的质量分数w_{Zr}计,数值以%表示,按式(2)计算:

$$w_{Zr}=\frac{m_1 \cdot V_0 \times 10^{-6}}{m_0 \cdot V_1}\times 100 \qquad (2)$$

式中:

m_1——自工作曲线上查得的锆量,单位为微克(μg);

V_0——试液总体积,单位为毫升(mL);

m_0——试料的质量,单位为克(g);

V_1——分取试液体积,单位为毫升(mL)。

计算结果表示到小数点后3位。

3.6　精密度

3.6.1　重复性

在重复性条件下获得的两次独立测试结果的测定值,在以下给出的平均值范围内,两个测试结果的绝对差值不超过重复性限(r),超过重复性限(r)情况不超过5%。重复性限(r)按表2数据采用线性内插法求得:

表2

锆的质量分数/%	0.106	0.426	0.852
重复性限 r/%	0.005	0.007	0.012

3.6.2　允许差

实验室之间分析结果的差值应不大于表3所列允许差。

表3

锆的质量分数/%	允许差/%
0.10～0.40	0.015
>0.40～1.00	0.025

4 方法二 茜素磺酸盐分光光度法

4.1 方法提要

试料用盐酸溶解,过滤,用含有氢氟酸的高氯酸溶液溶解不溶性锆,移取部分试液,在1.5 mol/L盐酸中,加热,使锆与茜素磺酸盐生成络合物,于分光光度计波长525 nm处测量其吸光度。

4.2 试剂

4.2.1 盐酸(ρ=1.19 g/mL)。

4.2.2 氢氟酸(ρ=1.14 g/mL)。

4.2.3 高氯酸 (ρ=1.69 g/mL)。

4.2.4 茜素磺酸钠溶液(1.5 g/L):称取1.5 g茜素磺酸钠溶解于300 mL温水中,过滤,冷却,用水稀释至1 000 mL,混匀。

4.2.5 氯化镁溶液(420 g/L):称取42 g氯化镁($MgCl_2 \cdot 6H_2O$)溶解于水中,用水稀释至100 mL,混匀。1升溶液中含50 g镁。

4.2.6 锆标准贮存溶液(5mg/mL),按照下列方法之一制备。

4.2.6.1 称取0.500 0 g金属锆[$w_{Zr} \geqslant 99.9\%$]于干燥的烧杯中,边冷却边加入30 mL甲醇(ρ=0.795 g/mL)、5 mL溴(ρ=3.119 g/mL),当反应停止后,缓慢加热,使其溶解完全,加入20 mL盐酸(4.2.1),加热至沸,并继续煮至溶液呈无色,加水使溶液体积保持约50 mL。冷却,用水移入100 mL容量瓶中,以水稀释至刻度,混匀。

4.2.6.2 称取1.77 g氧氯化锆($ZrOCl_2 \cdot 8H_2O$)溶解于适量水中,加入10 mL盐酸(4.2.1),过滤,移入100 mL容量瓶中,用水稀释至刻度,混匀。

注:使用的氧氯化锆,要保证其没有潮解,并且不能置于烘箱中干燥,因为烘干可以使它的形态发生变化,变化后的形态虽能溶解并用重量法测定(见“溶液的标定”),但与茜素磺酸盐的反应却很慢。

可以采用下列方法之一标定锆标准贮存溶液(4.2.6.2):

a) 苦杏仁酸重量法

移取10.00 mL锆标准贮存溶液(4.2.6.2)于250 mL烧杯中,用水稀释至体积约40 mL,加入30 mL盐酸(4.2.1)。煮沸并加入50 mL苦杏仁酸溶液(150 g/L)。

在80 ℃温度下保持约20 min,冷却,用中速滤纸过滤,残渣用每升含有20 mL盐酸(4.2.1)和50 g苦杏仁酸的溶液洗净烧杯,将沉淀全部转移到滤纸上,用洗涤液洗涤沉淀6~8次,将滤纸及沉淀物一同放入预先恒重的30 mL带盖铂坩埚中,烘干,炭化后,于700 ℃灰化20 min,于950 ℃~1 000 ℃温度下灼烧2 h~3 h,取出,置于干燥器中冷却,称量。重复灼烧至恒量(重量为m_1)。

按式(3)计算锆标准贮存溶液中锆的质量浓度:

$$\rho_{Zr} = \frac{m_1 \times 0.740\ 3}{V} \quad \cdots\cdots(3)$$

式中:

ρ_{Zr} ——锆的质量浓度,单位为毫克每毫升(mg/mL);

m_1 ——称得二氧化锆的质量,单位为毫克(mg);

V ——移取锆标准贮存溶液(4.2.6.2)的体积,单位为毫升(mL);

0.740 3——二氧化锆换算为锆的系数。

b) 对ρ-溴苦杏仁酸重量法

移取10.00 mL锆标准贮存溶液(4.2.6.2)于250 mL烧杯中,用水稀释至体积约70 mL,加热，使溶液温度约 80 ℃，在不断搅拌下，缓慢加入预先加热至 80 ℃左右的 50 mL 对 ρ-溴苦杏仁酸溶液（0.1 mol/L）。

于 80 ℃左右温度下静置 20 min，加入 2 mL～3 mL 对 ρ-溴苦杏仁酸溶液（0.1 mol/L），检查锆的沉淀是否完全。不断搅拌，冷却至室温，用中速滤纸过滤，用水仔细洗涤。将滤纸及沉淀物一同放入预先恒重的 30 mL 带盖铂坩埚中，烘干，炭化后，于 700 ℃灰化 20 min，于 950 ℃～1 000 ℃温度下灼烧 2 h～3 h，取出，置于干燥器中冷却，称量。重复灼烧至恒量（重量为 m_1）。

按式（4）计算锆标准贮存溶液中锆的质量浓度：

$$\rho_{Zr}=\frac{m_1\times 0.7403}{V} \qquad \cdots\cdots (4)$$

式中：

ρ_{Zr} ——锆的质量浓度，单位为毫克每毫升（mg/mL）；

m_1 ——称得二氧化锆的质量，单位为毫克（mg）；

V ——移取锆标准贮存溶液（4.2.6.2）的体积，单位为毫升（mL）；

0.740 3——二氧化锆换算为锆的系数。

4.2.7 锆标准溶液（0.1 mg/mL）：根据锆标准贮存溶液（4.2.6）的浓度，移取适量的溶液置于适量容量瓶中，以水稀释至刻度，混匀。此溶液 1 mL 含 0.1 mg 锆。用前配制。

4.3 仪器

4.3.1 分光光度计。

4.3.2 光电比色计。

4.4 分析步骤

4.4.1 试料

按表 4 称取试样，精确至 0.000 1 g。

表 4

不溶性锆的质量分数/%	试料/g	水体积/mL	盐酸（4.2.1）体积/mL
0.020～0.15	6.0	120	60
>0.15～0.30	4.0	80	40

4.4.2 空白试验

随同试料（4.4.1）做空白试验。

4.4.3 工作曲线的绘制

4.4.3.1 系列标准溶液的制备

于 9 个适当容积（如 100 mL）的干燥锥形瓶中，分别加入 2 mL 氯化镁溶液（4.2.5），按表 5 移取不同体积的锆标准溶液（4.2.7）。

分别补加水使溶液体积为 10.0 mL，加入 2.5 mL 盐酸（4.2.1）和 10.0 mL 茜素磺酸钠溶液（4.2.2）。将锥形瓶置于沸水浴中，保持 2.5 min～3.5 min，立即冷却至室温，加入 2.0 mL 盐酸（4.2.1），将溶液移入 100 mL 容量瓶中，用水稀释至刻度，混匀。

表 5

移取锆标准溶液(4.2.7)体积/mL	相当于锆量/mg
0	0
1.00	0.10
2.00	0.20
3.00	0.30
4.00	0.40
5.00	0.50
6.00	0.60
7.00	0.70
8.00	0.80

4.4.3.2 测量

用分光光度计(4.3.1)于波长 525 nm 处,或用配有适当滤光片的光电比色计(4.3.2),用 1 cm 吸收池,以试剂空白溶液为参比,于 1 h 内测量系列标准溶液(4.4.3.1)的吸光度。

4.4.3.3 曲线绘制

以 100 mL 测试溶液中所含有的锆量为横坐标,相应的吸光度为纵坐标,绘制工作曲线。

4.4.4 测定

4.4.4.1 试料溶解

将称取的试料(4.4.1)置于适当体积(如 600 mL)的烧杯中,盖上表皿,按表 4 分次加入水和盐酸(4.2.1)。待反应停止后,缓慢加热至试料完全溶解,加热至沸并继续煮沸 5 min。用中速滤纸过滤,用热水仔细洗涤残渣。

4.4.4.2 试液制备

将有残渣的滤纸移入适当体积的铂皿中,烘干,炭化,在 600 ℃~800 ℃灰化完全,冷却,加入 5 mL 水、1 mL 氢氟酸(4.2.2)和 2 mL 高氯酸(4.2.3),加热蒸发至溶液近干,用少量水洗涤皿壁,再加入 2 mL 高氯酸(4.2.3),重复蒸发至溶液近干。

注:若溶液全部蒸干,需补充加入 2 mL 水和 1 mL 盐酸(4.2.1),继续加热数分钟。

4.4.4.2.1 不含银的镁合金

将铂皿里的溶液移入 100 mL 容量瓶中,用水洗净铂皿,以水稀释至刻度,混匀。

4.4.4.2.2 含银的镁合金

将铂皿里的溶液移入适当容量(例如 250 mL)的烧杯里,用水洗净铂皿,加入 15 mL 盐酸(4.2.1)煮沸数分钟。加入 50 mL 水并煮沸以促进氯化银的凝结,冷却至室温。用含有少量纤维浆的慢速滤纸过滤,用水洗净沉淀和滤纸,将滤液和洗涤液收集于 100 mL 容量瓶中,以水稀释至刻度,混匀。

4.4.4.3 显色

根据试料中不溶性锆含量及镁合金类型，按表6移取试液(4.4.4.2.1)或试液(4.4.4.2.2)，置于适当容积(如100 mL)的干燥锥形瓶中，补水使体积为10.0 mL。按表6加入盐酸(4.2.1)，加入10.0 mL茜素磺酸钠溶液(4.2.4)，将锥形瓶置于沸水浴中，保持2.5 min～3.5 min，取下，立即冷却至室温，加入2.0 mL盐酸(4.2.1)，将溶液移入100 mL容量瓶中，用水稀释至刻度，混匀。

表 6

不溶性锆的质量分数/%	移取试液体积/mL	加入盐酸(4.2.1)的体积/mL	
		试液(4.4.4.2.1)	试液(4.4.4.2.2)
0.020～0.15	10.00	2.5	1.0
0.10～0.30	5.00	2.5	1.75

4.4.4.4 测量

以空白试验溶液(4.4.2)为参比，调节仪器吸光度为零后，在1 h之内测量显色溶液的吸光度，从工作曲线上查得相应的锆量。

4.5 分析结果的计算

锆含量以锆的质量分数 w_{Zr} 计，数值以%表示，按式(5)计算：

$$w_{Zr} = \frac{m_1 \cdot V_0 \times 10^{-3}}{m_0 \cdot V_1} \times 100 \quad \cdots\cdots(5)$$

式中：

m_1——自工作曲线上查得的锆量，单位为毫克(mg)；

V_0——试液总体积，单位为毫升(mL)；

m_0——试料的质量，单位为克(g)；

V_1——分取试液体积，单位为毫升(mL)。

计算结果表示到小数点后3位。

5 方法三 茜素磺酸盐分光光度法

5.1 方法提要

试料用盐酸溶解，过滤，移取部分试液，在1.5mol/L盐酸中，加热，使锆与茜素磺酸盐生成络合物，于分光光度计波长525 nm处测量其吸光度。

5.2 试剂

5.2.1 盐酸(ρ=1.19 g/mL)。

5.2.2 茜素磺酸钠溶液(1.5 g/L)：称取1.5 g茜素磺酸钠溶解于300 mL温水中，过滤，冷却，用水稀释至1 000 mL，混匀。

5.2.3 氯化镁溶液(420 g/L)：称取42 g氯化镁($MgCl_2 \cdot 6H_2O$)溶解于水中，用水稀释至100 mL，混匀。1升溶液中含50 g镁。

5.2.4 锆标准贮存溶液(5mg/mL)，按照下列方法之一制备。

5.2.4.1 称取0.500 0 g金属锆[w_{Zr}≥99.9%]于干燥的烧杯中，边冷却边加入30 mL甲醇(ρ=0.795 g/mL)、5 mL溴(ρ=3.119 g/mL)，当反应停止后，缓慢加热，使其溶解完全，加入20 mL盐酸(5.2.1)，加热至沸，并继续煮至溶液呈无色，加水使溶液体积保持约50 mL。冷却，用水移入100 mL容量瓶中，以水稀释至刻度，混匀。

5.2.4.2 称取1.77 g氯氧化锆($ZrOCl_2 \cdot 8H_2O$)溶解于水中，加入10 mL盐酸(5.2.1)，过滤，移入100 mL容量瓶中，用水稀释至刻度，混匀。

注：使用的氧氯化锆，要保证其没有潮解，并且不能置于烘箱中干燥，因为烘干可以使它的形态发生变化，变化后的形态虽能溶解并用重量法测定(见“溶液的标定”)，但与茜素磺酸盐的反应却很慢。

使用下列方法之一标定锆标准贮存溶液(5.2.4.2)：

a) 苦杏仁酸重量法

移取10.00 mL锆标准贮存溶液(5.2.4.2)于250 mL烧杯中，用水稀释至体积约40 mL，加入30 mL盐酸(5.2.1)。煮沸并加入50 mL苦杏仁酸溶液(150 g/L)。

在80 ℃温度下保持约20 min，冷却，用中速滤纸过滤，残渣用每升含有20 mL盐酸(5.2.1)和50 g苦杏仁酸的溶液洗净烧杯，将沉淀全部转移到滤纸上，用洗涤液洗涤沉淀6～8次，将滤纸及沉淀物一同放入预先恒重的30 mL带盖铂坩埚中，烘干，炭化后，于700 ℃灰化20 min，于950 ℃～1 000 ℃温度下灼烧2 h～3 h，取出，置于干燥器中冷却，称量。重复灼烧至恒量(重量为m_1)。

按式(6)计算锆标准贮存溶液中锆的质量浓度：

$$\rho_{Zr} = \frac{m_1 \times 0.740\ 3}{V} \qquad \cdots\cdots(6)$$

式中：

ρ_{Zr} ——锆的质量浓度，单位为毫克每毫升(mg/mL)；

m_1 ——称得二氧化锆的质量，单位为毫克(mg)；

V ——移取锆标准溶液(5.2.4.2)的体积，单位为毫升(mL)；

0.740 3——二氧化锆换算为锆的系数。

b) 对ρ-溴苦杏仁酸重量法

移取10.00 mL锆标准贮存溶液(5.2.4.2)于250 mL烧杯中，稀释至体积约70 mL，加热，使溶液温度约80 ℃，在不断搅拌下，缓慢加入预先加热至80 ℃左右的50 mL对ρ-溴苦杏仁酸溶液(0.1 mol/L)。

于80 ℃左右温度下静置20 min，加入2 mL～3 mL对ρ-溴苦杏仁酸溶液(0.1 mol/L)，检查锆的沉淀是否完全。不断搅拌，冷却至室温，用中速滤纸过滤，用水仔细洗涤。将滤纸及沉淀物一同放入预先恒重的30 mL带盖铂坩埚中，烘干，炭化后，于700 ℃灰化20 min，于950 ℃～1 000 ℃温度下灼烧2 h～3 h，取出，置于干燥器中冷却，称量。重复灼烧至恒量(重量为m_1)。

按式(7)计算锆标准贮存溶液中锆的质量浓度：

$$\rho_{Zr} = \frac{m_1 \times 0.740\ 3}{V} \qquad \cdots\cdots(7)$$

式中：

ρ_{Zr} ——锆的质量浓度，单位为毫克每毫升(mg/mL)；

m_1 ——称得二氧化锆的质量，单位为毫克(mg)；

V ——移取锆标准溶液(5.2.4.2)的体积，单位为毫升(mL)；

0.740 3——二氧化锆换算为锆的系数。

5.2.5 锆标准溶液(0.1 mg/mL)：根据锆标准贮存溶液(5.2.4)的浓度，移取适量的溶液置于适量容量瓶中，以水稀释至刻度，混匀。此溶液1 mL含0.1 mg锆。用前配制。

5.3 仪器

5.3.1 分光光度计。

5.3.2 光电比色计。

5.4 分析步骤

5.4.1 试料

按表7称取试样,精确至0.000 1 g。

表7

可溶性锆的质量分数/%	试料/g	水体积/mL	盐酸(5.2.1)体积/mL
0.10～0.30	6.0	120	60
>0.30～1.0	4.0	80	40

5.4.2 空白试验

随同试料(5.4.1)做空白试验。

5.4.3 工作曲线的绘制

5.4.3.1 系列标准溶液的制备

于9个适当容积(如100 mL)的干燥锥形瓶中,分别加入2 mL氯化镁溶液(5.2.3),按表8移取不同体积的锆标准溶液(5.2.5)。

分别补加水使溶液体积为10.0 mL,加入2.5 mL盐酸(5.2.1)和10.0 mL茜素磺酸钠溶液(5.2.2)。将锥形瓶置于沸水浴中,保持2.5 min～3.5 min,立即冷却至室温,加入2.0 mL盐酸(5.2.1),将溶液移入100 mL容量瓶中,用水稀释至刻度,混匀。

表8

移取锆标准溶液(5.2.5)体积/mL	相当于锆量/mg
0	0
1.00	0.10
2.00	0.20
3.00	0.30
4.00	0.40
5.00	0.50
6.00	0.60
7.00	0.70
8.00	0.80

5.4.3.2 测量

用分光光度计(5.3.1)于波长525 nm处,或用配有适当滤光片的光电比色计(5.3.2),用1 cm吸收池,以空白试验溶液为参比,于1 h内测量系列标准溶液(5.4.3.1)的吸光度。

5.4.3.3 曲线绘制

以 100 mL 测试溶液中所含有的锆量为横坐标，相应的吸光度为纵坐标，绘制工作曲线。

5.4.4 测定

5.4.4.1 试液制备

将称取的试料（5.4.1）置于适当体积（如 600 mL）的烧杯中，盖上表皿，按表 7 分次加入水和盐酸（5.2.1）。待反应停止后，缓慢加热至试料完全溶解，加热至沸并继续煮沸 5 min，用中速滤纸过滤，以热水洗涤，收集滤液和洗涤液于 500 mL 容量瓶中，冷却，用水稀释至刻度，混匀。

注 1：为避免锆在微酸性溶液中水解，试液制备完后应尽快进行测量。

注 2：残渣可用于不溶性锆的测定（参见方法二）。

5.4.4.2 显色

移取 10.00 mL 试液（5.4.4.1）于适当容积（如 100 mL）的干燥锥形瓶中，加入 2.5 mL 盐酸（5.2.1）和 10.0 mL 茜素磺酸钠溶液（5.2.2），将锥形瓶置于沸水浴中，保持 2.5 min～3.5 min，取下，立即冷却至室温，加入 2.0 mL 盐酸（5.2.1），将溶液移入 100 mL 容量瓶中，用水稀释至刻度，混匀。

5.4.4.3 测量

以空白试验溶液（5.4.2）为参比，调节仪器吸光度为零后，在 1 h 之内测量显色溶液的吸光度，从工作曲线上查得相应的锆量。

5.5 分析结果的计算

锆含量以锆的质量分数 w_{Zr} 计，数值以％表示，按式（8）计算：

$$w_{Zr}=\frac{m_1 \cdot V_0 \times 10^{-3}}{m_0 \cdot V_1} \times 100 \qquad \cdots\cdots(8)$$

式中：

m_1——自工作曲线上查得的锆量，单位为毫克（mg）；

V_0——试液总体积，单位为毫升（mL）；

m_0——试料的质量，单位为克（g）；

V_1——分取试液体积，单位为毫升（mL）。

计算结果表示到小数点后 3 位。

6 试验报告

试验报告包括以下内容：

——试样；

——使用的标准（包括发布或出版年号）；

——使用的方法（如果标准中包括几个方法）；

——分析结果及其表示；

——与基本分析步骤的差异；

——测定中观察到的异常现象；

——试验日期。

附　录　A
（规范性附录）
含铅和（或）铋的镁合金

A.1　原理

在溶解含铅和（或）铋的镁合金试样时，铅和（或）铋由于过氧化氢的氧化而进入到溶液中，干扰锆的测定。测定步骤按下述方法进行。

A.2　对测定步骤的修正

A.2.1　试剂

除5.2列出的试剂外，还有过氧化氢（ρ=1.10 g/mL）。

A.2.2　测定

用以下步骤替代5.4.4.1操作：

试液制备：

将称取的试料（5.4.1）置于适当体积（如600 mL）的烧杯中，盖上表皿，按表7分次加入水和盐酸（5.2.1）。待反应停止后，加入1 mL过氧化氢（A.2.1），放置10 min，缓慢加热至试料完全溶解，加热至沸并继续煮沸5 min。

合金中不含银：

试液用中速滤纸过滤，以热水洗涤，将滤液和洗液收集于500 mL容量瓶中，冷却，用水稀释至刻度，混匀。

合金中含银：

加入50 mL水，煮沸数分钟以使氯化银凝聚，冷却至室温，试液用含有滤纸浆的慢速滤纸过滤，用冷水洗涤，将滤液和洗涤液收集于500 mL容量瓶中，冷却，稀释至刻度，混匀。

注1：为避免锆在微酸性溶液中水解，试液制备完后应尽快进行测量。

注2：残渣可用于不溶性锆的测定（参见方法二）。

ICS 77.120.20
H 12

中华人民共和国国家标准

GB/T 13748.8—2013
代替 GB/T 13748.8—2005

镁及镁合金化学分析方法 第8部分:稀土含量的测定 重量法

Chemical analysis methods of magnesium and magnesium alloys—Part8:Determination of rare earth content—Gravimetric method

(ISO 2355:1972, Chemical analysis of magnesium and its alloys—Determination of rare earths—Gravimetric method, NEQ)

2013-09-06 发布　　　　2014-05-01 实施

中华人民共和国国家质量监督检验检疫总局
中国国家标准化管理委员会　发布

前　言

GB/T 13748《镁及镁合金化学分析方法》分为22个部分：

——第1部分：铝含量的测定；

——第2部分：锡含量的测定　邻苯二酚紫分光光度法；

——第3部分：锂含量的测定　火焰原子吸收光谱法；

——第4部分：锰含量的测定　高碘酸盐分光光度法；

——第5部分：钇含量的测定　电感耦合等离子体原子发射光谱法；

——第6部分：银含量的测定　火焰原子吸收光谱法；

——第7部分：锆含量的测定；

——第8部分：稀土含量的测定　重量法；

——第9部分：铁含量的测定　邻二氮杂菲分光光度法；

——第10部分：硅含量的测定　钼蓝分光光度法；

——第11部分：铍含量的测定　依莱铬氰蓝R分光光度法；

——第12部分：铜含量的测定；

——第13部分：铅含量的测定　火焰原子吸收光谱法；

——第14部分：镍含量的测定　丁二酮肟分光光度法；

——第15部分：锌含量的测定；

——第16部分：钙含量的测定　火焰原子吸收光谱法；

——第17部分：钾含量和钠含量的测定　火焰原子吸收光谱法；

——第18部分：氯含量的测定　氯化银浊度法；

——第19部分：钛含量的测定　二安替比啉甲烷分光光度法；

——第20部分：ICP-AES测定元素含量；

——第21部分：光电直读原子发射光谱分析方法测定元素含量；

——第22部分：钍含量的测定。

本部分为GB/T 13748的第8部分。

本次对有采标对象的第1部分、第4部分、第7部分、第8部分、第9部分、第10部分、第12部分、第14部分、第15部分9个部分进行修订。

本部分按照GB/T 1.1—2009给出的规则起草。

本部分代替GB/T 13748.8—2005《镁及镁合金化学分析方法　稀土含量的测定　重量法》。

本部分与GB/T 13748.8—2005相比，主要技术变化如下：

——测定范围由0.20%～10.00%扩大为0.20%～20.00%；

——增加了稀土质量分数在10.00%～20.00%的试料质量为0.50 g；

——增加了稀土质量分数在10.00%～20.00%的允许差为0.50%；

——删除了"质量保证和控制"的要求；

——增加了"实验报告"的要求。

本部分使用重新起草法参考ISO 2355:1972《镁及镁合金　稀土的测定　重量法》，与ISO 2355:1972一致性程度为非等效。

本部分由全国有色金属标准化技术委员会(SAC/TC 243)归口。

本部分负责起草单位：中国铝业股份有限公司郑州研究院、中国有色金属工业标准计量质量研究所。

本部分起草单位：中国铝业股份有限公司郑州研究院、西南铝业(集团)有限责任公司。

本部分主要起草人：李跃平、石 磊、张树朝、张炜华、陈雄立、邓兰洪。

本部分所代替标准的历次版本发布情况为：

——GB/T 13748.8—1992、GB/T 13748.8—2005。

镁及镁合金化学分析方法
第8部分：稀土含量的测定
重量法

1 范围

GB/T 13748的本部分规定了镁合金中稀土含量的测定方法。

本部分适用于不含钍元素的镁合金中稀土含量的测定。测定范围：0.20%～20.00%。

2 方法提要

试料用盐酸溶解，用氨水沉淀锆，在氨介质中用癸二酸初步沉淀稀土元素，溶解两种沉淀物，以稀土草酸盐的形式再沉淀。灼烧稀土元素的氧化物并称量。

3 试剂

3.1 氯化铵。

3.2 盐酸（ρ=1.19 g/mL）。

3.3 过氧化氢（ρ=1.10 g/mL）。

3.4 氨水（1+1）。

3.5 氨水（1+4）。

3.6 氨水（1+49）。

3.7 硝酸-过氧化氢溶液：在150 mL水中加入30 mL硝酸（ρ=1.40 g/mL），30 mL过氧化氢（3.3），混匀。

3.8 草酸饱和溶液：称取150 g草酸溶于1 000 mL热水中，待冷却后，过滤。

3.9 草酸洗涤液：移取70 mL草酸饱和溶液（3.8），用水稀释至500 mL。

3.10 癸二酸溶液（50 g/L）：称取50 g癸二酸溶于400 mL氨水（ρ=0.90 g/mL）中，加300 mL水，过滤，用水稀释至1 000 mL，混匀。贮于聚乙烯瓶中。

3.11 溴酚蓝溶液（4 g/L）：称取0.4 g溴酚蓝放入研钵中，加入8.25 mL氢氧化钠溶液（5 g/L），研磨直到完全溶解，用水稀释至100 mL，混匀。

4 仪器

4.1 高温炉：1 000 ℃±20 ℃。

4.2 酸度计。

5 试样

厚度不大于1 mm的碎屑。

6 分析步骤

6.1 试料

按表 1 称取试样(第 5 章),精确至 0.000 1 g。

6.2 测定次数

独立地进行两次测定,取其平均值。

6.3 测定

6.3.1 将试料(6.1)置于 400 mL 烧杯中,加入 75 mL 水,盖上表皿,分次加入盐酸(3.2),待反应停止后,加热煮沸几分钟,如仍有残渣,可用中速滤纸过滤,用热水洗烧杯和沉淀 4～5 次,弃去沉淀。将滤液稀释或蒸发至体积约 100 mL,冷却。

注:在分析含银的合金时,过滤前先用少量纤维纸浆铺在滤纸上。

表 1

稀土的质量分数/%	试料/g	盐酸(3.2)体积/mL
0.20～2.00	3.0	25.5
>2.00～5.00	2.0	17.0
>5.00～10.00	1.0	8.5
>10.00～20.00	0.5	5.0

6.3.2 向溶液(6.3.1)中加入 3 滴溴酚蓝指示剂(3.11),用氨水(3.5)调整溶液恰变蓝色,在电炉上加热至沸,取下,放置 5 min,并不时搅拌,用快速滤纸过滤,用沸水充分洗涤沉淀,使滤液体积不大于 250 mL,此溶液为滤液 A,保留此溶液。用 10 mL 煮沸的硝酸-过氧化氢溶液(3.7)分次溶解滤纸上的沉淀于原烧杯中,用热水洗涤滤纸 5～6 次,加热蒸发溶液体积 25 mL 左右,此溶液为滤液 B,保留此溶液。

6.3.3 在滤液 A 中加入 10 g 氯化铵(3.1),先用氨水(3.4),再用氨水(3.5),在酸度计(4.2)上调整溶液的 pH 值为 8.5,再过量 10 mL 氨水溶液(3.5)。加热溶液至 90 ℃,取下,边搅拌边加入 20 mL 癸二酸溶液(3.10),放置 15 min,其间不时搅拌,用中速滤纸过滤,用氨水洗涤液(3.6)充分洗涤,如有锌存在时再用 20 mL 氨水(3.4)洗一次沉淀。把带有沉淀的滤纸放入预先在 950 ℃灼烧并恒重的瓷坩埚中,于 500 ℃以下灰化后,在 750 ℃～800 ℃高温炉中灼烧 30 min,取出冷却。

6.3.4 将坩埚内氧化物用水洗到盛有滤液 B 的烧杯中,加热溶液,滴加数滴过氧化氢(3.3)使稀土氧化物溶解,取下烧杯,用水冲洗杯壁,并稀释到 125 mL,边搅拌边慢慢加入 25 mL 饱和草酸溶液(3.8),把烧杯置于沸水浴中 30 min,取出在室温下放置 12 h(或静置过夜)。

6.3.5 用慢速滤纸过滤稀土草酸盐沉淀,用草酸洗涤液(3.9)充分洗涤沉淀,把沉淀和滤纸放入原坩埚中,在 500 ℃以下灰化完全后,移入 950 ℃高温炉(4.1)中灼烧 60 min。取出,放入干燥器中冷却,称量。重复灼烧至恒重。

7 分析结果的计算

稀土含量以稀土的质量分数 w_{RE} 计,数值以%表示,按式(1)计算:

$$w_{RE}=\frac{m_1\times 0.832}{m_0}\times 100 \quad \cdots\cdots(1)$$

式中：

m_1 ——稀土氧化物的质量，单位为克(g)；

m_0 ——试料的质量，单位为克(g)；

0.832——稀土元素与其氧化物的换算系数。

计算结果表示到小数点后3位。

注：单个稀土的氧化物换算成稀土元素，应用下列系数：La：0.852 7，Ce：0.814 1，Pr：0.827 7，Nd：0.857 4，Pr+Nd：0.853，Y：0.787 4。当单个稀土元素的比例有变化时，混合稀土的换算系数 F 稍有改变。

8 精密度

8.1 重复性

在重复性条件下获得的两次独立测试结果的测定值，在以下给出的平均值范围内，这两个测试结果的绝对差值不超过重复性限(r)，超过重复性限(r)的情况不超过5%，重复性限(r)按表2数据采用线性内插法求得。

表 2

w_{RE}/%	0.198	2.94	4.95	9.95
r/%	0.024	0.14	0.16	0.18

8.2 允许差

实验室之间分析结果的差值应不大于表3所列允许差。

表 3

w_{RE}/%	允许差/%
0.20～0.50	0.03
>0.50～1.00	0.05
>1.00～2.50	0.10
>2.50～5.00	0.20
>5.00～10.00	0.35
>10.00～20.00	0.50

9 试验报告

试验报告包括以下内容：

——试样；

——使用的标准(包括发布或出版年号)；

——使用的方法(如果标准中包括几个方法)；

——分析结果及其表示；

——与基本分析步骤的差异；

——测定中观察到的异常现象；

——试验日期。

ICS 77.120.10
H 12

中华人民共和国国家标准

GB/T 13748.9—2013
代替 GB/T 13748.9—2005

镁及镁合金化学分析方法 第9部分:铁含量的测定 邻二氮杂菲分光光度法

Chemical analysis methods of magnesium and magnesium alloys—Part 9:Determination of iron content—Orthopenanthroline spectrophotometric method

(ISO 792:1973,Magnesium and magnesium alloys—Determination of iron—Orthophenanthroline photometric method,NEQ)

2013-09-06 发布　　2014-05-01 实施

中华人民共和国国家质量监督检验检疫总局
中国国家标准化管理委员会　发布

前　　言

GB/T 13748《镁及镁合金化学分析方法》分为22个部分：；

——第1部分：铝含量的测定；

——第2部分：锡含量的测定　邻苯二酚紫分光光度法；

——第3部分：锂含量的测定　火焰原子吸收光谱法；

——第4部分：锰含量的测定　高碘酸盐分光光度法；

——第5部分：钇含量的测定　电感耦合等离子体原子发射光谱法；

——第6部分：银含量的测定　火焰原子吸收光谱法；

——第7部分：锆含量的测定；

——第8部分：稀土含量的测定　重量法；

——第9部分：铁含量的测定　邻二氮杂菲分光光度法；

——第10部分：硅含量的测定　钼蓝分光光度法；

——第11部分：铍含量的测定　依莱铬氰蓝R分光光度法；

——第12部分：铜含量的测定；

——第13部分：铅含量的测定　火焰原子吸收光谱法；

——第14部分：镍含量的测定　丁二酮肟分光光度法；

——第15部分：锌含量的测定；

——第16部分：钙含量的测定　火焰原子吸收光谱法；

——第17部分：钾含量和钠含量的测定　火焰原子吸收光谱法；

——第18部分：氯含量的测定　氯化银浊度法；

——第19部分：钛含量的测定　二安替比啉甲烷分光光度法；

——第20部分：ICP-AES测定元素含量；

——第21部分：光电直读原子发射光谱分析方法测定元素含量；

——第22部分：钍含量的测定。

本部分为GB/T 13748的第9部分。

本次对有采标对象的第1部分、第4部分、第7部分、第8部分、第9部分、第10部分、第12部分、第14部分、第15部分9个部分进行修订。

本部分按照GB/T 1.1—2009给出的规则起草。

本部分代替GB/T 13748.9—2005《镁及镁合金化学分析方法　铁含量的测定　邻二氮杂菲分光光度法》。

本部分与GB/T 13748.9—2005相比，主要技术变化如下：

——修改6.5.2为"……以试剂空白溶液(不加铁标准溶液者)为参比……"。

——修改表2中"铁的质量分数/%"一栏中"＞0.045～0.080"为"＞0.040～0.080"。

——增加了"实验报告"的要求；

——删除了"质量保证和控制"的要求。

本部分使用重新起草法参考ISO 792:1973《镁及镁合金　铁的测定　邻菲罗啉光度法》，与ISO 792:1973一致性程度为非等效。

本部分由全国有色金属标准化技术委员会(SAC/TC 243)归口。

本部分负责起草单位：中国铝业股份有限公司郑州研究院、中国有色金属工业标准计量质量研究所。

本部分起草单位：东北轻合金有限责任公司、抚顺铝业有限公司。

本部分起草人：周兵、刘沙、张万金、计春雷、方颖、徐铁玲、纪艳丽、董晓林。

本部分所代替标准的历次版本发布情况为：

——GB/T 13748.9—1992、GB/T 13748.9—2005；

——GB/T 4374.2—1984。

镁及镁合金化学分析方法 第9部分：铁含量的测定 邻二氮杂菲分光光度法

1 范围

GB/T 13748 的本部分规定了镁及镁合金中铁含量的测定方法。

本部分适用于镁及镁合金中铁含量的测定。测定范围：0.001 0%～1.00%。

2 方法提要

试料以盐酸溶解，用盐酸羟胺还原铁，在 pH3.5～pH4.5 乙酸盐缓冲介质中，二价铁离子与邻二氮杂菲显色，于分光光度计 510 nm 处测量其吸光度，借此测定铁含量。

锌的干扰加入过量的邻二氮杂菲消除；锆的影响通过延长显色时间消除。

3 试剂

3.1 氢氟酸（ρ=1.14 g/mL）。

3.2 盐酸（1+1）。

3.3 盐酸羟胺（10 g/L）。

3.4 乙酸-乙酸钠缓冲溶液：称取 272 g 乙酸钠（$CH_3COONa \cdot 3H_2O$），用 500 mL 水溶解，过滤后，加入 240 mL 乙酸（ρ=1.05 g/mL），以水稀释至 1 000 mL，混匀。

3.5 邻二氮杂菲溶液（10 g/L）。

3.6 铁标准贮存液（250 μg/mL），按下述方法之一制备。

3.6.1 称取 1.755 6 g 硫酸亚铁铵[$(NH_4)_2Fe(SO_4)_2 \cdot 6H_2O$]（基准物质）于 100 mL 烧杯中，加入少量水和 20 mL 盐酸（3.2）溶解。将溶液移入 1 000 mL 容量瓶中，以水稀释至刻度，混匀。此溶液 1 mL 含 250 μg 铁。

3.6.2 称取 0.357 5 g 预先在 600 ℃下灼烧过的纯三氧化二铁[$w(Fe_2O_3) \geqslant 99.9\%$]于 100 mL 烧杯中，加入 30 mL 盐酸（3.2），加热至完全溶解，冷却，移入 1 000 mL 容量瓶中，以水稀释至刻度，混匀。此溶液 1 mL 含 250 μg 铁。

3.7 铁标准溶液（25 μg/mL）：移取 50.00 mL 铁标准贮存液（3.6.1 或 3.6.2）于 500 mL 容量瓶中，以水稀释至刻度，混匀。此溶液 1 mL 含 25 μg 铁。

3.8 铁标准溶液（5 μg/mL）：移取 50.00 mL 铁标准溶液（3.7）于 250 mL 容量瓶中，以水稀释至刻度，混匀。此溶液 1 mL 含 5 μg 铁（用时现配）。

4 仪器

分光光度计。

5 试样

厚度不大于1 mm的碎屑。

6 分析步骤

6.1 试料

称取试样1.0 g(第5章),精确至0.000 1 g。

6.2 测定次数

独立地进行两次测定,取其平均值。

6.3 空白试验

随同试料作空白试验。

6.4 测定

6.4.1 将试料(6.1)置于200 mL聚乙烯烧杯中,盖上表皿,加入5 mL水,分次加入总量为20 mL盐酸(3.2),待剧烈反应停止后,加热至完全溶解。在水浴上蒸发至糊状(试液量约为10 mL,空白试液约为0.5 mL),取下,冷却。

注:含锆的镁合金试料,如有不溶性残渣,加1滴氢氟酸(3.1)溶解。

6.4.2 将溶液按表1移入容量瓶中(如有混浊需过滤),以水稀释至刻度,混匀,根据试样中铁含量不同分别按下述操作:

铁的质量分数在0.001 0%~0.010%时,将试液全部移入100 mL容量瓶中,以水稀释至约50 mL,混匀。

铁的质量分数在>0.010%~1.00%时,将按表1移取部分试液于100 mL容量瓶中,以水稀释至约50 mL,混匀。

表1

铁的质量分数/%	试液总体积/mL	移取试液体积/mL	吸收池厚度/cm
0.001 0~0.005 0	100	全部	5
>0.005 0~0.010	100	全部	3
>0.010~0.100	100	25.00	1
>0.100~0.500	200	10.00	1
>0.500~1.00	200	5.00	1

6.4.3 加入4 mL盐酸羟胺溶液(3.3),15 mL缓冲溶液(3.4)和10 mL邻二氮杂菲溶液(3.5),以水稀释至刻度,混匀,放置1 h。

6.4.4 将部分溶液(6.4.3)移入相应的吸收池中,以空白试验(6.3)的溶液为参比,于分光光度计波长510 nm处测量其吸光度。从工作曲线上查出相应的铁量。

6.5 工作曲线的绘制

6.5.1 铁的质量分数为0.001 0%～0.005 0%时，移取0 mL、2.00 mL、4.00 mL、6.00 mL、8.00 mL、10.00 mL铁标准溶液(3.8)，分别置于100 mL容量瓶中，以水稀释至约50 mL，以下按6.4.3进行。

铁的质量分数>0.005 0%～0.010%时，移取0 mL、1.00 mL、2.00 mL、3.00 mL、4.00 mL、5.00 mL铁标准溶液(3.7)，分别置于100 mL容量瓶中，以水稀释至约50 mL，以下按6.4.3进行。

铁的质量分数>0.010%～1.00%时，移取0 mL、1.00 mL、3.00 mL、5.00 mL、7.00 mL、9.00 mL、11.00 mL铁标准溶液(3.7)，分别置于100 mL容量瓶中，以水稀释至约50 mL，以下按6.4.3进行。

6.5.2 将部分试液(6.5.1)移入相应的吸收池中，以试剂空白溶液(不加铁标准溶液者)作参比，于分光光度计波长510 nm处测定其吸光度，以铁量为横坐标，对应的吸光度为纵坐标，绘制工作曲线。

7 分析结果的计算

铁含量以铁的质量分数 w_{Fe} 计，数值以%表示，按式(1)计算：

$$w_{Fe}=\frac{m_1 \cdot V_0 \times 10^{-6}}{m_0 \cdot V_1}\times 100 \qquad \cdots\cdots(1)$$

式中：

m_1——自工作曲线上查得的铁量，单位为微克(μg)；

V_0——试液总体积，单位为毫升(mL)；

m_0——试料的质量，单位为克(g)；

V_1——分取试液体积，单位为毫升(mL)。

计算结果表示到小数点后4位。

8 精密度

8.1 重复性

在重复性条件下获得的两个独立测试结果的测定值，在以下给出的平均值范围内，这两个测试结果的绝对差值不超过重复性限(r)，超过重复性限(r)的情况不超过5%，重复性限(r)按表2数据采用线性内插法求得：

表2

铁的质量分数/%	0.004 0	0.028	0.100	0.422	0.984
重复性限 r/%	0.000 4	0.003	0.008	0.013	0.021

8.2 允许差

实验室之间的分析结果的差值应不大于表3所列允许差。

表 3

铁的质量分数/%	允许差/%
0.001 0～0.002 5	0.000 4
>0.002 5～0.005 0	0.000 8
>0.005 0～0.007 5	0.001 0
>0.007 5～0.010	0.002 0
>0.010～0.020	0.004
>0.020～0.040	0.006
>0.040～0.080	0.008
>0.080～0.100	0.010
>0.100～0.250	0.015
>0.250～0.500	0.020
>0.500～0.750	0.030
>0.750～1.00	0.040

9 试验报告

试验报告包括以下内容：

——试样；

——使用的标准(包括发布或出版年号)；

——使用的方法(如果标准中包括几个方法)；

——分析结果及其表示；

——与基本分析步骤的差异；

——测定中观察到的异常现象；

——试验日期。

ICS 77.120.20
H 12

中华人民共和国国家标准

GB/T 13748.10—2013
代替 GB/T 13748.10—2005

镁及镁合金化学分析方法 第10部分:硅含量的测定 钼蓝分光光度法

Chemical analysis methods of magnesium and magnesium alloys—Part 10:Determination of silicon content—Molybdenum blue spectrophotometric method

(ISO 1975:1973,Magnesium and magnesium alloys—Determination of silicon—Spectrophotometric method with the reduced silicomolybdic complex,NEQ)

2013-09-06 发布　　　　2014-05-01 实施

中华人民共和国国家质量监督检验检疫总局
中国国家标准化管理委员会　发布

前　言

GB/T 13748《镁及镁合金化学分析方法》分为22个部分：

——第1部分：铝含量的测定；

——第2部分：锡含量的测定　邻苯二酚紫分光光度法；

——第3部分：锂含量的测定　火焰原子吸收光谱法；

——第4部分：锰含量的测定　高碘酸盐分光光度法；

——第5部分：钇含量的测定　电感耦合等离子体原子发射光谱法；

——第6部分：银含量的测定　火焰原子吸收光谱法；

——第7部分：锆含量的测定；

——第8部分：稀土含量的测定　重量法；

——第9部分：铁含量的测定　邻二氮杂菲分光光度法；

——第10部分：硅含量的测定　钼蓝分光光度法；

——第11部分：铍含量的测定　依莱铬氰蓝R分光光度法；

——第12部分：铜含量的测定；

——第13部分：铅含量的测定　火焰原子吸收光谱法；

——第14部分：镍含量的测定　丁二酮肟分光光度法；

——第15部分：锌含量的测定；

——第16部分：钙含量的测定　火焰原子吸收光谱法；

——第17部分：钾含量和钠含量的测定　火焰原子吸收光谱法；

——第18部分：氯含量的测定　氯化银浊度法；

——第19部分：钛含量的测定　二安替吡啉甲烷分光光度法；

——第20部分：ICP-AES测定元素含量；

——第21部分：光电直读原子发射光谱分析方法测定元素含量；

——第22部分：钍含量的测定。

本部分为GB/T 13748的第10部分。

本次对有采标对象的第1部分、第4部分、第7部分、第8部分、第9部分、第10部分、第12部分、第14部分、第15部分9个部分进行修订。

本部分按照GB/T 1.1—2009给出的规则起草。

本部分代替GB/T 13748.10—2005《镁及镁合金化学分析方法　硅含量的测定　钼蓝分光光度法》。

本部分与GB/T 13748.10—2005相比，主要技术变化如下：

——增加了“实验报告”的要求；

——删除了“质量保证和控制”的要求。

本部分使用重新起草法参考ISO 1975:1973《镁及镁合金　硅的测定　钼蓝光度法》，与ISO 1975:1973一致性程度为非等效。

本部分由全国有色金属标准化技术委员会(SAC/TC 243)归口。

本部分负责起草单位：中国铝业股份有限公司郑州研究院、中国有色金属工业标准计量质量研究所。

本部分起草单位：北京有色金属研究总院。

本部分主要起草人：童坚、王爱慈、臧慕文、李莉。

本部分所代替标准的历次版本发布情况为：

——GB/T 13748.10—1992，GB/T 13748.10—2005。

——GB/T 4374.1—1984。

镁及镁合金化学分析方法 第10部分：硅含量的测定 钼蓝分光光度法

1 范围

GB/T 13748的本部分规定了镁及镁合金中硅含量的测定方法。

本部分适用于镁及镁合金中硅含量的测定。测定范围：0.002 0%～1.50%。

2 方法提要

试料用溴水-硫酸溶解，氟化钾络合硅。在pH1.0～1.5时，硅与钼酸铵形成硅钼黄杂多酸，在酒石酸存在下的高酸度硫酸介质中用抗坏血酸还原为硅钼蓝，于分光光度计波长810 nm处测量其吸光度。

3 试剂

3.1 镁[$w(Mg)\geqslant 99.9\%$，不含硅]

3.2 溴水(饱和溶液)。

3.3 盐酸(1+1)。

3.4 硫酸(2+5)。

3.5 氟化钾溶液(50 g/L)。

3.6 氨水(1+1)(高纯)。

3.7 硼酸饱和溶液。

3.8 钼酸铵溶液(100 g/L)。

3.9 酒石酸溶液(200 g/L)。

3.10 抗坏血酸溶液(20 g/L，用时配制)。

3.11 硅标准贮存溶液：称取0.214 0 g二氧化硅(预先在1 000 ℃灼烧1 h并在干燥器中冷却至室温)于铂坩埚中，加入5 g无水碳酸钠，搅匀，上面再覆盖1 g无水碳酸钠，在950 ℃熔融至透明，冷却。用热水浸出，加热至溶液透明，冷却。移入1 000 mL容量瓶中，以水稀释至刻度，贮于塑料瓶中。此溶液1 mL含100 μg硅。

3.12 硅标准溶液：移取50.00 mL硅标准贮存溶液(3.11)置于500 mL容量瓶中，以水稀释至刻度，混匀。贮于塑料瓶中。此溶液1 mL含10 μg硅。

3.13 对硝基苯酚溶液(1 g/L)。

4 仪器

分光光度计。

5 试样

厚度不大于1 mm的碎屑。

6 分析步骤

6.1 试料

按表1称取试样(第5章),精确至0.000 1 g。

6.2 测定次数

独立地进行两次测定,取其平均值。

6.3 空白试验

按表1称取相应的镁(3.1)代替试料(6.1),随同试料做空白试验。

6.4 测定

6.4.1 将试料(6.1)置于200 mL聚四氟乙烯烧杯中,盖上表皿,加入15 mL溴水(3.2),边冷却边按表1慢慢加入硫酸(3.4)。如果在溶样过程中溴的橙色消失或有残渣析出,应补加溴水(3.2),待试料完全溶解后,煮沸溶液至过量溴被除去。

6.4.2 用水稀释溶液至约40 mL,冷却,加入1 mL氟化钾溶液(3.5),用塑料棒搅匀,在60 ℃~70 ℃放置15 min~20 min,然后加入10 mL硼酸饱和溶液(3.7),混匀,冷却。

硅质量分数小于0.040%时,将试液移入100 mL容量瓶中,以水稀释至约60 mL。

硅质量分数大于0.040%时,按表1将试液移入容量瓶中,以水稀释至刻度,混匀。分取相应体积试液于100 mL容量瓶中,以水稀释至约60 mL。

表1

硅的质量分数/%	试料/g	加入硫酸体积/mL	定容体积/mL	分取体积/mL
0.002 0~0.008 0	0.50	5.0	100	—
>0.008 0~0.040	0.20	2.4	100	—
>0.040~0.20	0.20	2.4	100	20.00
>0.20~0.80	0.10	2.4	100	10.00
>0.80~1.50	0.10	2.4	250	10.00

6.4.3 加一滴对硝基苯酚溶液(3.13),用氨水(3.6)将溶液调至亮黄色,再用盐酸(3.3)调至无色并过量1 mL。加入5 mL钼酸铵溶液(3.8),混匀,放置10 min。

6.4.4 加入5 mL酒石酸溶液(3.9)、10 mL硫酸(3.4)和5 mL抗坏血酸溶液(3.10),以水稀释至刻度,混匀,放置15 min。

6.4.5 将部分溶液移入1 cm~2 cm吸收池中,以随同试料的空白试验溶液(6.3)为参比,于分光光度计波长810 nm处测量其吸光度,从工作曲线上查出相应的硅量。

6.5 工作曲线的绘制

6.5.1 移取0 mL、1.00 mL、2.00 mL、4.00 mL、6.00 mL、8.00 mL、10.00 mL硅标准溶液(3.12),分别置于一组100 mL容量瓶中,加入与试液相当量的镁空白溶液,以水稀释至约60 mL,混匀。以下按6.4.3~6.4.4步骤进行。

6.5.2　将部分溶液(6.5.1)移入 1 cm～2 cm 吸收池中，以试剂空白为参比，于分光光度计波长 810 nm 处测量其吸光度，以硅量为横坐标，吸光度为纵坐标，绘制工作曲线。

7　分析结果的计算

硅含量以硅的质量分数 w_{Si} 计，数值以%表示，按式(1)计算：

$$w_{Si}=\frac{m_1 \cdot V_0 \times 10^{-6}}{m_0 \cdot V_1}\times 100 \qquad \cdots\cdots(1)$$

式中：

m_1——自工作曲线上查得的硅量，单位为微克(μg)；

V_0——试液总体积，单位为毫升(mL)；

m_0——试料的质量，单位为克(g)；

V_1——分取试液体积，单位为毫升(mL)。

计算结果表示到小数点后 4 位。

8　精密度

8.1　重复性

在重复性条件下获得的两个独立测试结果的测定值，在以下给出的范围内，两个测试结果的绝对值不超过重复性限(r)，超过重复性限(r)的情况不超过 5%。重复性限(r)按表 2 数据采用线性内插法求得：

表 2

硅的质量分数/%	0.003 7	0.067	1.500
重复性限 r/%	0.000 3	0.003	0.046

8.2　允许差

实验室之间分析结果的差值应不大于表 3 所列允许差。

表 3

硅的质量分数/%	允许差/%
0.002 0～0.005 0	0.000 7
>0.005 0～0.010 0	0.001 5
>0.010 0～0.025 0	0.002 5
>0.025 0～0.050	0.004
>0.050～0.100	0.007
>0.100～0.150	0.010
>0.150～0.400	0.020
>0.400～1.00	0.040
>1.00～1.50	0.05

9 试验报告

试验报告包括以下内容：

——试样；

——使用的标准(包括发布或出版年号)；

——使用的方法(如果标准中包括几个方法)；

——分析结果及其表示；

——与基本分析步骤的差异；

——测定中观察到的异常现象；

——试验日期。

ICS 77.120.20
H 12

中华人民共和国国家标准

GB/T 13748.12—2013
代替 GB/T 13748.12—2005

镁及镁合金化学分析方法 第12部分:铜含量的测定

Chemical analysis methods of magnesium and magnesium alloys —Part 12:Determination of copper content

(ISO 794:1976, Magnesium and magnesium alloys—Determination of copper content—Oxalyldihydrazide photometric method,MOD)

2013-11-27 发布　　2014-08-01 实施

中华人民共和国国家质量监督检验检疫总局
中国国家标准化管理委员会　发布

前　言

GB/T 13748《镁及镁合金化学分析方法》分为22部分：

——第1部分：铝含量的测定；

——第2部分：锡含量的测定　邻苯二酚紫分光光度法；

——第3部分：锂含量的测定　火焰原子吸收光谱法；

——第4部分：锰含量的测定　高碘酸盐分光光度法；

——第5部分：钇含量的测定　电感耦合等离子体原子发射光谱法；

——第6部分：银含量的测定　火焰原子吸收光谱法；

——第7部分：锆含量的测定；

——第8部分：稀土含量的测定　重量法；

——第9部分：铁含量的测定　邻二氮杂菲分光光度法；

——第10部分：硅含量的测定　钼蓝分光光度法；

——第11部分：铍含量的测定　依莱铬氰蓝R分光光度法；

——第12部分：铜含量的测定；

——第13部分：铅含量的测定　火焰原子吸收光谱法；

——第14部分：镍含量的测定　丁二酮肟分光光度法；

——第15部分：锌含量的测定；

——第16部分：钙含量的测定　火焰原子吸收光谱法；

——第17部分：钾含量和钠含量的测定　火焰原子吸收光谱法；

——第18部分：氯含量的测定　氯化银浊度法；

——第19部分：钛含量的测定　二安替比啉甲烷分光光度法；

——第20部分：ICP-AES测定元素含量；

——第21部分：光电直读原子发射光谱分析方法测定元素含量；

——第22部分：钍含量的测定。

本次对有采标对象的第1部分、第4部分、第7部分、第8部分、第9部分、第10部分、第12部分、第14部分和第15部分等9个部分进行修订。

本部分为第12部分。

本部分是按照GB/T 1.1—2009给出的规则起草的。

本部分代替GB/T 13748.12—2005《镁及镁合金化学分析方法　铜含量的测定　新亚铜灵分光光度法》。

本部分与GB/T 13748.12—2005相比，主要技术变化如下：

——增加了“方法三：草酰二酰肼分光光度法”；

——将方法一、方法二和方法三的“范围”合并为第1章“范围”；

——增加了第2章“总则”的要求；

——增加了第6章“实验报告”的要求；

——删除了“质量保证和控制”的要求；

——增加了对仲裁方法的规定。

本部分包括3个方法，“方法一”是对GB/T 13748.12—2005《镁及镁合金化学分析方法　铜含量的测定　新亚铜灵分光光度法》中“方法一”的修订；“方法二”是对GB/T 13748.12—2005《镁及镁合金化

学分析方法　铜含量的测定　新亚铜灵分光光度法》中“方法二”的修订；“方法三”使用翻译法修改采用ISO 794:1976《镁及镁合金　铜的测定　草酰二酰肼光度法》，为便于使用，“方法三”做了下列编辑性修改：

——删除相应国际标准的“前言”和“目录”；

——按照我国国家标准编写的要求，进行了文字处理。

由于本部分中仅“方法三”是对ISO国际标准进行采标，因此本部分与ISO 794:1976的一致性程度为修改采用。

本部分的“方法一”为铜含量在0.000 30%～0.200%的镁及镁合金的仲裁方法，“方法二”为铜含量在2.00%～4.00%的镁及镁合金的仲裁方法。

本部分由全国有色金属标准化技术委员会(SAC/TC 243)归口。

本部分负责起草单位：中国铝业股份有限公司郑州研究院、中国有色金属工业标准计量质量研究所。

本部分方法一起草单位：北京有色金属研究总院。

本部分方法二、方法三起草单位：中国铝业股份有限公司郑州研究院。

本部分方法一主要起草人：刘英、王爱慈、臧慕文、童坚、汪丽定。

本部分方法二主要起草人：路霞、张元克、张树朝、张爱芬、杨丽梅。

本部分方法三主要起草人：胡璇、匡玉云、张树朝、石磊、薛宁。

本部分所代替标准的历次版本情况为：

——GB/T 13748.12—2005、GB/T 13748.12—1992。

——GB/T 4374.1—1984。

镁及镁合金化学分析方法
第12部分：铜含量的测定

1 范围

本部分规定了镁及镁合金中铜含量的测定方法。

本部分适用于镁及镁合金中铜含量的测定。方法一测定范围：0.000 30%～0.200%；方法二测定范围：2.00%～4.00%；方法三测定范围：0.002 0%～0.40%。

本部分方法三不适用于含锆的镁合金。

2 总则

2.1 除非另有说明，本部分所用试剂均为符合国家标准或行业标准的分析纯试剂，所用水均为蒸馏水。

2.2 试样应加工为厚度不大于1 mm的碎屑。

3 方法一：低含量铜的测定 新亚铜灵分光光度法

3.1 方法提要

试料用盐酸、过氧化氢溶解，用柠檬酸钠掩蔽Fe(Ⅲ)，加入盐酸羟胺将铜(Ⅱ)还原至铜(Ⅰ)，调节溶液酸度至pH值为5，铜与新亚铜灵(2,9-二甲基-1,10-二氮杂菲)生成的黄色络合物，以三氯甲烷萃取，于分光光度计波长460 nm处测量其吸光度。

3.2 试剂

3.2.1 三氯甲烷。

3.2.2 过氧化氢(ρ=1.10 g/mL)，优级纯。

3.2.3 盐酸(1+1)，优级纯。

3.2.4 盐酸羟胺溶液(100 g/L)，用时现配。

3.2.5 柠檬酸钠溶液(300 g/L)。

3.2.6 氨水(1+1)，优级纯。

3.2.7 新亚铜灵(2,9-二甲基-1,10-二氮杂菲)乙醇溶液(1 g/L)。

3.2.8 铜标准贮存溶液：称取1.000 0 g金属铜[w(Cu)≥99.9%]于150 mL烧杯中，用15 mL硝酸(ρ=1.40g/mL)溶解，煮沸除去氮的氧化物，冷却，移入1 000 mL容量瓶中，以水稀释至刻度，混匀。此溶液1 mL含1 mg铜。

3.2.9 铜标准溶液：移取25.00 mL铜标准贮存溶液(3.2.8)置于250 mL容量瓶中，以水稀释至刻度，混匀。此溶液1 mL含100μg铜。

3.2.10 铜标准溶液：移取25.00 mL铜标准溶液(3.2.9)置于250 mL容量瓶中，以水稀释至刻度，混匀。此溶液1 mL含10μg铜。

3.2.11 铜标准溶液：移取25.00 mL铜标准溶液(3.2.10)置于250 mL容量瓶中，以水稀释至刻度，混匀。此溶液1 mL含1μg铜。

3.2.12　精密 pH 试纸(5.0～8.0)。

3.3　仪器

分光光度计。

3.4　分析步骤

3.4.1　试料

按表 1 称取试样,精确至 0.000 1 g。

表 1

铜的质量分数/%	试料/g	盐酸(3.2.3)体积/mL	分取试液体积/mL	吸收池厚度/cm
0.000 30～0.001	1.0	30.0	—	3
>0.001～0.010	0.50	15.0	—	1
>0.010～0.050	0.10	15.0	—	1
>0.050～0.200	0.10	15.0	10.00	1

3.4.2　测定次数

独立地进行两次测定,取其平均值。

3.4.3　空白试验

随同试料(3.4.1)做空白试验。

3.4.4　测定

3.4.4.1　将试料(3.4.1)置于 200 mL 烧杯中,按表 1 加入盐酸(3.2.3),滴加 3～5 滴过氧化氢(3.2.2),缓缓加热至试料完全溶解,煮沸除去过量的过氧化氢,蒸至约 5 mL,冷却。

3.4.4.2　将试液(3.4.4.1)试液置于 125 mL 分液漏斗中,用水稀释至约 30 mL(铜质量分数大于 0.05% 时,将试液移入 100 mL 容量瓶中,以水稀释至刻度,混匀。按表 1 分取 10.00 mL 试液置于 125 mL 分液漏斗中)。

3.4.4.3　于分液漏斗中加入 15 mL 柠檬酸钠溶液(3.2.5)、5 mL 盐酸羟胺溶液(3.2.4),用氨水(3.2.6)调节溶液酸度至 pH 值为 5,按表 2 加入新亚铜灵溶液(3.2.7)(每加入一种试剂,均需混匀)。加入 10.00 mL三氯甲烷(3.2.1),振荡 2 min,静置分层后,将有机相用滤纸干过滤于干燥的 10 mL 比色管中。

表 2

铜的质量分数/%	锌的质量分数/%	新亚铜灵溶液(3.2.7)体积/mL
0.000 3～0.001	—	5.0
>0.001～0.010	≤4.0	20.0
>0.010～0.050	≤7.0	5.0
>0.050～0.200	≤7.0	5.0

3.4.4.4 将部分溶液(3.4.4.3)按表1移入干燥的吸收池中,以随同试料的空白试验溶液(3.4.3)为参比,于分光光度计波长460 nm处测量其吸光度。从工作曲线上查得相应的铜量。

3.4.5 工作曲线的绘制

3.4.5.1 移取0 mL、1.00 mL、2.00 mL、3.00 mL、4.00 mL、5.00 mL铜标准溶液(3.2.10)[铜的质量分数小于0.001%时,移取0 mL,2.00 mL、4.00 mL、6.00 mL、8.00 mL、10.00 mL铜标准溶液(3.2.11)],分别置于一组125 mL分液漏斗中,用水稀释至约30 mL,以下按3.4.4.3步骤进行。

3.4.5.2 将部分溶液(3.4.5.1)移入1 cm干燥的吸收池中(铜的质量分数小于0.001%时,移入3 cm吸收池),以试剂空白溶液为参比,于分光光度计波长460 nm处测量其吸光度。以铜量为横坐标,吸光度为纵坐标,绘制工作曲线。

3.5 分析结果的计算

铜含量以铜的质量分数$w(\mathrm{Cu})$计,数值以%表示,按式(1)计算:

$$w(\mathrm{Cu})=\frac{m_1V_0\times10^{-6}}{m_0V_1}\times100 \qquad \cdots\cdots(1)$$

式中:

m_1——自工作曲线上查得的铜量,单位为微克(μg);

V_0——试液总体积,单位为毫升(mL);

m_0——试料的质量,单位为克(g);

V_1——分取试液体积,单位为毫升(mL)。

计算结果表示到小数点后4位。

3.6 精密度

3.6.1 重复性

在重复性条件下获得的两次独立测试结果的测定值,在以下给出的平均值范围内,这两个测试结果的绝对差值不超过重复性限(r),超过重复性限(r)的情况不超过5%,重复性限(r)按表3数据采用线性内插法求得。

表3 %

$w(\mathrm{Cu})$	0.000 35	0.008 0	0.200
r	0.000 02	0.000 8	0.005

3.6.2 允许差

实验室之间分析结果的差值应不大于表4所列允许差。

表4 %

铜的质量分数	允许差
0.000 30~0.000 60	0.000 05
>0.000 6~0.001 2	0.000 1
>0.001 2~0.002 5	0.000 4

表 4（续）

铜的质量分数	允许差
>0.002 5～0.005 0	0.000 7
>0.005 0～0.007 5	0.001 1
>0.007 5～0.010 0	0.001 5
>0.010～0.025	0.002 5
>0.025～0.050	0.005
>0.050～0.075	0.007
>0.075～0.100	0.010
>0.100～0.200	0.015

4 方法二:高含量铜的测定　新亚铜灵分光光度法

4.1 方法提要

试料用盐酸和过氧化氢溶解,在柠檬酸铵存在下用盐酸羟胺将 Cu(Ⅱ)还原为 Cu(Ⅰ),在 pH＝6 左右的酸度下,Cu(Ⅰ)与新亚铜灵生成 1∶2 的黄色络合物,于分光光度计波长 455 nm 处测量其吸光度。

4.2 试剂

4.2.1 过氧化氢(ρ1.10 g/mL)。

4.2.2 盐酸(1＋1)。

4.2.3 硝酸(1＋1)。

4.2.4 盐酸羟胺溶液(100 g/L)。

4.2.5 新亚铜灵(2,9-二甲基-1,10-二氮杂菲)乙醇溶液(1 g/L)。

4.2.6 柠檬酸铵溶液(500 g/L)。

4.2.7 铜标准溶液:称取 0.050 0 g 金属铜[w(Cu)≥99.9%]于 300 mL 烧杯中,加入 200 mL 水及 100 mL 硝酸(4.2.3),低温加热至完全溶解,移入 500 mL 容量瓶中,用水稀释至刻度,混匀。此溶液 1 mL 含 100μg 铜。

4.3 仪器

分光光度计。

4.4 分析步骤

4.4.1 试料

称取 0.50 g 试样,精确至 0.000 1 g。

4.4.2 测定次数

独立地进行两次测定,取其平均值。

4.4.3 空白试验

随同试料(4.4.1)做空白试验。

4.4.4 测定

4.4.4.1 将试料(4.4.1)置于200 mL烧杯中,缓慢加入15 mL盐酸(4.2.2),滴加过氧化氢(4.2.1),缓慢加热至试样完全溶解,煮沸除去过量的过氧化氢,冷却至室温,移入250 mL容量瓶中,用水稀释至刻度,混匀。

4.4.4.2 移取10.00 mL试液(4.4.4.1)于100 mL容量瓶中,加入5 mL柠檬酸铵溶液(4.2.6),混匀,加入5 mL盐酸羟胺溶液(4.2.4),混匀,静置片刻,边摇边加入10 mL新亚铜灵乙醇溶液(4.2.5),用水稀释至刻度,混匀。

4.4.4.3 将部分溶液(4.4.4.2)移入1 cm吸收池中,以空白试验溶液(4.2.3)为参比,于分光光度计波长455 nm处测量其吸光度,从工作曲线上查出相应的铜量。

4.4.5 工作曲线的绘制

4.4.5.1 移取0 mL、1.00 mL、2.00 mL、3.00 mL、4.00 mL、5.00 mL、6.00 mL、7.00 mL、8.00 mL铜标准溶液(4.2.7),分别加入5 mL柠檬酸铵溶液(4.2.6),混匀,以下按4.4.4.2进行。

4.4.5.2 将部分溶液(4.4.5.1)移入1 cm吸收池中,以水为参比,于分光光度计波长455 nm处测量其吸光度,将测得系列标准溶液的吸光度减去试剂空白溶液的吸光度后,以铜量为横坐标,对应的吸光度为纵坐标,绘制工作曲线。

4.5 分析结果的计算

铜含量以铜的质量分数$w(Cu)$计,数值以%表示,按式(2)计算:

$$w(Cu)=\frac{m_1 V_0 \times 10^{-6}}{m_0 V_1}\times 100 \qquad \cdots\cdots(2)$$

式中:

m_1——自工作曲线上查得的铜量,单位为微克(μg);

V_0——试液总体积,单位为毫升(mL);

m_0——试料的质量,单位为克(g);

V_1——分取试液体积,单位为毫升(mL)。

计算结果表示到小数点后4位。

4.6 精密度

4.6.1 重复性

在重复性条件下获得的两次独立测试结果的测定值,在以下给出的平均值范围内,这两个测试结果的绝对差值不超过重复性限(r),超过重复性限(r)的情况不超过5%,重复性限(r)按以下表5数据采用线性内插法求得。

表5 %

$w(Cu)$	2.11	3.00	3.88
r	0.03	0.05	0.08

4.6.2 允许差

实验室之间分析结果的差值应不大于表6所列允许差。

表6 %

铜的质量分数	允许差
2.00～3.00	0.10
>3.00～4.00	0.15

5 方法三：草酰二酰肼分光光度法

5.1 方法提要

试料用盐酸溶解，在乙醛存在下，用氨水调节溶液酸度pH8.8～9.3，铜与草酰二酰肼生成紫色络合物，于分光光度计波长540 nm处测量其吸光度。

5.2 试剂

5.2.1 盐酸(ρ=1.19 g/mL)。

5.2.2 硝酸(1+1)：移取50 mL硝酸(ρ=1.40 g/mL)，用水稀释至100 mL。

5.2.3 过氧化氢(ρ=1.10 g/mL)。

5.2.4 氨水(ρ=0.90 g/mL)。

5.2.5 柠檬酸溶液(500 g/L)。

5.2.6 乙醛溶液(400 g/L)：在1 000 mL容量瓶中加入400 g乙醛(CH_3CHO)，冷却至约5 ℃，慢慢加入冷却至约5 ℃的蒸馏水，并稀释至刻度，混匀。在15 ℃左右的温度下贮存。

注1：水和乙醛混合时产生热量，同时乙醛容易挥发(沸点为21 ℃)，配制时应冷却。

5.2.7 草酰二酰肼溶液(2.5 g/L)：称取2.5 g草酰二酰肼($C_2H_6N_4O_2$)溶解于温水(40 ℃～50 ℃)中，冷却到20 ℃，以水稀释至1 000 mL。必要时过滤。

5.2.8 铜标准贮存溶液(1.0 mg/mL)。

5.2.8.1 称取1.000 0 g电解铜[w(Cu)≥99.95%]于预先加有20 mL水、10 mL硝酸(5.2.2)的400 mL高型烧杯中，盖上表皿，完全溶解后，在水浴上蒸发至开始结晶，用水稀释，移入1 000 mL容量瓶中，冷却至室温，以水稀释至刻度，混匀。此溶液1 mL含1.0 mg铜。

5.2.8.2 称取3.929 6 g结晶硫酸铜($CuSO_4 \cdot 5H_2O$)于适量水中，移入1 000 mL容量瓶中，以水稀释至刻度，混匀。此溶液1 mL含1 mg铜。

5.2.9 铜标准溶液(0.05 mg/mL)：移取50.00 mL铜标准贮存溶液(5.2.8)于1 000 mL容量瓶中，以水稀释至刻度，混匀。此溶液1 mL含0.05 mg铜。

5.2.10 铜标准溶液(5μ g/mL)：移取50.00 mL铜标准溶液(5.2.9)于500 mL容量瓶中，以水稀释至刻度，混匀。此溶液1 mL含5μg铜。用时现配。

5.2.11 铜标准溶液(2.5μg /mL)：移取50.00 mL铜标准溶液(5.2.9)于100 mL容量瓶中，以水稀释至刻度，混匀。此溶液1 mL含2.5μg铜。用时现配。

5.3 仪器

5.3.1 pH计，附玻璃电极。

5.3.2 分光光度计或光电比色计(波长在540 nm左右)。

5.4 分析步骤

5.4.1 工作曲线

5.4.1.1 盐酸空白溶液制备

于250 mL烧杯中,加入20 mL盐酸(5.2.1)和1 mL过氧化氢(5.2.3),蒸发至近干,加入50 mL水,加热至沸,煮沸约5 min,冷却,移入200 mL容量瓶中,用水稀释至刻度。

5.4.1.2 调节pH值预试验

在适当容积(50 mL或100 mL)的烧杯中,加入10 mL盐酸空白溶液(5.4.1.1)、10.00 mL铜标准溶液(5.2.10)、2 mL柠檬酸溶液(5.2.5),混匀,加入10 mL乙醛溶液(5.2.6)。

在不断搅拌下,用刻度管或滴定管慢慢加入氨水(5.2.4),调节溶液pH约为9(pH8.9~pH9.2),记录消耗的氨水(5.2.4)体积(一般为5.5 mL~7 mL),弃去此溶液。

5.4.1.3 工作曲线的绘制

于一系列9个50 mL容量瓶中,各加入10 mL盐酸空白溶液(5.4.1.1),分别加入0 mL(补偿溶液)、2.00 mL、4.00 mL、6.00 mL、8.00 mL、10.00 mL铜标准溶液(5.2.11)和6.00 mL、8.00 mL、10.00 mL铜标准溶液(5.2.10),各加入2 mL柠檬酸溶液(5.2.5),混匀,加入10 mL乙醛溶液(5.2.6),加入与调节pH值预试验中相同体积的氨水(5.2.4),冷却到20 ℃左右,加入10 mL草酰二酰肼溶液(5.2.7)。

用水稀释至50 mL,混匀,放置45 min,于分光光度计(5.3.2)波长540 nm处,用1 cm吸收池,以补偿溶液为参比,调节仪器的吸光度至零后,测量其吸光度。以50 mL溶液的含铜量为横坐标,对应的吸光度为纵坐标,绘制工作曲线。

5.4.2 试料

按表7称取试样,称准至0.000 1 g。

表7

铜的质量分数/%	试料/g	主液体积/mL	分取试液体积/mL	分取试液中铜量/μg
0.002~0.020	2	100	10.00	4~40
>0.020~0.080	1	200	10.00	10~40
>0.080~0.20	1	500	10.00	16~40
>0.20~0.40	1	500	5.00	20~40

5.4.3 测定

5.4.3.1 试料的溶解

将试料(5.4.2)置于250 mL高型烧杯中,加入约20 mL水,缓慢加入20 mL盐酸(5.2.1),盖上表皿,需要时微热加速溶解,滴加1 mL过氧化氢(5.2.3),加热煮沸并蒸发至糖浆状,用50 mL左右的热水溶解并加热至盐类完全溶解。

冷却，必要时用中速滤纸过滤并且收集滤液于适当容积的容量瓶中（见表7“主液体积”），用热水洗净烧杯和滤纸，洗涤液合并到主液中，冷却至室温，用水稀释到刻度，混匀。

5.4.3.2 调节 pH 值预试验

按表7移取试液（5.4.3.1）置于适当容积（50 mL 或 100 mL）的烧杯中，加入 10 mL 水，试样为 2 g 时加 4 mL 柠檬酸溶液（5.2.5），试样为 1 g 时加入 2 mL 柠檬酸溶液（5.2.5），混匀。加入 10 mL 乙醛溶液（5.2.6）。

在不断搅拌下，用刻度管或滴定管慢慢加入氨水（5.2.4），调节溶液 pH 约为 9（pH 值为 8.9～9.2），记录消耗的氨水（5.2.4）体积（一般为 5.5 mL～7 mL），弃去此溶液。

5.4.3.3 显色

移取同调节 pH 值预试验相同体积的试液（5.4.3.1）置于 50 mL 容量瓶中，2 g 试样时加入 4 mL 柠檬酸溶液（5.2.5），1 g 试样时加入 2 mL 柠檬酸溶液（5.2.5），混匀。

加入 10 mL 乙醛溶液（5.2.6）和在预试验中确定的氨水（5.2.4）体积（5.4.3.2），冷却至 20 ℃左右，加入 10 mL 草酰二酰肼溶液（5.2.7），用水稀释至刻度，混匀。

5.4.3.4 空白试验

在 250 mL 的高型烧杯中，加入 20 mL 盐酸（5.2.1）和 1 mL 过氧化氢（5.2.3），盖上表皿，蒸发到近干，用水稀释，转移溶液到体积与试样主液相同的容量瓶中，在室温下稀释至刻度。移取与显色反应相同量的溶液，以下按步骤 5.4.3.2 调节 pH 值。

移取第 2 份空白试验溶液，按步骤 5.4.3.3 操作。

5.4.3.5 光度测量

放置 45 min 后，于分光光度计（5.3.2）波长 540 nm 处，用 1 cm 吸收池，以空白试验溶液（5.4.3.4）为参比，调节仪器的吸光度为零，测量其吸光度。从工作曲线上查出相应的铜量。

5.5 分析结果的计算

铜含量以铜的质量分数 $w\,(\mathrm{Cu})$ 计，数值以%表示，按式（3）计算：

$$w\,(\mathrm{Cu}) = \frac{m_1 V_0 \times 10^{-6}}{m_0 V_1} \times 100 \qquad \cdots\cdots(3)$$

式中：

m_1——自工作曲线上查得的铜量，单位为微克（μg）；

V_0——试液总体积，单位为毫升（mL）；

m_0——试料的质量，单位为克（g）；

V_1——分取试液体积，单位为毫升（mL）。

计算结果表示到小数点后 4 位。

6 试验报告

试验报告包括以下内容：

——试样；

——使用的标准（包括发布或出版年号）；

——使用的方法（如果标准中包括几个方法）；

——分析结果及其表示；
——与基本分析步骤的差异；
——测定中观察到的异常现象；
——试验日期。

ICS 77.120.10
H 12

中华人民共和国国家标准

GB/T 13748.14—2013
代替 GB/T 13748.14—2005

镁及镁合金化学分析方法 第14部分：镍含量的测定 丁二酮肟分光光度法

Chemical analysis methods of magnesium and magnesium alloys —Part14: Determination of nickel content —Dimethylglyoxime trophotometric method

(ISO 4058:1977, Magnesium and its alloys—Determination of nickel —Photometric method using dimethylglyoxime, NEQ)

2013-11-27 发布　　2014-08-01 实施

中华人民共和国国家质量监督检验检疫总局
中国国家标准化管理委员会　发布

前　　言

GB/T 13748《镁及镁合金化学分析方法》分为 22 部分：

——第 1 部分：铝含量的测定；

——第 2 部分：锡含量的测定　邻苯二酚紫分光光度法；

——第 3 部分：锂含量的测定　火焰原子吸收光谱法；

——第 4 部分：锰含量的测定　高碘酸盐分光光度法；

——第 5 部分：钇含量的测定　电感耦合等离子体原子发射光谱法；

——第 6 部分：银含量的测定　火焰原子吸收光谱法；

——第 7 部分：锆含量的测定；

——第 8 部分：稀土含量的测定　重量法；

——第 9 部分：铁含量的测定　邻二氮杂菲分光光度法；

——第 10 部分：硅含量的测定　钼蓝分光光度法；

——第 11 部分：铍含量的测定　依莱铬氰蓝 R 分光光度法；

——第 12 部分：铜含量的测定；

——第 13 部分：铅含量的测定　火焰原子吸收光谱法；

——第 14 部分：镍含量的测定　丁二酮肟分光光度法；

——第 15 部分：锌含量的测定；

——第 16 部分：钙含量的测定　火焰原子吸收光谱法；

——第 17 部分：钾含量和钠含量的测定　火焰原子吸收光谱法；

——第 18 部分：氯含量的测定　氯化银浊度法；

——第 19 部分：钛含量的测定　二安替比啉甲烷分光光度法；

——第 20 部分：ICP-AES 测定元素含量；

——第 21 部分：光电直读原子发射光谱分析方法测定元素含量；

——第 22 部分：钍含量的测定。

本次对有采标对象的第 1 部分、第 4 部分、第 7 部分、第 8 部分、第 9 部分、第 10 部分、第 12 部分、第 14 部分、第 15 部分等 9 个部分进行修订。

本部分为第 14 部分。

本部分是按照 GB/T 1.1—2009 给出的规则起草的。

本部分代替 GB/T 13748.14—2005《镁及镁合金化学分析方法 镍含量的测定 丁二酮肟分光光度法》。

本部分与 GB/T 13748.14—2005 相比，主要技术变化如下：

——修改 3.14，为"……此溶液 1 mL 含 0.004 mg 镍"；

——重新编辑表 1；

——在 6.5.2 中"…以试剂空白溶液"改为"…以试剂空白溶液(不加镍标准溶液者)为参比"；

——增加了"实验报告"的要求；

——删除了"质量保证和控制"的要求；

——根据标准编写规则将文本进行了编辑性整理。

本部分使用重新起草法参考 ISO 4058:1977《镁及镁合金　镍的测定　丁二酮肟光度法》，与 ISO 4058:1977 一致性程度为非等效。

本部分由全国有色金属标准化技术委员会(SAC/TC 243)归口。

本部分负责起草单位：中国铝业股份有限公司郑州研究院、中国有色金属工业标准计量质量研究所。

本部分起草单位：东北轻合金有限责任公司、西南铝业有限责任公司。

本部分起草人：高振中、郑云龙、周兵、陈雄立、邓兰洪、谭家英、崔纪红、刘昕。

本部分所代替标准的历次版本发布情况为：

——GB/T 13748.14—2005、GB/T 13748.14—1992。

镁及镁合金化学分析方法
第14部分:镍含量的测定
丁二酮肟分光光度法

1 范围

本部分规定了镁及镁合金中镍含量的测定方法。

本部分适用于镁及镁合金中镍含量的测定。测定范围为0.000 20%～0.050%。

2 方法提要

试料用盐酸和硝酸溶解。以盐酸羟胺、柠檬酸和硫脲为掩蔽剂。用三氯甲烷萃取镍与丁二酮肟生成的络合物,然后用稀盐酸反萃取,使镍进入水相。用溴水氧化并在氨性溶液中加入丁二酮肟显色。于分光光度计波长445 nm处测量其吸光度。

3 试剂

3.1 盐酸(ρ=1.19 g/mL)。

3.2 硝酸(ρ=1.42 g/mL)。

3.3 氨水(ρ=0.90 g/mL)。

3.4 三氯甲烷。

3.5 盐酸(1+19)。

3.6 氨水(1+19)。

3.7 柠檬酸溶液(300 g/L)。

3.8 盐酸羟胺溶液(100 g/L)。

3.9 硫脲溶液(100 g/L)。

3.10 溴水饱和溶液。

3.11 丁二酮肟乙醇溶液(10 g/L)。

3.12 镍标准贮存溶液(1 mg/mL):称取1.000 0 g金属镍[w(Ni)≥99.9%]置于300 mL烧杯中,盖上表皿。加入10 mL水和10 mL硝酸(3.2),加热至完全溶解。加入10 mL盐酸(3.1),小心蒸干,再用10 mL盐酸(3.1)重复蒸干一次。用水溶解盐类,加热使盐类完全溶解。移入1 000 mL容量瓶中,以水稀释至刻度,混匀。此溶液1 mL含1 mg镍。

3.13 镍标准溶液(0.08 mg/mL):移取8.00 mL镍标准贮存溶液(3.12)于100 mL容量瓶中,以水稀释至刻度,混匀。此溶液1 mL含0.08 mg镍。

3.14 镍标准溶液(0.004 mg/mL):移取5.00 mL镍标准溶液(3.13)于100 mL容量瓶中,以水稀释至刻度,混匀,此溶液1 mL含0.004 mg镍。

3.15 溴百里酚蓝溶液(1 g/L):称取0.100 g溴百里酚蓝溶于5 mL乙醇中,移入100 mL容量瓶中,以水稀释至刻度,混匀。

4 仪器

分光光度计。

5 试样

厚度不大于 1 mm 的碎屑。

6 分析步骤

6.1 试料

称取 1.0 g 试样(5),精确至 0.000 1 g。

6.2 测定次数

独立地进行两次测定,取其平均值。

6.3 空白试验

随同试料(6.1)做空白试验。

6.4 测定

6.4.1 将试料(6.1)置于 250 mL 烧杯中,盖上表皿。加入 50 mL 水,缓慢加入 7.5 mL 盐酸(3.1)和 2 mL硝酸(3.2)。待剧烈反应停止后,加热使试料完全溶解。继续煮沸 2 min～3 min,取下,冷却。将试液移入(需要时先过滤)250 mL 烧杯中。控制试液体积约为 40 mL。

镍的质量分数大于 0.007 0%时,将试液移入 100 mL 容量瓶中,以水稀释至刻度,混匀。按表 1 移取试液于 250 mL 烧杯中,浓缩或稀释使试液体积约为 40 mL。

表 1

镍的质量分数/%	试液总体积/mL	分取试液体积/mL
>0.007 0～0.020	100	20.00
>0.020～0.050	100	10.00

6.4.2 加入 5 mL 盐酸羟胺溶液(3.8)、20 mL 柠檬酸溶液(3.7)、10 mL 硫脲溶液(3.9)和 3～5 滴溴百里酚蓝溶液(3.15),用氨水(3.3)中和至溶液变为蓝色并过量 0.5 mL,加入 5 mL 丁二酮肟乙醇溶液(3.11)(如溶液混浊,则过滤)。将溶液移入 250 mL 分液漏斗中,冷却。

6.4.3 加入 10 mL 三氯甲烷(3.4),振荡 1 min,静置分层。将有机相移入第二个 125 mL 分液漏斗中,于水相中加入 1 mL～2 mL 三氯甲烷(3.4)。不振荡,将有机相合并入第二个分液漏斗中。于水相中再加入 5 mL 三氯甲烷(3.4),振荡 30s,静置分层。将有机相合并入第二个分液漏斗中。于水相中再加入 1 mL～2 mL 三氯甲烷(3.4),不振荡,将有机相再合并入第二个分液漏斗中,弃去水相。

6.4.4 于盛有有机相的第二个分液漏斗中,加入 20 mL 氨水(3.6),振荡 30 s,静置分层。将有机相移入第三个 125 mL 分液漏斗中。于盛有水相的分液漏斗中加 1 mL～2 mL 三氯甲烷(3.4),不振荡,将有机相合并入第三个分液漏斗中。往盛有水相的分液漏斗中加 5 mL 三氯甲烷(3.4),振荡 30 s,静置分层，将有机相合并于第三个分液漏斗中，弃去水相。

6.4.5 于盛有有机相的第三个分液漏斗中，加入 10 mL 盐酸(3.5)振荡 1 min，静置分层。将有机相移入第四个 125 mL 分液漏斗中。于盛有水相的分液漏斗中加 1 mL～2 mL 三氯甲烷(3.4)，不振荡，将有机相合并入第四个分液漏斗中。重复用 10 mL 盐酸(3.5)处理有机相，弃去有机相。将所有的水相合并到同一分液漏斗中。于水相中加入 5 mL 三氯甲烷(3.4)，振荡 30 s，静置分层，小心弃去有机相。

6.4.6 将水相移入 50 mL 容量瓶中，加 1 mL 溴水饱和溶液(3.10)，静置 15 min，在摇动下缓慢滴加氨水(3.3)至溶液的颜色消失并过量 2 mL，将溶液冷却至 30 ℃以下。加入 2 mL 丁二酮肟乙醇溶液(3.11)，以水稀释至刻度，混匀。放置 10 min。

6.4.7 将部分试液(6.4.6)移入 2 cm～5 cm 吸收池中，以随同试料所做的空白试验溶液(6.3)为参比，于分光光度计波长 445 nm 处测量其吸光度(在 20 min 内测量完毕)，从工作曲线上查出相应的镍量。

6.5 工作曲线的绘制

6.5.1 移取 0 mL、0.50 mL、1.00 mL、2.00 mL、5.00 mL、10.00 mL、15.00 mL、20.00 mL 镍标准溶液(3.14)置于一组 50 mL 容量瓶中，加 20 mL 盐酸(3.5)，用水稀释至约 40 mL，以下按 6.4.6 进行。

6.5.2 将部分标准溶液(6.5.1)移入 2 cm～5 cm 吸收池中，以试剂空白溶液(不加镍标准溶液者)为参比，于分光光度计波长 445 nm 处测量其吸光度(在 20 min 内测量完毕)，以镍量为横坐标，吸光度为纵坐标，绘制工作曲线。

7 分析结果的计算

镍含量以镍的质量分数 $w(\mathrm{Ni})$ 计，数值以%表示，按式(1)计算：

$$w(\mathrm{Ni})=\frac{m_1 V_0 \times 10^{-6}}{m_0 V_1}\times 100 \quad\cdots\cdots(1)$$

式中：

m_1——自工作曲线上查得的镍量，单位为微克(μg)；

V_0——试液总体积，单位为毫升(mL)；

m_0——试料的质量，单位为克(g)；

V_1——分取试液体积，单位为毫升(mL)。

计算结果表示到小数点后 4 位。

8 精密度

8.1 重复性

在重复性条件下获得的两个独立测试结果的测定值，在以下给出的平均值范围内，这两个测试结果的绝对差值不超过重复性限(r)，超过重复性限(r)的情况不超过 5%，重复性限(r)按表 2 中数据采用线性内插法求得。

表 2 %

镍的质量分数	0.000 50	0.003 5	0.040
重复性限 r	0.000 06	0.000 3	0.003

8.2 允许差

实验室之间分析结果的差值应不大于表 3 所列允许差。

表 3

%

镍的质量分数	允许差
0.000 20～0.000 50	0.000 1
>0.000 50～0.001 0	0.000 2
>0.001 0～0.002 5	0.000 4
>0.002 5～0.005 0	0.001 0
>0.005 0～0.010	0.001 5
>0.010～0.030	0.003
>0.030～0.050	0.005

9 试验报告

试验报告包括以下内容：

——试样；

——使用的标准(包括发布或出版年号)；

——使用的方法(如果标准中包括几个方法)；

——分析结果及其表示；

——与基本分析步骤的差异；

——测定中观察到的异常现象；

——试验日期。

ICS 77.120.20
H 12

中华人民共和国国家标准

GB/T 13748.15—2013
代替 GB/T 13748.15—2005

镁及镁合金化学分析方法 第15部分:锌含量的测定

Chemical analysis methods of magnesium and magnesium alloys —Part15:Determination of zinc content

(ISO 4194:1981,Magnesium alloys—Determination of zinc content —Flame atomic absorption spectrometric method, NEQ;
ISO 1783:1978, Magnesium alloys—Determination of zinc—Volumetric method,NEQ)

2013-11-27 发布 2014-08-01 实施

中华人民共和国国家质量监督检验检疫总局
中国国家标准化管理委员会 发布

前　言

GB/T 13748《镁及镁合金化学分析方法》分为22部分：

——第1部分：铝含量的测定；

——第2部分：锡含量的测定　邻苯二酚紫分光光度法；

——第3部分：锂含量的测定　火焰原子吸收光谱法；

——第4部分：锰含量的测定　高碘酸盐分光光度法；

——第5部分：钇含量的测定　电感耦合等离子体原子发射光谱法；

——第6部分：银含量的测定　火焰原子吸收光谱法；

——第7部分：锆含量的测定；

——第8部分：稀土含量的测定　重量法；

——第9部分：铁含量的测定　邻二氮杂菲分光光度法；

——第10部分：硅含量的测定　钼蓝分光光度法；

——第11部分：铍含量的测定　依莱铬氰蓝R分光光度法；

——第12部分：铜含量的测定；

——第13部分：铅含量的测定　火焰原子吸收光谱法；

——第14部分：镍含量的测定　丁二酮肟分光光度法；

——第15部分：锌含量的测定；

——第16部分：钙含量的测定　火焰原子吸收光谱法；

——第17部分：钾含量和钠含量的测定　火焰原子吸收光谱法；

——第18部分：氯含量的测定　氯化银浊度法；

——第19部分：钛含量的测定　二安替比啉甲烷分光光度法；

——第20部分：ICP-AES测定元素含量；

——第21部分：光电直读原子发射光谱分析方法测定元素含量；

——第22部分：钍含量的测定。

本次对有采标对象的第1部分、第4部分、第7部分、第8部分、第9部分、第10部分、第12部分、第14部分、第15部分等9个部分进行修订。

本部分为第15部分。

本部分是按照GB/T 1.1—2009给出的规则起草的。

本部分代替GB/T 13748.15—2005《镁及镁合金化学分析方法 锌含量的测定》。

本部分与GB/T 13748.15—2005相比，主要技术变化如下：

——修订了“方法一 火焰原子吸收光谱法”表1中稀释体积的错误：锌的质量分数在0.010%～1.00%时稀释体积为50 mL，锌的质量分数在1.00%～7.00%时稀释体积为100 mL；

——“方法一 火焰原子吸收光谱法”测定范围由0.10%～7.00%扩展为0.010%～10.00%；增加了锌的质量分数在7.00%～10.00%的试料质量为0.50g；增加了锌的质量分数在7.00%～10.00%的允许差为0.40%；

——修改方法二中“方法提要”为“试料以盐酸-过氧化氢溶解，用三正辛胺萃取锌，……”。修改4.4.4.5为“……静置分层后将有机相干过滤于1 cm吸收池中”。修改4.4.5.2为“……以试剂空白溶液(不加锌标准溶液者)为参比”；

——增加“方法三　滴定法”；

——将方法一、方法二和方法三的“范围”合并为 第1章“范围”；

——增加了第2章“总则”的要求；

——增加了第6章“实验报告”的要求；

——删除了“质量保证和控制”的要求；

——根据标准编写规则将文本进行了编辑性整理；

——增加了对仲裁方法的规定。

本部分包括3个方法，“方法一”是对GB/T 13748.15—2005 方法一《镁及镁合金化学分析方法 锌含量的测定 火焰原子吸收光谱法》的重新确认。“方法二”是对GB/T 13748.15—2005 方法二《镁及镁合金化学分析方法 锌含量的测定 PAN分光光度法》的重新确认。“方法三”是新增加方法“滴定法”。

本部分方法一使用重新起草法参考ISO 4194:1981《镁合金 锌含量的测定 火焰原子吸收光谱法》修订，与ISO 4194:1981一致性程度为非等效。

本部分方法一使用重新起草法参考ISO 1783:1973《镁合金 锌含量的测定 滴定法》修订，与ISO 1783:1973一致性程度为非等效。

本部分的“方法一”为锌含量在0.10%～7.00%的镁合金仲裁方法，“方法二”为锌含量在0.005 0%～0.100%的镁及镁合金仲裁方法。

本部分由全国有色金属标准化技术委员会(SAC/TC243)归口。

本部分负责起草单位：中国铝业股份有限公司郑州研究院、中国有色金属工业标准计量质量研究所。

本部分方法一起草单位：中国铝业股份有限公司郑州研究院。

本部分方法二起草单位：东北轻合金有限责任公司、中国铝业股份有限公司郑州研究院、宁夏华源冶金实业有限公司。

本部分方法三起草单位：东北轻合金有限责任公司。

本部分方法一起草人：冯敬东、王淑华、马文民、张炜华。

本部分方法二起草人：周兵、马金萍、冷晓微、石磊、王秀荣、张炜华、丁洪涛。

本部分方法三起草人：李文志、刘双庆、崔爽、赵世卓、张红霞、石尢、施立新。

本部分所代替标准的历次版本情况为：

——GB/T 13748.15—2005、GB/T 13748.15—1992。

镁及镁合金化学分析方法 第15部分:锌含量的测定

1 范围

本部分规定了镁及镁合金中锌含量的测定方法。

本部分方法一适用于镁及镁合金中锌含量的测定。方法一测定范围为0.10%~10.00%。

本部分方法二适用于原生镁锭中锌含量的测定。测定范围为0.005 0%~0.100%。

本部分方法三适用于镁及镁合金(不含镉)中锌含量的测定。测定范围为0.10%~8.0%。

2 总则

2.1 除非另有说明,本部分所用试剂均为符合国家标准或行业标准的分析纯试剂,所用水均为蒸馏水。

2.2 试样应加工为厚度不大于1 mm的碎屑。

3 方法一 火焰原子吸收光谱法

3.1 方法提要

试料用盐酸、过氧化氢和氢氟酸分解,以空气-乙炔贫燃性火焰、于原子吸收光谱仪波长213.9 nm处测量锌的吸光度。

3.2 试剂

3.2.1 镁[$w(Mg)\geqslant 99.9\%$,不含锌]。

3.2.2 盐酸($\rho=1.19$ g/mL)。

3.2.3 氢氟酸($\rho=1.14$ g/mL)。

3.2.4 过氧化氢 ($\rho=1.10$ g/mL)。

3.2.5 锌标准储存溶液:按下述方法之一制备。

3.2.5.1 称取1.000 0 g金属锌[$w(Zn)\geqslant 99.9\%$]置于400 mL烧杯中,盖上表皿,加入50 mL水,加入25 mL盐酸(3.2.2),低温加热使其完全溶解,移入1 000 mL容量瓶中,用水稀释至刻度,混匀。此溶液1 mL含1 mg锌。

3.2.5.2 称取1.260 0 g基准试剂氧化锌(预先在1 000 ℃灼烧1h,并于干燥器中冷却至室温)置于400 mL烧杯中,盖上表皿,加入25 mL盐酸(3.2.2)溶解。移入1 000 mL容量瓶中,用水稀释至刻度,混匀。此溶液1 mL含1 mg锌。

3.2.6 锌标准溶液A:移取10.00 mL锌标准储存溶液(3.2.5)于200 mL容量瓶中,用水稀释至刻度,混匀。此溶液1 mL含50μg锌。

3.2.7 锌标准溶液B:移取10.00 mL锌标准储存溶液(3.2.5)于500 mL容量瓶中,用水稀释至刻度,混匀。此溶液1 mL含20μg锌。

3.2.8 镁基体溶液(1 mg/mL):称取1.000 0 g镁(3.2.1)置于250 mL烧杯中,盖上表皿,加入50 mL水,分次加入总量为20 mL盐酸(3.2.2),低温加热使其完全溶解。加入5滴过氧化氢,煮沸5 min,冷却。移入 1 000 mL 容量瓶中，用水稀释至刻度，混匀。

3.3 仪器

3.3.1 原子吸收光谱仪，附有锌空心阴极灯。

在仪器最佳工作条件下，凡能达到下述指标的原子吸收光谱仪均可使用：

——特征浓度：在与测量试样溶液的基体相一致的溶液中，锌的特征浓度不大于 0.025 μg/mL。

——精密度：用最高浓度的标准溶液测量 10 次吸光度，其标准偏差不应超过平均吸光度的 1.0%；用最低浓度的标准溶液（不是“零”浓度标准溶液）测量 10 次吸光度，其标准偏差不应超过最高浓度平均吸光度的 0.5%。

——工作曲线线性：将工作准曲线按浓度分为五段，最高段的吸光度差值与最低段的吸光度差值之比应不小于 0.7。

3.4 分析步骤

3.4.1 试料

按表 1 称取试样，精确至 0.000 1 g。

3.4.2 测定次数

独立地进行两次测定，取其平均值。

3.4.3 空白试验

称取 1.000g 金属镁(3.2.1)，随同试料(3.4.1)作空白试验。

3.4.4 测定

3.4.4.1 将试料(6.4.1)置于 250 mL 烧杯中，盖上表皿，加水约 50 mL，分次加入 20 mL 盐酸(3.2.2)，低温加热至完全溶解，滴加 5 滴过氧化氢(3.2.4)，加入 2 滴氢氟酸(3.2.3)，煮沸 5 min，冷却(必要时过滤)，将试液移入 1 000 mL 容量瓶中，用水稀释至刻度，混匀。

3.4.4.2 按表 1 移取、稀释试液。

表 1

锌的质量分数/%	试料/g	分取试液(3.4.4.1)体积/mL	稀释体积/mL
0.10～1.00	1.0	10.00	50
＞1.00～7.00	1.0	5.00	100
＞7.00～10.00	0.50	5.00	100

3.4.4.3 使用空气-乙炔贫燃性火焰，于原子吸收光谱仪波长 213.9 nm 处，以水调零，与相应的标准溶液同时测量锌的吸光度，减去空白试验(3.4.3)溶液的吸光度，从工作曲线上查出相应的锌浓度。

3.4.5 工作曲线的绘制

3.4.5.1 标准溶液系列的制备

3.4.5.1.1 适用锌的质量分数为 0.10%～1.00%：移取 0 mL、1.00 mL、3.00 mL、5.00 mL、7.00 mL、9.00 mL、10.00 mL 锌标准溶液 B(3.2.7)分别置于一组 100 mL 容量瓶中，各加入 20.0 mL 镁基体溶液

(3.2.8)，用水稀释至刻度，混匀。

3.4.5.1.2　适用锌的质量分数为 1.00%～7.00%：移取 0 mL、1.00 mL、2.00 mL、3.00 mL、4.00 mL、5.00 mL、6.00 mL、7.00 mL 锌标准溶液 A(3.2.6)分别置于一组 100 mL 容量瓶中，各加入 5.0 mL 镁基体溶液(3.2.8)，用水稀释至刻度，混匀。

3.4.5.1.3　适用锌的质量分数为 7.00%～10.00%：移取 0 mL、1.00 mL、2.00 mL、3.00 mL、4.00 mL、5.00 mL、6.00 mL 锌标准溶液 A(3.2.6)分别置于一组 100 mL 容量瓶中，各加入 2.5 mL 镁基体溶液(3.2.8)，用水稀释至刻度，混匀。

3.4.5.2　测定

在与试液测定相同条件下测量系列标准溶液的吸光度，减去系列标准溶液中“零”浓度溶液的吸光度，以锌的浓度为横坐标，吸光度为纵坐标，绘制工作曲线。

3.5　分析结果的计算

锌含量以锌的质量分数 $w(\mathrm{Zn})$ 计，数值以%表示，按公式(1)计算：

$$w(\mathrm{Zn})=\frac{\rho V_2 V_0\times 10^{-6}}{m_0 V_1}\times 100 \qquad \cdots\cdots(1)$$

式中：

ρ ——自工作曲线上查得的锌浓度，单位为微克每毫升(μg/mL)；

V_0 ——试液总体积，单位为毫升(mL)；

V_1 ——分取试液体积，单位为毫升(mL)；

V_2 ——测量试液的体积，单位为毫升(mL)；

m_0 ——试料的质量，单位为克(g)；

计算结果表示到小数点后 2 位。

3.6　精密度

3.6.1　重复性

在重复性条件下获得的两次独立测试结果的测定值，在表 2 给出的平均值范围内，这两个测试结果的绝对差值不超过重复性限(r)，超过重复性限(r)的情况不超过 5%，重复性限(r)按表 2 中数据采用线性内插法求得。

表 2

%

锌的质量分数	0.174	3.16	6.94
重复性限 r	0.010	0.07	0.13

3.6.2　允许差

实验室之间分析结果的差值应不大于表 3 所列允许差。

表 3

%

锌的质量分数	允许差
0.10～0.30	0.02
>0.30～1.00	0.05
>1.00～ 3.00	0.10
>3.00～5.00	0.15
>5.00～7.00	0.20
>7.00～10.00	0.40

4 方法二 PAN 分光光度法

4.1 方法提要

试料以盐酸-过氧化氢溶解，用三正辛胺萃取锌，以硝酸钾-碘化钾混合液将锌反萃入水相。在 pH 值为 10 左右时，用三氯甲烷萃取 PAN 与锌的有色络合物，于分光光度计波长 550 nm 处测量其吸光度。

4.2 试剂

4.2.1 三氯甲烷。

4.2.2 过氧化氢（ρ=1.10 g/mL）。

4.2.3 盐酸（1+1）：优级纯。

4.2.4 氨水（1+1）。

4.2.5 盐酸（1+5）：优级纯。

4.2.6 盐酸（1+10）：优级纯。

4.2.7 碳酸钠溶液（0.5 mol/L）。

4.2.8 1-(2-吡啶偶氮)-2-萘酚（PAN）乙醇溶液（1 g/L）。

4.2.9 三正辛胺二甲苯溶液（1+20）：50 mL 三正辛胺用二甲苯稀释至 1 000 mL。

提纯方法：将配好的三正辛胺与等体积碳酸钠溶液（4.2.7）振荡，弃去水相。再加等体积盐酸（4.2.6）振荡，弃去水相，依次反复振荡数次，最后一次与碳酸钠溶液振荡后用水洗涤至水相中无金属离子反应（PAN 检查洗涤过的水应为黄色）为止。再与等体积盐酸溶液（4.2.5）振荡 2 min，静置后弃去水相，有机相贮存备用。

使用过的三正辛胺溶液可用上述步骤处理后，循环使用。因使用过的三正辛胺溶解有少量碘而呈黄色，所以在用碳酸钠溶液（4.2.7）洗涤时，加入适量硫代硫酸钠将碘还原。

4.2.10 硝酸钾-碘化钾混合溶液：硝酸钾 50 g 和碘化钾 10 g 溶于水后稀释至 1 000 mL。

提纯方法：于混合溶液中加 3 mL～5 mLPAN 溶液（4.2.8），用三氯甲烷（4.2.1）萃取二次（每次 30 mL～50 mL），弃去有机相，水溶液过滤于瓶中贮存备用。

4.2.11 磺基水杨酸溶液（100 g/L）。

4.2.12 双环己酮草酰二腙（BCO）乙醇溶液（1 g/L）：称取 0.5 克 BCO 溶于 250 mL 乙醇中，用水稀释至 500 mL 容量瓶中。

4.2.13 锌标准贮存溶液（1 mg/mL）：称取 0.500 0 g 金属锌[w(Zn)≥99.9%]于烧杯中，加入 10 mL 盐酸（4.2.3），加热使之溶解完全，冷却。移入 500 mL 容量瓶中，用水稀释至刻度，混匀。此溶液 1 mL

含1 mg锌。

4.2.14 锌标准溶液(4μg/mL):移取 4.00 mL 锌标准贮存溶液(4.2.13)于 1 000 mL 容量瓶中,用水稀释至刻度,混匀。此溶液 1 mL 含 4μg 锌。

4.3 仪器

分光光度计。

4.4 分析步骤

4.4.1 试料

称取试样 0.50 g,精确至 0.000 1 g。

4.4.2 测定次数

独立地进行两次测定,取其平均值。

4.4.3 空白试验

随同试料(4.4.1)作空白试验。

4.4.4 测定

4.4.4.1 将试料(4.4.1)置于 100 mL 烧杯中,加入 10 mL 盐酸(4.2.3)溶解,滴加 3～4 滴过氧化氢(4.2.2),加热使之溶解完全。蒸发至近干,用盐酸(4.2.5)溶解,冷却。

4.4.4.2 按表 4 将试液移入容量瓶中,用盐酸(4.2.5)稀释至刻度,混匀,移取 15.00 mL 试液于 125 mL 分液漏斗中。

表 4

锌的质量分数/%	试液总体积/mL	移取试液体积/mL
0.005 0～0.010	100	15.00
>0.010～0.050	250	
>0.050～0.100	500	

4.4.4.3 加入 20 mL 三正辛胺二甲苯溶液(4.2.9),振荡 1 min,分层后弃去水相。有机相中加入 10 mL 盐酸(4.2.5),振荡 10s,分层后弃去水相。

4.4.4.4 有机相(4.4.4.3)中加入 20 mL 硝酸钾-碘化钾混合溶液(4.2.10),振荡 1 min。分层后,将水相移入另一个分液漏斗,有机相中再加入 5 mL 硝酸钾-碘化钾混合溶液(4.2.10),振荡 10s。分层后,合并水相,弃去有机相。

4.4.4.5 水相(4.4.4.4)加入 5 mL 磺基水杨酸溶液(4.2.11),摇匀,加入 2 mL 氨水(4.2.4)摇匀,加入 1 mL双环己酮草酰二腙(BCO)乙醇溶液(4.2.12),摇匀,放置 3 min～5 min。加入 1.00 mLPAN 溶液(4.2.8),摇匀,放置 30s。加入 25.00 mL 三氯甲烷(4.2.1),振荡 2 min,静置分层后将有机相干过滤于 1 cm吸收池中。

4.4.4.6 以空白试验溶液(4.4.3)作参比,于分光光度计在波长 550 nm 处测量吸光度。从工作曲线上查得相应的锌量。

4.4.5 工作曲线的绘制

4.4.5.1 移取 0 mL、0.50 mL、1.00 mL、2.00 mL、3.00 mL、4.00 mL、5.00 mL 锌标准溶液(4.2.14),分

别置于125 mL分液漏斗中，加入7 mL盐酸(4.2.3)，用水稀释至20 mL，加入20 mL三正辛胺二甲苯溶液(4.2.9)，以下按4.4.4.3～4.4.4.5步骤进行。

4.4.5.2 以试剂空白溶液(不加锌标准溶液者)为参比，于分光光度计波长550 nm处测定吸光度，以锌量为横坐标，吸光度为纵坐标绘制工作曲线。

4.5 分析结果的计算

锌含量以锌的质量分数 $w(Zn)$ 计，数值以%表示，按式(2)计算：

$$w(\mathrm{Zn})=\frac{m_1V_0\times10^{-6}}{m_0V_1}\times100 \qquad \cdots\cdots(2)$$

式中：

m_1——自工作曲线上查得的锌量，单位为微克(μg)；

V_0——试液总体积，单位为毫升(mL)；

m_0——试料的质量，单位为克(g)；

V_1——分取试液体积，单位为毫升(mL)。

计算结果表示到小数点后4位。

4.6 精密度

4.6.1 重复性

在重复性条件下获得的两次独立测试结果的测定值，在表5给出的平均值范围内，这两个测试结果的绝对差值不超过重复性限(r)，超过重复性限(r)的情况不超过5%，重复性限(r)按表5中数据采用线性内插法求得。

表5 %

锌的质量分数	0.008 0	0.030	0.080
重复性限 r	0.001 0	0.003	0.006

4.6.2 允许差

实验室之间的分析结果的差值应不大于表6所列允许差。

表6 %

锌的质量分数	允许差
0.005 0～0.010 0	0.001 3
>0.010～0.050	0.004
>0.050～0.100	0.008

5 方法三 滴定法

5.1 方法提要

试样用盐酸溶解，蒸发除去过量的酸，用盐酸(2 mol/L)溶解残渣，将滤液通过强碱性阴离子交换树脂。用盐酸(0.005 mol/L)洗脱吸附于树脂上的锌。以双硫腙为指示剂,用 EDTA 标准溶液滴定锌。

5.2 试剂

在分析过程中一律用蒸馏水或等同纯度的水。

5.2.1 强碱性阴离子交换树脂,不等孔隙或等孔隙,季胺基聚乙烯类(例如 Dowexl×2,De-Acidite FF SRA 62 或相当者),氯型。含有 2%~3%交联度[以 D.V.B(二乙烯基苯)的质量分数表示],最好颗粒大小在 150μm~295μm(+52 目~-100 目)。

5.2.2 丙酮(ρ=0.79 g/mL)。

5.2.3 盐酸(ρ=1.19 g/mL)。

5.2.4 过氧化氢(ρ=1.10 g/mL)。

5.2.5 盐酸(约 2 mol/L):将 170 mL 盐酸(5.2.3)以水稀释至 1 000 mL。

5.2.6 盐酸(约 1 mol/L):将 85 mL 盐酸(5.2.3)以水稀释至 1 000 mL。

5.2.7 盐酸(约 0.005 mol/L):将 5 mL 盐酸(5.2.6)以水稀释至 1 000 mL。

5.2.8 硝酸(ρ=1.40 g/mL)。

5.2.9 氨水(ρ=0.90 g/mL)。

5.2.10 乙酸溶液(约 1 mol/L):将 58 mL 冰乙酸(ρ=1.05 g/mL)以水稀释至 1 000 mL。

5.2.11 乙酸铵溶液(500 g/L):将 50 g 乙酸铵(CH_3COONH_4)溶于水,稀释至 100 mL。

5.2.12 锌标准溶液(2 mg/mL):称取 2.00 g(准确至 0.001 g)特纯锌,溶解于以 75 mL 水稀释的 25 mL 盐酸(5.2.3)中,将溶液移入 1 000 mL 容量瓶中,以水稀释至刻度,混匀。

5.2.13 乙二胺四乙酸二钠(EDTA)标准溶液(0.02 mol/L)。

5.2.13.1 溶液的制备:称取 7.5gEDTA 溶于水,必要时过滤,移入 1 000 mL 容量瓶中,以水稀释至刻度,混匀。贮于聚乙烯瓶中。

5.2.13.2 溶液的标定:移取相当于 50.0 mg 锌的 25.00 mL 锌标准溶液(5.2.12)于 400 mL 烧杯中,稀释至约 100 mL,放入一片石蕊试纸(5.2.14),不断搅拌下加如氨水(5.2.9)至石蕊试纸变色。取出石蕊试纸片,用水洗涤。加入 10 mL 乙酸溶液(5.2.10)和 10 mL 乙酸铵溶液(5.2.11)。用试纸(5.2.15)检查溶液的 pH 值,其应在 pH 值为 5~5.5。必要时滴加乙酸溶液(5.2.10)调节至 pH 值为 5~5.5。然后加入 50 mL 丙酮(5.2.2)和 2 mL 双硫腙溶液(5.2.16),以 EDTA 标准溶液(5.2.13)滴定至指示剂由红色变为橙黄色。此颜色在 EDTA 标准溶液过量 2 滴后应不变。

5.2.13.3 计算

相应于溶液恰好不是 0.02 mol/L 的校正系数,由式(3)求得:

$$f=\frac{38.24}{V} \qquad \cdots\cdots(3)$$

式中:

38.24——滴定 50.0 mg 锌所需的 EDTA 溶液(0.02 mol/L)的体积,单位为毫升(mL);

V ——滴定 25.00 mL 锌标准溶液(5.2.12)消耗的 EDTA 溶液(5.2.13)的体积,单位为毫升(mL)。

注:理论值为 1 mL EDTA 溶液(0.02 mol/L)相当于 1.307 6 mg 锌,50.0∶1.3 076=38.237。

5.2.14 石蕊试纸。

5.2.15 精密 pH 试纸(pH 值为 5~6,间隔 0.2 单位)。

5.2.16 双硫腙(二苯基硫卡巴腙)乙醇溶液(0.25 g/L):称取 0.025g 双硫腙以无水乙醇溶解并稀释至 100 mL。用时现配。

5.3 仪器

5.3.1 一般实验室仪器。

5.3.2 带活塞的玻璃柱，直径 20 mm，高约 400 mm。

5.4 分析步骤

5.4.1 离子交换柱的制备

首先用稀盐酸(5.2.3)连续洗涤除去阴离子树脂(5.2.1)中的细颗粒，至得到清亮溶液。然后将树脂浸入盐酸(5.2.7)中放置几小时(最好过夜)。在玻璃柱(5.3.2)的底部、活塞上方放入少量玻璃纤维以托住树脂。边摇边将树脂悬浮液倒入准备好的玻璃柱中(注意避免形成气泡或气沟)，使树脂柱高约 150 mm。用约 100 mL 盐酸(5.2.7)以 7 mL/min 速度洗涤交换柱。

用预先已加入 0.5 mL 硝酸(5.2.8)的 200 mL 盐酸(5.2.5)以同样的速度通过交换柱，达到需要的工作状态。

交换柱制备后及在分析过程中，树脂一定要用液体覆盖(5.6.1)。

5.4.2 试料

称取 4.0 g 试样，精确至 0.000 1 g。

5.4.3 空白试验

随同试料(5.4.2)做空白试验。

5.4.4 试液的制备

将试料(5.4.2)置于 400 mL 烧杯中，加入约 50 mL 水，盖上表皿，小心慢慢加入 30 mL 盐酸(5.2.3)。反应完全后，加 2 滴过氧化氢(5.2.4)，徐徐加热至沸。继续缓缓煮沸至过氧化氢全部分解。锌质量分数大于 1.0%时，将溶液移入 250 mL 容量瓶，冷却，稀释至刻度，混匀。按表 7 移取试液。

表 7

锌质量分数/%	移取试液体积/mL	相当于试样质量/g
0.10～1.0	全部	4.0
>1.0～3.0	100.00	1.6
>3.0～6.0	50.00	0.8
>6.0～8.0	25.00	0.4

将溶液(5.4.4)置于 250 mL 烧杯中，在沸水浴上蒸发至结晶正好析出，冷却，加入 100 mL 盐酸(5.2.5)和 0.5 mL 硝酸(5.2.8)，加热溶解完全。

若溶液含有不溶性锆或蒸发过程中有二氧化硅沉淀析出，用慢速致密滤纸过滤，并用少量热盐酸(5.2.5)充分洗涤。

5.4.5 离子交换

将完全冷却的试液(5.4.4)以 5 mL/min～7 mL/min 速度通过交换柱(5.2.1)，用 4 份 25 mL 盐酸(5.2.5)连续洗涤烧杯和交换柱，然后用 100 mL(见 5.6.3)盐酸(5.2.6)以 5 mL/min～7 mL/min 速度洗涤树脂。

用 250 mL 盐酸(5.2.7)以同样的速度通过交换柱，洗脱被树脂吸附的锌。洗脱液收集于 400 mL 烧杯中，加热浓缩至体积为 100 mL。

5.4.6 滴定

将石蕊试纸(5.2.14)放入洗脱液中，边搅拌边滴加氨水(5.2.9)，直至试纸变色。取出石蕊试纸，用水洗涤，加入 20 mL 乙酸(5.2.10)和 10 mL 乙酸铵溶液(5.2.11)。用精密 pH 试纸(5.2.15)检查溶液的 pH 值，该值应在 5.0～5.5 之间，需要时滴加乙酸(5.2.10)调整。然后加入 50 mL 丙酮(5.2.2)，加入 2 mL双硫腙乙醇溶液(5.2.16)，用 EDTA 标准滴定溶液(5.2.13)滴定至试液从红色变为橙黄色为止。此颜色在过量 2 滴 EDTA 标准滴定溶液下应不变。

5.5 分析结果的计算

锌含量以锌的质量分数 $w(\mathrm{Zn})$ 计，数值以%表示，按式(4)计算：

$$w(\mathrm{Zn})=\frac{(V-V_1)fD\times 1.307\ 6}{10\times m_0} \qquad\cdots\cdots(4)$$

式中：

V ——滴定试液中锌消耗的 EDTA 标准溶液(5.2.13)体积，单位为毫升(mL)；

V_1 ——滴定空白试验消耗的 EDTA 标准溶液(5.2.13)体积，单位为毫升(mL)；

f ——EDTA 标准溶液(5.2.13)的校正系数(5.2.13.3)；

D ——试液与分取液的体积比；

m_0 ——试料质量，单位为克(g)；

1.307 6 ——相当于 1 mL EDTA 标准溶液(0.02 mol/L)的锌量，单位为毫克(mg)。

计算结果表示到小数点后 2 位。

注 1：交换柱中的树脂不使用时，一定要用盐酸(5.2.7)覆盖。

注 2：应在使用前使树脂达到需要的工作状态。

注 3：在合金中含铅的情况下，盐酸(5.2.6)用量由 100 mL 增加至 200 mL。

6 试验报告

试验报告包括以下内容：

——试样；

——使用的标准(包括发布或出版年号)；

——使用的方法(如果标准中包括几个方法)；

——分析结果及其表示；

——与基本分析步骤的差异；

——测定中观察到的异常现象；

——试验日期。

ICS 77.120.10
H 12

中华人民共和国国家标准

GB/T 13748.22—2013/ISO 5196:1980

镁及镁合金化学分析方法
第22部分:钍含量的测定

Chemical analysis methods of magnesium and magnesium alloys—Part 22:Determination of thorium content

(ISO 5196-1:1980,Magnesium alloys—Determination of thorium—Part 1:Gravimetric method,IDT;
ISO 5196-2:1980,Magnesium alloys—Determination of thorium—Part 2:Titrimetric method, IDT)

2013-11-27 发布　　2014-08-01 实施

中华人民共和国国家质量监督检验检疫总局
中国国家标准化管理委员会　发布

前　言

GB/T 13748《镁及镁合金化学分析方法》分为22部分：

——第1部分：铝含量的测定；
——第2部分：锡含量的测定　邻苯二酚紫分光光度法；
——第3部分：锂含量的测定　火焰原子吸收光谱法；
——第4部分：锰含量的测定　高碘酸盐分光光度法；
——第5部分：钇含量的测定　电感耦合等离子体原子发射光谱法；
——第6部分：银含量的测定　火焰原子吸收光谱法；
——第7部分：锆含量的测定；
——第8部分：稀土含量的测定　重量法；
——第9部分：铁含量的测定　邻二氮杂菲分光光度法；
——第10部分：硅含量的测定　钼蓝分光光度法；
——第11部分：铍含量的测定　依莱铬氰蓝R分光光度法；
——第12部分：铜含量的测定；
——第13部分：铅含量的测定　火焰原子吸收光谱法；
——第14部分：镍含量的测定　丁二酮肟分光光度法；
——第15部分：锌含量的测定；
——第16部分：钙含量的测定　火焰原子吸收光谱法；
——第17部分：钾含量和钠含量的测定　火焰原子吸收光谱法；
——第18部分：氯含量的测定　氯化银浊度法；
——第19部分：钛含量的测定　二安替比咻甲烷分光光度法；
——第20部分：ICP-AES测定元素含量；
——第21部分：光电直读原子发射光谱分析方法测定元素含量；
——第22部分：钍含量的测定。

本部分为第22部分。

本部分是按照GB/T 1.1—2009给出的规则起草的。

本部分包括2个方法，"方法一"使用翻译法等同采用ISO 5196-1:1980《镁合金　钍含量的测定　重量法》；"方法二"使用翻译法等同采用ISO 5196-2:1980《镁合金　钍含量的测定　滴定法》，为便于使用，"方法一"和"方法二"做了下列编辑性修改：

——删除相应国际标准的"前言"和"目录"；
——按照我国国家标准的要求，对相应文字进行编辑性处理。

本部分的"方法一"为钍含量在0.20%～5.00%的镁合金仲裁方法。

本部分由全国有色金属标准化技术委员会(SAC/TC243)归口。

本部分负责起草单位：中国铝业股份有限公司郑州研究院。

本部分起草单位：贵州省理化测试分析研究中心。

本部分方法一主要起草人：石磊、张继东、曾萍、张洁、李荣华、李家华。

本部分方法二主要起草人：薛宁、曾萍、张继东、胡璇、李荣华、李家华。

镁及镁合金化学分析方法 第22部分:钍含量的测定

1 范围

本部分规定了镁合金中钍含量的测定方法。

本部分适用于镁合金中钍含量的测定。测定范围为0.20%~5.00%。

本部分方法二不适用于含银的镁合金。

2 总则

2.1 除非另有说明,本部分所用试剂均为符合国家标准或行业标准的分析纯试剂,所用水均为蒸馏水。

2.2 试样应加工为厚度不大于1 mm的碎屑。

3 方法一 重量法

3.1 方法提要

试料用盐酸溶解,以苯甲酸盐形式初步分离钍,溶解沉淀物,钍以草酸盐形式再沉淀,灼烧,以氧化钍形式称量。

3.2 试剂

3.2.1 盐酸羟胺($NH_2OH \cdot HCl$)。

3.2.2 氯化铵(NH_4Cl)。

3.2.3 盐酸(ρ=1.19 g/mL),优级纯。

3.2.4 盐酸溶液(3mol/L)。

3.2.5 氢氧化铵溶液(ρ=0.17 g/mL):用水稀释250 mL氨水(ρ=0.91 g/mL)至1 000 mL,摇匀。

3.2.6 苯甲酸溶液(20 g/L):溶解20g苯甲酸(C_6H_5COOH)于热水中,冷却,必要时过滤,稀释至1 000 mL,摇匀。

3.2.7 苯甲酸溶液(2.5 g/L):溶解2.5g苯甲酸(C_6H_5COOH)于热水中,冷却,必要时过滤,稀释至1 000 mL,摇匀。

3.2.8 草酸饱和溶液(室温)。

3.2.9 草酸洗液:用水稀释70 mL草酸饱和溶液(3.2.8)至500 mL。

3.2.10 溴酚蓝溶液(4 g/L):称取0.4 g溴酚蓝置于研钵中,加入8.25 mL氢氧化钠溶液(5 g/L),研磨至全部溶解,用水移入100 mL容量瓶中,稀释至刻度,摇匀。

3.3 仪器

普通实验室仪器。

3.4 分析步骤

3.4.1 试料

按表1称取试样，精确至0.000 1 g。

表 1

钍的质量分数/%	试料/g	盐酸(3.2.3)用量/mL
0.2～1.5	5.00	40
＞1.5～3.0	3.00	25
＞3.0～5.0	2.00	15

3.4.2 测定次数

独立地进行两次测定，取其平均值。

3.4.3 空白试验

随同试料(3.4.1)做空白试验。

3.4.4 测定

3.4.4.1 将试料(3.4.1)置于400 mL烧杯中，盖上表皿，加入50 mL水，按表1分次加入盐酸(3.2.3)，反应停止后，煮沸溶液数分钟，如有不溶物，用中速滤纸过滤，用热水洗涤烧杯和不溶物，把洗涤液并入试液中(弃去不溶物)。通过稀释或蒸发使体积约为100 mL，冷却。

注：分析含银合金时，过滤前在滤纸上铺上少量纸浆。

3.4.4.2 钍的第一次沉淀

若试样含稀土元素，加入1g盐酸羟胺(3.2.1)。向溶液加入3滴溴酚蓝溶液(3.2.10)，用氢氧化铵溶液(3.2.5)或盐酸溶液(3.2.4)中和至指示剂变为紫色。加入10g氯化铵(3.2.2)，加热沸腾，边搅拌边加入100 mL煮沸的苯甲酸溶液(3.2.6)，继续加热10 min。静置数分钟(不让其冷却)，用中速滤纸过滤，用苯甲酸溶液(3.2.7)仔细洗涤滤纸及沉淀。

3.4.4.3 草酸钍的沉淀

用50 mL沸水把沉淀全部移入原烧杯中，用10 mL盐酸溶液(3.2.4)和50 mL沸水洗涤滤纸，煮沸。取下烧杯，洗涤烧杯壁，将溶液稀释至125 mL。边搅拌边缓慢地加入25 mL草酸溶液(3.2.8)，在室温下静置12h(或静置过夜)。

3.4.4.4 过滤、洗涤和称量

用慢速滤纸过滤沉淀物，用草酸洗液(3.2.9)仔细洗涤沉淀。将滤纸和沉淀物置于950 ℃灼烧恒量的瓷坩埚中，在约500 ℃使滤纸灰化，于950 ℃灼烧至恒量。在装有无水高氯酸镁的干燥器中冷却后称量。

3.5 分析结果的计算

钍含量以钍的质量分数 $w(\mathrm{Th})$ 计，按式(1)计算：

$$w(\text{Th}) = \frac{m_1 \times 0.878\ 8}{m_0} \times 100\% \qquad \cdots\cdots(1)$$

式中：

m_1 ——沉淀所得氧化钍的质量，单位为克(g)；

m_0 ——试料的质量，单位为克(g)；

0.878 8——由氧化钍换算为钍的系数。

计算结果表示到小数点后2位。

3.6 试验报告

试验报告包括以下内容：

——试样名称；

——使用的标准(包括发布或出版年号)；

——使用的方法(如果标准中包括几个方法)；

——分析结果及其表示；

——与基本分析步骤的差异；

——测定中观察到的异常现象；

——试验日期。

4 方法二 滴定法

4.1 方法提要

试料用盐酸溶解，加入盐酸羟胺与铁和铈形成络合物。在约90 ℃时，以二甲苯酚橙为指示剂，加入EDTA与锆形成络合物。在约90 ℃的缓冲介质中以二甲苯酚橙为指示剂，用EDTA标准溶液滴定钍。

4.2 试剂

4.2.1 盐酸溶液(6 moL/L)。

4.2.2 盐酸溶液(0.005 moL/L)：量取5 mL盐酸(ρ=1.19 g/mL)，用水稀释至1 000 mL。

4.2.3 盐酸羟胺溶液(100 g/L)：称取10g盐酸羟胺，溶解于100 mL水中。

4.2.4 氢氧化铵(ρ=0.91 g/mL)。

4.2.5 氢氧化铵溶液(ρ=0.18 g/mL)：用水稀释200 mL氢氧化铵溶液(ρ=0.91 g/mL)至1 000 mL。

4.2.6 缓冲液：将80 mL盐酸溶液(0.25 moL/L)和500 mL氯化钾溶液(15 g/L)混合。

4.2.7 锆标准溶液(0.5 g/L)：

4.2.7.1 配制：用下述方法之一配制溶液：

4.2.7.1.1 称取0.500 g金属锆[w(Zr)≥99.9%]于干燥烧杯中，加入30 mL甲醇并在冷却时加入5 mL溴水。反应停止后，适度加热使反应完全，加入40 mL盐酸溶液(4.2.1)，煮沸至溶液无色。加水使溶液保持约50 mL，冷却，移入1 000 mL容量瓶中，用水稀释至刻度，混匀。

4.2.7.1.2 称取1.77g氯氧化锆($ZrOCl_2 \cdot 8H_2O$)于烧杯中，加入20 mL盐酸(4.2.1)，溶解完全后过滤，移入1 000 mL容量瓶中，用水稀释至刻度，混匀。

4.2.7.2 标定：用下列方法之一标定溶液：

4.2.7.2.1 苦杏仁酸重量法：移取100.00 mL锆标准溶液(4.2.7)于250 mL烧杯中，加入约40 mL水和60 mL盐酸溶液(4.2.1)，煮沸，加入50 mL苦杏仁酸溶液(150 g/L)。

在80 ℃下保温20 min，冷却，用中速滤纸过滤，用每升含有40 mL盐酸(4.2.1)和50 g苦杏仁酸的溶液洗涤，把滤纸置于预先恒重的铂坩埚内，烘干、灰化，在950 ℃～1 000 ℃下小心灼烧至恒量，称取二氧化锆(ZrO_2)的质量。

按式(2)计算标准溶液中锆的质量浓度(mg/mL):

$$\rho=\frac{m\times 0.740\ 3}{V} \qquad \cdots\cdots(2)$$

式中:

m ——称得二氧化锆的质量,单位为毫克(mg);

V ——移取锆标准溶液(4.2.7)的体积,单位为毫升(mL);

0.740 3——ZrO_2 换算成 Zr 的系数。

4.2.7.2.2 对 ρ-溴苦杏仁酸重量法:移取 100.00 mL 锆标准液(4.2.7)于 250 mL 烧杯中,加入约70 mL 水,加热至约 80 ℃,边搅拌边缓慢加入 50 mL 预先加热至 80 ℃的对 ρ-溴苦杏仁酸溶液(0.1 moL/L)。

在 80 ℃下保温 20 min,加入 2 mL～3 mL 对 ρ-溴苦杏仁酸溶液(0.1 moL/L)以检查沉淀是否完全,不停搅拌,冷却至室温,用中速滤纸过滤,用水仔细洗涤,将滤纸放入预先恒重的铂坩埚内,烘干、灰化,在 950 ℃～1 000 ℃下小心灼烧至恒量,称取二氧化锆(ZrO_2)的质量。

按式(3)计算标准溶液中锆的质量浓度(mg/mL):

$$\rho=\frac{m\times 0.740\ 3}{V} \qquad \cdots\cdots(3)$$

式中:

m ——称得二氧化锆的质量,单位为毫克(mg);

V ——移取锆标准溶液(4.2.7)的体积,单位为毫升(mL);

0.740 3——ZrO_2 换算成 Zr 的系数。

4.2.8 乙二胺四乙酸二钠(EDTA)标准溶液(0.01 moL/L)。

4.2.8.1 配制:称取 3.75g EDTA 溶解于水中(必要时过滤),移入 1 000 mL 容量瓶中,用水稀释至刻度,混匀。存于塑料瓶中。

4.2.8.2 标定:称取 1 g 金属镁(精确至 0.000 1 g),置于 400 mL 烧杯中,加入 15 mL 水,盖上表皿,分次加入 30 mL 盐酸溶液(4.2.1),反应停止后,加入 10.00 mL 锆标准溶液(4.2.7),煮沸 5 min。

加入 30 mL 盐酸羟胺溶液(4.2.3),用热水稀释至约 200 mL。加热至微沸,加入 1 mL 二甲苯酚橙溶液(4.2.9),再煮沸 2 min～3 min。

保持温度不低于 85 ℃,用 EDTA 标准溶液(4.2.8)滴定至溶液从红色变为黄色。为更好地观察颜色转变的终点可以使用搅拌器(4.3.2),电炉调到 90 ℃,溶液再次煮沸后此颜色不应起变化。

4.2.8.3 计算:由于此 EDTA 溶液实际浓度可能不是 0.01 moL/L,因此采用式(4)计算校正系数 f:

$$f=\frac{5.49}{V} \qquad \cdots\cdots(4)$$

式中:

V ——滴定 10.00 mL 锆标准溶液(4.2.7)消耗 EDTA 标准溶液(4.2.8)的体积,单位为毫升(mL);

5.49 ——滴定 5.0 mg 锆所需 EDTA 标准溶液(0.01 moL/L)的体积,单位为毫升(mL)。(注:1 mL EDTA 标准溶液(0.01 moL/L)理论值相当于 0.91 mg 锆,所以 5.0÷0.91=5.494 5)。

4.2.9 二甲苯酚橙溶液(1 g/L):称取 0.1g 二甲苯酚橙溶解于水中,稀释至 100 mL。

4.3 仪器

4.3.1 pH 计。

4.3.2 机械或磁力搅拌器,配备电炉。

4.4 分析步骤

4.4.1 试料

称取 1.00g 试样，精确至 0.000 1 g。

4.4.2 测定次数

独立地进行两次测定，取其平均值。

4.4.3 空白试验

测定的同时，按相同的分析步骤，使用相同的试剂进行空白试验，盐酸(4.2.1)用量减少至 15 mL。

4.4.4 测定

4.4.4.1 将试料(4.4.1)置于 400 mL 烧杯中，加入 15 mL 水，盖上表皿，分次加入 30 mL 盐酸溶液(4.2.1)，反应停止后，煮沸 5 min。如有不溶物，用中速滤纸过滤，用热盐酸溶液(4.2.2)洗涤烧杯和不溶物，把洗涤液合并入试液中(弃去不溶物)。

4.4.4.2 加入 30 mL 盐酸羟胺溶液(4.2.3)，添加热水使溶液体积约 200 mL，煮至微沸。加入 1 mL 二甲苯酚橙溶液(4.2.9)，煮沸 2 min～3 min。在保持溶液温度不低于 85 ℃条件下，缓慢加入 EDTA 标准溶液(4.2.8)以络合锆，直至溶液从红色变为黄色。为更好地观察颜色变化的终点，使用搅拌器(4.3.2)，把电炉调至 90 ℃。

4.4.4.3 冷却并加入氢氧化铵溶液(4.2.4)，机械搅拌直至指示剂开始变色。加入氢氧化铵溶液(4.2.5)，用 pH 计(4.3.1)调节溶液 pH 值为 1.6。

加入 10 mL 缓冲液(4.2.6)使指示剂变为红色，煮沸并立即缓慢加入 EDTA 标准溶液(4.2.8)以滴定钍，直至指示剂由红色转为黄色。滴定过程中，溶液温度应保持不低于 85 ℃。为更好地观察颜色变化的终点，使用搅拌器(4.3.2)，把电炉温度调至 90 ℃。

当加入 EDTA 标准溶液(4.2.8)过量 2 滴时，溶液颜色不应有变化。

4.5 分析结果的计算

钍含量以钍的质量分数 $w(\mathrm{Th})$ 计，数值以%表示，按式(5)计算：

$$w(\mathrm{Th})=\frac{(V-V_1)\times f\times 2.32}{m\times 10^3}\times 100 \qquad \cdots\cdots(5)$$

式中：

V ——试料消耗 EDTA 标准溶液(4.2.8)的体积，单位为毫升(mL)；

V_1 ——空白试验消耗 EDTA 标准溶液(4.2.8)的体积，单位为毫升(mL)；

f ——EDTA 标准溶液(4.2.8)的校正系数，见(4.2.8.3)；

m ——试料的质量，单位为克(g)；

2.32 ——1.00 mLEDTA 标准溶液(0.01 moL/L)相当的钍量，单位为毫克(mg)。

计算结果表示到小数点后 2 位。

4.6 试验报告

试验报告包括以下内容：

——试样名称；

——使用的标准(包括发布或出版年号)；

——使用的方法(如果标准中包括几个方法);
——分析结果及其表示;
——与基本分析步骤的差异;
——测定中观察到的异常现象;
——试验日期。

ICS 77.120.30
J 31

中华人民共和国国家标准

GB/T 13819—2013
代替 GB/T 13819—1992

铜及铜合金铸件

Copper and copper alloy castings

2013-09-18 发布　　2014-06-01 实施

中华人民共和国国家质量监督检验检疫总局
中国国家标准化管理委员会　发布

前　言

本标准按照 GB/T 1.1—2009 给出的规则起草。

本标准代替 GB/T 13819—1992《铜合金铸件》。本标准与 GB/T 13819—1992 相比，主要技术内容变化如下：

——标准名称修改为《铜及铜合金铸件》；

——删除了铸件分类，修改了图样标记方法；

——删除了铸件表面分级，修改了铸件的表面质量；

——增加了铸件的密封面、螺纹部位和承受高温、强腐蚀、承压等部位，一般不允许焊补的规定，修改了有关铸件缺陷的修复的规定；

——增加了附加要求，如杂质元素的分析等；

——增加了合金化学成分光谱分析方法及光谱分析取样方法；

——增加了铸件的几何形状、尺寸和重量公差等的检验方法；

——增加了铸件表面粗糙度的评定方法；

——增加了铜及铜合金导电性能的检测方法；

——修改了批次的划分。

本标准由全国铸造标准化技术委员会(SAC/TC 54)提出并归口。

本标准负责起草单位：青岛正大铸造有限公司。

本标准参加起草单位：沈阳铸造研究所、武昌船舶重工有限责任公司。

本标准主要起草人：宋敬清、董峰、杨为勤、宋鲲鹏、齐笑冰。

本标准所代替标准的历次版本发布情况为：

——GB/T 13819—1992。

铜及铜合金铸件

1 范围

本标准规定了铜及铜合金铸件(以下简称铸件)的牌号和标记、技术要求、检验方法、检验规则,以及标志、包装、运输和贮存。

本标准适用于铜及铜合金砂型铸造、金属型铸造、连续铸造、离心铸造、熔模铸造的铸件。其他方法生产的铸件亦可参照执行。

2 规范性引用文件

下列文件对于本文件的应用是必不可少的。凡是注日期的引用文件,仅注日期的版本适用于本文件。凡是不注日期的引用文件,其最新版本(包括所有的修改单)适用于本文件。

GB/T 228.1　金属材料　拉伸试验　第1部分:室温试验方法

GB/T 231.1　金属材料　布氏硬度试验　第1部分:试验方法

GB/T 351　金属材料电阻系数测量方法

GB/T 1176—2013　铸造铜及铜合金

GB/T 5121(所有部分)　铜及铜合金化学分析方法

GB/T 5678　铸造合金光谱分析取样方法

GB/T 6414　铸件　尺寸公差与机械加工余量

GB/T 11351　铸件重量公差

GB/T 15056　铸造表面粗糙度　评定方法

GB/T 15749　定量金相测定方法

JB/T 5108　铸造黄铜　金相

YS/T 478　铜及铜合金导电率涡流检测方法

YS/T 482　铜及铜合金分析方法　光电发射光谱法

3 牌号和标记

3.1 合金牌号

合金牌号应符合GB/T 1176的规定。

3.2 图样标记

铸件图样标记如下所示:

×××××　—　××　—　GB/T 13819

GB/T 13819 ——— 标准编号

×× ——— 铸造方法代号(S、J、La、Li、R)

××××× ——— 合金牌号

注:S——砂型铸造;

J——金属型铸造；
La——连续铸造；
Li——离心铸造；
R——熔模铸造。

示例：

5-5-5 铸造锡青铜，砂型铸造，执行标准 GB/T 13819，标记为：ZCuSn5Pb5Zn5—S—GB/T 13819。

4 技术要求

4.1 化学成分

合金的化学成分应符合 GB/T 1176 的规定。

4.2 力学性能

4.2.1 拉伸试验用单铸试样的形状和尺寸应符合 GB/T 1176—2013 中附录 A 的规定。

4.2.2 铸件的力学性能应符合 GB/T 1176 的规定。

4.3 几何形状、尺寸和重量公差

4.3.1 铸件的几何形状、尺寸应符合图样或订货协议要求，如无图样或订货协议，铸件尺寸公差和机械加工余量应符合 GB/T 6414 的规定，或按需方提供的模样制造。铸件尺寸公差不包括由拔模斜度而引起的尺寸增减。

4.3.2 铸件重量应符合图样或技术协议的要求，铸件重量公差应符合 GB/T 11351 的规定。

4.4 表面质量

4.4.1 铸件的表面粗糙度应符合图样或订货协议的规定。

4.4.2 铸件的浇冒口、毛刺、飞边等，在非加工表面应清理到与铸件表面平齐，在待加工表面上铸件浇冒口允许的残留高度应符合表 1 的规定。

表 1 铸件浇冒口残留高度

单位为毫米

铸件最大外廓尺寸	浇冒口残留高度
≤600	≤5
>600～1 200	≤10
>1 200	≤15

4.4.3 铸件的非加工表面不允许有裂纹等影响使用性能的缺陷。

4.4.4 螺纹部位，螺纹旋入 4 个螺距之内不允许存在缺陷。

4.4.5 铸件表面另有要求时，应在图样或订货协议中注明。

4.5 铸件缺陷的修复

4.5.1 在铸件的密封面、螺纹部位或承受高温、强腐蚀、承压等部位，一般不允许焊补。

4.5.2 除 4.5.1 规定外，铸件缺陷允许用焊补或其他方法进行修复，焊补工艺和条件由供方确定，如需方对焊补有要求时，应与供方协商。

4.6 附加要求

4.6.1 需方对铸件有附加要求时，应在图样或订货协议中规定。

4.6.2 附加要求包括以下一项或几项：

a) 杂质元素的化学分析；

b) 无损检测：如X射线探伤、超声波探伤等；

c) 水压、气密性试验；

d) 电学性能试验；

e) 铸件金相组织测定；

f) 其他要求。

5 检验方法

5.1 化学成分

铸件化学成分的检验方法按 GB/T 5121(所有部分)或 YS/T 482 的规定执行。在保证分析精度的条件下，允许使用其他检测方法。当分析结果有争议时，应按 GB/T 5121(所有部分)进行仲裁。

5.2 力学性能

5.2.1 铸件的拉伸试验按 GB/T 228.1 的规定执行。

5.2.2 铸件的硬度试验按 GB/T 231.1 的规定执行。

5.3 几何形状、尺寸和重量公差

5.3.1 铸件几何形状和尺寸检验，应选择相应精度的检测工具、量具、样板或划线检查。

5.3.2 铸件重量公差的检验按 GB/T 11351 的规定执行。

5.4 表面质量

5.4.1 铸件表面粗糙度的检验按 GB/T 15056 的规定执行。

5.4.2 铸件表面质量用目测方法检验。

5.5 铸件缺陷的修复

5.5.1 铸件的修补部位有水压、气密性要求时，修补后应按规定试验压力的 1.2 倍进行试验。

5.5.2 铸件焊补后的检验按 4.5 执行。

5.6 附加要求

5.6.1 铸件的X射线探伤、超声波探伤、水压、气密性等项目的检测方法、验收标准应按有关技术标准的规定执行或由供需双方商定。

5.6.2 铸件导电性能的检测按 GB/T 351 或 YS/T 478 的规定执行。

5.6.3 铸件金相组织的测定按 GB/T 15749 的规定执行，铸造黄铜相含量比例和晶粒度分级原则和评定方法按 JB/T 5108 的规定执行或由供需双方商定。

6 检验规则

6.1 检验程序

除另有规定外，铸件的检验由供方质量部门检验。

6.2 批次的划分

下列情况之一，构成一个检验批次：

a) 同一熔炼炉熔炼的合金液浇注的铸件；

b) 两个或几个熔炼炉熔炼的合金液倒入一个浇包内浇注的铸件；

c) 一个连续熔炼炉熔炼(同一指令)的合金液浇注的铸件；

d) 在相同原材料和熔炼工艺的条件下，1个工作日，由一个熔炼炉或一组熔炼炉熔炼的合金液浇注的铸件。

如有特殊要求，由供需双方商定组批。

6.3 化学成分

6.3.1 铸件按批次分析合金的主要化学成分，杂质元素的分析由供需双方商定。

6.3.2 光谱分析的取样方法应按 GB/T 5678 的规定执行。

6.3.3 化学成分不合格时，允许从同一批次试样取样进行复验，若复验不合格，则判定该批次铸件的化学成分不合格。

6.3.4 当对试样化学成分检验结果有争议时，可在铸件本体上取样进行复验，若本体试样的化学成分符合规定，则判定铸件的化学成分合格。

6.4 力学性能

6.4.1 铸件按批次进行拉伸试验，复验及判定按 GB/T 1176 的规定执行。

6.4.2 砂型、金属型、熔模铸件力学性能用单铸试样，单铸试样的铸型应使用与铸件相同的铸型材料。需热处理后供货的铸件，单铸试样应与铸件同炉进行热处理。

6.4.3 连续铸造的铸件，其试样取自铸件本体。

6.4.4 离心铸造的铸件，其试样取自与铸件相同的铸型材料浇注的单铸试样。

6.4.5 按规定铸件需进行硬度检验时，硬度检验与拉伸试验同时进行，且验收方法一致。

6.4.6 试样硬度不合格时，允许抽取同批铸件重新试验，抽检铸件的数量不少于5个。如果同批铸件不足5个，则全部检验。抽取铸件重新试验中有1个铸件硬度不合格时，则该批铸件必须逐个进行检验。

6.4.7 硬度试样一般可在拉伸试样的端部切取。如铸件只需硬度试验，硬度检验部位及抽查方法，应按图样或技术协议的规定执行。

6.4.8 对力学性能有特殊要求时，由供需双方商定。

6.5 几何形状、尺寸和重量公差

6.5.1 铸件几何形状、尺寸按4.3.1的规定逐件检验。

6.5.2 要求重量检验的铸件，其重量检验按 GB/T 11351 的规定执行或由供需双方商定。

6.6 表面质量

铸件的表面质量按4.4的规定逐件检验。

6.7 附加要求

6.7.1 要求金相检验的铸件，金相试样可取自拉伸试样的端部。

6.7.2 附加要求的其他检验规则由供需双方商定。

7 标志、包装、运输和贮存

7.1 标志和合格证

7.1.1 应在铸件非加工表面上做出下列标志或其中一部分：

a) 合金代号；

b) 熔炼批次；

c) 需方要求的其他标志。

7.1.2 标志应清晰易见，可追溯。

7.1.3 出厂铸件应附有检验合格证，内容包括：

a) 生产厂名称或代号；

b) 铸件名称；

c) 图样编号；

d) 材料牌号、熔炼炉号；

e) 制造日期；

f) 检验结果及检验人员签章；

g) 执行标准代号。

7.2 包装、运输和贮存

铸件的包装、运输和贮存应保证铸件不受损伤和锈蚀，或按订货合同的规定执行。

参 考 文 献

［1］ ASTM B824—11 Standard specification for general requirements for copper alloy castings

［2］ ASTM B584—06a Standard specification for copper alloy sand castings for general applications

［3］ ASTM B505/B505M—08 Standard specification for copper alloy continuous castings

［4］ 英国劳氏船级社 船舶入级规范和规则 铜合金铸件

ICS 29.060.20
K 13

GB

中华人民共和国国家标准

GB/T 13849.1—2013
代替 GB/T 13849.1—1993

聚烯烃绝缘聚烯烃护套市内通信电缆
第1部分:总则

Local telecommunication cables
with polyolefin insulation and polyolefin sheath—Part 1:General

2013-07-19 发布　　2013-12-02 实施

中华人民共和国国家质量监督检验检疫总局
中国国家标准化管理委员会　发布

前　言

GB/T 13849《聚烯烃绝缘聚烯烃护套市内通信电缆》分为5个部分：

——第1部分：总则；

——第2部分：铜芯、实心或泡沫（带皮泡沫）聚烯烃绝缘、非填充式、挡潮层聚乙烯护套市内通信电缆；

——第3部分：铜芯、实心或泡沫（带皮泡沫）聚烯烃绝缘、填充式、挡潮层聚乙烯护套市内通信电缆；

——第4部分：铜芯、实心聚烯烃绝缘（非填充）、自承式、挡潮层聚乙烯护套市内通信电缆；

——第5部分：铜芯、实心或泡沫（带皮泡沫）聚烯烃绝缘、隔离式（内屏蔽）、挡潮层聚乙烯护套市内通信电缆。

本部分为 GB/T 13849 的第1部分。

本部分按照 GB/T 1.1—2009 给出的规则起草。

本部分代替 GB/T 13849.1—1993《聚烯烃绝缘聚烯烃护套市内通信电缆　第1部分：一般规定》，与 GB/T 13849.1—1993 相比，主要技术变化如下：

——修改了“带皮泡沫聚烯烃绝缘”的定义（见3.4，1993版的3.5）；

——增加了0.7 mm 和0.9 mm 规格的导体（见5.1）；

——将“导体的接续应采用银合金焊料和无酸性熔剂钎焊，或者电焊，或者冷焊，接续处的抗拉强度应不低于相邻无接续处抗拉强度的85%”中的“85%”修改为“90%”（见5.2，1993版的5.2）；

——增加了实心高密度聚乙烯和实心聚丙烯的“空气箱热老化后卷绕性能”的试验条件及要求，并将“冷弯损坏”修改为“低温卷绕试验”；增加了绝缘热收缩试验的有效长度为 $L=200$ mm 的规定（见表1）；

——将“成品电缆中任意线对的绞合节距在3 m长度上测得的算术平均值应不大于155 mm。”中的“不大于155 mm”修改为“不大于150 mm”（见7.3，1993版的第7章）；

——将铝塑复合带的铝带标称厚度由“0.2 mm”修改为“不小于0.15 mm”（见13.2.1，1993版的13.1.1）；

——在成品电缆取下的聚乙烯护套的机械物理性能中增加了高密度聚乙烯和无卤阻燃材料的抗张强度、老化前后伸长率、耐环境应力开裂和热收缩率的要求（见13.3.4）；

——增加了吊线的要求（见13.5）；

——外护层增加了53和553型、33和43型、23型和防蚁外被层等外护套的详细规定（见第14章）；

——增加了阻燃电缆结构的要求（见第15章）；

——关于电气性能主要修改如下（见表6）：

- 增加了导体规格0.7 mm、0.9 mm 的直流电阻、电阻不平衡、电容不平衡、衰减要求；
- 增加了泡沫、带皮泡沫聚烯烃绝缘电缆的衰减指标；
- 修改了工作电容的指标（表6，1993版的表7中序号4）；
- 将“子单位间线对全部组合的近端传音衰减 $M-S\geqslant 79$”修改为“子单位间线对全部组合的近端传音衰减 $M-S\geqslant 77$”（表6，1993版的表7中序号7.1）；
- 增加了“绝缘强度检验时，也可采用交流电压，其测试电压的有效值 $V_{AC}=V_{DC}/\sqrt{2}$”。

——增加了“电缆的机械物理性能与环境性能”：填充式电缆渗水性能、填充式电缆滴流性能、低温

弯曲、自承式电缆拉断力和阻燃电缆的燃烧特性要求(见表8);

——增加了关于环保性能的规定(见第18章);

——修改了关于试验方法的规定(见第20章,1993版的第17章);

——修改了对主要原材料的要求如下:

- 增加了绝缘材料性能应符合YD/T 760—1995的规定,并删除相应的附录(见6.1,1993版的附录L);
- 增加了填充复合物和阻水带、阻水纱的具体性能应符合YD/T 839—2000和YD/T 1115—2001的规定(见8.2.3和14.1.6);
- 增加了双面铝塑复合带和钢塑复合带的性能应符合YD/T 723.2—2007和YD/T 723.3—2007的规定,并删除相应的附录(见13.2.4和14.2.4,1993版的附录M);
- 增加了聚乙烯护套的原材料应符合GB/T 15065—2009的规定(见13.3.1)。

——删除了第20章规定的三包要求(见1993版的第20章)。

本部分由中国电器工业协会提出。

本部分由全国电线电缆标准化技术委员会(SAC/TC 213)归口。

本部分负责起草单位:上海电缆研究所。

本部分参加起草单位:成都普天电缆股份有限公司、江苏通鼎光电股份有限公司、温州耀华电讯有限公司、浙江一舟电子科技股份有限公司、浙江兆龙线缆有限公司、浙江正导光电股份有限公司、江苏亨通线缆科技有限公司、深圳市联嘉祥科技股份有限公司。

本部分主要起草人:辛秀东、高欢、宋杰、代康、肖仁贵、王圣、陈剑德、倪冬华、罗英宝、淮平、黄冬莲。

本部分所代替标准的历次版本发布情况为:

——GB/T 13849.1—1993。

聚烯烃绝缘聚烯烃护套市内通信电缆
第1部分：总则

1 范围

GB/T 13849的本部分规定了铜芯聚烯烃绝缘挡潮层聚烯烃护套市内通信电缆的结构、机械物理性能及电气性能要求、试验方法、检验规则和标志包装。

本部分适用于铜芯聚烯烃绝缘挡潮层聚烯烃护套市内通信电缆的制造、验收及使用。

本部分规定的电缆可用于传输音频信号和综合业务数字网的2B+D速率及以下的数字信号，也可用于传输2 048 kbit/s的数字信号或150 kHz以下的模拟信号。在一定条件下，也可用于传输2 048 kbit/s以上的数字信号。

2 规范性引用文件

下列文件对于本文件的应用是必不可少的。凡是注日期的引用文件，仅注日期的版本适用于本文件。凡是不注日期的引用文件，其最新版本(包括所有的修改单)适用于本文件。

GB/T 2900.10—2001 电工术语 电缆

GB/T 2951.11—2008 电缆和光缆绝缘和护套材料通用试验方法 第11部分：通用试验方法——厚度和外形尺寸测量——机械性能试验

GB/T 2951.12—2008 电缆和光缆绝缘和护套材料通用试验方法 第12部分：通用试验方法——热老化试验方法

GB/T 2951.13—2008 电缆和光缆绝缘和护套材料通用试验方法 第13部分：通用试验方法——密度测定方法——吸水试验——收缩试验

GB/T 2951.14—2008 电缆和光缆绝缘和护套材料通用试验方法 第14部分：通用试验方法——低温试验

GB/T 2951.41—2008 电缆和光缆绝缘和护套材料通用试验方法 第41部分：聚乙烯和聚丙烯混合料专用试验方法——耐环境应力开裂试验——熔体指数测量方法——直接燃烧法测量聚乙烯中碳黑和(或)矿物质填料含量——热重分析法(TGA)测量碳黑含量——显微镜法评估聚乙烯中碳黑分散度

GB/T 2951.42—2008 电缆和光缆绝缘和护套材料通用试验方法 第42部分：聚乙烯和聚丙烯混合料专用试验方法——高温处理后抗张强度和断裂伸长率试验——高温处理后卷绕试验——空气热老化后的卷绕试验——测定质量的增加——长期热稳定性试验——铜催化氧化降解试验方法

GB/T 2952.1—2008 电缆外护层 第1部分：总则

GB/T 2952.3—2008 电缆外护层 第3部分：非金属套电缆通用外护层

GB/T 3048.9—2007 电线电缆电性能试验方法 第9部分：绝缘线芯火花试验

GB/T 3048.10—2007 电线电缆电性能试验方法 第10部分：挤出护套火花试验

GB/T 3953—2009 电工圆铜线

GB/T 6995.2—2008 电线电缆识别标志方法 第2部分：标准颜色

GB/T 6995.3—2008 电线电缆识别标志方法 第3部分：电线电缆识别标志

GB/T 7424.2—2008 光缆总规范 第2部分：光缆基本试验方法

GB/T 11327.1—1999 聚氯乙烯绝缘聚氯乙烯护套低频通信电缆电线 第1部分:一般试验和测量方法

GB/T 13849.2 聚烯烃绝缘聚烯烃护套市内通信电缆 第2部分:铜芯、实心或泡沫(带皮泡沫)聚烯烃绝缘、非填充式、挡潮层聚乙烯护套室内通信电缆

GB/T 13849.3 聚烯烃绝缘聚烯烃护套市内通信电缆 第3部分:铜芯、实心或泡沫(带皮泡沫)聚烯烃绝缘、填充式、挡潮层聚乙烯护套室内通信电缆

GB/T 13849.4 聚烯烃绝缘聚烯烃护套市内通信电缆 第4部分:铜芯、实心聚烯烃绝缘(非填充)、自承式、挡潮层聚乙烯护套室内通信电缆

GB/T 13849.5 聚烯烃绝缘聚烯烃护套市内通信电缆 第5部分:铜芯、实心或泡沫(带皮泡沫)聚烯烃绝缘、隔离式(内屏蔽)、挡潮层聚乙烯护套室内通信电缆

GB/T 15065—2009 电线电缆用黑色聚乙烯塑料

GB/T 17650.2—1998 取自电缆或光缆的材料燃烧时释出气体的试验方法 第2部分:用测量pH值和电导率来测定气体的酸度

GB/T 17651—1998 电缆或光缆在特定条件下燃烧的烟密度测定

GB/T 18380.12—2008 电缆和光缆在火焰条件下的燃烧试验 第12部分:单根绝缘电线电缆火焰垂直蔓延试验 1 kW 预混合型火焰试验方法

GB/T 19666—2005 阻燃和耐火电线电缆通则

JB/T 8137(所有部分) 电线电缆交货盘

SJ/T 11363—2006 电子信息产品中有毒有害物质的限量要求

YD/T 723.2—2007 通信电缆光缆用金属塑料复合带 第2部分:铝塑复合带

YD/T 723.3—2007 通信电缆光缆用金属塑料复合带 第3部分:钢塑复合带

YD/T 760—1995 市内通信电缆用聚烯烃绝缘料

YD/T 839—2000 通信电缆光缆用填充和涂覆复合物

YD/T 1020—2004 电缆光缆用防蚁护套材料特性

YD/T 1115—2001 通信电缆光缆用阻水材料

3 术语和定义

GB/T 2900.10—2001 界定的以及下列术语和定义适用于本文件。

3.1

基本单位 unit

由25个对线组绞合而成,用以组成超单位或缆芯的电缆元件。

3.2

超单位 super-unit

由若干基本单位或子单位绞合而成,用以组成缆芯的电缆元件。

3.3

子单位 sub-unit

由若干小于基本单位线组数的对线组绞合而成,用以组成缆芯的电缆元件。

3.4

带皮泡沫聚烯烃绝缘 foam-skin polyolefin insulation

内层泡沫聚烯烃绝缘,外层实心聚烯烃绝缘;或内层与外层实心聚烯烃绝缘,中间泡沫聚烯烃绝缘。

4 符号、代号及产品表示方法

4.1 符号、代号

4.1.1 系列代号

H …………………………………………………………………………………………… 市内通信电缆

4.1.2 绝缘结构代号

Y ………………………………………………………………………………………… 实心聚烯烃绝缘
YF ……………………………………………………………………………………… 泡沫聚烯烃绝缘
YP …………………………………………………………………………………… 带皮泡沫聚烯烃绝缘

4.1.3 护套结构代号

A ………………………………………………………………………………………… 挡潮层聚乙烯护套

4.1.4 缆芯结构特征代号

省略 ………………………………………………………………………………………………… 非填充式
T …………………………………………………………………………………………………… 填充式
G ……………………………………………………………………………………………… 隔离式(内屏蔽)
C …………………………………………………………………………………………………… 自承式

注：几种结构特征同时存在时，电缆型号中代码顺序号为：T、G、C。

4.1.5 阻燃结构通信电缆的符号、代号

阻燃结构通信电缆的符号、代号应按 GB/T 19666—2005 相关规定执行。

4.1.6 外护层代号

553 ……………………………………………………………… 双层纵包皱纹钢带铠装电缆外护层
外护层代号应符合 GB/T 2952.1—2008 和 GB/T 2952.3—2008 的相关规定。

4.2 产品表示方法

产品用型号、规格及标准编号表示，规格包括电缆的标称对数和导体标称直径。

示例 1：

铜芯实心聚烯烃绝缘非填充式挡潮层聚乙烯护套市内通信电缆，200 对，导体标称直径 0.6 mm，表示为：

HYA 200×2×0.6　标准编号

示例 2：

铜芯泡沫聚烯烃绝缘填充式挡潮层聚乙烯护套市内通信电缆，100 对，导体标称直径 0.5 mm，表示为：

HYFAT 100×2×0.5　标准编号

示例 3：

铜芯实心聚烯烃绝缘填充式挡潮层聚乙烯护套单层纵包轧纹钢带铠装聚乙烯套市内通信电缆，200 对，导体标称直径 0.4 mm，表示为：

HYAT53 200×2×0.4　标准编号

示例 4：

铜芯实心聚烯烃绝缘隔离式挡潮层聚乙烯护套市内通信电缆，50 对，导体标称直径 0.8 mm，表示为：

HYAG 50×2×0.8 标准编号

5 导体

5.1 导体应采用符合 GB/T 3953—2009 规定的 TR 型软圆铜线，其标称直径为 0.32 mm、0.4 mm、0.5 mm、0.6 mm、0.7 mm、0.8 mm、0.9 mm。

5.2 导体的接续应采用银合金焊料和无酸性熔剂钎焊，或者电焊，或者冷压技术接头，接续处应光滑圆整，无毛刺。接续处的抗拉强度不应低于相邻无接续处抗拉强度的 90%。

5.3 成品电缆上导体的断裂伸长率应符合下列规定：

——标称直径 0.4 mm 及以下：不小于 10%；

——标称直径 0.4 mm 以上：不小于 15%。

6 绝缘

6.1 绝缘材料

绝缘料应采用低密度、中密度或高密度聚乙烯或聚丙烯，各种绝缘料的主要性能应符合 YD/T 760—1995 的要求。填充式电缆一般不宜采用低密度聚乙烯绝缘。

6.2 绝缘结构

绝缘结构应是下列规定的一种：

——实心聚烯烃绝缘；

——泡沫聚烯烃绝缘；

——带皮泡沫聚烯烃绝缘。

采用泡沫聚烯烃或带皮泡沫聚烯烃绝缘时，由发泡工艺产生的气泡应沿圆周均匀分布，且气泡间应互不连通。

6.3 绝缘连续性及电气要求

6.3.1 绝缘应连续地挤包在导体上，并具有完整性，绝缘厚度应使成品电缆符合规定的电气性能要求。

6.3.2 绝缘完整性采用直流火花试验检验，对于实心聚烯烃绝缘芯线的试验电压应为 2.0 kV～6.0 kV，对于泡沫聚烯烃绝缘和带皮泡沫聚烯烃绝缘单线的试验电压应为 1.0 kV～3.0 kV。每 12 km 绝缘线芯上允许有 1 个针孔或类似的缺陷。当针孔或缺陷超过规定时允许修复，修复后的绝缘线芯应满足本条的规定。

6.4 绝缘颜色

绝缘线芯采用颜色识别标志，颜色应符合 GB/T 6995.2—2008 或附录 A 的规定，有争议时按附录 A 规定。绝缘线芯颜色应均匀，且不迁移。

6.5 绝缘机械物理性能

绝缘的机械物理性能应符合表 1 的规定，试样应取自成品电缆。

表 1 绝缘机械物理性能

序号	性能项目及试验条件	单位	要求指标							
			实心聚乙烯			实心聚丙烯	泡沫或带皮泡沫聚乙烯			泡沫及泡沫皮聚丙烯
			低密度	中密度	高密度		低密度	中密度	高密度	
1	抗张强度中值	MPa	≥10	≥12	≥16	≥20	≥6	≥7	≥10	≥12
2	断裂伸长率中值	%	≥300	≥300	≥300	≥300	≥200	≥200	≥200	≥200
3	热收缩率 (有效长度 L=200mm) 试验处理温度 试验处理时间	 % ℃ h	 ≤5 100±2 1	 ≤5 100±2 1	 ≤5 115±2 1	 ≤5 115±2 1	 ≤5 100±2 1	 ≤5 100±2 1	 ≤5 115±2 1	 ≤5 115±2 1
4	空气箱热老化后耐卷绕 试验处理温度 试验处理时间	 ℃ h	不开裂 100±2 24×14	不开裂 100±2 24×14	不开裂 115±2 24×14	不开裂 115±2 24×14	不开裂 100±2 24×14	不开裂 100±2 24×14	考虑中	考虑中
5	低温卷绕失效数/试样数 试验处理温度 试验处理时间	个 ℃ h	≤0/10 −55±1 1	≤0/10 −55±1 1	≤0/10 −55±1 1	≤0/10 −40±1 1	≤0/10 −55±1 1	≤0/10 −55±1 1	≤0/10 −55±1 1	≤0/10 −40±1 1
6	抗压缩性 加力时间 施加压力	 min N	导体间不碰触 ≥1 67							

7 对线组(以下简称线对)

7.1 由 a 线和 b 线的两根不同颜色的绝缘线芯均匀地绞合成线对。

7.2 对线组绝缘单线颜色采用下列 10 种颜色:

——a 线:白、红、黑、黄、紫;

——b 线:蓝、桔、绿、棕、灰。

7.3 成品电缆中任意线对的绞合节距在 3m 长度上所测得的平均值应不大于 150 mm。

8 缆芯

8.1 缆芯的组成

8.1.1 缆芯由若干超单位绞合而成,或者由若干基本单位或子单位直接绞合而成。

8.1.2 超单位由若干基本单位绞合而成。超单位分为 3 种:50 对超单位、100 对超单位和 200 对超单位。

8.1.3 50 对超单位由 4 个子单位[2×(12+13)]组成,100 对超单位由 4 个基本单位组成,200 对超单位由 8 个基本单位组成。200 对超单位仅适用于标称对数为 3 600 对的电缆。

8.1.4 基本单位由 25 个线对通过同心式或交叉式绞合而成。基本单位中所有线对的绞合节距应不相同。

8.1.5 必要时,可将若干线对绞合成等效于一个基本单位的若干子单位(扎带颜色均应与所代替的基本单位相同),再将这些子单位绞合成超单位或缆芯。

8.1.6 20 对及以下电缆应用同心式或交叉式结构,所有线对的绞合节距应各不相同。

8.2 缆芯包带

8.2.1 缆芯应包覆非吸湿性绝缘带,并可在外面用非吸湿性或非吸油性的丝(带)扎紧。对于填充式电缆,绝缘带应与填充混合物相容。
8.2.2 包带应具有足够的隔热性能和机械强度,以防绝缘线芯粘结或变形、损伤。
8.2.3 填充式电缆应在缆芯的间隙中及包带外表面均匀连续地填满填充复合物,在缆芯包带外也可采用其他阻水材料,缆芯包带应与填充混合物及其他阻水材料相容。填充复合物的具体性能指标应符合YD/T 839—2000规定的要求。
8.2.4 隔离式电缆缆芯应采用符合YD/T 723.2—2007规定的双面铝塑复合带,将缆芯分成两个相等的部分,其具体规定见GB/T 13849.5。
8.2.5 各种缆芯的推荐结构参见附录B。

9 基本单位内绝缘线芯的色谱

9.1 基本单位绝缘线芯色谱应符合表2规定。
9.2 同心式绞合基本单位线对的排列应按顺层顺序,第1个线对应在最内层。

表2 基本单位线对序号与绝缘色谱

线对序号		1	2	3	4	5	6	7	8	9	10	11	12	13
绝缘线芯颜色	a线	白	白	白	白	白	红	红	红	红	红	黑	黑	黑
	b线	蓝	桔	绿	棕	灰	蓝	桔	绿	棕	灰	蓝	桔	绿
线对序号		14	15	16	17	18	19	20	21	22	23	24	25	
绝缘线芯颜色	a线	黑	黑	黄	黄	黄	黄	黄	紫	紫	紫	紫	紫	
	b线	棕	灰	蓝	桔	绿	棕	灰	蓝	桔	绿	棕	灰	

10 基本单位、超单位的扎丝(带)及色谱

10.1 基本单位和超单位应螺旋疏绕不同颜色的非吸湿性扎丝(带)。
10.2 任一基本单位(或子单位)缺扎丝(带)的长度不应超过90 m,同一电缆的任意截面上,缺扎丝(带)的基本单位(或子单位)总数应不超过3个,且相邻基本单位(或子单位)不允许同时缺扎丝(带)。
10.3 电缆任意截面上每个超单位中只允许1个基本单位(或其子单位)缺扎丝(带),且缺扎丝(带)的基本单位(或其子单位)总数应不超过3个。
10.4 超单位不允许缺扎丝(带)。
10.5 基本单位及超单位的扎丝(带)色谱应符合表3规定,其颜色应符合GB/T 6995.2—2008规定。
10.6 超单位或基本单位的排列应顺层顺序,第1个超单位或基本单位应在最内层,顺序方向应与基本单位内绝缘线芯的顺序方向一致。

11 电缆端别

11.1 除20对及以下电缆外,电缆应分端别。
11.2 面向电缆端头,缆芯的超单位或基本色谱顺序为顺时针方向,则此端为电缆A端,另一端为B端。
11.3 电缆A端端头应用红色标志,电缆B端端头应用绿色标志。

表 3 基本单位及超单位的扎丝(带)色谱

单位		超单位扎丝(带)色谱																							
		白				红				黑				黄				紫				蓝			
序号	扎丝(带)色谱	超单位序号			线对序号	超单位序号			线对序号	超单位序号			线对序号	超单位序号			线对序号	超单位序号			线对序号	超单位序号			线对序号
		200	100	50		200	100	50		200	100	50		200	100	50		200	100	50		200	100	50	
		对	对	对		对	对	对		对	对	对		对	对	对		对	对	对		对	对	对	
1	白蓝	1	1	1	1～25	4	7	13	601～625	7	13	25	1 201～1 225	10	19	37	1 801～1 825	13	25	49	2 401～2 425	16	31	1	3 001～3 025
2	白橙				26～50				626～650				1 226～1 250				1 826～1 850				2 426～2 450				3 026～3 050
3	白绿			2	51～75			14	651～675			26	1 251～1 275			38	1 851～1 875			50	2 451～2 475			62	3 030～3 075
4	白棕				76～100				676～700				1 276～1 300				1 876～1 900				2 476～2 500				3 076～3 100
5	白灰		2	3	101～125		8	15	701～725		14	27	1 301～1 325		20	39	1 901～1 925		26	51	2 501～2 525		32	63	3 101～3 125
6	红蓝				126～150				726～750				1 326～1 350				1 926～1 950				2 526～2 550				3 126～3 150
7	红橙			4	151～175			16	751～775			28	1 351～1 375			40	1 951～1 975			52	2 551～2 575			64	3 151～3 175
8	红绿				176～200				776～800				1 376～1 400				1 976～2 000				2 575～2 600				3 176～3 200
9	红棕	2	3	5	201～225	5	9	17	801～825	8	15	29	1 401～1 425	11	21	41	2 001～2 025	14	27	53	2 601～2 625	17	33	65	3 201～3 225
10	红灰				226～250				826～850				1 426～1 450				2 026～2 050				2 626～2 650				3 226～3 250
11	黑蓝			6	251～275			18	851～875			30	1 451～1 475			42	2 051～2 075			54	2 651～2 675			66	3 251～3 275
12	黑橙				276～300				876～900				1 476～1 500				2 076～2 100				2 676～2 700				3 276～3 300
13	黑绿		4	7	301～325		10	19	901～925		16	31	1 501～1 525		22	43	2 101～2 125		28	55	2 701～2 725		34	67	3 301～3 325
14	黑棕				326～350				926～950				1 525～1 550				2 126～2 150				2 726～2 750				3 326～3 325
15	黑灰			8	351～375			20	951～975			32	1 551～1 575			44	2 151～2 175			56	2 751～2 775			68	3 351～3 375
16	黄蓝				376～400				976～1 000				1 576～1 600				2 176～2 200				2 776～2 800				3 376～3 400

表 3（续）

单位		超单位扎丝(带)色谱																							
		白				红				黑				黄				紫				蓝			
序号	扎丝（带）色谱	超单位序号			线对序号	超单位序号			线对序号	超单位序号			线对序号	超单位序号			线对序号	超单位序号			线对序号	超单位序号			线对序号
		200 对	100 对	50 对		200 对	100 对	50 对		200 对	100 对	50 对		200 对	100 对	50 对		200 对	100 对	50 对		200 对	100 对	50 对	
17	黄橙	3	5	9	401～425	6	11	21	1 001～1 025	9	17	33	1 601～1 625	12	23	45	2 201～2 225	15	29	57	2 801～2 825	18	35	69	3 401～3 425
18	黄绿				426～450				1 026～1 050				1 626～1 650				2 226～2 250				2 826～2 850				3 426～3 450
19	黄棕			10	451～475			22	1 051～1 075			34	1 651～1 675			46	2 251～2 275			58	2 851～2 875			70	3 451～3 475
20	黄灰				476～500				1 076～1 100				1 676～1 700				2 276～2 300				2 876～2 900				3 476～3 500
21	紫蓝		6	11	501～525		12	23	1 101～1 125		18	35	1 701～1 725		24	47	2 301～2 325		30	59	2 901～2 925		36	71	3 501～3 525
22	紫橙				526～550				1 126～1 150				1 726～1 750				2 326～2 350				2 926～2 950				3 526～3 550
23	紫绿			12	551～575			24	1 151～1 175			36	1 751～1 775			48	2 351～2 375			60	2 951～2 975			72	3 551～3 575
24	紫棕				576～600				1 176～1 200				1 176～1 800				2 376～2 400				2 976～3 000				3 575～3 600

12 预备线对和业务线对

12.1 电缆中允许增加预备线对，100 对及以上的非隔离式电缆预备线对数量应不超过电缆标称线对数的 1%，并不超过 6 对。导体标称直径 0.32 mm 的电缆可最多不超过 10 对。

12.2 预备线对应置于缆芯的空隙中，可以单独放置，也可绞合后放置，但不允许放置在超单位内。

12.3 预备线对的色谱应符合表 4 规定。

表 4 预备线对的色谱

线对序号		预备线对									
		1	2	3	4	5	6	7	8	9	10
绝缘线芯颜色	a 线	白	白	白	白	红	红	红	黑	黑	黄
	b 线	红	黑	黄	紫	黑	黄	紫	黄	紫	紫

12.4 交货时，电缆中合格线对数应不少于标称线对数。不合格线对的序号及不合格项目应在质量检验合格证上标明。

12.5 预备线对的各项要求与标称线对相同。

12.6 隔离式电缆也可在缆芯内放置业务线对，其预备线对和业务线对的要求见 GB/T 13849.5。

13 铝-聚乙烯粘结护套（挡潮层聚乙烯护套）

13.1 铝-聚乙烯粘结护套结构及完整性

铝-聚乙烯粘结护套由纵包成形的双面铝塑复合带与挤包在其上的聚乙烯套粘接而成。填充式电缆可采用其他形式的挡潮层。铝-聚乙烯粘结护套应具备完整性，应符合 21.9 的规定。

13.2 铝塑复合带

13.2.1 铝塑复合带的铝带标称厚度应不小于 0.15 mm，铝带应双面复合塑性聚合物薄膜，铝塑复合带可以轧纹也可以不轧纹。

13.2.2 缆芯直径大于 9.5 mm 时，铝塑复合带纵包重叠宽度应不小于 6 mm；缆芯直径小于等于 9.5 mm时，纵包重叠宽度应不小于缆芯圆周长的 20%。

13.2.3 铝塑复合带可以接续。接续时，应先去除塑性聚合物，并净化金属表面，使铝带接续处的机械、电气性能良好，其抗张强度应不小于相邻段同样长度无接续铝塑复合带抗张强度的 80%。接续后应恢复接续处的塑性聚合物层。

13.2.4 双面铝塑复合带的性能应符合 YD/T 723.2—2007 的规定。

13.3 聚乙烯套

13.3.1 聚乙烯套应采用低密度或中密度聚乙烯，聚乙烯中应含有(2.6±0.25)%碳黑，碳黑分布应均匀。护套用黑色聚乙烯料的性能应符合 GB/T 15065—2009 的规定。

注：特殊要求的电缆，可采用高密度聚乙烯或线性低密度聚乙烯或无卤阻燃材料。

13.3.2 聚乙烯套应粘附在铝塑复合带上，二者之间的剥离强度应不小于 0.8 N/mm。对非填充式电缆及有内护套的填充式电缆的铝塑复合带重叠部分，二者之间的剥离强度也应不小于 0.8 N/mm。

13.3.3 聚乙烯套表面应光滑平整，不应有孔洞、裂缝、凹陷等缺陷。聚乙烯套的外径及厚度应符合相应 GB/T 13849.2～13849.5 的规定。

13.3.4 成品电缆取下的聚乙烯护套的机械物理性能应符合表 5 规定。

表 5 聚乙烯套的机械物理性能

序号	项目名称及试验条件	单位	指标	
1	抗张强度中值 线性低密度聚乙烯 低密度、中密度聚乙烯 高密度聚乙烯 无卤阻燃护套	MPa	 ≥10 ≥10 ≥16.5 ≥10	
			聚乙烯套	无卤阻燃护套
2	断裂伸长率中值 空气箱老化试验处理温度为 100 ℃±2 ℃；处理时间 10×24 h 老化处理前 老化处理后	%	≥350 ≥300	≥125 ≥100
3	耐环境应力开裂 失效数/试样数[a] 试验持续时间 96 h	个	0/10	
4	热收缩率 试验处理时间 4 h； 试验处理温度：低密度聚乙烯为 100 ℃±2 ℃； 高、中密度聚乙烯为 115 ℃±2 ℃； 无卤阻燃护套为 85 ℃±2 ℃	%	≤5	

[a] 对于外径 30 mm 以下的电缆，耐环境应力开裂试验的试样应采用原始粒料。

13.4 撕裂绳

13.4.1 根据双方协议，可以在电缆内放置撕裂绳。

13.4.2 撕裂绳应不吸湿，不吸油，连续地贯穿整根电缆，应具有足够的强度以确保剥开护套时不断裂。

13.5 吊线

自承式电缆应在聚乙烯护套内加放吊线，吊线与缆芯分开平行排列，使电缆横截面呈“8”字形结构，具体要求见 GB/T 13849.4。

14 外护层

14.1 电缆外护层应符合 GB/T 2952.1—2008 和 GB/T 2952.3—2008 的相关规定。

14.2 电缆外护层由铠装层和外护套组成，包覆于铝-聚乙烯粘结护套上。外护层的钢带或金属铠装层应保持电气导通。聚乙烯外护套应符合 13.3.1、13.3.4 的规定。

14.3 外护套表面应光滑平整，不应有孔洞、裂缝、凹陷等缺陷。

14.4 53 型电缆在铝-聚乙烯粘结护套外纵包一层皱纹钢塑复合带，再挤包一层黑色聚乙烯套。553 型电缆在铝-聚乙烯粘结护套外纵包两层钢带，内层为皱纹镀锌钢带或皱纹钢塑复合带，外层为皱纹钢塑复合带，再挤包一层黑色聚乙烯套。采用镀锌钢带时，钢带的标称厚度为 0.15 mm。

14.5 钢塑复合带应符合 YD/T 723.3—2007 的规定，其中钢带的标称厚度为 0.15 mm 或 0.20 mm。

14.6 53 型电缆钢塑复合带与护套间、553 型电缆钢带与护套间及两层钢带间应均匀连续地填充涂覆复合物，或采用其他阻水材料。外护层中阻水用填充复合物和涂覆复合物应符合 YD/T 839—2000 规定，阻水带和阻水纱应符合 YD/T 1115—2001 的规定。

14.7 聚乙烯套与复合带之间以及复合带两边缘搭接处应相互粘接在一起。钢塑复合带与聚乙烯外护套间任何部分的平均剥离强度应不小于 1.4 N/mm。

15 防蚁电缆结构

15.1 当电缆有防蚁要求时，在电缆的聚乙烯套外挤包一层聚酰胺套或聚烯烃共聚物套，表面应完整、光滑，最小厚度应不小于 0.4 mm。也可以用无毒、无害的防蚁护套直接替代聚乙烯套，其厚度应与所替代的聚乙烯套厚度一致。

15.2 防蚁层用聚酰胺和聚烯烃共聚物材料应符合 YD/T 1020—2004 的规定。

16 阻燃电缆结构

当电缆有无卤低烟阻燃性能要求时，电缆应符合 GB/T 19666—2005 中 6.3.2 的相应规定。

17 电气性能

17.1 电缆的电气性能应符合表 6 规定。

表 6 电缆的电气性能

序号	项　　目	单位	指　　标		长度换算关系 （L 为被测电缆长度，km）
1	单根导体直流电阻（+20℃），最大值 导体标称直径/mm	Ω/km			实测值×1/L
	0.32		≤236.0		
	0.4		≤148.0		
	0.5		≤95.0		
	0.6		≤65.8		
	0.7		≤48.0		
	0.8		≤36.6		
	0.9		≤29.5		
2	导体电阻不平衡 导体标称直径/mm	%	最大值	平均值	—
	0.32		≤6.0	≤2.5	
	0.4		≤5.0	≤2.0	
	0.5		≤5.0	≤1.5	
	0.6		≤4.0	≤1.5	
	0.7		≤4.0	≤1.5	
	0.8		≤4.0	≤1.5	
	0.9		≤4.0	≤1.5	

表 6（续）

<table>
<tr><th>序号</th><th>项　　目</th><th>单位</th><th colspan="2">指　　标</th><th>长度换算关系
（L 为被测电缆长度，km）</th></tr>
<tr><td>3</td><td>绝缘电气强度[a]
1）实心聚烯烃绝缘
导体之间：
（3 s DC 2 000 V）或（1 min DC 1 000 V）
导体对隔离带（隔离式电缆）：
（3 s DC 5 000 V）或（1 min DC 2 500 V）
导体对屏蔽：
（3 s DC 6 000 V）或（1 min DC 3 000 V）
2）泡沫、带皮泡沫聚烯烃绝缘
导体之间：
（3 s DC 1 500 V）或（1 min DC 750 V）
导体对隔离带（隔离式电缆）：
（3s DC 5 000 V）或（1 min DC 2 500 V）
导体对屏蔽：
（3 s DC 6 000 V）或（1 min DC 3 000 V）</td><td>—</td><td colspan="2">不击穿
不击穿
不击穿
不击穿
不击穿
不击穿</td><td>—</td></tr>
<tr><td>4</td><td>绝缘电阻（DC 100 V～500 V），最小值
每根绝缘线芯对其余绝缘线芯接屏蔽
非填充式电缆
填充式电缆</td><td>MΩ·km</td><td colspan="2">≥10 000
≥3 000</td><td>实测值×L</td></tr>
<tr><td>5</td><td>工作电容（0.8 kHz 或 1 kHz）
平均值
最大值</td><td>nF/km</td><td>≤10 对
52.0±4.0
≤58.0</td><td>>10 对
52.0±2.0
≤57.0</td><td>实测值×1/L</td></tr>
<tr><td rowspan="2">6</td><td>电容不平衡[b]
1）线对间电容不平衡　　最大值
导体标称值/mm：0.32，0.4，0.5
0.6，0.7，0.8，0.9</td><td rowspan="2">pF/km</td><td colspan="2">

≤250
≤200</td><td>$\frac{实测值}{0.5(L+\sqrt{L})}$</td></tr>
<tr><td>2）线对对地　　最大值
3）线对对地（>10 对）　　平均值
导体标称值/mm：0.32，0.4，0.5
0.6，0.7，0.8，0.9</td><td colspan="2">≤2 630

≤570
≤490（570）[c]</td><td>实测值×1/L</td></tr>
</table>

表 6（续）

序号	项　　目	单位	指　　标		长度换算关系（*L* 为被测电缆长度，km）
7	固有衰减(+20 ℃)	dB/km	150kHz	1 024 kHz	实测值×1/*L*
	1）实心聚烯烃绝缘非填充式电缆　平均值				
	大于 10 对的电缆，导体标称直径/mm				
	0.32		≤16.8	≤33.5	
	0.4		≤12.1	≤27.3	
	0.5		≤9.0	≤22.5	
	0.6		≤7.2	≤18.5	
	0.7		≤6.3	≤15.8	
	0.8		≤5.7	≤13.7	
	0.9		≤5.4	≤12.0	
	2）实心聚烯烃绝缘填充式电缆　平均值				
	大于 10 对的电缆，导体标称直径/mm				
	0.32		≤16.0	≤31.1	
	0.4		≤11.7	≤23.6	
	0.5		≤8.2	≤18.6	
	0.6		≤6.7	≤15.8	
	0.7		≤5.5	≤13.8	
	0.8		≤4.7	≤12.3	
	0.9		≤4.1	≤11.1	
	3）泡沫、带皮泡沫聚烯烃绝缘非填充式电缆　平均值				
	大于 10 对的电缆，导体标称直径/mm				
	0.32		≤17.3	≤36.0	
	0.4		≤12.6	≤29.3	
	0.5		≤9.3	≤24.1	
	0.6		≤7.4	≤19.8	
	0.7		≤6.4	≤16.9	
	0.8		≤5.8	≤14.6	
	0.9		≤5.5	≤12.8	
	4）泡沫、带皮泡沫聚烯烃绝缘填充式电缆　平均值				
	大于 10 对的电缆，导体标称直径/mm				
	0.32		≤17.0	≤32.9	
	0.4		≤12.1	≤26.5	
	0.5		≤9.0	≤21.8	
	0.6		≤7.2	≤18.0	
	0.7		≤6.3	≤15.3	
	0.8		≤5.7	≤13.3	
	0.9		≤5.4	≤11.7	
	5）小于或等于 10 对的电缆		平均值不大于 10 对以上同一型式电缆最大平均值的 110%		

表 6(续)

<table>
<tr><th>序号</th><th>项　　目</th><th>单位</th><th colspan="2">指　　标</th><th>长度换算关系
(L 为被测电缆长度,km)</th></tr>
<tr><td>8</td><td>近端串音衰减(1 024 kHz)
1)非隔离式电缆　长度≥0.3 km
10 对电缆内线对间全部组合
12 对、13 对子单位内线对间全部组合
20 对、30 对电缆或基本单位内线对间全部组合
相邻 12 对、13 对子单位间全部线对组合
相邻基本单位间全部线对组合
超单位内两个相对基本单位或子单位间线对全部组合
不同超单位内基本单位间线对全部组合
不同超单位内子单位间线对全部组合

2)隔离式电缆　长度≥0.3 km
高频隔离带两侧的线对间全部组合
电缆内线对总数　10
20
30
50 及以上</td><td>dB</td><td colspan="2">$M-S$

$M-S\geqslant 53$
$M-S\geqslant 54$
$M-S\geqslant 58$
$M-S\geqslant 63$
$M-S\geqslant 64$
$M-S\geqslant 70$
$M-S\geqslant 79$
$M-S\geqslant 77$

$M-S\geqslant 70$
$M-S\geqslant 77$
$M-S\geqslant 80$
$M-S\geqslant 84$</td><td>当电缆长度小于 0.3 km 时按照下式计算:
实测值$+10\lg\frac{1-10^{-(\alpha\times L/5)}}{1-10^{-(\alpha\times 0.3/5)}}$
式中:α 为线对衰减,dB/km</td></tr>
<tr><td>9</td><td>远端串音防卫度
1)12、13 对子单位内或 10 对(或小于 10 对)或 20 对电缆内线对间的全部组合
功率平均值
2)基本单位内或 30 对及以上电缆内线对间的全部组合
功率平均值
3)任意线对组合串音防卫度最小值</td><td>dB/km</td><td>非隔离式电缆
(150 kHz)

≥68

≥68
≥58</td><td>隔离式电缆
(1 024 kHz)

≥51

≥52
≥41</td><td>实测值$+10\lg L$</td></tr>
<tr><td>10</td><td>电气参数变异</td><td>—</td><td colspan="2">见 17.4 和表 7</td><td>—</td></tr>
<tr><td>11</td><td>屏蔽铝带和高频隔离带的连续性</td><td>—</td><td colspan="2">电气连续</td><td>—</td></tr>
<tr><td>12</td><td>线芯混线、断线</td><td>—</td><td colspan="2">无混线,无断线</td><td>—</td></tr>
<tr><td colspan="6">[a] 绝缘强度检验时,也可以采用交流电压,其测试电压的有效值 $V_{AC}=V_{DC}/\sqrt{2}$。
[b] 在所有情况中,小于 100 m 的电缆应看作等于 100 m。
[c] 括号内为泡沫及带皮泡沫聚烯烃绝缘电缆指标。</td></tr>
</table>

17.2　当任意线对组合的远端串音防卫度小于 58 dB/km,但大于或等于 53 dB/km 时,应分别测量和计算该组合的每个单线对功率和,其值不应低于 52 dB/km。

17.3　对有超单位的电缆,单线对功率和应在该超单位内线序连续的两个基本单位的 50 个线对上测量;对没有超单位的电缆,应在相邻的基本单位上测量。这 50 个线对不应包含不完整的基本单位。当电缆内标称线对数少于50对时,应在全部线对上测量。

17.4 电缆线对允许电气参数变异,直流电阻不平衡及线对与地之间的电容不平衡的变异应符合表7的规定。当发生电气参数变异时,应就变异项目对整盘电缆的全部线对进行测量,并在计算平均值时剔除这些变异值。

表7 允许电气参数变异

序号	项　　目	单位	指　　标					
1	允许电气参数变异的线对数	对	电缆对数	10～100	200、300	400	600	＞600
			不超过	1	2	3	4	6
2	任意线对直流电阻不平衡	%	≤7.0					
3	任意线对与地间电容不平衡	pF/km	实心聚烯烃绝缘:≤3 280 泡沫、带皮泡沫聚烯烃绝缘:≤3 940					

17.5 表6和表7中几个电气性能参数的计算公式:

a) 线对直流电阻不平衡按式(1)计算:

$$\Delta R=\frac{R_{\max}-R_{\min}}{R_{\min}}\times 100\% \qquad \cdots\cdots(1)$$

式中:

ΔR ——线对直流电阻不平衡,%;

$R_{\max}$——线对中最大的电阻值,单位为欧姆(Ω);

$R_{\min}$——线对中最小的电阻值,单位为欧姆(Ω)。

b) 近端串音衰减平均值及标准差分别按式(2)和式(3)计算:

$$M=\sum_{1}^{n}N_{ij}/n \qquad \cdots\cdots(2)$$

$$S=\sqrt{\frac{\sum_{1}^{n}(N_{ij}-M)^2}{n-1}} \qquad \cdots\cdots(3)$$

式中:

M ——近端串音衰减平均值,单位为分贝(dB);

n ——测试线对的组合数,单位为对;

N_{ij}——主串线对 x 和被串线对 y 间的近端串音衰减,单位为分贝(dB);

S ——近端串音衰减标准差,单位为分贝(dB)。

c) 远端串音防卫度功率平均值按式(4)计算:

$$\mathrm{MP}=-10\lg\left(\frac{\sum_{1}^{n}10^{-F_{ij}/10}}{n}\right) \qquad \cdots\cdots(4)$$

式中:

MP——远端串音防卫度功率平均值,单位为分贝(dB);

n ——测试线对的组合数,单位为对;

F_{ij} ——主串线对 x 和被串线对 y 间的远端串音防卫度,单位为分贝(dB)。

d) 单线对功率和按式(5)计算:

$$\mathrm{IPS}_j=-10\lg\sum_{\substack{i=1\\ j\neq i}}^{m}10^{-EF_{ij}/10} \qquad \cdots\cdots(5)$$

式中：

IPS_j ——线对 j 的功率和，单位为分贝每千米(dB/km)；

Ef_{ij} ——线对 i 串扰到线对 j 的远端串音防卫度，单位为分贝每千米(dB/km)；

m ——要统计的线对 i 串扰到线对 j 的线对组合数。

18 机械物理性能与环境性能

电缆的机械物理性能和环境性能应符合表 8 规定。

表 8 电缆的机械物理性能和环境性能

序号	项 目	试验条件和指标
1	填充式电缆渗水性能 试验温度、水高度、试验时间	试验后，应无水渗出(23、33、43 型的铠装层可不检验) (20±5)℃，1 m 高度，24 h
2	填充式电缆的滴流性能 处理温度、时间	应无填充复合物从缆芯与护套的界面上流出 (65±1)℃，24 h
3	电缆低温弯曲性能[(−40±2)℃，4 h] 电缆外径＜40 mm 电缆外径≥40 mm	试验后，护套弯曲处应无目力可见的裂纹，铝带裂纹 轴心直径＝电缆外径的 15 倍 轴心直径＝电缆外径的 20 倍
4	自承式电缆吊线拉断力	见 GB/T 13849.4
5	阻燃电缆的燃烧特性	a) 阻燃特性：应通过单根垂直燃烧试验； b) 低烟特性：燃烧烟雾不应使透光率小于 50%； c) 当用于进局或隧道时，还应符合： 无卤特性：燃烧气体的 pH 值应≥4.3，电导率≤10 μS/mm

19 环保性能

当用户有要求时，电缆组成材料应按照 SJ/T 11363—2006 中的规定进行分类，电缆用均一材料(EIP-A 类)中禁用的有毒有害物质限量应符合 SJ/T 11363—2006 中的规定。

20 交货长度

20.1 电缆的交货长度应符合表 9 规定。允许以 100 m 以上的短段交货，其数量应不超过交货长度的 10%。

表9 电缆的交货长度

电缆标称外径 D mm	交货长度 m	允许偏差 %
$D \leqslant 35.0$	1 000,1 500,2 000	−5～+10
$35.5 < D \leqslant 45.0$	1 000	
$45.0 < D \leqslant 70.0$	500	
$70.0 < D$	250	

20.2 根据双方协议,允许按协议规定的长度及偏差交货。

21 试验方法

21.1 绝缘线芯直流火花试验应按 GB/T 3048.9—2007 规定的方法进行。

21.2 绝缘线芯颜色迁移试验应按附录 C 规定的方法进行。

21.3 绝缘在空气箱热老化后耐卷绕性能试验应按 GB/T 2951.42—2008 中第 10 章规定的方法进行。

21.4 绝缘低温卷绕试验应按 GB/T 2951.14—2008 中 8.1 规定的方法进行。

21.5 绝缘抗压缩性能试验应按附录 D 规定的方法进行。

21.6 绝缘热收缩性试验应按 GB/T 2951.13—2008 中第 10 章规定的方法进行。

21.7 绝缘抗张强度和伸长率试验应按 GB/T 2951.11—2008 中 9.1 规定的方法进行。

21.8 铝带与聚乙烯套之间剥离强度试验应按附录 E 规定的方法进行。

21.9 铝-聚乙烯粘结护套完整性的试验方法:电缆应进行火花试验,非填充式电缆还应进行充气试验。

火花试验:应按 GB/T 3048.10—2007 规定的方法进行,护套应经受表 10 规定的试验电压而不击穿。试验可在挤塑工序上进行。

表10 聚乙烯套电火花试验电压

电压类型	直流 kV	50 Hz 交流 kV
试验电压(最小值)	9 t,最高 25	6 t,最高 15
注:t 为聚乙烯套的标称厚度,单位为毫米(mm);交流试验电压是有效值。		

充气试验:非填充式电缆应充入 50 kPa～100 kPa 的干燥空气或氮气,在电缆全长气压均衡后 3 h(铠装电缆为 6 h)内,电缆任一端气压应不降低。

21.10 聚乙烯套耐环境应力开裂性试验应按 GB/T 2951.41—2008 中第 8 章的步骤 B 规定的方法进行。当聚乙烯护套外径为 30 mm 以下时,试验的试样采用原始粒料;当聚乙烯护套外径大于等于 30 mm时,用矩形切刀和冲压机在护套的中部(距边缘至少 25 mm 处)冲制 10 个试片。

21.11 聚乙烯套最小厚度测量应按 GB/T 11327.1—1999 规定的方法进行。

21.12 电缆最大外径测量应按 GB/T 2951.11—2008 中第 8 章规定的方法进行,取样应在电缆两端各取一个,测试值取较大的数值。试样直径超过 25 mm 者,可采用纸带法测量。

21.13 聚乙烯护套的热收缩率试验应按 GB/T 2951.13—2008 中第 11 章规定的方法进行。

21.14 成品电缆的低温弯曲性能试验应按附录 F 规定的方法进行。

21.15 聚乙烯护套的断裂伸长率和抗张强度试验应按 GB/T 2951.11—2008 中 9.2 及 GB/T 2951.12—2008 中 8.1 规定的方法进行。

21.16 聚乙烯护套的碳黑含量试验应按 GB/T 2951.41—2008 中第 11 章规定的方法进行。

21.17 填充式电缆的滴流试验应按 GB/T 7424.2—2008 中第 24 章的 F6 的方法进行。

21.18 填充式电缆的渗水试验应按 GB/T 7424.2—2008 中第 23 章的 F5B 的方法进行。

21.19 单根垂直燃烧试验应按 GB/T 18380.12—2008 规定的方法进行。

21.20 烟密度试验应按 GB/T 17651—1998 规定的方法进行。

21.21 腐蚀性试验应按 GB/T 17650.2—1998 规定的方法进行。

21.22 电缆其他性能的试验方法应按 GB/T 13849.2～13849.5 的规定进行。

22 检验规则

22.1 总则

产品应由制造厂的技术检查部门检验合格后方能出厂，出厂产品应附有产品质量检验合格证。产品检验分出厂检验和型式检验。具体的检验项目、技术要求和检验方法按 GB/T 13849.2～13849.5 的规定执行。

22.2 出厂检验规则

22.2.1 对单位产品(以下简称盘)而言，出厂检验分为全检及抽检两种。出厂检验项目及检验规定见表 11。全检项目是每一批的每盘电缆都需要检验的项目，即检验批的 100%盘；抽检项目是从每一批中按规定抽取相应的电缆盘数进行检验的项目，每批抽取 10%盘，但不应少于 1 盘。

表 11 出厂检验项目及检验规定

序号	检验项目	检验规定
1	全检(检验批的 100%)	
1.1	电缆最大外径	整盘电缆
1.2	聚乙烯套最小厚度(含内护套)	
1.3	自承式电缆吊线最小护套厚度和颈脖尺寸	
1.4	铝-聚乙烯粘结护套完整性	整盘电缆
1.5	铝带及铠装层电气连续性	
1.6	电缆外护层完整性	
1.7	标志、包装	
1.8	绝缘电气强度	100%绝缘线芯
1.9	绝缘线芯混、断线	100%绝缘线芯
1.10	导体直流电阻	电缆标称线对： 10 对～20 对，检验全部线对； 30 对～400 对，检验 1 个基本单位； 600 对～2 400 对，检验 2 个基本单位； 2 700 对～3 600 对，检验 3 个基本单位
1.11	导体直流电阻不平衡	
1.12	工作电容	
1.13	绝缘电阻	每种颜色的绝缘线芯各抽 2 根，在绝缘电气强度之后检验

表 11（续）

序号	检验项目	检验规定
1.14	近端串音衰减(限隔离式电缆)	当在隔离带每侧的线对数为 25 对及以下时，测试隔离带两侧间的全部线对组合； 当在隔离带每侧的线对数为 25 对以上时，每侧各选 1 个基本单位(或线对总数为 25 对的子单位)，这两个基本单位应该相邻且靠近隔离带，测试这两个基本单位间的全部线对组合
1.15	远端串音防卫度(限隔离式电缆)	当在隔离带每侧的线对数为 25 对及以下时，分别测试隔离带两侧的全部线对组合； 当在隔离带每侧的线对数为 25 对以上时，在隔离带每侧各抽 1 个基本单位(或线对总数为 25 对的子单位)，测试这两个基本单位内的全部线对组合
2	抽检项目(检验批的 10%盘，但不少于 1 盘)	
2.1	铝带与聚乙烯间剥离强度	按附录 D 方法取样
2.2	填充式电缆抗渗水性试验	按 GB/T 7424.2—2008 中第 23 章的 F5B 方法取样
2.3	线对间电容不平衡	电缆标称线对： 10 对～20 对，检验全部线对； 30 对～400 对，检验 1 个基本单位； 600 对～2 400 对，检验 2 个基本单位； 2 700 对～3 600 对，检验 3 个基本单位
2.4	线对对地电容不平衡	
2.5	近端串音衰减(隔离式电缆除外)	
2.6	远端串音防卫(隔离式电缆除外)	电缆标称线对： 10 对～20 对，检验全部线对； 30 对～400 对，检验 1 个基本单位； 600 对～2 400 对，检验 2 个基本单位； 2 700 对～3 600 对，检验 3 个基本单位。 基本单位(子单位)间的近端串音衰减，应在抽到的基本单位(子单位)与相邻、相对及相邻超单位内的基本单位(子单位)之间的全本线对组合
2.7	隔离式电缆两侧工作电容差	100 对及以上的填充式电缆，见 GB/T 13849.5

22.2.2 出厂检验中，当规定数量的绝缘线芯或线对某项性能的平均值不合格时，允许另取加倍的绝缘线芯或线对就该项性能进行检验，计算平均值时将第 1 次及第 2 次的全部测试值作为考核，仍不合格时，应对全部线芯或线对进行检验。

22.2.3 实施抽检时，应在一个检验批的制造长度电缆中随机抽取。连续生产同型号电缆 50 盘计作 1 个检验批，若 1 个月的连续生产量不足 50 盘时，亦计作 1 个检验批。

22.2.4 出厂检验抽检不合格时，允许另取加倍数量的盘进行检验，仍不合格时应对该批的每盘电缆进行检验。

22.3 型式检验规则

22.3.1 型式检验项目应包括标准中规定的全部技术要求。

22.3.2 有下列情况之一时，应进行型式检验：

a) 新产品或老产品转厂生产的试制定型；

b) 正式生产后，如结构、材料、工艺有较大改变，可能影响产品性能时；

c) 正常生产时，每年应至少进行一次检验；

d) 产品长期停产后，恢复生产时；

e) 国家质量监督检验机构提出进行型式检验的要求时。

22.3.3 实施22.3.2中列项c)规定的型式检验时，应检验该年度内生产的全部型号的产品，每种型号两盘，最大与最小标称线对数电缆各一盘。

22.3.4 型式检验项目及检验规定见表12规定。

表12 型式检验项目及检验规定

序号	检验项目	检验规定
1	电气性能	
1.1	绝缘强度	每盘100%绝缘线芯
	绝缘线芯混、断线	每盘100%绝缘线芯
1.2	导体直流电阻、导体直流电阻不平衡、工作电容、线对间电容不平衡、线对对地电容不平衡、固有衰减、近端串音衰减、远端串音防卫度	线对试样数量至少为表11规定的2倍
	绝缘电阻	每种颜色的绝缘线芯各抽4根，在绝缘电气强度之后检验
2	绝缘线芯机械物理性能	每种颜色各抽2根，每种颜色不足2根时，按实际根数检验
2.1	导体断裂伸长率	
2.2	绝缘颜色	
2.3	绝缘颜色迁移	
2.4	绝缘抗长强度	
2.5	绝缘断裂伸长率	
2.6	绝缘热收缩率	
2.7	绝缘氧化诱导期	
2.8	绝缘热老化后耐卷绕性	
2.9	绝缘低温弯曲性	
2.10	绝缘抗压缩性	
3	填充电缆绝缘与填充混合物间的相容性	每种颜色各抽2根，每种颜色不足2根时，按实际根数检验
3.1	绝缘线芯处理后耐卷绕性	
3.2	绝缘线芯增重	
4	线对绞合节距	每盘取1个基本单位，20对及以下电缆100%线对检验
5	其他所有性能(见分规范)	每盘检验

22.3.5 在型式检验中对于平均值不合格以及变异的处理办法见17.4和22.2.2的规定。

22.3.6 具有自动检测设备的制造厂，在保证质量的前提下直流电阻、直流电阻不平衡、绝缘电阻、工作电容等项目的检验，可在企业标准中另行规定。

23 标志、包装

23.1 标志

23.1.1 电缆外表面上应印有制造厂名或其代号、制造年份、电缆型号。成品电缆标志应符合 GB/T 6995.3—2008 规定。

23.1.2 电缆外表面上应印有白色能永久辨认的清晰长度标志，长度标志以米为单位，标志距离最多为 1 m，长度标志的误差应不大于±1%。若第 1 次标志不符合上述要求时，允许擦去重印或在电缆另一侧用黄色重新标志。

23.2 包装

23.2.1 电缆应整齐地绕在盘上交货，电缆盘应符合 JB/T 8137 的相应规定。电缆盘的筒体直径应不小于电缆外径的 15 倍，电缆两端应牢固地固定在侧板上，使得在电性能测试时易于取到。装盘的非填充电缆内应充有 30 kPa～50 kPa 的干燥空气或氮气，并在一端装上气门嘴。

23.2.2 用于管道敷设直径大于 35 mm 的电缆，可根据用户要求在电缆上安装拉环或随电缆供应拉环。

23.2.3 电缆盘上应标明：

a) 制造厂名称；

b) 电缆型号、规格；

c) 电缆长度，m；

d) 毛重，kg；

e) 出厂盘号；

f) 制造日期：年 月；

g) 表示电缆盘正确旋转方向的旋转的箭头；

h) 标准编号。

附 录 A
（规范性附录）
绝缘颜色的孟塞尔色标

绝缘颜色的孟塞尔色标见表 A.1。

表 A.1 绝缘颜色的孟塞尔色标

<table>
<tr><th rowspan="3">颜色</th><th rowspan="3">标准</th><th colspan="6">允许偏差</th></tr>
<tr><th colspan="2">色调</th><th colspan="2">明度</th><th colspan="2">彩度</th></tr>
<tr><th>最小</th><th>最大</th><th>最小</th><th>最大</th><th>最小</th><th>最大</th></tr>
<tr><td>红</td><td>2.5R 4/12</td><td>10RP 4/12</td><td>5.5R 4/12</td><td>2.5R 3.5/12</td><td>2.5R 5/12</td><td>2.5R 4/10</td><td>—</td></tr>
<tr><td>橙</td><td>2.5YR 6/14</td><td>10R 6/14</td><td>5YR 6/14</td><td>2.5YR 5/14</td><td>2.5YR 7/12</td><td>2.5YR 6/10</td><td>—</td></tr>
<tr><td>棕</td><td>2.5YR 3.5/6</td><td>7.5R 3.5/6</td><td>7.5YR 3.5/6</td><td>2.5YR 2.5/6</td><td>2.5YR 4.5/6</td><td>2.5YR 3.5/4.5</td><td>2.5YR 3.5/8</td></tr>
<tr><td>黄</td><td>5Y 8.5/12</td><td>1.25Y 8.5/12</td><td>8.75Y 8.5/12</td><td>5Y 7.5/12</td><td>—</td><td>5Y 8.5/8</td><td>—</td></tr>
<tr><td>绿</td><td>2.5G 5/12</td><td>9GY 5/12</td><td>5G 5/12</td><td>2.5G 4/10</td><td>2.5G 6/12</td><td>2.5G 5/8</td><td>—</td></tr>
<tr><td>蓝</td><td>2.5PB 4/10</td><td>7.5B 4/10</td><td>5PB 4/10</td><td>2.5PB 3/10</td><td>2.5PB 5.2/10</td><td>2.5PB 4/8</td><td>—</td></tr>
<tr><td>紫</td><td>2.5P 4/10</td><td>10PB 4/10</td><td>5P 4/10</td><td>2.5P 3/10</td><td>2.5P 5.5/10</td><td>2.5P 4/5</td><td>—</td></tr>
<tr><td>白</td><td>N9/</td><td colspan="6">明度偏差：最小 N8.75/，最大 不规定
色调彩度偏差：5R 9/1　5G 9/0.5
5Y 5/0.5　5B 9/0.5
5YR 9/1　5P 9/0.5</td></tr>
<tr><td>灰</td><td>N5/</td><td colspan="6">明度偏差：最小 N4.5/，最大 N6/
色调彩度偏差：5R 5/0.5　5B 9/0.5
5Y 5/0.5　5P 9/0.5
5C 5/0.5</td></tr>
<tr><td>黑</td><td>N2/</td><td colspan="6">明度偏差：最小 不规定，最大 N2.3/
色调彩度偏差：5R 2/0.5　5B 2/0.5
5Y 2/0.5　5B 2/0.5
5G 2/0.5</td></tr>
<tr><td colspan="8">注：R—红，Y—黄，G—绿，B—蓝，P—紫，N—中性（白、灰、黑）。</td></tr>
</table>

附 录 B
（资料性附录）
推荐的缆芯结构排列

推荐的缆芯结构排列方式参见表B.1。

表B.1 推荐的缆芯结构排列

标称对数	非隔离式电缆	隔离式电缆
10	同心式或交叉式	5＋5
20	同心式或交叉式	10＋10
30	(8＋9＋8)＋5	(7＋8)＋(10＋5)
50	2×(12＋13)	(12＋13)＋(12＋13)
100	4×25　　1×25＋3×(12＋13)	(2×25)＋(2×25)
200	(1×50)＋6×25　　(2＋6)×25 (1＋7)×25　　4×50	(1×25＋3×25)＋(1×25＋3×25)
300	(3＋9)×25　(1＋5)×50　3×100	—
400	(1＋5＋10)×25　　1×100＋6×50 4×100	—
600	(3＋9)×50　　(1＋5)×100	—
800	(1＋5＋10)×50　　(1＋7)×100	—
900	(1＋6＋11)×50　　4×50＋7×100	—
1 000	(1＋7＋12)×50　　(2＋8)×100	—
1 200	(3＋8＋13)×50　　(3＋9)×100	—
1 600	(1＋5＋10)×100	—
1 800	(1＋6＋11)×100	—
2 000	(1＋7＋12)×100	—
2 400	(3＋8＋13)×100	—
2 700	(3＋9＋15)×100	—
3 000	(1＋5＋10＋14)×100	—
3 300	(1＋6＋11＋14)×100	—
3 600	(1＋6＋12＋17)×100　　(1＋6＋11)×200	—

附　录　C
（规范性附录）
颜色迁移试验方法

C.1　适用范围

本试验方法适用于测量聚烯烃绝缘线芯颜色的迁移，包括迁移到邻近线芯和填充混合物中。

C.2　试验设备

自然通风的电热空气箱或老化箱。

C.3　试验制备

C.3.1　对于各种型号电缆，将未接触过填充混合物的非白色绝缘线芯，分别与白色绝缘线芯相绞合，在 150 mm 的长度不少于 20 个扭绞点。

C.3.2　对于填充式电缆，取未接触过填充混合物的非白色绝缘线芯。

C.4　试验步骤

C.4.1　对于各种型号电缆，将 C.3.1 规定的试样放入 80 ℃±2 ℃的自然通风电热空气箱内 24 h，然后取出，冷却至室温。

C.4.2　对于填充式电缆，将 C.3.2 规定的试样浸入填充混合物，进入长度应不小于 100 mm，并将填充混合物放入 70 ℃±2 ℃的自然通风电热空气箱内 72 h，然后取出，冷却至室温。

C.5　试验结果

用正常目力检查，白色线芯和填充混合物不应沾上颜色。

附 录 D
(规范性附录)
绝缘抗压缩性试验方法

D.1 适用范围

本试验方法适用于测定电缆聚烯烃绝缘的抗压缩性能。

D.2 试验设备

试验设备如下：

a) 两块直径为 50 mm 的圆形光滑硬金属板或者 50 mm×50 mm 正方形光滑硬金属板；

b) 1.5 V 的直流电源；

c) 67 N 的恒定加力装置；

d) 灯泡或蜂鸣器；

e) 自然通风的电热空气箱。

D.3 试样制备

在同一根电缆上任意截取 3 段长度不小于 300 mm 的试样。

D.4 试验步骤

D.4.1 将 3 段试样在温度为 65 ℃±2 ℃的电热空气箱中持续放置 14×24 h。

D.4.2 取出试样，冷却至室温，将每段试样仔细拨去护套、屏蔽和缆芯包带，注意不应损伤导体绝缘。

D.4.3 从缆芯中取出线对，仔细分开，清洗填充物(若有)并弄直绝缘线芯。用足够的张力重新将线对的绝缘线芯扭绞在一起，使其在 100 mm 的长度上形成 10 个均匀间隔的 360°的扭绞，再将此线对一端的绝缘剥去适当的长度，另一端的导体应不碰触。

D.4.4 将扭绞好的线对中间 50 mm 部分放在平行的硬金属板之间。

D.4.5 在剥去绝缘一端的两导体之间串联接入 1.5 V 的直流电源和作指示用的灯泡或蜂鸣器，然后用加力装置将 67 N 的恒力加在金属板上，持续 1 min，监测导体间是否有接触。

D.5 试验结果

试样导体间均应无接触，若有 1 个试样导体间接触，即为试验不合格。

附 录 E
（规范性附录）
铝带与聚乙烯套之间剥离强度的试验方法

E.1 试用范围

本试验方法适用于测定铝-聚乙烯粘结护套的铝带与聚乙烯套之间和铝带重叠部分的剥离强度。

E.2 试验设备

试验设备如下：

a) 适当的拉力机；

b) 锋利的冲头。

E.3 试样制备

E.3.1 用冲头在护套上冲出3个长150 mm，宽15 mm的长方形试样。

E.3.2 在护套上铝带重叠部分截取3个长150 mm，宽15 mm的试样，注意不应损伤试样。

E.3.3 当电缆周长不足45 mm时，试样宽度为电缆周长的三分之一。对于重叠部分的试样，如重叠宽度不足15 mm，则试样宽度等于重叠宽度。

E.4 试验步骤

E.4.1 对不含重叠部分的试样，从试片的一端分离出约50 mm长的铝带；铝带重叠部分的试样，将重叠处的两层铝带间分离50 mm，注意只分开一层铝带，另一层仍留在护套上。

E.4.2 将分离出的铝带夹于拉力机的上夹头中，聚乙烯套部分或留有一层铝带的护套夹于下夹头中。

E.4.3 使拉力机的夹头以100 mm/min±5 mm/min的速度分离，每隔8 s记录一次显示的分离力，记录次数应不少于7次。

E.4.4 6个试片分别按上述步骤进行试验。

E.5 试验结果

E.5.1 将每隔8 s记录的每个试样的数据进行平均，求得每个试样的平均剥离力。

E.5.2 每个试样的平均剥离力除以试样的宽度，即得试样的剥离强度，按式(E.1)计算：

$$F=\frac{F_0}{B_0} \qquad \text{(E.1)}$$

式中：

F ——试样的剥离强度，单位为牛顿每毫米(N/mm)；

F_0 ——试样的平均剥离力，单位为牛顿(N)；

B_0 ——试样的实测宽度，单位为毫米(mm)。

E.5.3 铝带非重叠部分3个试样的计算结果的平均值即为铝带与聚乙烯之间的剥离强度。

E.5.4 铝带重叠部分3个试样的计算结果的平均值即为铝带重叠部分的剥离强度。

附　录　F
（规范性附录）
成品电缆弯曲性能试验

F.1　适用范围

本试验方法适用于成品电缆的弯曲性能试验。

F.2　试验设备

试验设备如下：

a）　低温箱；

b）　适当的芯轴。

F.3　试样制备

截取一段适当长度的电缆作为试样。23 型、33 型、43 型铠装电缆应在加铠前取样或者切取后剥去铠装层，自承式电缆应去除吊线。

F.4　试验步骤

F.4.1　准备好的试样应放在低温箱内，在（－20±2）℃条件下放置至少 4 h，然后在此温度下进行试验，或者当芯轴是一种非导热表面的轴，如木质时，也可以从处理试样低温箱中取出后产即进行试验。

F.4.2　将样品屏蔽重叠部分向外，绕着一根芯轴弯曲 180°，然后拉直，再朝相反方向弯曲 180°，完成一个周期，将试样拉直，转过 90°进行第二个周期的弯曲，弯曲的速率应使试验在 1 min 内完成。

F.4.3　芯轴的直径应符合表 F.1 规定。

表 F.1　低温弯曲试验条件

电缆外径 mm	芯轴直径 mm
＜40	15 倍电缆外径
≥40	20 倍电缆外径

F.4.4　先将电缆温度回升至室温，再逐层检查电缆的护套、屏蔽层、内护套（若有）。

F.5　试验结果

试验后，用目力检查试样弯曲面上护套是否有裂纹，剥去护套，检查屏蔽是否有裂纹。

ICS 25.020
J 32

中华人民共和国国家标准

GB/T 13914—2013
代替 GB/T 13914—2002

冲压件尺寸公差

Tolerance of dimensions for stamping parts

2013-06-09 发布　　2014-03-01 实施

中华人民共和国国家质量监督检验检疫总局
中国国家标准化管理委员会　发布

前　言

本标准按照 GB/T 1.1—2009 给出的规则起草。

本标准代替 GB/T 13914—2002《冲压件尺寸公差》，与 GB/T 13914—2002 相比，除编辑性修改外，主要技术变化如下：

——增加了平冲压件和成形冲压件的图例(见图 1 和图 2)；

——增加了平冲压件的基本尺寸 0.5(见表 1)；

——增加了成形冲压件的基本尺寸 0.5(见表 2)；

——修改了标准名称的英文翻译(见封面，2002 年版的封面)；

——修改了极限偏差(见第 1 章、第 4 章、4.1、4.2、4.3，2002 年版的第 1 章、第 4 章、4.1、4.2、4.3)；

——修改了名词的英文翻译(见 2.1、2.2，2002 年版的 2.1、2.2)；

——修改了 3.3 内容，对选用本标准规定的表示方法进行了具体规定(见 3.3，2002 年版的 3.3)；

——修改了附表 A.1 中加工方法的内容(见附表 A.1，2002 年版的表 A.1)。

本标准由全国锻压标准化技术委员会(SAC/TC 74)提出并归口。

本标准主要起草单位：一拖(洛阳)福莱格车身有限公司。

本标准主要起草人：游海、李丽春、仝敬泽。

本标准所代替标准的历次版本发布情况为：

——GB/T 13914—1992；

——GB/T 13914—2002。

冲压件尺寸公差

1 范围

本标准规定了金属冲压件的尺寸公差等级、代号、公差数值及偏差数值。

本标准适用于金属板材平冲压件和成形冲压件。

2 术语和定义

下列术语和定义适用于本文件。

2.1

平冲压件　blanking parts

经平面冲裁工序加工而成的冲压件。

2.2

成形冲压件　stamping parts

经弯曲、拉深及其他成形方法加工而成的冲压件。

3 冲压件尺寸公差等级、代号及数值

3.1　平冲压件尺寸公差分 11 个等级，即：ST 1 至 ST 11。ST 表示平冲压件尺寸公差，公差等级代号用阿拉伯数字表示。从 ST 1 至 ST 11 等级依次降低。平冲压件尺寸公差适用于平冲压件，也适用于成形冲压件上经过冲裁工序加工而成的尺寸。平冲压件尺寸公差数值按表 1 规定。基本尺寸 B、D、L 选用示例见图 1。

表 1　平冲压件尺寸公差

单位为毫米

基本尺寸 B、D、L		板材厚度		公差等级										
大于	至	大于	至	ST 1	ST 2	ST 3	ST 4	ST 5	ST 6	ST 7	ST 8	ST 9	ST 10	ST 11
0.5	1	—	0.5	0.008	0.010	0.015	0.020	0.030	0.040	0.060	0.080	0.120	0.160	—
		0.5	1	0.010	0.015	0.020	0.030	0.040	0.060	0.080	0.120	0.160	0.240	—
		1	1.5	0.015	0.020	0.030	0.040	0.060	0.080	0.120	0.160	0.240	0.340	—
1	3	—	0.5	0.012	0.018	0.026	0.036	0.050	0.070	0.100	0.140	0.200	0.280	0.400
		0.5	1	0.018	0.026	0.036	0.050	0.070	0.100	0.140	0.200	0.280	0.400	0.560
		1	3	0.026	0.036	0.050	0.070	0.100	0.140	0.200	0.280	0.400	0.560	0.780
		3	4	0.034	0.050	0.070	0.090	0.130	0.180	0.260	0.360	0.500	0.700	0.980
3	10	—	0.5	0.018	0.026	0.036	0.050	0.070	0.100	0.140	0.200	0.280	0.400	0.560
		0.5	1	0.026	0.036	0.050	0.070	0.100	0.140	0.200	0.280	0.400	0.560	0.780
		1	3	0.036	0.050	0.070	0.100	0.140	0.200	0.280	0.400	0.560	0.780	1.100
		3	6	0.046	0.060	0.090	0.130	0.180	0.260	0.360	0.480	0.680	0.980	1.400
		6		0.060	0.080	0.110	0.160	0.220	0.300	0.420	0.600	0.840	1.200	1.600

表 1（续）

单位为毫米

基本尺寸 B、D、L		板材厚度		公差等级										
大于	至	大于	至	ST 1	ST 2	ST 3	ST 4	ST 5	ST 6	ST 7	ST 8	ST 9	ST 10	ST 11
10	25	—	0.5	0.026	0.036	0.050	0.070	0.100	0.140	0.200	0.280	0.400	0.560	0.780
		0.5	1	0.036	0.050	0.070	0.100	0.140	0.200	0.280	0.400	0.560	0.780	1.100
		1	3	0.050	0.070	0.100	0.140	0.200	0.280	0.400	0.560	0.780	1.100	1.500
		3	6	0.060	0.090	0.130	0.180	0.260	0.360	0.500	0.700	1.000	1.400	2.000
		6		0.800	0.120	0.160	0.220	0.320	0.440	0.600	0.880	1.200	1.600	2.400
25	63	—	0.5	0.036	0.050	0.070	0.100	0.140	0.200	0.280	0.400	0.560	0.780	1.100
		0.5	1	0.050	0.070	0.100	0.140	0.200	0.280	0.400	0.560	0.780	1.100	1.500
		1	3	0.070	0.100	0.140	0.200	0.280	0.400	0.560	0.780	1.100	1.500	2.100
		3	6	0.090	0.120	0.180	0.260	0.360	0.500	0.700	0.980	1.400	2.000	2.800
		6		0.110	0.160	0.220	0.300	0.440	0.600	0.860	1.200	1.600	2.200	3.000
63	160	—	0.5	0.040	0.060	0.090	0.120	0.180	0.260	0.360	0.500	0.700	0.980	1.400
		0.5	1	0.060	0.090	0.120	0.180	0.260	0.360	0.500	0.700	0.980	1.400	2.000
		1	3	0.090	0.120	0.180	0.260	0.360	0.500	0.700	0.980	1.400	2.000	2.800
		3	6	0.120	0.160	0.240	0.320	0.460	0.640	0.900	1.300	1.800	2.500	3.600
		6		0.140	0.200	0.280	0.400	0.560	0.780	1.100	1.500	2.100	2.900	4.200
160	400	—	0.5	0.060	0.090	0.120	0.180	0.260	0.360	0.500	0.700	0.980	1.400	2.000
		0.5	1	0.090	0.120	0.180	0.260	0.360	0.500	0.700	1.000	1.400	2.000	2.800
		1	3	0.120	0.180	0.260	0.360	0.500	0.700	1.000	1.400	2.000	2.800	4.000
		3	6	0.160	0.240	0.320	0.460	0.640	0.900	1.300	1.800	2.600	3.600	4.800
		6		0.200	0.280	0.400	0.560	0.780	1.100	1.500	2.100	2.900	4.200	5.800
400	1 000	—	0.5	0.090	0.120	0.180	0.240	0.340	0.480	0.660	0.940	1.300	1.800	2.600
		0.5	1	—	0.180	0.240	0.340	0.480	0.660	0.940	1.300	1.800	2.600	3.600
		1	3	—	0.240	0.340	0.480	0.660	0.940	1.300	1.800	2.600	3.600	5.000
		3	6	—	0.320	0.450	0.620	0.880	1.200	1.600	2.400	3.400	4.600	6.600
		6		—	0.340	0.480	0.700	1.000	1.400	2.000	2.800	4.000	5.600	7.800
1 000	6 300	—	0.5	—	—	0.260	0.360	0.500	0.700	0.980	1.400	2.000	2.800	4.000
		0.5	1	—	—	0.360	0.500	0.700	0.980	1.400	2.000	2.800	4.000	5.600
		1	3	—	—	0.500	0.700	0.980	1.400	2.000	2.800	4.000	5.600	7.800
		3	6	—	—	—	0.900	1.200	1.600	2.200	3.200	4.400	6.200	8.000
		6		—	—	—	1.000	1.400	1.900	2.600	3.600	5.200	7.200	10.000

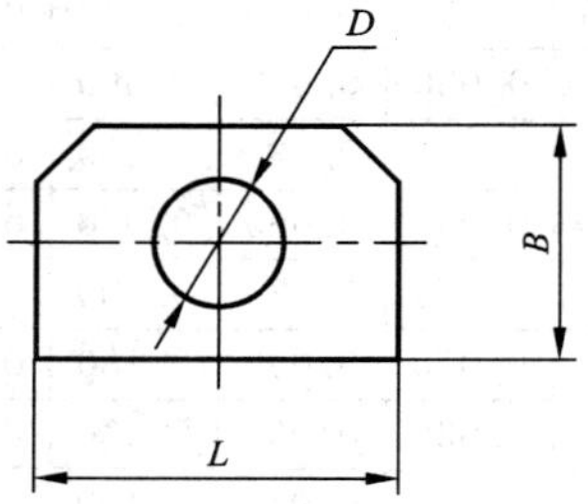

图 1

3.2 成形冲压件尺寸公差分 10 个等级，即：FT 1 至 FT 10。FT 表示成形冲压件尺寸公差，公差等级代号用阿拉伯数字表示。从 FT 1 至 FT 10 等级依次降低。成形冲压件尺寸公差数值按表 2 规定。基本尺寸 D、H、L 选用示例见图 2。

表 2　成形冲压件尺寸公差

单位为毫米

基本尺寸 D、H、L		板材厚度		公差等级									
大于	至	大于	至	FT 1	FT 2	FT 3	FT 4	FT 5	FT 6	FT 7	FT 8	FT 9	FT 10
0.5	1	—	0.5	0.010	0.016	0.026	0.040	0.060	0.100	0.160	0.260	0.400	0.600
		0.5	1	0.014	0.022	0.034	0.050	0.090	0.140	0.220	0.340	0.500	0.900
		1	1.5	0.020	0.030	0.050	0.080	0.120	0.200	0.320	0.500	0.900	1.400
1	3	—	0.5	0.016	0.026	0.040	0.070	0.110	0.180	0.280	0.440	0.700	1.000
		0.5	1	0.022	0.036	0.060	0.090	0.140	0.240	0.380	0.600	0.900	1.400
		1	3	0.032	0.050	0.080	0.120	0.200	0.340	0.540	0.860	1.200	2.000
		3	4	0.040	0.070	0.110	0.180	0.280	0.440	0.700	1.100	1.800	2.800
3	10	—	0.5	0.022	0.036	0.060	0.090	0.140	0.240	0.380	0.600	0.960	1.400
		0.5	1	0.032	0.050	0.080	0.120	0.200	0.340	0.540	0.860	1.400	2.200
		1	3	0.050	0.070	0.110	0.180	0.300	0.480	0.760	1.200	2.000	3.200
		3	6	0.060	0.090	0.140	0.240	0.380	0.600	1.000	1.600	2.600	4.000
		6	—	0.070	0.110	0.180	0.280	0.440	0.700	1.100	1.800	2.800	4.400
10	25	—	0.5	0.030	0.050	0.080	0.120	0.200	0.320	0.500	0.800	1.200	2.000
		0.5	1	0.040	0.070	0.110	0.180	0.280	0.460	0.720	1.100	1.800	2.800
		1	3	0.060	0.100	0.160	0.260	0.400	0.640	1.000	1.600	2.600	4.000
		3	6	0.080	0.120	0.200	0.320	0.500	0.800	1.200	2.000	3.200	5.000
		6		0.100	0.140	0.240	0.400	0.620	1.000	1.600	2.600	4.000	6.400
25	63	—	0.5	0.040	0.060	0.100	0.160	0.260	0.400	0.640	1.000	1.600	2.600
		0.5	1	0.060	0.090	0.140	0.220	0.360	0.580	0.900	1.400	2.200	3.600
		1	3	0.080	0.120	0.200	0.320	0.500	0.800	1.200	2.000	3.200	5.000
		3	6	0.100	0.160	0.260	0.400	0.660	1.000	1.600	2.600	4.000	6.400
		6		0.110	0.180	0.280	0.460	0.760	1.200	2.000	3.200	5.000	8.000
63	160	—	0.5	0.050	0.080	0.140	0.220	0.360	0.560	0.900	1.400	2.200	3.600
		0.5	1	0.070	0.120	0.190	0.300	0.480	0.780	1.200	2.000	3.200	5.000
		1	3	0.100	0.160	0.260	0.420	0.680	1.100	1.300	2.800	4.400	7.000
		3	6	0.140	0.220	0.340	0.540	0.880	1.400	2.200	3.400	5.600	9.000
		6		0.150	0.240	0.380	0.620	1.000	1.600	2.600	4.000	6.600	10.000
160	400	—	0.5	—	0.100	0.160	0.260	0.420	0.700	1.100	1.800	2.800	4.400
		0.5	1	—	0.140	0.240	0.380	0.620	1.000	1.600	2.600	4.000	6.400
		1	3	—	0.220	0.340	0.540	0.880	1.400	2.200	3.400	5.600	9.000
		3	6	—	0.280	0.440	0.700	1.100	1.800	2.800	4.400	7.000	11.000
		6		—	0.340	0.540	0.880	1.400	2.200	3.400	5.600	9.000	14.000

表 2（续）

单位为毫米

基本尺寸 D、H、L		板材厚度		公差等级									
大于	至	大于	至	FT 1	FT 2	FT 3	FT 4	FT 5	FT 6	FT 7	FT 8	FT 9	FT 10
400	1 000	—	0.5	—	—	0.240	0.380	0.620	1.000	1.600	2.600	4.000	6.600
		0.5	1	—	—	0.340	0.540	0.880	1.400	2.200	3.400	5.600	9.000
		1	3	—	—	0.440	0.700	1.100	1.800	2.800	4.400	7.000	11.000
		3	6	—	—	0.560	0.900	1.400	2.200	3.400	5.600	9.000	14.000
		6		—	—	0.620	1.000	1.600	2.600	4.000	6.400	10.000	16.000

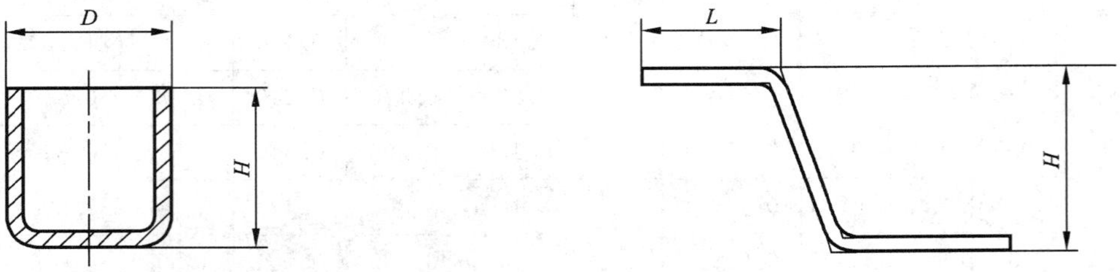

a)　　　　b)

图 2

3.3　采用本标准规定的未注尺寸公差，应在相应的图样、技术文件中用本标准号和公差等级符号表示。例如选用本标准 ST 6 级公差等级时，表示为：GB/T 13914-ST 6；选用本标准 FT 6 级公差等级时，表示为：GB/T 13914-FT 6。

4　冲压件尺寸偏差

4.1　孔（内形）尺寸的偏差数值取表 1、表 2 中给出的公差数值，冠以“+”号作为上偏差，下偏差为“0”。
4.2　轴（外形）尺寸的偏差数值取表 1、表 2 中给出的公差数值，冠以“−”号作为下偏差，上偏差为“0”。
4.3　孔中心距、孔边距、弯曲、拉深及其他成形冲压件的长度、高度及未注尺寸公差的偏差数值，取表 1、表 2中给出的公差数值的一半，冠以“±”号分别作为上、下偏差。

5　公差等级选用

本标准给出的平冲压件、成形冲压件尺寸公差等级选用见附录 A。

附 录 A
（规范性附录）
公差等级选用

A.1 平冲压件尺寸公差等级选用按表 A.1 规定。

表 A.1 平冲压件尺寸公差等级

加工方法	尺寸类型	公差等级										
		ST 1	ST 2	ST 3	ST 4	ST 5	ST 6	ST 7	ST 8	ST 9	ST 10	ST 11
精密冲裁	外形	—	—	—	—	—						
	内形	—	—	—	—							
	孔中心距	—	—	—	—							
	孔边距				—	—	—					
普通平面冲裁	外形		—	—	—	—	—	—	—	—	—	—
	内形		—	—	—	—	—	—	—	—	—	—
	孔中心距		—	—	—	—	—	—	—	—	—	—
	孔边距				—	—	—	—	—	—	—	—
成形冲压冲裁	外形					—	—	—	—	—	—	—
	内形				—	—	—	—	—	—	—	—
	孔中心距				—	—	—	—	—	—	—	—
	孔边距						—	—	—	—	—	—

A.2 成形冲压件尺寸公差等级选用按表 A.2 规定。

表 A.2 成形冲压件尺寸公差等级

加工方法	尺寸类型	公差等级									
		FT 1	FT 2	FT 3	FT 4	FT 5	FT 6	FT 7	FT 8	FT 9	FT 10
拉深	直径	—	—	—	—	—	—	—	—	—	—
	高度			—	—	—	—	—	—	—	—
带凸缘拉深	直径	—	—	—	—	—	—	—	—	—	—
	高度					—	—	—	—	—	—
弯曲	长度					—	—	—	—	—	—
其他成形方法	直径	—	—	—	—	—	—	—	—	—	—
	高度			—	—	—	—	—	—	—	—
	长度				—	—	—	—	—	—	—

ICS 25.020
J 32

中华人民共和国国家标准

GB/T 13915—2013
代替 GB/T 13915—2002

冲压件角度公差

Tolerance of angles for stamping parts

2013-06-09 发布　　2014-03-01 实施

中华人民共和国国家质量监督检验检疫总局
中国国家标准化管理委员会　发布

前　言

本标准按照 GB/T 1.1—2009 给出的规则起草。

本标准代替 GB/T 13915—2002《冲压件角度公差》，与 GB/T 13915—2002 相比，除编辑性修改外，主要技术变化如下：

——增加了冲压件冲裁角度和弯曲角度的图例(见 3.1 和 3.2)；

——修改了标准名称的英文翻译(见封面，2002 年版的封面)；

——修改了名词的英文翻译(见 2.1、2.2，2002 年版的 2.1、2.2)；

——修改了 3.3 中选用本标准规定的表示方法(见 3.3，2002 年版的 3.3)；

——修改了极限偏差(见第 1 章、第 4 章、4.2，2002 年版的第 1 章、第 4 章、4.2)；

——修改了 4.1 中冲压件角度偏差选用范围(见 4.1，2002 年版的 3.3)；

——修改了公差等级选用表格中的厚度区间及选用公差(见附录 A，2002 年版的附录 A)。

本标准由全国锻压标准化技术委员会(SAC/TC 74)提出并归口。

本标准主要起草单位：一拖(洛阳)福莱格车身有限公司。

本标准主要起草人：戴路、祝晶、柳南。

本标准所代替标准的历次版本发布情况为：

——GB/T 13915—1992；

——GB/T 13915—2002。

冲压件角度公差

1 范围

本标准规定了金属冲压件的角度公差等级代号、公差数值及偏差数值。
本标准适用于金属板材冲裁与弯曲的零件。

2 术语和定义

下列术语和定义适用于本文件。

2.1

冲压件冲裁角度 blanking angle for stamping parts

在平冲压件或成形冲压件的平面部分,经冲裁工序加工而成的角度。

2.2

冲压件弯曲角度 bending angle for stamping parts

经弯曲工序加工而成的冲压件的角度。

3 冲压件角度公差等级、代号及数值

3.1 冲压件冲裁角度公差分6个等级,即:AT 1至AT 6。AT表示冲压件冲裁角度公差,公差等级代号用阿拉伯数字表示。从AT 1至AT 6等级依次降低。冲压件冲裁角度公差数值按表1规定。冲压件冲裁角度公差应选择较短的边作为主参数。短边尺寸 L 选用示例见图1。

表1 冲压件冲裁角度公差

公差等级	短边尺寸 L mm						
	≤10	>10～25	>25～63	>63～160	>160～400	>400～1 000	>1 000
AT 1	0°40′	0°30′	0°20′	0°12′	0°5′	0°4′	—
AT 2	1°	0°40′	0°30′	0°20′	0°12′	0°6′	0°4′
AT 3	1°20′	1°	0°40′	0°30′	0°20′	0°12′	0°6′
AT 4	2°	1°20′	1°	0°40′	0°30′	0°20′	0°12′
AT 5	3°	2°	1°20′	1°	0°40′	0°30′	0°20′
AT 6	4°	3°	2°	1°20′	1°	0°40′	0°30′

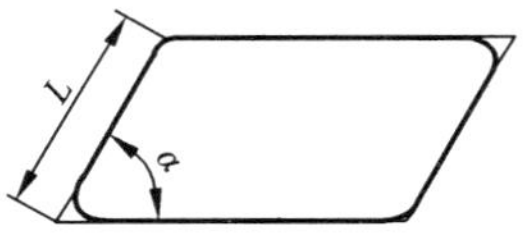

图1

3.2 冲压件弯曲角度等级分5个等级,即:BT 1至BT 5。BT表示冲压件弯曲角度公差,公差等级代

号用阿拉伯数字表示。从 BT 1 至 BT 5 等级依次降低。冲压件弯曲角度公差数值按表 2 规定。冲压件弯曲角度公差应选择较短的边作为主参数。短边尺寸 L 选用示例见图 2。

表 2　冲压件弯曲角度公差

公差等级	短边尺寸 L mm						
	≤10	>10～25	>25～63	>63～160	>160～400	>400～1 000	>1 000
BT 1	1°	0°40′	0°30′	0°16′	0°12′	0°10′	0°8′
BT 2	1°30′	1°	0°40′	0°20′	0°16′	0°12′	0°10′
BT 3	2°30′	2°	1°30′	1°15′	1°	0°45′	0°30′
BT 4	4°	3°	2°	1°30′	1°15′	1°	0°45′
BT 5	6°	4°	3°	2°30′	2°	1°30′	1°

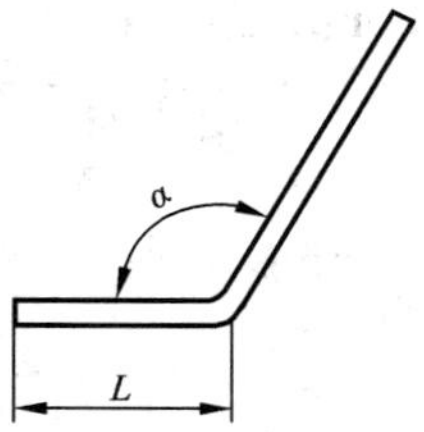

图 2

3.3　采用本标准规定的未注角度公差，应在相应的图样、技术文件中用本标准号和公差等级符号表示。例如选用本标准 BT 4 级公差等级时，表示为：GB/T 13915-BT 4。

4　冲压件角度偏差

4.1　依据使用的需要选用单向或双向偏差。

4.2　未注公差的角度偏差数值，取表 1、表 2 中给出的公差值的一半，冠以"±"号分别作为上下偏差。

5　公差等级选用

本标准给出的冲压件角度公差等级选用见附录 A。

附 录 A
（规范性附录）
公差等级选用

A.1 冲压件冲裁角度公差等级按表 A.1 选用。

表 A.1 冲压件冲裁角度选用表

材料厚度 t mm	公差等级					
	AT 1	AT 2	AT 3	AT 4	AT 5	AT 6
≤2	—	—	—	—	—	—
>2～4		—	—	—	—	—
>4			—	—	—	—

A.2 冲压件弯曲角度公差等级按表 A.2 选用。

表 A.2 冲压件弯曲角度选用表

材料厚度 t mm	公差等级				
	BT 1	BT 2	BT 3	BT 4	BT 5
≤2	—	—	—	—	—
>2～4		—	—	—	—
>4			—	—	—

ICS 25.020
J 32

中华人民共和国国家标准

GB/T 13916—2013
代替 GB/T 13916—2002

冲压件形状和位置未注公差

Unnoted tolerance of shape and position for stamping parts

2013-06-09 发布　　2014-03-01 实施

中华人民共和国国家质量监督检验检疫总局
中国国家标准化管理委员会　发布

前　言

本标准按照 GB/T 1.1—2009 给出的规则起草。

本标准代替 GB/T 13916—2002《冲压件形状和位置未注公差》，与 GB/T 13916—2002 相比，除编辑性修改外，主要技术变化如下：

——修改了标准名称的英文翻译（见封面，2002 年版的封面）；

——修改了公差等级（见第 2 章，2002 年版的第 2 章）；

——修改了图形标注（见 3.2 中图 2，2002 年版的图 2）；

——修改了圆柱度未注公差（见 3.4，2002 年版的 3.4）；

——修改了平行度未注公差（见 3.5，2002 年版的 3.5）；

——删除了一组公差数值（见 2002 年版的 3.1 公差等级 5）；

——增加了采用本标准的表示方法（见 4）。

本标准由全国锻压标准化技术委员会（SAC/TC 74）提出并归口。

本标准主要起草单位：一拖（洛阳）福莱格车身有限公司。

本标准主要起草人：戴路、祝晶、李俊英、李高欣。

本标准所代替标准的历次版本发布情况为：

——GB/T 13915—1992；

——GB/T 13915—2002。

冲压件形状和位置未注公差

1 范围

本标准规定了金属冲压件的直线度、平面度、同轴度、对称度的未注公差等级和数值，规定了金属冲压件的圆度、圆柱度、平行度、垂直度、倾斜度的未注公差。

本标准适用于金属板材冲压件。

2 公差等级

冲压件的直线度、平面度、同轴度、对称度未注公差均分为 *f*(精密级)、*m*(中等级)、*c*(粗糙级)、*v*(最粗级)四个公差等级，冲压件的圆度、圆柱度、平行度、垂直度、倾斜度未注公差不分公差等级。

3 公差数值

3.1 直线度、平面度未注公差

直线度、平面度未注公差值按表1规定，平面度未注公差应选择较长的边作为主参数。主参数 *D*、*H*、*L* 选用示例见图1。

表1 直线度、平面度未注公差

单位为毫米

公差等级	主参数 *D*、*H*、*L*						
	≤10	>10～25	>25～63	>63～160	>160～400	>400～1 000	>1 000
f	0.06	0.10	0.15	0.25	0.40	0.60	0.90
m	0.12	0.20	0.30	0.50	0.80	1.20	1.80
c	0.25	0.40	0.60	1.00	1.60	2.50	4.00
v	0.50	0.80	1.20	2.00	3.20	5.00	8.00

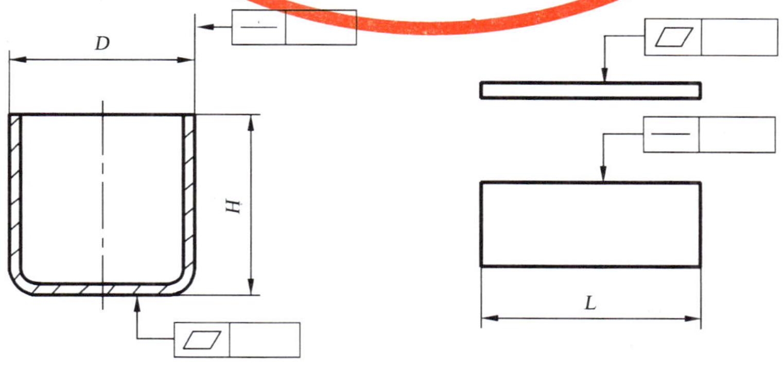

a)　　b)

图1

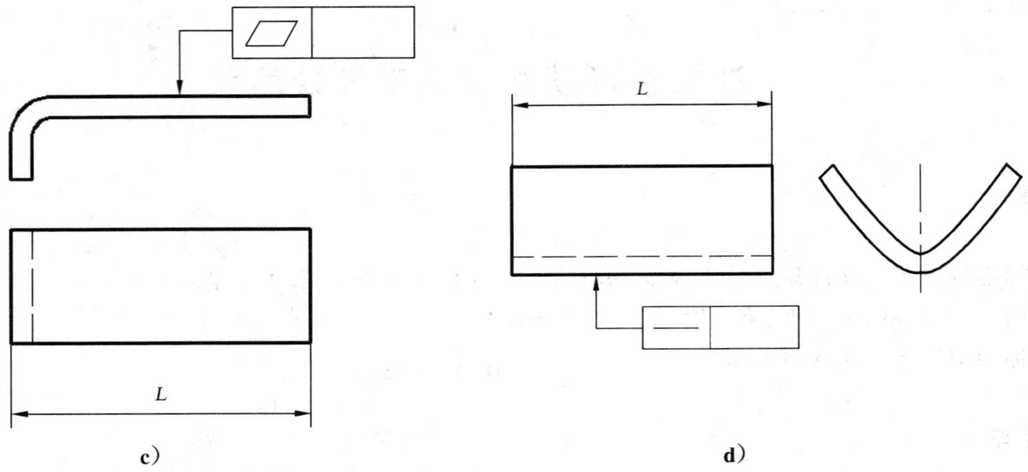

图 1（续）

3.2 同轴度、对称度未注公差

同轴度、对称度未注公差值按表 2 规定。主参数 B、D、d、L 选用示例见图 2。

表 2 同轴度、对称度未注公差

单位为毫米

公差等级	主参数 B、D、d、L							
	≤3	>3～10	>10～25	>25～63	>63～160	>160～400	>400～1 000	>1 000
f	0.12	0.20	0.30	0.40	0.50	0.60	0.80	1.00
m	0.25	0.40	0.60	0.80	1.00	1.20	1.60	2.00
c	0.50	0.80	1.20	1.60	2.00	2.50	3.20	4.00
v	1.00	1.60	2.50	3.20	4.00	5.00	6.50	8.00

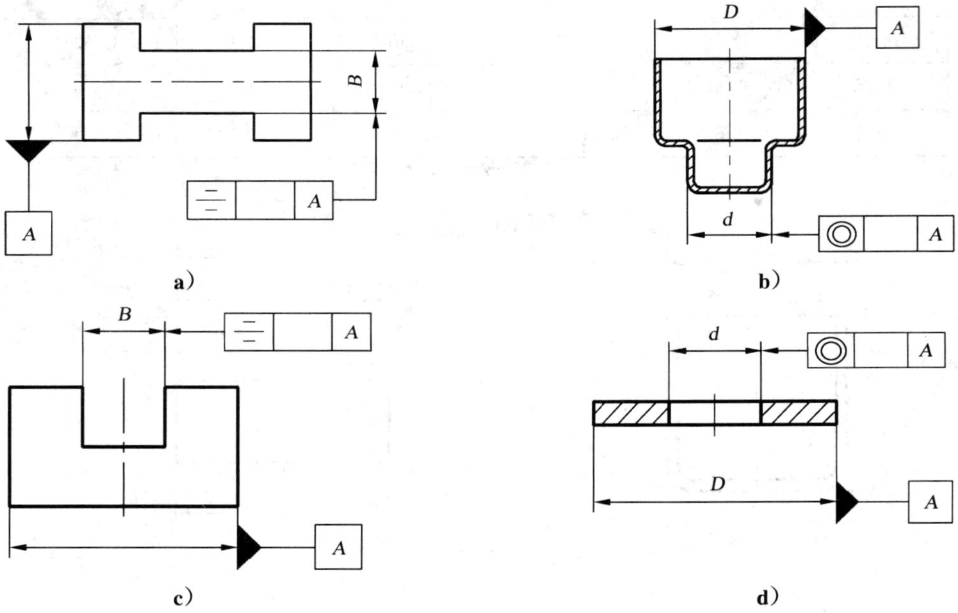

图 2

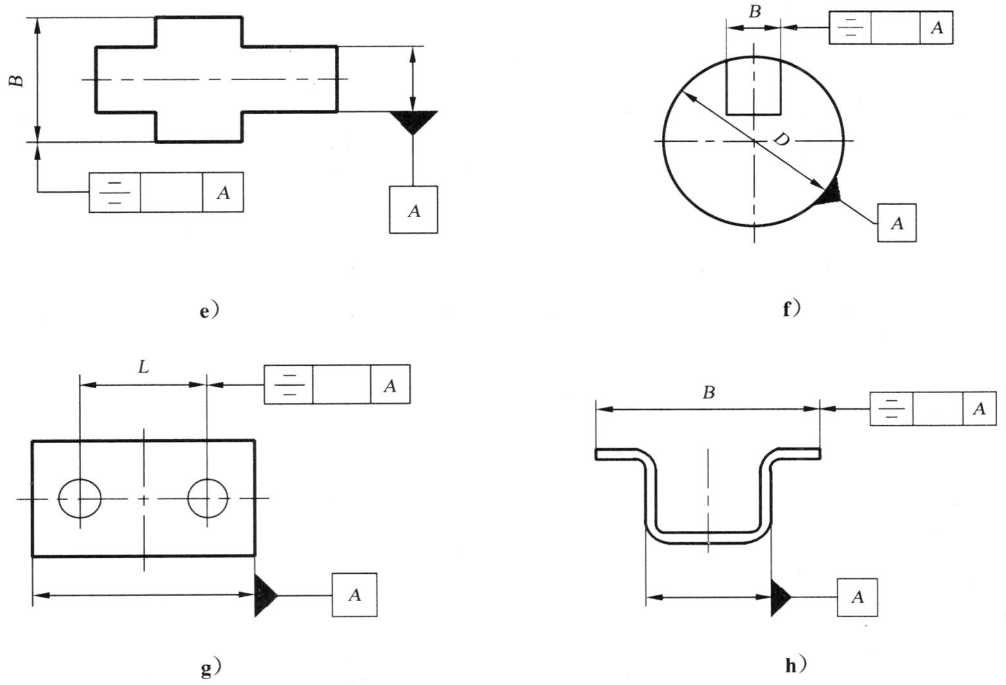

图 2（续）

3.3　圆度未注公差

圆度未注公差值应不大于相应尺寸公差值。

3.4　圆柱度未注公差

圆柱度未注公差由三部分组成：圆度、直线度和相对素线的平行度公差，而每一项公差均由其标注公差或未注公差控制，采用包容要求。

3.5　平行度未注公差

平行度未注公差值等于尺寸公差值或平面（直线）度公差值，两者以较大值为准。

3.6　垂直度、倾斜度未注公差

垂直度、倾斜度未注公差值由角度公差值和直线度公差值分别控制。

4　采用本标准的表示方法

采用本标准规定的未注公差，应在相应的图样、技术文件中用本标准号和公差等级符号表示。例如，选用本标准 m 级公差等级时，表示为：GB/T 13916-m。

ICS 71.040.01
N 53

中华人民共和国国家标准

GB/T 13966—2013
代替 GB/T 13966—1992

分析仪器术语

Terminology for analytical instruments

2013-12-17 发布　　2014-06-01 实施

中华人民共和国国家质量监督检验检疫总局
中国国家标准化管理委员会　发布

前　言

本标准按照 GB/T 1.1—2009 给出的规则起草。

本标准代替 GB/T 13966—1992《分析仪器术语》

本标准与 GB/T 13966—1992 的主要变化：

——封面上“Analyzer vocabulary”修改为“Terminology for analytical instruments”；

——补充了公式编号；

——删除了重复性误差、独立线性度、端基线性度、零基线性度和通用气相色谱仪；

——修订了常量分析、微量分析、量的真值、标准偏差、变异系数、重复性、绝缘强度、修正值、随机误差、系统误差、溶出极谱法、火焰发射光谱法、原子吸收光谱法、原子荧光光谱法、红外光谱法、傅立叶变换红外光谱法、旋光法、电磁辐射、朗伯-波格定律、比尔定律、拉曼谱线、稀释因子、散射、分光光度计、旋光仪、光电倍增管、吸收池、光谱带宽、光谱分辨率、线色散率、到线色散率、杂散辐射、杂散辐射率、波长定位准确度、波长定位重复性、热光度法、热导率、质谱法、色谱法、高速液相色谱法、火焰离子化检测器、碱火焰离子化检测器、环境气体分析仪、水质分析仪；

——增加了接地电阻、保护接地、半微量分析、超微量分析、超痕量分析、吸收定律、顺磁式氧分析器、磁力机械式氧分析器、磁压式氧分析器、磁力机械式氧分析传感器、磁压式氧分析传感器、玻璃化温度、结晶温度、熔融温度、线膨胀系数、热焓、生物质谱分析、超高压液相色谱法、反相高效液相色谱法、脉冲火焰光度检测器、质谱检测器、傅立叶变换红外检测、光电二极管阵列检测器、(激光)光散射检测器、注射泵、蠕动泵、色谱数据、色谱数据工作站、颗粒物监测仪、大气污染监测系统、分析小屋、烟气连续排放监测系统、切割器、实验室分析仪器、移动分析仪器、便携分析仪器和在线分析仪器；

——增加了色谱仪器中内标法、外标法、归一法、叠加法和峰面积百分法的表达公式。

本标准由中国机械工业联合会提出。

本标准由全国工业过程测量和控制标准化技术委员会(SAC/TC 124)归口。

本标准主要起草单位：中国仪器仪表行业协会、北京分析仪器研究所。

本标准主要起草人：马雅娟、郑增德、娄兴军。

本标准所代替标准的历次版本发布情况为：

——GB/T 13966—1992。

分析仪器术语

1 范围

本标准规定了分析仪器常用的基本术语以及电化学式分析仪器、光学式分析仪器、热学式分析仪器、质谱仪器、波谱仪器、色谱仪器、能谱和射线分析仪器、物性分析仪器、其他分析仪器及其辅助装置的术语和定义。

本标准适用于分析仪器。

本标准中方括号[ ]内的字是在不致混淆情况下，可省略的词；圆括号( )内的字除说明外，为前者的同义语。

2 基本术语

2.1

仪器分析 instrumental analysis

用仪器作为手段，对物质进行定性、定量、结构以及状态等的分析。

2.2

定性分析 qualitative analysis

检测试样中的元素、官能团或混合物的组成成分而进行的分析。

2.3

定量分析 quantitative analysis

测定试样中各种成分(如元素、根或官能团等)的含量而进行的分析。

2.4

常量分析 macro analysis

一般指试样质量大于 0.1g 的分析，也可指被测组分量高于千分之一的分析。

2.5

半微量分析 semimicro analysis

一般指试样质量在 10 mg～100 mg 之间的分析。

2.6

微量分析 micro analysis

一般指试样质量在 1 mg～10 mg 之间的分析，也可指被测组分含量约为万分之一至百万分之一的分析。

2.7

超微量分析 ultramicro analysis

一般指试样质量小于 1 mg 或取样体积小于 0.01 mL 的分析。

2.8

痕量分析 trace analysis

物质中被测组分质量分数小于 0.01%的分析，也可指被测组分含量在百万分之一以下的分析。

2.9

超痕量分析 ultra-trace analysis

物质中被测组分质量分数小于 0.000 1%的分析。

2.10

分析仪器　analytical instrument

用于分析物质成分、化学结构及部分物理特性的仪器。

2.11

检测器　detector

将被测的某一物理量或化学量(一般为非电量)按照一定规律转换为电量输出的装置。

2.12

传感器　transducer/sensor

感受被测量,并按一定规律将其转换成同种或另一种性质输出量的装置。

2.13

敏感元件　sensitive element

在传感器中直接感受被测量的元件。

2.14

性能　performance

仪器实现预定功能的程度。

2.15

性能特性　performance characteristic

确定仪器仪表功能和能力的有关参数及其定量的表述。

2.16

额定值　rated value

为表示仪器达到设计规定的工作条件所限定的某些量值。

2.17

额定范围　rated range

为表示仪器达到设计规定的工作条件所限定的某些量值的范围。

2.18

测量范围　measuring range

仪器性能特性的一部分,在此范围内进行测量时,误差不超出极限值。

2.19

影响量　influence quantity

来自仪器外部,能影响仪器性能特性的任何量。

2.20

影响特性　influence characteristic

一个性能特性的变化影响到另一个性能特性时,前者称为影响特性。

2.21

参比工作条件　reference operating condition

为了进行性能试验或保证测量结果能有效地相互比对,对影响量、影响特性(必要时)所规定的一组带有允差的数值或范围。

2.22

额定工作范围　rated operating range

应满足工作误差要求的影响量的数值范围。

2.23

正常工作条件　normal operating condition

性能特性的测量范围和影响量的额定工作范围集合。在此条件内确定仪器的影响误差和工作误差。

2.24

极限工作条件　limit operating condition

超出正常工作条件的影响量与性能特性的范围的集合。在此范围内仪器可以工作而不会造成损坏，且当它重新在正常工作条件下工作时，不降低性能。

2.25

运输和贮存条件　condition in transportation and storage

仪器在运输和贮存过程中所处的环境条件(如温度、湿度、振动、冲击等)。仪器在此条件下贮存和运输不会损坏，当重新在额定工作范围工作时，不降低性能。

2.26

环境条件　environmental condition

仪器所处周围的物理、化学和生物的条件。环境条件用各单一的环境参数和它们的严酷等级的组合来确定。

2.27

[测量仪器的]示值　indication[of a measuring instrument]

测量仪器所显现的被测量的值。

示值用被测量的单位表示，而不管注在标度尺上的单位。出现在标度尺上的值(有时称为直接示值、直接读数或标度值)须乘以仪器常数以得到示值。

术语"示值"的含义有时可以扩展，包括记录式仪器所记录的量值，或测量系统中的测量信号。

2.28

[量的]真值　true value[of a quantity]

与给定的特定量的定义一致的值。

量的真值是理想的概念，一般说来是不可能准确知道的。

2.29

[量的]约定真值　conventional true value[of a quantity]

为了给定目的，可以替代真值的量值。

一般说来，约定真值被认为是非常接近真值的，就给定目的而言，其差值可以忽略不计。

2.30

引用值　fiducial value

作为确定引用误差时的参考的一个明确规定的值。该值可以是测量范围的上限、满刻度值或其他明确规定的值。

2.31

未修正结果　uncorrected result

有系统误差存在而未加修正的测量结果。

如仅涉及一个示值，未修正结果就是示值。

2.32

已修正结果　corrected result

考虑到有系统误差存在而对未修正结果进行修正后所得的结果。

2.33

修正值　correction value

对估计的系统误差的补偿。

注 1：补偿可取不同形式，例如加一个修正值或乘一个修正因子，或从修正值表或修正曲线上得到。

注 2：修正值以代数法与未修正测量结果相加，以补偿其系统误差的值。修正值等于负的系统误差估计值。

注 3：修正因子是为补偿系统误差而与未修正测量结果相乘的数学因子。

注 4：因系统误差不能完全知道，故这种补偿并不完全。

2.34

绝对误差　absolute error

测量结果减去被测量的[约定]真值。

注 1：这一术语同样适用于示值；未修正结果；已修正结果。

注 2：因为应用适当修正可以补偿已知部分的测量误差，所以已修正结果的绝对误差要用不确定度来表示。

"绝对误差"具有符号，它不应与"误差的绝对值"混淆，后者是误差的模。

2.35

相对误差　relative error

绝对误差与被测量的[约定]真值之比。

2.36

随机误差　random error

在重复测量中按不可预见方式变化的测量误差的分量。

注：随机误差不可能修正。

2.37

系统误差　systematic error

在重复测量中保持不变或按可预见方式变化的测量误差的分量。

系统误差及其原因可以知道，也可不知道。

2.38

标准偏差　standard deviation

在对同一被测量进行 n 次测量时，表征测量结果分散程度的参数，用符号 S 表示。计算见式(1)：

$$S=\sqrt{\frac{\sum_{i=1}^{n}(X_i-\overline{X})^2}{n-1}} \qquad \cdots\cdots(1)$$

式中：

X_i ——第 i 次测量结果；

$\overline{X}$ ——所测量的 n 个结果的算术平均值。

注：标准偏差不应与总体标准偏差 σ 混淆。个数为 N，数字期望(或真值)为 m 的总体的 σ 由式(2)算出：

$$\sigma=\sqrt{\frac{\sum_{i=1}^{n}(X_i-m)^2}{N}} \qquad \cdots\cdots(2)$$

2.39

相对标准偏差　relative standard deviation；RSD

标准偏差(S)与算术平均值的绝对值之比，由式(3)算出。

$$\mathrm{RSD}=\frac{S}{|\overline{X}|} \qquad \cdots\cdots(3)$$

2.40

测量不确定度　uncertainty of measurement

表征被测量的真值在某个量值范围的一种估计。

测量不确定度一般包含多个分量，其中一些分量可在测量列结果统计分布的基础上进行估计，并可用标准偏差表征，其他分量只能基于经验或由其他信息估计。

2.41

标准物质　standard material

具有足够的准确度，可用以校准或检定仪器、评定测量方法、或给其他物质赋值的物质。

2.42

校准　calibration

在规定条件下为确定测量仪器或测量系统的示值与被测量相对应的已知值之间关系的一组操作。

注1：可以用校准的结果评定测量仪器、测量系统的示值误差，或给任意标尺上的标记赋值。

注2：校准也可以确定其他计量学特性。

注3：有时把校准的结果表示为校正因子或取校准曲线形式的一系列校正因子。

2.43

校准混合气　calibration gas mixture

准确知道其成分，用以校准仪器的混合气。通常由一种或多种校准组分和一种附加气组成。

2.44

校准液　calibration solution

准确知道其成分，用以校准仪器的溶液。通常由一种或多种校准组分和一种溶剂组成。

2.45

试验溶液　test solution

已知其成分，用以对仪器进行试验的溶液。

2.46

校准组分　calibration component

直接用于校准和测试的组分。

2.47

非测组分　undetermined components

分析过程中不进行测量的组分。

2.48

零点校准气　zero calibration gas

校准分析仪器零点标度所用的气体。

2.49

量程校准气　span calibration gas

校准分析仪器测量上限值标度所用的气体。

2.50

稀释气　diluent gas

为了定量降低气体试样中校准组分的浓度而引入的已知量的气体。

2.51

背景气　complementary gas

组成校准混合气的非测组分。

2.52

浓度　concentration

表示物质中不同组分之间相对量的一种数量标记。分析中常用的有质量浓度(单位为 kg/L)、物质的量浓度(单位为 mol/L)、质量摩尔浓度(单位为 mol/kg)、质量分数(%)和体积分数(%)等。

2.53

试样　sample

供试验或分析用的被测物质。

2.54

取样　sampling

从待分析物质(气体、液体、固体)中取出具有代表性的试样，供分析或试验之用的操作。

2.55

载气　carrier gas

为输送分析试样而引入的一种气体。

2.56

基本误差　intrinsic error

又称固有误差。在参比工作条件下测定的误差。

2.57

工作误差　operating error

在正常工作条件内任一点上测定的误差。

2.58

影响误差　influence error

当一个影响量在其额定工作范围内取任一值，而所有其他影响量处在参比工作条件时测定的误差。

2.59

误差极限　limits of error

又称最大允许误差。在规定条件下，仪器性能特性误差的最大允许值。

2.60

工作误差极限　limits of operating error

在正常工作条件下，影响量与影响特性的任何可能组合情况时，仪器性能特性误差的最大允许值。

2.61

示值误差　error of indication

仪器的示值与被测量的[约定]真值之差。

2.62

引用误差　fiducial error

仪器的示值误差与引用值之比。

2.63

范围　range

由上、下限所限定的一个量的区间。

“范围”通常加修饰语。例如：测量范围、标度范围。它可适用于被测量或工作条件等。

2.64

量程　span

仪器测量上限值与下限值的代数差。

2.65

稳定性　stability

在规定工作条件下，输入保持不变，在规定时间内仪器示值保持不变的能力。可以用量程漂移、零点漂移或基线漂移表示。

2.66

量程漂移　span drift

在规定工作条件下，规定时间内的量程变化。

2.67

零点漂移　zero drift

在规定工作条件下，规定时间内，零点示值的偏移。

2.68

基线漂移　baseline drift

在规定工作条件下，规定时间内，仪器的响应信号随时间定向的缓慢变化。

2.69

基线　base-line

在恒定的条件下，仪器的响应信号曲线。

注 1：对气相色谱仪是指在仅有流动相通过检测系统时的响应信号曲线。

注 2：对热分析仪是指差热曲线上，温度差近似为零的区段。

2.70

工作周期　operating period

在无需外部调节情况下，工作误差不超过误差极限的最长时间。

2.71

输出波动　output fluctuation

又称噪声。

不是由被测组分的浓度或任何影响量变化引起的相对于平均输出的起伏。

2.72

灵敏度　sensitivity

仪器的输出量与输入量之比，常用符号 S 表示。

对于非线性响应的仪器，则为输出量对输入量的导数，见式(4)：

$$S=\frac{\mathrm{d}R}{\mathrm{d}Q} \tag{4}$$

式中：

R ——输出量；

Q ——输入量。

2.73

检测限　limit of detection

仪器能确切反应的输入量的最小值。通常定义为两倍或三倍噪声与灵敏度之比。常用符号 D 表示，见式(5)：

$$D=\frac{2(或\ 3)N}{S} \tag{5}$$

式中：

N ——噪声；

S ——检测器灵敏度。

2.74

滞后时间　delay time

从被测量发生阶跃变化的瞬时起到指示达到两个稳态值之差的 10%处所经过的时间。

2.75

上升时间　rise time

T_r

当被测量发生阶升变化后，指示从两个稳态值之差的 10%～90%处所经过的时间。

2.76

下降时间　fall time

T_f

当被测量发生阶降变化后，指示从两个稳态值之差的 10%～90%处所经过的时间。

2.77

响应时间　response time

T_{90}

一般指滞后时间和上升时间之和，有时也指，滞后时间与上升时间之和或滞后时间与下降时间之和中的较大者。

2.78

时间常数　time constant

一阶线性系统对于一个阶跃输入，其输出值的变化量达到两个稳态值之差的63.2%所经过的时间。其为表征系统瞬态过程中响应变化快慢的物理量。时间常数越小其响应变化就越快，反之就越慢。

2.79

预热时间　warm-up time

在规定的条件下，从仪器接通电源时起，到仪器开始满足平衡条件的时间。

2.80

启动时间　start-up time

仪器从启动到进入正常工作状态所经过的时间。

2.81

准确度　accuracy

示值与被测量真值(约定真值)的一致程度。

2.82

准确度等级　accuracy class

根据仪器准确度高低所划分的等级。

2.83

重复性　repeatability

用相同的方法、相同的试样，在相同的条件下测得的一系列结果之间的一致程度。通常用相对标准偏差表示。相同的条件指同一操作者、同一仪器、同一实验室和短暂的时间间隔。

重复性表征仪器随机误差的大小，不包括漂移和回差等。

2.84

再现性　reproducibility

对相同的试样，在不同的条件下测得的单个结果之间的一致程度。常用的有测量的再现性和方法的再现性。对测量的再现性，不同的条件指不同操作者、不同仪器、不同实验室、不同或相同的时间，对于方法的再现性则方法应保持相同。

2.85

线性　linearity

仪器(或元件)的输出与输入呈一次函数关系的特性。

2.86

非线性　non-linearity

仪器(或元件)的输出与输入不是一次函数关系的特性。

2.87

线性度　linearity

校准曲线与规定直线的吻合程度。

2.88

线性误差　linearity error

校准曲线与规定直线间的最大偏差。

注：线性误差分为独立线性误差，端基线性误差，零基线性误差。当仅称线性误差时是指独立线性误差。

2.89

校准曲线　calibration curve

在规定条件下，表示被测量值与仪器实测值之间的关系曲线。

2.90

线性范围　linear range

仪器的输出与输入保持线性的输入量的范围。也可以该范围的最大值与最小值之比来表示。

2.91

选择性　selectivity

仪器对被测物质以外的其他物质呈低灵敏度或无灵敏度的能力。

2.92

干扰系数　coefficient of interference

仪器对相同浓度的被测物质和干扰物质的响应比,可用以描述仪器的选择性。

2.93

干扰误差　interference error

由存在于试样中的干扰组分所引起的误差。

2.94

分辨力　resolution

仪器区别相近信号的能力。常用分辨率、分离度等表示。

2.95

绝缘电阻　insulation resistance

在仪器指定的绝缘部分之间施加规定的直流电压时所测得的电阻。

2.96

介电强度　dielectric strength

在通常情况下电介质不导电,但是在很强的电场中,电介质的绝缘性能会受到破坏,由绝缘体变成导体,这叫做电介质的击穿。电介质材料能够承受的最大电场强度叫这种电介质的介电强度,也叫击穿电场强度。

2.97

功能绝缘　functional insulation

为保证设备正常工作和防止电击所必须的绝缘。

2.98

附加绝缘　supplementary insulation

又称保护性绝缘。除功能绝缘外,所提供的一种独立的绝缘,以便在功能绝缘万一失效时仍能防止电击。

2.99

双重绝缘　double insulation

由功能绝缘和附加绝缘二者所组成的绝缘。

2.100

运行试验　commissioning test

为证明安装和运行的正确性,对仪器所进行的现场试验。对新产品而言还包括验证设计的正确性和工作适用性。

2.101

环境试验　environmental test

为考核和分析环境条件对产品质量的影响所进行的试验。如碰撞试验、跌落试验、高温试验、低温试验、湿热试验等。环境试验分现场试验和模拟试验。通常进行模拟试验。

2.102

型式检验　type inspection

为证明设计符合一定规范和要求,对按设计制造的一台或多台仪器进行的全性能检验。

2.103

出厂检验　routine inspection

为确认仪器是否符合出厂要求，在出厂前对每台仪器所进行的试验。

2.104

验(交)收检验　acceptance inspection

向买方证明仪器符合合同规定的条件所进行的检验。

2.105

周期检验　periodic inspection

为确认仪器制造过程稳定性，按规定要求定期对仪器所进行的检验。

2.106

接地电阻　earthing resistance

电流由接地装置流入大地再经大地流向另一接地体或向远处扩散所遇到的电阻，它包括接地线和接地体本身的电阻、接地体与大地的电阻之间的接触电阻以及两接地体之间大地的电阻或接地体到无限远处的大地电阻。接地电阻大小直接体现了电气装置与“地”接触的良好程度。

2.107

保护接地　safety earthing

是为防止仪器的电气装置的金属外壳、构架和线路等带电危及人身和设备安全而进行的接地。

3　电化学式分析仪器

3.1

电化学分析法　electrochemical analysis method

根据物质的电化学性质确定物质成分的分析方法。

3.2

电容量分析法　electro volumetric analysis

电导分析法、电量分析法、电位法、伏安法、电泳法与离子选择电极分析等的总称。

3.3

电重量分析法　electro gravity analysis

各种电解分析法的总称。它是将试样溶液电解，使待测组分的金属(或氧化物)在阴极(或阳极)上析出，然后用重量法测量析出的物质。

3.4

电导分析法　conductometric analysis

一种通过测量溶液的电导率确定被测物质浓度，或直接用溶液电导值表示测量结果的分析方法。

3.5

电量分析法　coulometric analysis

又称库仑分析法。用电解过程消耗的电量来确定被测物质的含量的电化学式分析方法，其特点是必须保证电极反应专一，且电解电流效率为百分之百。

3.6

电位法　potentiometry

在零电流条件下，测量非极化电极的电位的方法，根据待测物质含量与电极电位的关系(能斯特方程)获得分析结果。

3.7

离子选择电极分析法　ion-selective electrode analysis

电位法的一种。其指示电极为具有优良选择性的离子选择电极。特点是选择性好、灵敏度高、分析速度快、操作简单。

3.8

伏安法　voltametry

一种电化学分析方法，根据指示电极电位与通过电解池的电流之间的关系，而获得分析结果。

3.9

极谱法　polarography

伏安法的一种。使用滴汞电极或其他表面可周期性更新的液态电极，通过解析电流-电位（或电位-时间）极谱（图）而获得定性、定量分析结果。

3.10

近代极谱法　modern polarography

在经典极谱法基础上发展起来的新的极谱分析法。其特点是采用了各种汞基电极、汞膜电极、固体电极作极化电极；采用交流扫描和线性迭加扫描电压；采用了定时取样、间歇取样、微分取样、积分取样和差示取样等信号取样，大大提高了灵敏度和分辨力。

3.11

溶出伏安法　stripping voltammetry

试样先在电极上电解富集，然后再进行溶出测定的极谱法。包括阳极溶出伏安法和阴极溶出伏安法。

3.12

滴定　titration

一种分析溶液成分的方法。将标准溶液逐滴加入被分析溶液中，用例如颜色变化、沉淀或电导率变化等来确定反应的终点。

3.13

电量滴定　coulometric titration

又称库仑滴定。

通过电解产生能与被测组分起定量反应的物质（滴定剂），并从电解电量求得被测组分含量的一种电量分析法。

3.14

电导滴定　conductometric titration

用被滴定液的电导变化指示出滴定终点的滴定方法。

3.15

高频滴定　high-frequency titration

一种电导滴定。在滴定过程中，用一定频率（兆赫）的交流电流，通过设置在装有被分析溶液的容器外部的电极，以测量被滴定液的电导变化。

3.16

电位滴定　potentiometric titration

用浸在被滴定液中的两支电极之间的电位差的突变，指示出滴定终点的滴定方法。

3.17

电泳法　electrophoresis

利用溶液中带有不同量的电荷的阳离子或阴离子，在外加电场中以不同的迁移速度向电极移动，而达到分离目的的分析方法。

3.18

能斯特方程　Nernst equation

表示电极电位和反应物质活(浓)度之间量关系的公式。电位法最基本的公式,见式(6):

$$E_{电池}=E^0_{电池}-\frac{2.303RT}{nF}\lg\frac{\alpha_C^W\times\alpha_D^Y\cdots}{\alpha_A^P\times\alpha_B^q\cdots} \quad\cdots\cdots(6)$$

式中:

$E_{电池}$　——电池的电动势,单位为伏特(V);

$E^0_{电池}$　——电池的标准电动势,即当 $\alpha_A=\alpha_B=\alpha_C=\alpha_D=1$ 时的电池电动势,单位为伏特(V);

n　——电化学反应中电子转移数;

F　——法拉第常数(96 485.338 3±0.008 3 C・mol^{-1});

R　——气体常数(8.314 mol^{-1}・K^{-1});

T　——热力学温度,单位为开尔文(K);

α_A、α_B…　——参加反应的各种氧化态物质活(浓度);

α_C、α_D…　——参加反应的各种还原态物质活(浓度);

P、q、W、Y——各反应物的化合价。

3.19

理论斜率因数　theoretical slope factor

离子活度变化一个数量级时电极电位的变化量。常用符号 K 表示。根据能斯特方程,$K=\frac{2.303RT}{nF}$,即在温度 25 ℃时,对于一价离子 $K=59.16$ mV,对于二价离子 $K=29.58$ mV。

3.20

活度　activity

又称有效浓度。实际溶液对理想溶液的校正浓度。它等于实际浓度乘以活度系数。当溶液无限稀释时,离子的活度即等于其浓度。

3.21

离子强度　ion strength

衡量溶液中存在离子所产生的电场强度的量度。表示影响活度系数因素的量。定义为式(7):

$$I=\frac{1}{2}\sum C_iZ_i^{\,2} \quad\cdots\cdots(7)$$

式中:

I　——离子强度,单位为摩尔每千克(mol/kg);

C_i　——溶液中各种离子的质量摩尔浓度,单位为摩尔每千克(mol/kg);

Z_i　——各种离子的电荷数。

3.22

活度系数　activity coefficient

表示实际溶液对理想溶液偏离程度的量。

3.23

缓冲溶液　buffer solution

氢离子浓度不因加入少量酸、碱和水而起显著变化的溶液。

3.24

标准缓冲溶液　standard buffer solution

传递 pH 值的量值的一系列校准溶液。它可按照国际公认的方法制备,一般其 pH 值不确定度不超过±0.01 pH。

3.25

总离子强度调节缓冲剂 adjust buffer total ion strength

离子强度调解剂、缓冲溶液和掩蔽剂的混合物。它能稳定溶液的离子强度和 pH 值,能消除干扰离子的干扰和保持液接电位稳定。

3.26

液接电位 liquid junction potential

两种不同溶质的溶液界面上,或两种溶质相同而浓度不同的溶液界面上存在的电位差。它受溶液 pH 值、离子强度、温度、盐类浓度梯度和液体接界方式的影响。

3.27

pH 值 pH value

表示氢离子活度 a_{H^+} 的度量。它是水溶液中氢离子活度的常用对数的负数,通常在 1～14 之间。pH 值=7 时溶液呈中性;pH 值>7 时溶液呈碱性;pH 值<7 时,溶液呈酸性。

3.28

离子淌度 ion mobility

表示离子运动速度的度量。是在电场电位梯度为 1 V・cm^{-1},温度为 25 ℃的水溶液中,离子运动的速度常用符号 u_i 表示(阳离子为 u_+,阴离子为 u_-),单位为 cm・s^{-1}。

3.29

电导 conductance

表示电解质溶液的导电能力的量,它是溶液电阻的倒数,并服从欧姆定律,见式(8):

$$G = \frac{I}{V} \qquad \cdots\cdots\cdots\cdots (8)$$

式中:

G ——电导,单位为西门子(S);

I ——电流,单位为安培(A);

V ——电压,单位为伏特(V)。

3.30

电导率 conductivity

边长为 1 cm 的立方体内所包含溶液的电导。电导池内两电极之间溶液的电导与溶液电导率之间的关系,见式(9):

$$r = G \times \frac{L}{A} \qquad \cdots\cdots\cdots\cdots (9)$$

式中:

r ——溶液电导率,单位为西门子每厘米(S/cm);

L ——两电极的间距,单位为厘米(cm);

A ——两电极间溶液的截面积,单位为平方厘米(cm^2);

G ——电导,单位为西门子(S)。

3.31

电化学式分析仪器 electrochemical analyzer

实现电化学分析的仪器。一般有电导式分析器、电量式分析器、电位式分析器、伏安式分析器和极谱仪、滴定仪、电泳仪等。

3.32

电导式分析器 conductmetric analyzer

测量液体电导率的仪器。传感器为电导池,液体试样置于其中。该仪器也可用于测量气体的含量,此时电导池中盛有某种液体以吸收气体试样，然后测量液体吸收气体试样前后电导率的变化。

3.33

电量式分析器　coulometric analyzer

又称库仑式分析器。

其传感器为库仑池的电化学分析器。一般分为控制电位库仑分析器和控制电流库仑分析器。

3.34

电位式分析器　potentiometric analyzer

利用电位法原理制成的测量仪器。

3.35

溶解氧分析器　dissolved oxygen analyzer

其敏感元件的工作特性是建立在化学与质量传递特性基础上的一种电化学分析器。工作时，由于试样中存在着氧而产生电流。此输出电流与溶解氧浓度有确定的关系。

3.36

盐量计　salinometer

测量溶液(如海水)中盐的浓度的一种分析仪器。

3.37

pH 计　pH meter

又称酸度计。测量溶液 pH 值用的仪器。以 pH 玻璃电极为传感器。

3.38

离子计　ion-activity meter

一种测定溶液中离子活度的电化学分析仪器。以离子选择电极为传感器。

3.39

极谱仪　polarograph

极谱分析用的仪器。由一个参比电极和一个指示电极构成极谱池，并配以电压调节和电流测量装置组成。通常以滴汞电极为指示电极。

3.40

示波极谱仪　oscillographic polarograph

在汞滴成长过程中进行快速线性扫描的极谱仪。它借助示波器观察和记录极谱图。与经典极谱图不同，它的图形为峰形，由峰值电位定性，峰值电流定量。与经典极谱法相比，示波极谱仪具有灵敏度高、精确度高、分辨力高和操作快速简便等特点。

3.41

交流极谱仪　alternating current polarograph

在电解电路上施加线性和交流(频率 5 Hz～50 Hz，振幅 15 mV～30 mV)迭加电压的极谱仪。其信号经放大，整流后由检流计检出。其极谱图为良好的峰状波，由峰值电位定性，峰值电流定量。

交流极谱仪分辨力高，灵敏度高，但仍不能彻底消除充电电流的干扰。

3.42

方波极谱仪　square-wave polarograph

在电解电路上施加线性和方波迭加电压的极谱仪。其极谱图是有小阶梯的峰状波，由峰值电压定性，峰值电流定量。

3.43

脉冲极谱仪　pulse polarograph

在电解电路的慢速线性扫描电压上迭加脉冲电压的极谱仪，具有极高的灵敏度和分辨力。迭加振幅随时间增长的脉冲方波电压的称积分脉冲极谱法，迭加恒定方波(50 mV～100 mV)电压的称微分脉冲极谱。

3.44

电泳仪　electrophoresis meter

实现电泳分析的仪器。一般由电源、电泳槽、检测单元等组成。

3.45

氧化-还原电位测定仪　redox potential meter

测定浸在水溶液中的金属电极和参比电极间电动势的仪器。输出电动势与处于氧化态和还原态的物质活度有关，并符合能斯特方程。氧化-还原电位电极常采用铂、金或镍等惰性金属材料，有时也采用石墨。

3.46

自动滴定仪　automatic titrator

滴定操作过程部分或全部自动化的各种滴定仪器。

3.47

氧化锆氧分析器　zirconium dioxid oxygen analyzer

利用含氧化锆的陶瓷在高温下具有传导氧离子的特性进行测量的一种氧分析器。

3.48

电化学式传感器　electrochemical transducer

由一个或多个能产生与被测组分某种化学性质有关的电信号的敏感元件所构成的传感器。

3.49

电极　electrode

一种使电流进入或离开某一介质的传感器。介质为电解质溶液或固体、熔融物、气体。

按其反应过程可分为可逆电极和不可逆电极；按其用途可分为标准氢电极、参比电极和指示电极；按其形成机理可分为对阳离子可逆电极、对阴离子可逆电极、均相氧化还原电极和膜电极等。

3.50

氢电极　hydrogen electrode

基于下列反应的半电池：

$$2H^+ + 2e \Leftrightarrow H_2$$

由镀有铂黑的铂电极浸在为氢气饱和的氢离子溶液中制成。其特点是反应充分可逆；对温度、浓度响应快，无滞后；有良好的重现性和稳定性；制作简便。

3.51

标准氢电极　standard hydrogen electrode

氢气压为 101.325 kPa(1 大气压)、氢离子活度为 1、温度为 25 ℃时的氢电极。并认为其电极电位为零，是所有其他电极电位的基准。

3.52

指示电极　indicator electrode

又称工作电极。敏感溶液体系中离子活度的传感器，其电极电位与离子活(浓)度有确定的函数关系。可分为金属基指示电极和离子选择电极两类。

3.53

参比电极　reference electrode

在实际电化学测量条件下，电位值已知并基本保持不变的电极。用于测量指示电极的电位。例如：在电位法和极谱法分析中用的甘汞电极、银-氯化银电极和汞池等。

3.54

内参比电极　internal reference electrode

内充液含有活度恒定的离子和电极膜所敏感的离子的电极。它是离子选择电极的组成部分。通常由一支银-氯化银(或汞-氯化亚汞)电极构成。

3.55

复合电极　combination electrode

由一支离子选择电极和一支参比电极组合构成的一种电化学传感器。

3.56

金属基指示电极　metal-based indicator electrode

由金属参加氧化或还原反应的一类指示电极。

3.57

活性金属指示电极　active metal indicator electrode

由一种金属浸入该金属的盐溶液构成的金属基指示电极。其电极电位由溶液中金属离子的活(浓)度决定。它对阳离子是可逆的。

3.58

金属-难溶盐指示电极　metal-insolubls salt indicator electrode

由一种金属浸入(或涂敷)该金属的难溶盐的过饱和溶液构成的金属基指示电极。其电极电位由溶液中阴离子的活(浓)度决定。它对阴离子是可逆的。常用的金属有银和汞。

3.59

惰性金属电极　inert metal indicator electrode

由惰性金属浸入含有两种不同氧化态的某种元素的离子的溶液中构成的金属基指示电极。惰性金属不参与电极反应,仅起电荷传导作用。其电极电位取决于氧化或还原反应的进行方向和完全程度。

3.60

离子选择电极　ion-selective electrode

电极的电位与周围溶液中离子活度的对数呈线性关系,但其电位不是由于氧化或还原反应(电子交换)形成的一种电化学式敏感元件。一般都由传感膜、内参比溶液、内参比电极和电极管构成。分为晶体电极、非晶体电极、敏化电极等几类。

3.61

玻璃电极　glass electrode

具有能起阳离子(例如 H^+,Na^+,K^+ 等)交换薄膜作用的玻璃传感膜的一种离子选择电极。其电位与溶液中阳离子活度对数呈线性关系。玻璃膜的成分不同,则对各种阳离子的响应也不同。绝大多数玻璃电极用于测量 pH,也有用于测量 pNa、pK 等。

3.62

晶体电极　crystalline electrode

以微溶性金属盐的晶体作为传感膜的离子选择电极。晶体电极分为两类:由微溶性金属盐直接制成传感膜的均相晶体膜电极;由该类盐均匀分散在惰性基体上制成传感膜的非均相晶体膜电极。前者使用时无需浸泡,响应快;后者使用前必须适当浸泡,且响应较慢,但晶体导电性能和膜机械强度好。

3.63

非晶体电极　non-crystalline electrode

传感膜由非晶体材料制成的离子选择电极。它分为两类:刚性基质电极(如玻璃电极)和流动载体电极。

3.64

流动载体电极 electrode with a mobile carrier

又称液膜电极。

以液体离子交换剂作为敏感物质并依靠多孔惰性物质(如聚氯乙烯)形成液态膜的离子选择电极。液体离子交换剂可按其起主导作用的亲水官能团的特点分为三类:带正电荷类(如含有机氮的化合物);带负电荷类(如能形成弱酸根官能团的化合物);中性类(如聚乙二醇)。

3.65

气敏电极 gas sensing electrode

由气体渗透性膜与离子选择电极联用组成的复合电极。通常由透气膜、内充溶液、指示电极和参比电极组成。适用于检测气体或溶解于液体中的气体,广泛应用于环境监测。

3.66

酶敏电极 enzyme substrate electrode

将某些特异性酶固定化后覆盖于离子选择电极上制成的电极。其原理是利用酶的高选择性和高效率催化的特性,将复杂化合物(如有机物)分解为简单化合物或离子被离子选择电极检测。多应用于生物化学和医学分析。

3.67

传感膜 transduction membrane

由对离子敏感的材料制成的薄膜。该膜与内参比电极组成离子选择电极。

3.68

甘汞电极 calomel electrode

又称甘汞半电池。由汞、氯化亚汞(甘汞)和氯离子溶液组成的、具有已知电位的参比电极。

3.69

当量甘汞电极 normal calomel electrode

又称标准甘汞电极。用 1 当量氯化钾溶液制成的甘汞电极。

3.70

饱和甘汞电极 saturated calomel electrode

用饱和氯化钾溶液制成的甘汞电极。

3.71

悬汞电极 hanging mercury electrode

由悬垂汞滴构成的电极。

3.72

滴汞电极 dropping mercury electrode

由连续滴下的汞滴构成的电极。通常包括一段毛细管,使保持恒定液位的汞从浸入溶液的毛细管下端滴下,形成球形汞滴。其体积周期性地变化。

3.73

汞池电极 mercury pool electrode

由汞池构成的电极。

3.74

电池 cell

一对导电体(如金属)同离子导体(如电解质溶液)联接构成的系统。有两种类型的电池:原电池和电解池。

3.75

标准电池 standard cell

能保持足够恒定电动势的原电池。例如,惠斯顿标准电池在 20 ℃时的电压为 1.018 636 V。

3.76

原电池　galvanic cell

由两个半电池构成,能够自发地将化学能转变成电能的系统。

3.77

半电池　half-cell

一个导电体(如金属)同离子导体(如电解质溶液)联接构成的系统。它能发生氧化或还原反应。

3.78

浓差电池　concentration cell

两支电极和两种电解质种类都相同,只是电解质的浓度不同的一种电池。

3.79

电解池　electrolytic cell

在外加电源的作用下,将电能转变成化学能的电池。

3.80

极谱池　polarographic cell

极谱法(或伏安法)用的电解池。包括一个作为工作电极用的易极化的指示电极,一个大的非极化参比电极和容纳被分析溶液的容器。指示电极用表面积很小的惰性金属制成,常用的是滴汞电极或铂丝。参比电极比指示电极大得多,以便在分析过程中,保持非极化状态。常用的参比电极为饱和甘汞电极和大表面积的汞池。

3.81

电导池　conductivity cell

测定液体电导率的传感器。其两支电极间距恒定且面积相等。电极一般由铂、金制成。为提高灵敏度和准确度,常用铂黑电极。

3.82

电池常数　cell constant

电池中两电极的间距与两电极的截面积之比。

注:通常用已精确测定电导率的溶液盛在电池内,测量其电导,再求得电池常数。

3.83

氧化锆传感器　zirconia sensor

在大于600 ℃高温下,能敏感氧气浓度差产生浓差电势的传感器。它用含有氧化锆的陶瓷管制成,其顶端内外侧涂有多孔型铂作为电极,高温下能传导氧离子。

3.84

当量电导　equivalent conductance

在两个相距为1 cm的电极之间含有$\frac{M}{n}$克溶质时的电导(M、n分别为溶质的分子质量和化合价)。单位:$S \cdot m^2/mol$。

3.85

极限当量电导　limit equivalent conductance

又称无限稀释当量电导。

溶液无限稀释时当量电导的极限值。

3.86

百分理论斜率　percentage of theoretical slope;PTS

电极对实际响应值和理论响应值之比的百分数,表示了电极对性能达到理论状态的程度。

3.87

实际响应时间 practical response time

从离子选择电极和参比电极一起接触试液的瞬间算起，或与离子选择性电极—参比电极处于平衡的溶液的浓度突然变化的瞬间算起至达到电位稳定在 1 mV 以内时所经过的时间。

3.88

碱误差 alkaline error

玻璃 pH 电极因对碱金属离子敏感而产生的电动势误差。

3.89

斜率 slope

电极的输出电位随被测离子活度的对数的变化率。

3.90

选择系数 selective coefficient

离子选择电极抗干扰能力的表示，记为 K_{ij}，见式(10)：

$$K_{ij}=\frac{a_i}{a_j^{n/m}} \qquad (10)$$

式中：

a_i ——主要响应离子的活度；

a_j ——干扰离子的活度；

n ——主要响应离子电荷数；

m ——干扰离子电荷数。

3.91

零点 pH zero point pH

pH 玻璃电极、参比电极与某溶液组成测量电池，若电极电位为零时溶液的 pH 值。

3.92

标准电极电位 standard electrode potential

半电池的所有反应物质活度为 1 mol 时，电极相对于标准氢电极电位的电位值，即该电极与标准氢电极组成的电池的电动势。

对给定的电极来说，其标准电极电位是一个常数，据此可估计反应的强弱。

3.93

电极电位 electrode potential

一个包含标准氢电极和所研究的半电池的原电池的电动势。其符号和电极电位形成过程中电极上的电荷符号一致。

3.94

等电位点 isopotential point

每一个由离子选择电极组成的电池的校正曲线(电极电位-离子活度对数曲线)中电极电位与温度无关的特定点。该点对应的活度值称等电位活度。

3.95

空白电位 blank potential

电极浸入纯水中时，电极具有的电位数值。

3.96

不对称电势 asymmetric potential

离子选择电极浸入与电极内参比溶液完全相同的溶液中，且选用的参比电极也与电极内参比电极相同时，测得的电动势。这是由敏感膜内外表面不对称性产生的。

3.97

漂移　drift

在温度和溶液保持恒定的情况下，电极电位随时间的一种缓慢而非随机的变化。

3.98

滞后　hysteresis

浓度恢复到原始值时，电极电位延缓恢复到原始值的现象。

3.99

极谱图　polarogram

应用可极化的电极或指示电极进行电解时，由于施加电压的变化而获得的电流-电压（或电位）曲线。

3.100

汞滴振幅　mercury drop amplitude

极谱测定中，极谱图上电流的周期变化值。它由毛细管滴汞电极的汞滴的生成和滴落造成。

3.101

半波电位　half-wave potential

电解电池的电流-电压曲线图上相应于二分之一扩散电流的电极电位。它是极谱法定性分析的依据。

3.102

残余电流　residual current

极谱图中，在外加电压未达到待测金属离子的析出电位时，通过溶液的电流。它随外加电压增大而增大。

3.103

扩散电流　diffusion current

极谱图中，待测金属离子开始析出至完全电解过程中，通过溶液的电流。它是极谱法定量分析的依据。

3.104

极限电流　limited current

极谱图中，电流达到最大和稳定值时的电流。极限电流等于残余电流及扩散电流之和。

3.105

极谱极大　polarographic maxima

极谱图中出现的突起峰，即电流达到极限电流后仍继续增长，然后又迅速下降至极限电流的现象。

3.106

空白值　blank value

将空白溶液在被测物质峰电位前后作极谱图，图中汞滴振幅中点连线的包络平行线的宽度。它是仪器、空白溶液、电极等综合影响的结果。

3.107

极谱仪定量检测限　polarograph quantitative detection limit

仪器能确切反映物质最低含量的能力，用峰高与空白值的比表示。

3.108

抗先还原物质能力　ability of anti prereduced component

仪器能从高含量先期还原物质中测出低含量物质的能力。

4 光学式分析仪器

4.1

光谱化学分析　spectrochemical analysis

利用测量光谱线的波长和强度的方法来定性半定量或定量地测定试样中的化学元素。

4.2

火焰发射光谱法　flame emission spectrometry; FES

基于测量在火焰中原子或分子所发射的特征电磁辐射强度,测定化学元素的方法。

4.3

原子吸收光谱法　atomic absorption spectrometry; AAS

基于测量蒸气中原子对特征电磁辐射的吸收强度,测定化学元素的方法。

4.4

原子荧光光谱法　atomic fluorescence spectrometry; AFS

基于测量蒸气中原子在吸收辐射后再发射的特征电磁辐射强度,测定化学元素及含量的方法。其吸收和再次发射的辐射波长可以相同(原子共振荧光光谱法),也可以不同。

4.5

分子吸收光谱法　molecular absorption spectrometry

基于测量分子对特征电磁辐射的吸收对其进行定性定量测量的一种方法。

4.6

红外光谱法　infrared spectrometry; IR

分子吸收光谱的一种。利用物质对红外光区的电磁辐射的选择性吸收来进行结构分析及对各种吸收红外光的化合物的定性和定量分析的方法。

4.7

傅立叶变换红外光谱法　Fourier transform infrared spectrometry; FTIR

将红外光谱的干涉图经过傅立叶变换,得到光强度的时间函数,实现对物质分析的方法。

4.8

旋光法　polarimetry

利用旋光物质对偏振光的作用,使入射光线产生旋转某一角度的特性,从而实现对物质分析的方法。

4.9

内反射光谱法　internal reflection spectrometry

将试样放在折射率较高的透明介质的界面上,而且通常在入射角大于界面角的情况下,从界面测量反射光(一次或多次)并记录光谱的一种方法。

4.10

光电比色法　photoelectric colorimetry

通过比较标准溶液和试样溶液,对特定波长单色光的吸收程度,实现定量分析的方法。

4.11

光声光谱法　photoacoustic spectrometry

将试样置于密封的光声池中,用调制的单色光进行照射,试样有选择地吸收光能并转化为热能,引起光声池压力变化,由微音器检测,将信号强度作为入射波长的函数记录下来(即光声光谱图)进行定量定性分析的方法。

4.12

分光光度滴定法　spectrophotometric titration

在滴定过程中，根据溶液对光辐射能的吸收程度，确定滴定终点，并由此计算出待测组分的浓度的方法。

4.13

光谱　spectrum

电磁辐射按波长、波数或频率的顺序的排列。

4.14

原子光谱　atomic spectrum

由原子内部电子运动状态发生变化而产生的发射光谱或吸收光谱。原子光谱图形是线光谱，每种原子都有自己的特征光谱。

4.15

分子光谱　molecular spectrum

由于分子内部运动状态发生变化而产生的发射或吸收光谱。每种分子都有自己的特征光谱，其图形是带光谱。

4.16

发射光谱　emission spectrum

物质在高温状态直接发出或因带电粒子的撞击后发出的光谱。

4.17

吸收光谱　absorption spectrum

波长连续分布且能量按波长分布已知的光透过试样时，某些波长的光被试样吸收，得到的连续光谱背景上的暗线光谱。

4.18

拉曼光谱　Raman spectrum

单色光束照射试样时，由于非弹性散射产生的与入射频率不同的辐射的光谱。

4.19

光谱分布曲线　spectral distribution curve

某种物质，发射（或吸收）的绝对（或相对）辐射功率曲线。它是波长、频率或任何直接有关参数的函数。

4.20

电磁辐射　electromagnetic radiation

由电磁场传播的能量。按波长分类有

电磁波	波长范围/nm
γ射线	$5\times10^{-4}\sim0.014$
硬X射线	$0.014\sim0.14$
软X射线	$0.14\sim10$
远紫外光	$10\sim200$
紫外光	$200\sim380$
可见光	$380\sim780$
近红外光	$780\sim3\ 000$
中红外光	$3\times10^{3}\sim3\times10^{4}$
远红外光	$3\times10^{4}\sim3\times10^{5}$
微波	$3\times10^{5}\sim10^{9}$

4.21

辐射能量　radiant energy

以电磁波形式传递的能量。

4.22

辐射功率　radiant power

光源辐射能量的大小。物体表面单位面积上所发射的总辐射能，也称为辐出度。一种以辐射形式发射、转移，或接收的功率。

4.23

透射比　transmittance

透过物质的辐射功率和入射功率之比。

4.24

吸光度　absorbance

以 10 为底透射比的倒数的对数。

4.25

吸收系数　absorption coefficient

辐射能量穿过一种吸收介质时，根据朗伯-波格定律来表示入射辐射能量吸收程度的量。

4.26

朗伯-波格定律　Lambert-Bouguer's law

当用一种适当波长的单色光照射一固定浓度的溶液时，其吸光度与透过的液层厚度成正比，即

$A=kb$

式中：

A ——吸光度；

b ——透光的液层厚度；

k ——比例常数，它与入射光的波长，溶液的性质和溶液以及温度有关。

4.27

比尔定律　Beer's law

当用一适当波长的单色光照射一溶液时，且透光液层厚度固定，则吸光度与溶液浓度成正比，即

$A=kc$

式中：

A ——吸光度；

c ——溶液浓度；

k ——比例常数，它与入射光的波长，溶液的性质和液层厚度以及温度有关。

4.28

吸收定律　absorption law

将朗伯-波格和比尔定律合并为吸收定律，即当用一适当波长的单色光照射吸收物质的溶液时，其吸光度与溶液浓度和透光液层厚度的乘积成正比，即

$A=\lg(1/T)=kbc$

式中：

A ——吸光度；

T ——透射比，是投射光强度比上入射光强度；

c ——吸光物质的浓度；

b ——透光的液层厚度。

4.29

分析线　analytical line

在测定某元素时所使用该元素的特定光谱线。

4.30

光谱线　spectral line

出现在光谱图上表征某一元素的谱线。

4.31

内标物　internal standard

测量谱线强度时,附加的可起参比作用的物质。

4.32

内标线　internal standard line

又称标准谱线。由内标物发射的用以比较被测元素辐射能量的谱线。

4.33

线对　line pair

又称分析线对。在发射光谱分析中,分析线和内标线的合称。

4.34

有效光程长度　effective optical path length

在内反射光谱中,表示消散波在内反射光谱吸收试样中传播的距离,即透光的液层厚度。

4.35

拉曼谱线　Raman line

由拉曼散射产生的谱线。

4.36

拉曼位移　Raman shift

拉曼谱线(带)的波数相对于入射单色光波数的位移,即从入射单色光束的波数移开的波数值。

4.37

斯托克线　Stockes line

比入射单色辐射频率低的拉曼谱线。

4.38

反斯托克线　anti-Stockes line

比入射单色辐射频率高的拉曼谱线。

4.39

磷光　phosphorescence

一个原子、分子或离子吸收一个光子接着又转变为总自旋量子数有变化的基态时发生的电磁辐射。此电磁辐射的延续时间(余辉时间)与温度有关,通常随温度升高而减少,一般在 10^{-8} s以上。

4.40

荧光　fluorescence

一个原子、分子或离子吸收一个光子接着又转变为总自旋量子数不变的基态时发生的电磁辐射。此电磁辐射的延续时间(余辉时间)与温度无关,一般小于 10^{-8} s。

4.41

光谱背景　spectral background

在同一波长范围,与所需要的观测无直接关系的辐射能量引起的背景。对于一条光谱线而言,光谱背景可以由其他谱线、谱带或连续辐射构成。

4.42

差式吸收光谱　difference absorption spectrum

两个吸光度(或两个吸光度的任何函数)之间的差值对波长(或波长的任何函数)的关系曲线图。

4.43

导数吸收光谱　derivative absorption spectrum

吸光度(或吸光度的任何函数)对波长(或波长的任何函数)的导数与波长(或波长的函数)的关系曲线。

4.44

光度测量线性　photometric linearity

光度测量系统在对投射到其检测器上的辐射功率和此系统提供的某种可测定量之间,得到线性关系的能力。

4.45

等吸收点　isoabsorptive point

指在某一波长下,两种或两种以上物质的吸收率相等。

4.46

稀释因子　dilution factor

稀释过的溶液体积与初始溶液体积之比。

4.47

曝光量　exposure

接收器在整个曝光时间内积累的辐射能量。

4.48

曝光时间　exposure time

接收器被辐射的时间。

4.49

散射　scattering

由于光源和接收器之间的物质引起的杂乱方向的辐射。

4.50

激发指数　excitation index

为某元素选定的激发能相差很大的两条光谱线的强度比。用这个比值作为光源激发能量水平的表示。

4.51

自吸　self-absorption

在发射光谱及吸收光谱中,谱线中心部分相对强度的降低。它是由热中心核发出的辐射被光源外层较冷的蒸气选择性地吸收而引起的。

4.52

化学发光　chemiluminescence

化学反应所提供,超过同一温度和同一谱区内黑体辐射能量的光发射。在 500 ℃以下化学反应过程中任何发射都是化学发光。

4.53

光谱仪　spectrometer

将复合光分解为光谱并进行记录的仪器,它可以逐点扫描光谱区域,也可同时对若干光谱位置进行测量,测得的量是辐射功率的函数。

4.54

光度计 photometer

能提供两个电磁波束或单个电磁波束两次辐射功率比值或该比值的函数的一种装置。这两条波束可以从时间上或(和)空间上分开。

4.55

摄谱仪 spectrograph

将复合光分解为光谱并进行摄影记录的仪器。主要由准直管、色散系统和照相机三部分组成。

4.56

分光光度计 spectrophotometer

测量介质对不同波长的单色光吸收程度的仪器,它包括光源、单色器、吸收池、接受器和测量系统。

4.57

看谱镜 spectroscopy

把辐射色散为光谱使适于目视观测的仪器。

4.58

旋光仪 spectropolarimeter

对光产生分光并产生旋转某些角度、测定溶液对不同波长光辐射的旋光特性,从而确定该溶液浓度的一种仪器,又称分光偏振计。

4.59

测微光度计 microphotometer

测量感光乳剂上小面积的(如光谱线和X-射线衍射图样)相对透过率的仪器。

4.60

比色计 colorimeter

通过与标准物质的颜色的比较,进行定量分析的仪器。

4.61

激光显微光谱分析仪 laser microspectral analyzer

又称激光微区光谱仪。

利用激光能量密度高,方向性好等特点,将激光束聚集在样品上,使之局部气化,然后经摄谱仪分光记录,对物质作成分分析的仪器。

4.62

红外线气体分析器 infrared gas analyzer

利用不分光红外光谱法原理制成的气体分析器。大多数气体分子的振动和转动光谱都在红外波长范围内。当红外线辐射的入射频率与某种气体分子的振动、转动特征频率相同时,红外辐射就会被气体分子吸收,引起辐射功率衰减,且衰减量与该气体分子的浓度有关。

4.63

辐射源 source of radiation

能发射所需波长范围的光学器件。按其产生的发射光谱,可分为不同宽度谱带或谱线;连续或不连续等类型。

4.64

单色仪 monochromator

从一束辐射中分离出单色辐射的装置。

4.65

光栅单色仪 grating monochromator

以光栅作为色散元件的单色仪。

4.66

棱镜单色仪　prism monochromator

以棱镜作为色散元件的单色仪。

4.67

滤光片　filter

以确定的方式改变达到检测器的辐射能的光谱分布、振动方向和强度的元件。

4.68

中性滤光片　neutral filter

在规定波长范围内它可以使达到检测器的所有波长的辐射功率衰减相同的倍数的一种滤光片。

4.69

干涉滤光片　interference filter

利用厚度与波长呈一定关系的一层或数层透明薄膜产生的干涉，使所需波长范围内的光透过或反射的滤光片。

4.70

光电池　photovoltaic cell

受到辐射后，导体与半导体间或两个半导体间的接触面上产生电动势的光电器件。

4.71

光电倍增管　photomultiplier

可将微弱光信号通过光电效应转变成电信号并利用二次发射电极转为电子倍增的电真空器件。

4.72

光电管　phototube

一种光敏元件，当它受到辐射后，从阴极释放出电子的电子管。可分为真空光电管和充气光电管。

4.73

光导纤维　optical fiber

传输光能的丝状或纤维状的介质材料，利用光全反射的原理将光线从纤维的一端传输到另一端。

4.74

预混燃烧器　premix burner

使燃烧气体和氧化气体在达到燃烧区域之前能充分混合的燃烧器。

4.75

直接注入燃烧器　direct injection burner

燃烧气体和氧化气体在火焰中自行混合的燃烧器。

4.76

雾化器　nebulizor

在原子吸收、发射和荧光分析中，将样品溶液转化成气雾状的装置。它可以和燃烧器组成雾化燃烧器。

4.77

原子化　atomization

分析组分转化成原子蒸气。

4.78

原子化器　atomizer

实现原子化的装置。

4.79

激光原子化器　laser atomizer

能将一束激光聚集在固体试样上的原子化器。

4.80

电子束原子化器　electron-beam atomizer

能将一束电子束聚集在固体试样上的原子化器。

4.81

空心阴极原子化器　hollow-cathode atomizer

和空心阴极灯具有同一工作原理的原子化器。

4.82

激光器　laser

产生激光的装置。

4.83

吸收池　absorption cell

盛放待测流体(液体、气体)试样的容器,该容器应具有两面平行、透光且有精确厚度的平面。它借助机械操作能把待测试样间断或连续地送到光路中,以便吸收测量的辐射(光)通量。

4.84

放电灯　discharge lamp

能发出所含元素特征线的灯,其特征线是所含元素的蒸气或气体被高压下通过的电流激发而产生。

4.85

空心阴极灯　hollow-cathode lamp

阴极是一种或多种元素的空心体,操作时能使阴极溅射所产生的元素蒸气发射出极窄的特征谱线。

4.86

无极放电灯　etectrodeless-discharge lamp

所含元素由高频电磁场激发,产生该元素的特征谱线的灯。

4.87

连续光谱灯　continuous lamp

在给定光谱范围内能发出连续辐射的灯。

4.88

衍射光栅　diffraction grating

利用光的多狭缝衍射效应进行色散的光栅元件,它能使光波衍射而产生大量光束,利用这些光束的干涉形成光谱。

4.89

反射光栅　reflection grating

利用反射原理形成光谱的光栅。

4.90

透射光栅　transmittance grating

利用透射原理形成光谱的光栅。

4.91

平面光栅　plane grating

刻划面或复制面为平面的衍射光栅。

4.92

凹面光栅　concave grating

刻划面或复制面为凹面的反射光栅。它兼有色散和聚焦双重作用。

4.93

阶梯光栅　echelon grating

工作面的横截面如阶梯状的光栅。

4.94

闪耀光栅　blazed grating

能在特定方向上，特定光谱级和特定波长上获得最集中的能量的一种反射衍射光栅。

4.95

复制光栅　replica grating

由作为母版的原刻衍射光栅复制而得到的衍射光栅。

4.96

全息光栅　holographic grating

利用全息照相原理而制成的光栅。其特点是无鬼线，杂光少。

4.97

内反射元件　internal reflection element

在内反射光谱中，为得到物质的内反射光谱，建立必需条件所使用的透明光学元件。

4.98

单通内反射元件　single-pass internal reflection element

辐射仅一次纵向通过的内反射元件。

4.99

双通内反射元件　double-pass internal reflection element

辐射两次纵向通过的一种内反射元件。

4.100

可变角度内反射元件　variable-angle internal reflection element

入射角在某一角度范围内使用的一种内反射元件。

4.101

积分球　intergrating sphere

内表面涂有无波长选择性的漫反射性白色涂料，用来测量漫反射光强度的球形光学元件。

4.102

自电极　self-electrode

由被分析材料组成的电极。

4.103

支持电极　supporting electrode

自电极之外其上支持着试样的另一种电极。

4.104

分析间隙　analytical gap

两电极之间激发试样和发出用于光谱分析的辐射能的区域。

4.105

非电容性交流电弧　noncapacitive A.C.arc

单个地自行引燃或分别用另外方法引燃的一系列分离的放电。引燃后两端电压下降使电弧熄灭，每相邻两个电弧的维持电压方向相反。

4.106

非电容间歇直流电弧　intermittent D.C.noncapacitive arc

用机械和电学方法引燃的一系列直流脉冲放电。每个电流脉冲和前一个脉冲有相同的极性，持续时间小于 0.1 s。

4.107

光谱带宽　spectral bandwidth

单色器射出的单色光谱线强度轮廓曲线的二分之一高度处的谱带宽度。

4.108

光谱位置　spectral position

单色辐射的有效波长和范围。

4.109

光谱分辨率　spectral resolution

两条谱线能分开的程度就叫光谱分辨率，一般用光谱带宽表示。

$\lambda/\Delta\lambda$；$\bar{\nu}/\Delta\bar{\nu}$

式中：

λ ——辐射波长；

$\Delta\lambda$ ——光谱波长带宽；

$\bar{\nu}$ ——辐射频率；

$\Delta\bar{\nu}$ ——光谱频率带宽。

4.110

光谱狭缝宽度　spectral slit width

出射狭缝宽度除以出射狭缝平面内的线色散。

4.111

色散本领　dispersion power

色散元件或色散系统色散能力的大小。常用线色散或角色散来度量。

4.112

线色散率　linear dispersion

在光谱仪焦面上两条谱线间的距离 Δx 与其波长差值 $\Delta\lambda$ 的比值。用 $\Delta x/\Delta\lambda$ 表示单位为毫米每纳米(mm/nm)。

4.113

倒线色散率　reciprocal linear dispersion

线色散率的倒数。

$\Delta\lambda/\Delta x$

注：单位为纳米每毫米(nm/mm)。

4.114

光谱范围　spectral range

仪器能测量光谱的波长范围，主要取决于辐射源，波长选择器和检测器。

4.115

有效光谱范围　useful spectral range

在规定准确度范围内，仪器进行测量的光谱范围。

4.116

杂散辐射　stray radiation

测量系统某标称波长处接收的非入射光束的或处于通带之外的辐射。

4.117

杂散辐射率　level of stray radiation

测量系统接受的杂散辐射通量与总辐射通量的比值，用百分率表示。

4.118

波长定位准确度　accuracy of the wavelength setting

不考虑随机误差的情况下，仪器显示波长与标称波长相一致的能力。一般用多次测定波长的算术平均值与标称值的差值表示。

4.119

波长定位重复性　repeatability of wavelength setting

在不考虑波长定位准确度情况下，对给定波长多次测量时，仪器给出的波长值间相互一致的能力。通常用标准偏差或相对标准偏差表示，也可用波长直接表示。

5　热学式分析仪器

5.1

热学方法　thermology method

热学式气体分析、热分析、静态热技术等方法的总称。

5.2

热学式气体分析[法]　thermometric gas analysis

利用气体顺磁性、导热率及特定化学反应产生的热效应，定量分析气体成分的方法。

5.3

热分析　thermal analysis

在程序控温下，测量物质的物理性质与温度的关系的一类技术。

5.4

静态热技术　static thermal techniques

在恒定温度下，测量物质的物理性质或物理性质与时间的关系的分析技术。

5.5

热重法　thermogravimetry；TG

在程序控温下，测量物质的质量与温度的关系的一类技术。

5.6

等压质量变化测定　isobaric mass-change determination

在程序控温下，当挥发产物的分压恒定时，对被测物质的平衡质量与温度的关系的测定。

5.7

逸出气检测　evolved gas detection；EGD

在程序控温下，对气体从物质中的逸出与温度的关系的检测。

5.8

逸出气分析　evolved gas analysis；EGA

在程序控温下，对从物质中逸出的挥发性物质的性质和(或)数量与温度的关系的分析。

5.9

放射热分析　emanation thermal analysis

在程序控温下，对物质释放出的放射性物质与温度的关系的分析。

5.10

热微粒分析　thermoparticulate analysis

在程序控温下，对物质释放出的微粒物质与温度的关系的分析。

5.11

升温曲线测定　heating curve determination

在程序控温下，对试样的温度与程序温度的关系的测定。

5.12

差热分析　differential thermal analysis；DTA

在程序控温下，对试样和参比物的温度差与温度的关系的分析。

5.13

定量差热分析　quantitative differential thermal analysis

利用可定量测得热量和其他物理量的差热仪进行差热分析。

5.14

差示扫描量热法　differential scanning calorimetry;DSC

在程序控温下,测量输入到试样和参比物的功率差与温度的关系的方法。

5.15

功率补偿型差示扫描量热法　power-compensation differential scanning calorimetry

在程序控温下,使试样与参比物之间的温差为零测量输入到试样与参比物的功率差与温度的关系的方法。

5.16

热流型差示扫描量热法　heat-flux differential scanning calorimetry

在程序控温下,测量流入试样与参比物的热流量差与温度的关系的方法。

5.17

热机械分析　thermomechanical analysis;TMA

在程序控温下,对试样在非振动负荷下的形变与温度的关系的分析。

5.18

动态热机械法　dynamic thermomechanometry

在程序控温下,测量试样在振动负荷下的动态模量和(或)阻尼与温度的关系的方法。

5.19

扭辫分析　torsional braid analysis

将试样浸涂于一根丝辫上进行测量的一种特殊条件下的动态热机械分析。

5.20

热滴定[法]　thermal titration

在绝热系统中滴定,测量温度-滴定剂容积曲线的方法。

5.21

差热滴定[法]　differential thermometric titration

同时向空白和试样两个等同的滴定池内加入滴定剂,测量两者的温度差与滴定剂容积曲线的方法。

5.22

热发声法　thermosonimetry

在程序控温下,测量试样发出的声音与温度的关系的方法。

5.23

热传声法　thermoacoustimetry

在程序控温下,测量通过试样后的声波特性与温度的关系的方法。

5.24

热光学法　thermophotometry

在程序控温下,测量试样的光学特性与温度的关系的技术。

5.25

热光度法　thermophotometry

在程序控温下,测量透过试样的总光量与温度的关系的方法。

5.26

热光谱法　thermospectrometry

在程序控温下,测量通过试样的光谱与温度的关系的方法。

5.27

热折射法 thermorefractometry

在程序控温下,测量试样折射率与温度的关系的方法。

5.28

热发光法 thermoluminescence

在程序控温下,测量试样的光强度与温度的关系的方法。

5.29

热显微镜法 thermomicroscopy

在程序控温下,用显微镜观察试样的一种热光学法。

5.30

热电学法 thermoelectrometry

在程序控温下,测量试样的电学特性与温度的关系的方法。

5.31

热磁学法 thermomagnetometry

在程序控温下,测量试样的磁化率与温度的关系的方法。

5.32

稳定法 stability method

对无限大平面物体,测量单向稳态导热的一种方法。

5.33

不稳定法 method of instability

对半无限大平面物体,测量单向导热的一种方法。

5.34

燃烧法 burning method

在电能作用下,测量可燃物质达到燃点引起燃烧放热的方法。

5.35

热膨胀法 thermodilatometry

在程序控温下,在可忽略负荷时,测量试样尺寸与温度的关系的方法。

5.36

线膨胀法 linear thermodilatometry

在程序控温下,测量试样长度与温度的关系的方法。

5.37

体膨胀法 volume thermodilatometry

在程序控温下,测量试样体积与温度的关系的方法。

5.38

同时联用技术 simultaneous techniques

在程序控温下,对一个试样同时使用两种或多种分析技术。

5.39

串接联用技术 coupled simultaneous techniques

在程序控温下,对一个试样连续使用两种或多种分析技术。仪器之间通过联接装置相联。

5.40

间歇联用技术 discontinuous simultaneous techniques

在程序控温下,对一个试样先后使用两种或多种分析技术,且后者为断续采样的联用技术。

5.41

磁风　magnetic wind

在具有磁场梯度和温度梯度的空间里氧气分子产生的热磁对流的现象。

5.42

热导率　coefficient of thermal conductivity

或称“导热系数”。是物质导热能力的量度。符号为 λ 或 K。其定义为：在物体内部垂直于导热方向取两个相距 1 米，面积为 1 平方米的平行平面，若两个平面的温度相差 1 K，则在 1 秒内从一个平面传导至另一个平面的热量就规定为该物质的热导率，其单位为瓦特・米$^{-1}$・开$^{-1}$（$W \cdot m^{-1} \cdot K^{-1}$）。

5.43

混合气体热导率　thermal conductivity of mixture gas

两种或两种以上气体组成的多元气体热导率，它等于各组分的热导率与其混合比乘积之和。

5.44

可燃气体的爆炸限　explosive limit of flammable gas

可燃气体与空气混合后遇到明火会发生爆炸时，可燃气体浓度的上、下限。

5.45

充分燃烧　sufficient burning

在一定的条件下，物质能取得最佳热效应的燃烧。

5.46

燃烧热　heat of combustion

1 g 物质完全燃烧所放出的热量。

5.47

热流量　heat flow rate

单位时间内传过界面的热量。

5.48

热流密度　density of heat flow

单位时间内界面上单位面积传过的热量。

5.49

热值　heat value

单位质量的燃料完全燃烧所放出的热量。

5.50

标定热值　nominal heat value

1 g 标准苯甲酸在完全燃烧所放出的热量。

5.51

导热　heat conducting

又称热传导。温度不同的各部分物质仅仅直接接触而没有相对宏观运动所发生的能量传递现象。

5.52

能当量　energy equivalent

量热系统在试验条件下，温度上升 1 ℃所需要的热量。

5.53

热学式气体分析器　thermometric gas analyzer

利用气体顺磁性、热导率及特定化学反应产生的热效应定量分析气体成分的仪器。

5.54

热分析仪器　thermal analysis instrument

在程序控温下，测量物质的物理性质与温度关系的仪器。

5.55

静态热测量仪器　static thermal measuring instrument

在恒定温度下，测量试样的物理性质与时间关系的仪器。

5.56

顺磁式氧分析器　paramagnetic oxygen analyzers

利用氧分子的顺磁性而设计的实现氧气定量分析的仪器，包括磁力机械（自动零平衡）式、热磁（磁风）式、磁压（压差）式等。

5.57

磁力机械式氧分析器　magnetic machinery oxygen analyzers

又称自动零平衡式氧分析器。利用顺磁氧分子从非均匀磁场区域置换低压气体或逆磁性气体，来实现氧气定量分析的仪器。

5.58

热磁式氧分析器　thermal magnetic oxygen analyzer

又称磁风式式氧分析器。利用磁风大小与被测气中氧气的浓度成比例的特性实现氧气定量分析的仪器。

5.59

磁压式氧分析器　differential pressure oxygen analyzers

又称压差式氧分析器。利用参比气体（如氮气）建立的气动平衡系统，来实现氧气定量分析的仪器。

5.60

热导式气体分析器　thermal conductivity gas analyzer

利用混合气体热导率与组分混合比的关系，间接地确定被测气体含量的仪器。

5.61

热化学式气体分析器　thermal chemical gas analyzer

被测气体在传感器内进行化学反应，通过测定反应过程中产生热量的大小来确定气体成分的仪器。

5.62

安全火花型仪器　spark-proof instrument

从结构上确保内部电火花等明火不点燃环境中可燃气体的仪器。

5.63

隔爆型仪器　explosion-proof instrument

把一切可能引爆部分，安装在一个壳体内（即防爆外壳），壳体能承受内部爆炸压力并阻止向外传爆的仪器。

5.64

比值变送器　proportionality transmitter

将交流双电桥不平衡电压的比值转换为标准化信号的装置。

5.65

热天平　thermobalance

也称为热重分析仪。

在程序控温下，连续称量试样质量的仪器。

5.66

上皿式热天平　top-loading thermobalance

试样支持器在天平称量机构上方的热天平。

5.67

下皿式热天平　bottom-loading thermobalance

试样支持器在天平称量机构下方的热天平。

5.68

水平式热天平　beam-loading thermobalance

试样支持器沿水平方向伸至天平称量机构侧面的热天平。

5.69

逸出气检测仪　evolved gas detection apparatus

在程序控温下，检测从试样中逸出的气体的仪器。

5.70

逸出气分析仪　evolved gas analysis apparatus

在程序控温下，测量从试样中逸出的挥发性物质的性质和（或）数量的仪器。

5.71

放射热分析仪　emanation thermal analysis apparatus

在程序控温下，测量试样释放出的放射性物质的仪器。

5.72

热微粒分析仪　thermoparticulate analysis apparatus

在程序控温下，测量试样释放出微粒物质的仪器。

5.73

升温曲线测定仪　heating curve determination apparatus

在程序控温下，测量试样的温度与程序温度关系的仪器。

5.74

差热[分析]仪　differential thermal analyzer

在程序控温下，测量试样与参比物的温度差的仪器。

5.75

定量差热[分析]仪　quantitative differential thermal analyzer

可定量测得热量和其他物理量的差热仪。

5.76

差示扫描量热仪　differential scanning calorimeter

在程序控温下，测量输入到试样和参比物的功率差的仪器。

5.77

功率补偿型差示扫描量热仪　power compensation differential scanning calorimeter

在程序控温下，使试样与参比物间的温差为零测量输入到试样与参比物的功率差与温度关系的仪器。

5.78

热流型差示扫描量热仪　heat-flux differential scanning calorimeter

在程序控温下，测量流入试样与参比物的热流量差与温度关系的仪器。

5.79

热膨胀仪　thermodilatometer

在程序控温下，测量试样在可忽略负荷时的尺寸与温度关系的仪器。

5.80

热机械分析仪　thermomechanical analysis apparatus

在程序控温下，测量试样在非振荡负荷下变形与温度关系的仪器。

5.81

动态热机械分析仪　dynamic thermomechanical analysis apparatus

在程序控温下，测量在振荡负荷作用下试样的动态模量和（或）阻尼与温度关系的仪器。

5.82

扭辫分析仪　torsional braid analysis apparatus

将试样浸涂于一根丝辫上进行测量的一种动态热机械分析仪。

5.83

热发声仪　thermosonimetry apparatus

在程序控温下，测量试样发出的声音与温度关系的仪器。

5.84

热传声仪　thermoacoustimetry apparatus

在程序控温下，测量声波通过试样后的特性与温度关系的仪器。

5.85

热光仪　thermophotometry apparatus

在程序控温下，测量试样的光学特性与温度关系的仪器。

5.86

热光度仪　thermophotometry apparatus

在程序控温下，测量透过试样的总光量与温度关系的仪器。

5.87

热光谱仪　thermospectrometry apparatus

在程序控温下，测量试样的光谱与温度关系的仪器。

5.88

热折射仪　thermorefractometry apparatus

在程序控温下，测量试样的折射率与温度关系的仪器。

5.89

热发光仪　thermoluminescence apparatus

在程序控温下，测量试样发出的光强度与温度关系的仪器。

5.90

热显微仪　thermomicroscopy apparatus

在程序控温下，用显微镜观察试样的一种热光仪。

5.91

热电[分析]仪　thermoelectrometry apparatus

在程序控温下，测量物质的电学特性与温度关系的仪器。

5.92

热磁仪　thermomagnetometry apparatus

在程序控温下，测量物质的磁化率与温度关系的仪器。

5.93

氧弹式热量计　oxygen bomb calorimeter

量热体系中以氧气为助燃剂燃烧试样的热量计。

5.94

绝热式热量计　adiabatic calorimeter

调节环境温度使与测量体系温度差为零的热量计。

5.95

恒温式量热计　isothermal calorimeter

以恒温水槽来保证环境温度的热量计。

5.96

双干式热量计　double-dry calorimeter

不利用水调节环境温度和体系温度的热量计。

5.97

标准型热量计　standard calorimeter

以量热标准物质标定的热量计。

5.98

平板导热仪　plane table thermo-conductivity meter

以平板稳定法测量热导率的仪器。

5.99

热物性快速测定仪　quick thermophysical property measuring apparatus

以不稳定法测量导热的仪器。

5.100

热导率计　thermal conductivity meter

测定直接接触物体的各部分热能交换的仪器。

5.101

热流计　heat flow meter

测量单位时间内传过某截面的热流量的仪器。

5.102

热量计　calorimeter

以量热标准物质标定，以系统内能的变化减去作功方式所传递的能量计量热量的仪器。

5.103

贝克曼温度计　Beckman thermometer

一种以测温物质水银的移动来测量温度差的温度计。

5.104

石英温度计　quartz thermometer

以石英晶片为感温元件的温度计。

5.105

热磁式氧分析传感器　thermalmagnetic oxygen analyzer transducer

在磁场梯度、温度梯度中与被测气体含氧量成正比的磁风使敏感元件温度变化，通过电桥产生相应电信号的装置。

5.106

磁压式氧分析传感器　differential pressure oxygen analyzer transducer

压差传感器（或微流传感器）安装在两路参比气流之间能够检测到任何不平衡状态。磁场被安装在接近参比气体出口处的支路上，使样气中的氧被吸入到支路内形成压差，并被压力传感器检测。

5.107

磁力机械式氧分析传感器　magnetic machinery oxygen analyzer transducer

测量池中通常有两只充氮的玻璃球构成的哑铃，哑铃悬挂在位于磁极部位的扭力带上。测量池必须放置在磁路中。当氧分子进入测量池时，通过被磁场最强部位吸引的氧分子产生一个力加在哑铃上使哑铃偏转。利用光杠杆、反馈线圈和适当的电子线路，来完成与氧浓度成比例的输出。

5.108

热导池　thermal conductivity cell

由处于热稳态的热敏元件构成电桥并能产生与被测气体混合比热导率相应的电信号的传感器。

5.109

外对流敏感元件传感器 sensor with external-convection sensitive element

磁风发生在热敏元件外围的热磁式氧分析传感器。

5.110

内对流敏感元件传感器 sensor with internal-convection sensitive element

磁风经过热敏元件内部的热磁式氧分析传感器。

5.111

裸丝敏感元件传感器 sensor with bare wire sensitive element

利用测量元件的裸丝表面起催化作用,使成分量转换为电信号的传感器。

5.112

载体催化元件传感器 sensor with supporter catalyst filled element

工作元件涂有对可燃气体敏感的催化剂的传感器。

5.113

热敏元件 thermo-sensitive element

对温度敏感的特种电阻元件。通常用铂、钨、铼钨等金属细丝制成,也有的用半导体制成。

5.114

气敏元件 gas-sensitive element

用半导体材料制成的对可燃气敏感的元件。

5.115

催化元件 catalysis element

用裸露铂丝绕制的涂有催化剂的元件。

5.116

柱状外对流敏感元件 external-convection column sensitive element

元件外形呈细柱状的一种外对流敏感元件。

5.117

环状外对流敏感元件 external-convection ring sensitive element

元件外形呈环状的一种外对流敏感元件。

5.118

内对流敏感元件 internal-convection sensitive element

在敏感元件腔内产生磁风的管状元件。

5.119

氧弹 oxygen bomb

充有压力为 4 MPa 的纯氧和装有可燃物质的燃烧室体。

5.120

弹头托盘 bomb head tray

为保护氧弹头的装置。

5.121

压块机 press

压制燃烧试样的装置。

5.122

搅拌器 agitator

热量计中使内、外筒水温均匀的装置。

5.123

石英组件　quartz module

用石英做成的试样放置装置。

5.124

卡玛箔　karma foil

在仪器中作加热器用的金、银箔。

5.125

点火丝　ignition wire

热量计中作点火用的金属丝。

5.126

[热]参比物　[thermo] reference material

静态热技术测试中,在实验的温度范围内呈热惰性的已知物质。

5.127

样品　specimens

试样与参比物的总称。

5.128

试样支持器　sample holder

放试样的容器或支架。

5.129

参比物支持器　reference holder

放参比物的容器或支架。

5.130

样品支持器组件　specimen-holder assembly

放置样品的整套组件。当热源或冷源与试样和参比物的容器或支架结合成一体时,此热源或冷源应视为样品支持器组件的一部分。

5.131

均温块　block

与样品或样品支持器紧密接触的质量较大的材料。利用其热容量大的特点保持温度稳定。

5.132

空白试验　blank test

不用试样,或用热惰性物质作为试样,或在差示测量时以参比物为试样所进行的热分析试验。

5.133

热分析曲线　thermal analysis curve

使用热分析仪器记录到的物质的物理性质与温度或时间的关系曲线。纵坐标为物质的物理性质,横坐标为温度或时间。

5.134

差热曲线　differential thermal analysis curve

使用差热仪记录到的热分析曲线。纵坐标为试样与参比物的温度差(ΔT),向上对应放热效应,向下对应吸热效应;横坐标为温度或时间。

5.135

峰　peak

曲线上开始偏离基线后来又返回基线的部分。

5.136

吸热峰　endothermic peak

试样温度低于参比物温度的峰。ΔT 为负值。

5.137

放热峰　exothermic peak

试样温度高于参比物温度的峰。ΔT 为正值。

5.138

[热分析]峰宽　peak width[thermal analysis]

开始偏离基线的点与返回基线的点之间的时间间隔或温度间隔。

5.139

[热分析]峰高　peak height[thermal analysis]

内插基线与峰顶之间的垂直于时间轴或温度轴的距离。

5.140

[热分析]峰面积　peak area[thermal analysis]

峰与内插基线之间所包围的面积。

5.141

外推起始点　extrapolated onset

峰的前沿上斜率最大处的切线与外推基线的交点。

5.142

外推起始温度　temperature of the extrapolated onset

外推起始点对应的温度。

5.143

峰温度　peak temperature

峰顶点对应的温度。

5.144

热重曲线　thermogravimetric curve

使用热天平记录到的热分析曲线。纵坐标为试样质量,横坐标为温度或时间。

5.145

平台　plateau

热重曲线上质量基本不变的部分。

5.146

起始温度　initial temperature

热重曲线上质量变化累积达到天平可以检出时的温度。常用符号 T_i 表示。

5.147

终止温度　final temperature

热重曲线上质量变化累积达到该阶最大值时的温度。常用符号 T_f 表示。

5.148

反应区间　reaction interval

终止温度与起始温度的温度间隔。

5.149

升温速率　heating rate

温度升高的速率。相应地称温度降低的速率为降温速率。常用符号 $\frac{dT}{dt}$ 或 β 表示。单位为 K/min

或℃/min。

5.150

温度范围　temperature range

热分析仪器按规定的准确度进行测量时的温度区间，通常以上限温度、下限温度表示。

5.151

均温区　uniform temperature zone

热分析仪器加热炉内温度梯度不超过某一限定数值的区域。

5.152

气氛　atmosphere

试样所处空间的条件。如气体种类、压力、流速等。

5.153

程序方式　program mode

热分析仪器温度按规定自动变化的方式。

5.154

热分析量程　thermal analysis range

热分析曲线上满刻度对应的被测物理量值。

5.155

有证的标准物质　certified standard material

具有可溯源性并附有鉴定机构所发给的证书或其他文件的标准物质。

5.156

差热分析温度标准物质　temperature standard material for DTA

用于检定差热仪温度测量准确度的物质。

5.157

热重法温度标准物质　temperature standard material for TG

用于检定热天平温度测量准确度的物质。

5.158

标准值　standard value

在压力为101.325 kPa，温度为25 ℃时测定的热学量值。

5.159

温度场　temperature field

某一瞬间的温度分布。

5.160

恒容高位发热量　heating quantity of constant capacity on high position

弹筒发热量与稀硫酸、二氧化硫和稀硝酸三者生成热之差。

5.161

恒容低位发热量　heating quantity of constant capacity on lower position

恒容高位发热量与水的蒸发热之差。

5.162

弹筒发热量　heating quantity of bomb cylinder

氧弹中，在有过剩的氧的情况下，按规定条件燃烧单位质量的试样所产生的热量。

5.163

初始温度　start temperature

热量计初态下的温度。

5.164

终点温度　final temperature

热量计点火后温度不再继续上升时的温度。

5.165

标定试验　rating test

以标准物质在标准状态下对仪器的鉴定试验。

5.166

标样试验　test for nominal samples

在标定试验后，对规定试样的试验。

5.167

量热实验的主期　principal period of calorimetric test

从试样点火燃烧到温度变化率恒定的一段时间。这一段时间里试样燃烧的热量完全释放出来并传给量热体。

5.168

玻璃化温度　glass transition temperature；Tg

高聚物由高弹态转变为玻璃态的温度，指无定型聚合物(包括结晶型聚合物中的非结晶部分)由玻璃态向高弹态或者由后者向前者的转变温度，是无定型聚合物大分子链段自由运动的最低温度，通常用 Tg 表示。

5.169

结晶温度　temperature of crystallizing；Tc

物质从液体转变为晶体的过程叫做结晶。每一种物质都有一定的平衡结晶温度或者成为理论结晶温度。但实际上，液体温度达到理论结晶温度时并不能进行结晶，而必须在它温度以下的某一温度(称为实际开始结晶温度)才开始结晶。

5.170

熔融温度　temperature of melting；Tm

温度升高时，分子的热运动能增大，导致结晶破坏，物质由晶相变为液相的过程。熔融是一级相转变，熔融有热焓、熵和体积的增大。发生熔融的温度叫熔点或熔融温度。

5.171

线膨胀系数　linear thermal

线弹性系数　linear expansivity

指温度每变化 1 ℃材料长度变化的百分率。亦称线胀系数。固体物质的温度每改变 1 ℃时，其长度的变化和它在 0 ℃时长度之比，单位为 1/K，符号为 α_1。

5.172

热焓　heat enthalpy

表示物质系统能量的一个状态函数，通常用 H 来表示，其数值上等于系统的内能(U)加上压强(p)和体积(V)的乘积，即 $H=U+pV$。

6　质谱仪器

6.1

质谱学　mass spectroscopy

研究质谱仪器及其应用的科学。

6.2

质谱法　mass spectrometry;MS

试样被电离后,形成不同质荷比的离子,根据这些离子的质量数和相对丰度分析试样的方法。

6.3

气相色谱-质谱法　gas chromatography-mass spectrometry;GC-MS

用气相色谱法分离与用质谱法定性相结合的分析方法。

6.4

液相色谱-质谱法　liquid chromatography-mass spectrometry;LC-MS

用液相色谱法分离与用质谱法定性相结合的分析方法。

6.5

质量色谱法　mass chromatography;MC

利用数据系统对色谱-质谱法所得质谱进行处理,给出任意质量的色谱图(质量色谱图)的分析方法。

6.6

质量碎片谱法　mass fragmentography;MF

色谱-质谱法中,利用数据系统控制质量扫描测定一种或几种离子的质量色谱图的分析方法。

6.7

质谱-质谱法　mass spectrometry-mass spectrometry;MS-MS

用第一个质量分析器选出某种质荷比的离子,使之与中性气体分子碰撞,激活分解生成碎片离子,再用串接的第二个质量分析器扫描给出质谱的分析方法。

6.8

同位素稀释质谱法　isotope dilution mass spectrometry

把一个已知量元素的同位素(稀释剂)加到待测样品中,使之完全混合,用质谱计分析其同位素组成的分析方法,根据混合后的同位素组成有别于稀释剂与样品的同位素组成,可计算出待测元素的量。

6.9

二次离子质谱法　secondary ion mass spectrometry;SIMS

用能量 1 keV～20 keV 的一次离子束轰击固体样品,溅射出二次离子,再进行质谱分析的方法。可以检测由氢到铀的所有元素;能够进行表面微区分析和纵深分析,测出化学组分和同位素组成。

6.10

静态二次离子质谱法　static SIMS

在清洁的超高真空条件下,用低强度一次离子束(约 10^{-9} A/cm^2)进行的二次离子质谱法。

6.11

动态二次离子质谱法　dynamic SIMS

采用强的一次离子束(约 10^{-6} A/cm^2)进行的二次离子质谱法。离子束的不断蚀刻,能给出深度方向上的成分分布信息。

6.12

碎裂过程　fragmentation

分子在粒子轰击下碎裂成原子、基团及离子的过程。

6.13

离子　ion

原子(或分子)失去一个或数个电子,就变为正离子;获得一个或数个电子,就变为负离子。

6.14

分子离子　molecule ion

分子失去电子或得到电子所形成的离子。

6.15

准分子离子　quasi-molecular ion

对称质子化分子离子。离子-分子反应中，由于质子转移而产生的具有偶数电子的正离子。

6.16

母分子离子　parent-molecule ion

又称母离子。试样分子得失一个电子所形成的离子。它可能进一步转化，离解成碎片离子、亚稳离子、重排离子等。

6.17

重排分子离子　rearranged molecular ion

因重新排列，结构不同于原来分子的分子离子。

6.18

碎片离子　fragment ion

由母分子离子碎裂产生的离子。

6.19

亚稳离子　metastable ion

在离子源中，处于亚稳态的离子在由加速区到达离子接收器的飞行过程中，裂解产生的碎片离子亚稳离子的半衰期约为 10^{-6} s。

6.20

重排离子　rearrangement ion

伴有原子或原子团转移的碎裂过程产生的离子。

6.21

出现电位　appearance potential

又称出现能量。给予母分子使之产生一特定离子所需要的最小能量。

6.22

电离电压　ionization voltage

又称电子加速电压。电子轰击源中，为使灯丝发射的电子获得电离试样所需的动能而施加在电离室和灯丝之间的电位差。

6.23

电离效率曲线　ionization efficiency curve

电子轰击电离所产生的某种离子数量与电子能量之间的关系曲线。

6.24

离子加速电压　ion accelerating voltage

为使离子获得穿越整个离子光学系统所需的动能和达到规定的性能指标而施加在电离室与离子源狭缝(或膜孔)之间的电位差。

6.25

准平衡理论　quasi-equilibrium theory

解释有机大分子在电子轰击下产生各种离子机理的一种质谱理论。

6.26

电子诱导解吸　electron induced desorption；EID

又称电子激发解吸。用低能(约 100 eV)电子轰击吸附在固体表面的气体分子，使这些分子以中性或离子的形式释放出来的过程。

6.27

电子轰击解吸　electron impact desorptlon；EID

将吸附有试样的场解吸发射极按正常工作方式加热，使样品蒸发，再用电子束轰击电离的方法。

6.28

化学电离　chemical ionization;CI

由于离子-分子反应产生电离的方法。有低压(约 1×10^{-3} Pa)和高压(约 133 Pa)两类。

6.29

解吸化学电离　desorption chemical ionization;DCI

又称直接化学电离。试样从一个处在等离子态化学电离反应气中的细丝上瞬时蒸发而进行的化学电离。

6.30

光电离　photo ionization

一定能量的光束照射原子(或分子),使原子(或分子)中的电子得到足够的能量而脱离原子(或分子)的过程。

6.31

激光电离　laser beam ionization

一定能量的激光束照射原子(或分子),使原子(或分子)电离的过程。

6.32

溅射电离　ionization by sputtering

用一定速度的一次粒子(电子、离子或中性粒子)束轰击固体表面,溅射出二次粒子的电离。

6.33

大气压电离　atmospheric pressure ionization;API

利用放射源(如 ^{63}Ni)或电晕放电,汤森德放电或直流等离子体等方法使试样在大气压下电离。

6.34

场解吸　field desorption;FD

吸附在电极上的试样在场强(10^8～10^9)V/m 的静电场中直接电离。

6.35

快速原子轰击　fast atom bombardment;FAB

用具有数千电子伏特能量的离子束(Ar^+、Xe^+ 等)与中性气体分子碰撞实现电荷交换变为中性原子束后,去轰击试样使之电离的过程。它是电离热不稳定有机物分子的有效手段,且具有不使试样带电的优点。

6.36

软电离　soft ionization

场电离、场解吸、化学电离和快速原子轰击等电离技术的总称。特点是能获得强的分子离子和少而弱的碎片离子,所谓"软"是相对电子轰击电离的激烈过程而言。

6.37

热喷雾电离　thermospray ionization

试样与溶剂的混合物经热的喷咀形成干细雾,由于热电离和化学电离作用生成离子的过程。具有热分解小、离解效率高、正负离子都可产生等优点,是电离非挥性、热不稳定有机物的有效方面。

6.38

碰撞激活　collisional activation

又称碰撞诱导分解。用一种中性气体分子与离子相碰,使离子激发、分解为碎片离子的过程。分为高能(数千电子伏特)和低能(几十电子伏特)两种方式。它是提供分子结构信息的一种手段。

6.39

亚稳分解　metastable decomposition

初始离子由离子加速区出发到达离子检测器的过程中,由于亚稳跃迁而分解为离子碎片和中性碎片的过程。

6.40

联动扫描　linked-scanning

在双聚焦质谱计中，对离子加速电压、静电分析器电压和磁场强度三者实行不同方式的扫描，以获得多种结构信息和区分同质异构体的扫描。

6.41

亚稳扫描　metastable scanning

双聚焦质谱计中，用以检测和记录亚稳离子的一种联动扫描。

6.42

质量扫描　mass scanning

随时间改变质量分析器的某个操作参数(电压、频率或磁场强度)以获得质谱的操作方式。有线性、双曲线和指数等扫描。

6.43

质谱-质谱法扫描　MS-MS scanning

质谱-质谱法中，用第一质量分析器选择某种离子，使其碰撞激活，再用第二个质量分析器扫描，得到碎裂的离子谱(质量分析离子动能谱)的操作方法。

6.44

亚稳去聚焦　metastable defocussing

将亚稳离子从聚焦的离子束中分离出来的扫描。

6.45

离子动能谱　ion kinetic energy spectra(IKE spectra)

双聚焦质谱计中，固定离子加速电压、扫描静电分析器电压而得到的按离子动能与电荷比值分布的谱图。有利于鉴别同质异构体。

6.46

同位素丰度测定　isotope ratio measurement

用质谱计测定不同质荷比离子流的比值而确定同位素相对丰度的方法。

6.47

离子光学　ion optics

研究离子在电场和磁场中运动规律的离子物理学分支。

6.48

质谱仪器　mass spectroscope

利用电磁学原理使离子按照质荷比分离并测定离子流强度的离子光学仪器，通常由进样系统、离子源、质量分析器、离子检测器、真空系统和电子系统等主要部分组成。

6.49

质谱仪　mass spectrograph

采用照相方法同时检测多种质荷比离子的质谱仪器。

6.50

质谱计　mass spectrometer

采用电子学方法按时间顺序检测不同质荷比离子的质谱仪器。

6.51

静态[质谱]仪器　static[mass spectrometer]instruments

又称静态场质谱计。在非交变电磁场里分离不同质荷比离子的质谱仪器。

6.52

动态[质谱]仪器　dynamic[mass spectrometer] instrument

在一个或几个交变电磁场(通常是电场)中或按飞行时间分离不同质荷比离子的质谱仪器。

6.53

单聚焦质谱计　single-focusing mass spectrometer

又称方向聚焦质谱计。采用磁分析器使速度(能量)相同但有一定角度(方向)分散的离子束在直流磁场中作不同轨迹的圆周运动,既实现不同质荷比离子的分离,又实现离子束方向再度聚焦的质谱计。

6.54

高分辨质谱仪器　high-resolutlon mass spectroscope

分辨率超过 10 000 的质谱仪器。

6.55

双聚焦质谱仪器　double-focusing mass spectroscope

能够同时实现离子束的方向和速度聚焦的质谱仪器。按照像差大小可分为一级聚焦和二级(高级)聚焦两类;按照实现双聚焦的质量范围可分为单质量双聚焦和全质量(多质量)双聚焦两类;按照几何排列形式可分为正配置(离子束先通过静电分析器、后通过磁分析器)和逆配置(离子束先通过磁分析器、后通过静电分析器)两类。

6.56

马-赫型双聚焦质谱仪　Mattauch-Herzog geometry[mass spectrograph]

离子束在径向静电场分析器中偏转 31.8°后,再在扇形磁分析器中偏转 90°的双聚焦质谱仪。

6.57

尼尔-约翰逊型双聚焦质谱计　Nier-Johnson geometry[mass spectrometer]

离子束在径向静电场分析器中偏转 90°后,再在扇形磁分析器中偏转 60°的双聚焦质谱计。静电分析器采用物-像对称结构,磁分析器则为非对称结构。

6.58

虚像质谱计　virtualimage mass spectrometer

由具有发散特性的静电分析器和反向排列的均匀磁场磁分析器构成的双聚焦质谱计。静电分析器的特殊离子光学结构使离子束形成一个虚像,作为磁分析器的“物”。

6.59

棱镜质谱计　prism mass spectrometer

采用磁棱镜作为质量分析器的一种质谱计。

6.60

磁式动态仪器　magnet dynamic instrument

采用交变磁场作质量分析器的动态质谱仪器。包括:回旋质谱计和离子回旋共振质谱计等。

6.61

回旋质谱计　omegatron mass spectrometer

利用回旋加速器的原理,使不同质荷比的离子分开的一种磁式动态质谱计。

6.62

离子回旋共振质谱计　ion cyclotron resonance mass spectrometer;ICR

电离区与共振区分开的一种回旋质谱计。

6.63

傅立叶变换离子回旋共振质谱计　Fouier transform ion cyclotron resonance mass spectrometer;FT-ICR MS

利用傅立叶变换技术和电子计算机技术的离子回旋共振质谱计。采用了超导磁场,能提高信噪比和分辨率。

6.64

摆线质谱计 cycloidal mass spectrometer

离子束在正交的静电场和直流磁场的质量分析器中作摆线运动的一种双聚焦质谱计。

6.65

飞行时间质谱计 time-of flight mass spectrometer

具有一定能量的不同质荷比的离子在一定长度的无场空间漂移,按飞行时间实现质量分离的一种质谱计。具有快速响应特点,能在微秒级时间内观测全质谱。

6.66

四极质谱计 quadrupole mass spectrometer

基于四极滤质器原理制造的质谱计。

6.67

单极质谱计 monopole mass spectrometer

由一根加有直流和射频电位的圆柱杆(或双曲线杆)和一个处地电位的直角电极构成的四分之一四极电场质谱计。对离子的质量分离不仅取决于离子运动轨道的稳定性,也取决于离子的聚焦作用。

6.68

四极离子阱 quadrupole ion trap

又称三维四极离子阱。四极质谱计的一种派生仪器。由截面内侧轮廓为双曲线的旋转对称的环形电极和两个位于环形电极上、下方的盖电极组成。可存贮离子达数日之久。

6.69

流程质谱计 process mass spectrometer

用于工业生产中,承担连续和自动分析、监控任务的专用质谱计。通常可以进行多组分混合气体的快速分析。

6.70

激光探针质谱计 laser probe mass spectrometer

利用激光束作为探针,使固体试样蒸发和电离,从而进行质谱分析的质谱计。

6.71

氦质谱检漏仪 helium mass spectrometer leak detector

利用质量分析器的分离和选择离子的原理制成的、对示漏气体氦反应灵敏、专门用来检漏的质谱仪器。

6.72

调制分子束质谱计 molecular beam mass spectrometer

采用专门的调制器使被分析的分子束周期地进入离子源,并用脉冲计数方式检测离子流的一种高灵敏度质谱计。

6.73

同位素质谱计 isotope mass spectrometer

能够精确测定同位素丰度比的质谱计。

6.74

热电离质谱计 thermal ionization mass spectrometer

又称表面电离质谱计。采用热表面电离型离子源用作固体同位素分析和化学分析的质谱计。

6.75

分压强计 partial pressure gauge;PPG

用于测量真空系统中气体分压强的质谱计。通常采用裸式离子源。

6.76

四极残余气体分析器　quadrupole residual gas analyzer

用于真空系统中作残余气体成分分析的四极质谱计。离子源为裸式，以真实地反映被测真空系统内的气氛。

6.77

双束质谱计　double-beam mass spectrometer

有两个独立的离子源，两个独立的接收器和一个共用质量分析器的质谱计。可同时分析两种试样或对同一个试样进行比较分析。

6.78

多接收器质谱计　multi collectors mass spectrometer

具有多道接收器，可同时测量多种组分的质谱计。常用于同位素测量和流程气体分析。

6.79

气相色谱-质谱联用仪　gas chromatograph-mass spectrometer；GC-MS

气相色谱仪经接口与质谱计结合而构成的实现气相色谱-质谱法的分析仪器。

6.80

液相色谱-质谱联用仪　liquid chromatograph-mass spectrometer；LC-MS

液相色谱仪经接口与质谱计结合而构成的实现液相色谱-质谱法的分析仪器。

6.81

等离子色谱-质谱联用仪　plasma chromatograph-mass spetrometer；PC-MS

等离子体色谱与质谱计联用的仪器。

6.82

碰撞激活质谱计　collisional activation mass spectrometer

可以实现碰撞激活过程的质谱计。构成形式为逆配置的双聚焦质谱计或三级串联四极质谱计。

6.83

质量分析离子动能谱仪　mass analyzed ion kinetic energy spectrometer；MIKES

能给出离子动能谱的一种逆配置双聚焦质谱计。

6.84

三级串联四极质谱计　triple tandem quadrupole instrument

由三个四极滤质器串接组成的一种实现质谱-质谱法的仪器。

6.85

二次离子质谱计　secondary ion mass spectrometer；SIMS

用一次离子束轰击试样，对生成的二次离子进行质谱分析的一种质谱计，还可和能谱仪联用。

6.86

直接成象质量分析仪　direct-imaging mass analyser

分析表面的微区二次离子象的一种二次离子质谱计。

6.87

扫描离子微区探针　scanning ion microprobe

利用细微的一次离子束对被分析表面扫描轰击，顺序取得微区信息的一种二次离子质谱计。

6.88

离子源　ion source

使试样原子或分子电离并形成具有一定形状、能量和强度的离子束的装置。它是质谱仪器的主要部件。

6.89

电子轰击离子源　electron impact ion source;EI source

用慢电子(约 70 eV)轰击电离试样的离子源。特点是离子流强度较高、稳定、能量分散小，是质谱仪器最常用的一种源。

6.90

场电离源　field ionization source;FI source

又称场发射离子源。用场强 10^{8} V/m～10^{10} V/m 的静电场电离试样的离子源。

6.91

表面发射离子源　surface emission ion source

又称热电离源。用高温金属表面电离试样的离子源，有单带(丝)、双带、三带等不同结构。

6.92

火花电离源　spark source

又称真空火花源。采用火花放电电离试样的离子源。

6.93

化学电离源　chemical ionization source;CI source

又称高压化学电离源。基于离子-分子反应产生电离的离子源。能给出较强的分子离子或准分子离子，和少而弱的碎片离子，质谱图较简单。

6.94

电子轰击-化学电离源　EI-CI source

采用串联或机械转换电离室方式构成的电子轰击与化学电离两用离子源。便于迅速获得两种质谱，以进行分析对比。

6.95

气体放电源　gas-discharge source

低气压气体放电电离试样的离子源。特点是离子流较强、离子能量分散大、离子流波动较大。

6.96

冷阴极离子源　cold-cathode ion source

利用潘宁(Penning)放电电离试样的离子源。

6.97

裸式离子源　nude ion source

电离室的流导较大的电子轰击离子源。

6.98

封闭式离子源　tight ion source

电离室的流导很小的电子轰击型离子源。

6.99

电离室　ionization chamber

又称离子室。

离子源中，生成离子的空间。

6.100

离子排斥极　ion repeller

电离室内改善电离室内电位分布的一个电极。

6.101

引出透镜　extraction lens

离子源中，与电离室相邻，并利用其与电离室之间的电位差将离子引出电离室的电极系统。

6.102

离子源狭缝　source slit

又称出口缝或主狭缝。离子源输出离子束的最后一道狭缝。调节该狭缝宽度可限制离子束宽度，从而改变质谱仪器的灵敏度与分辨率。

6.103

双等离子体离子源　duoplasmatron ion source

利用气体放电原理同时产生两个离子体的离子源。具有电离效率高、输出离子流强、离子的能量分散和角度分散小等优点，一般用于离子微区探针中作一次离子源。

6.104

离子透镜　ion lens

对离子束起聚焦和成象作用的电场或(和)磁场装置。

6.105

α狭缝　α-slit

磁偏转质谱仪器中，通常安置在离子源与质量分析器之间，用来限制离子束散角的狭缝。

6.106

β狭缝　β-slit

双聚焦质谱仪器中，安置在静电分析器和磁分析器之间，用来限制离子束能量分散的狭缝。

6.107

质量分析器　mass analyzer

质谱仪器中使离子按质荷比分离的部件。

6.108

磁分析器　magnetic analyzer

基于磁偏转原理，使不同质荷比的离子束按空间位置分开的一种质量分析器。

6.109

扇形磁分析器　sector magnetic analyzer

离子束偏转角度小于180°的磁分析器。

6.110

双聚焦分析器　double focusing analyzer

实现速度和方向聚焦的质量分析器。通常由静电分析器和磁分析器串接组成。

6.111

质量指示器　mass indicator

指示离子质荷比数值的部件。

6.112

π弧度磁分析器　π radian magnetic analyzer

离子束偏转180°的磁分析器。

6.113

静电分析器　electrostatic analyzer

利用静电场使不同能量的离子束偏转和聚焦的部件。

6.114

径向静电场分析器　radial electrostatic field analyzer

用筒形、球形或环形电容器产生的径向静电场使不同能量的离子束偏转和聚焦的一种静电分析器。

6.115

能量过滤器　energy filter

能够从具有一定能量分布的离子束中选择一种特定能量离子的部件。如静电分析器。

6.116

维恩速度过滤器　Wien velocity filter

利用正交电磁场产生速度色散作用，只允许一定速度的离子通过的离子光学部件。

6.117

静电四极透镜　electrostatic quadrupole lens

四个对称电极构成的离子(或电子)透镜。有平板电极式、扇形电极式、唇形圆筒电极式、双曲电极式、圆柱电极式等。具有消象散，线聚焦及扫描放大等功能。

6.118

静电八极透镜　electrostatic octapole lens

由八个对称安置的扇形或圆柱形电极组成的透镜。主要作用是消色散。

6.119

分析管　analyzer tube

离子通过质量分析器的真空管道。

6.120

积层磁铁　laminated magnet

一种可用于实现快速磁扫描、其磁轭由许多薄导磁片迭加而成的一种新型磁铁。

6.121

极靴　pole piece

形成磁铁工作间隙的磁极。

6.122

四极场　quadrupole field

笛卡儿坐标中，具有下列形式的电场(E)，见式(11)：

$$E = E_0 \times \frac{x^2 - y^2}{2r_0^2} \quad \cdots\cdots\cdots\cdots (11)$$

相应的电位分布为双曲线。

式中：

E_0 ——与位置无关的常数，但可以是时间的函数；

r_0 ——场半径；

x, y ——坐标。

6.123

四极滤质器　quadrupole mass filter

又称滤质器或四极质量分析器。由直流和射频迭加的四极场构成的质量分析器。不同质荷比的离子在给定场参数下，在其中作轨道稳定或不稳定的运动，稳定的离子被收集，不稳定的离子被滤除。

6.124

四极探头　quadrupole probe

四极质谱计的离子源、滤质器、离子检测器以及固定联接法兰等部分的总称。

6.125

四极杆　quadrupole rods

四极滤质器中，用来产生四极电场的电极。有圆柱杆和双曲线杆两种。

6.126

离子检测器　ion detector

用于收集和(或)放大来自质量分析器的离子流的部件。有法拉第筒、照相板、电子倍增器和多通道板等多种型式。

6.127

戴利检测器　Daly detector

将进入检测器狭缝的离子加速到数万电子伏特然后轰击转换极，产生二次电子，再用闪烁体将电子转换成光子，用光电倍增管检测的装置。检测限可达 10^{-22} A。

6.128

接收器狭缝　collector slit

离子检测器入口处的限制缝。调节该缝宽度可改变仪器的分辨率。

6.129

双接收器　double collectors

能同时测定两种质荷比的离子流，安装在质量分析器出口处的两个接收器。

6.130

进样系统　injection system

将不同温度和压力下的气、液或固体试样送入离子源的装置。主要有分批进样、直接探头进样、连续大气压进样和分子束进样等型式。

6.131

分批进样　batch injection

将气体或挥发性液体试样装在储气容器内，经分子漏孔流入离子源的一种进样方法。

6.132

直接探头进样　direct probe injection

把固体或难挥发的液体试样放在探头的坩埚内，直接送入离子源的一种进样方法。

6.133

连续进样系统　continuous sample injection system

由毛细管、中间体积、节流管、分子漏孔和旋片真空泵组成的，可将常压气体样品连续导入离子源的进样装置。

6.134

双进样系统　dual injection system

由两套储气容器、阀门和毛细管等组成的完全相同可以快速交替地送标准样品和试样的进样系统。

6.135

气相色谱-质谱联用仪接口　gas chromatograph-mass spectrometer interface；GC-MS interface

用以将气相色谱流出物与气体分离、减压、分流，然后导入质谱计的进样装置。有减压式、分流式和分子分离器等多种型式。

6.136

喷嘴分离器　jet orifice separator

利用试样和载气在膨胀的超音速喷射气流中的不同扩散率而分馏的一种气相色谱-质谱联用仪接口。

6.137

液相色谱-质谱联用仪接口　liquid chromatograph-mass spectrometer interface；LC-MS interface

将液相色谱流出物中的试样与溶剂分离、使试样汽化并导入离子源的进样装置。

6.138

传送带接口　moving band interface

用循环移动的不锈钢传送带和若干加热器构成的液相色谱-质谱接口。可实现传送带净化、溶剂蒸发、试样汽化及将试样送入离子源。

6.139

热喷雾接口　thermospray interface

将液相色谱流出物经一段加热的毛细管(或喷嘴)形成干细雾,直接送入离子源电离室的液相色谱-质谱接口。

6.140

质量数　mass number

构成原子核的核子数。等于质子数与中子数之和,常用符号 A 表示。

6.141

原子质量单位　atomic mass unit

以碳的稳定同位素中丰度最大的 ^{12}C 原子质量的十二分之一作为统一的原子质量单位。单位:u。

6.142

质荷比　mass-to-charge ratio

离子质量与电荷的比值。常用符号 m/e 表示。

6.143

能量分散　energy spread

离子束中离子之间能量(速度)差别的度量。

6.144

角度分散　angular spread

离子束中离子之间运动方向(或角度)差别的度量。

6.145

磁偏转　magnetic deflection

离子在磁场中运动,受洛仑兹力作用而产生的偏转。

6.146

质量色散　mass dispersion

能量相同、而质荷比不同的离子束,通过磁分析器后,按质荷比大小分离开来的程度。质谱法中有时把相对质荷比差1%的两条谱线在成象处的距离叫做质量色散。

6.147

单聚焦　single focusing

仅实现方向的聚焦。

6.148

双聚焦　double focusing

同时实现方向和速度的聚焦。

6.149

全质量双聚焦　double focusing at all masses

能够使质荷比在一定范围内的所有离子同时实现方向和速度的聚焦。

6.150

α 聚焦　α-focusing

在扇形磁分析器的径向对离子束的聚焦。

6.151

β 聚焦　β-focusing

在扇形磁分析器的轴向,对离子束的聚焦。

6.152

聚焦 focusing

使具有一定角度(方向)分散和能量分散的离子束,重新会聚在一起。仅消除一级象差的叫做一级聚焦;消除一、二级象差的叫二级聚焦。

6.153

速度聚焦 velocity focusing

又称能量聚焦。

质荷比和方向相同而速度不同的离子束的聚焦。

6.154

方向聚焦 direction focusing

质荷比和能量相同而方向(角度)不同的离子束的聚焦。

6.155

象差 aberration

离子光学系统中的聚焦误差。包括:球差、象散、慧差、场曲、畸变、色差、空间电荷引起的散焦等。根据象差表达式中的项次数分若干级。

6.156

α象差 α-aberration

又称球差。

由于离子束方向分散而引起的聚焦误差。

6.157

β象差 β-aberration

又称色差。

在扇形磁分析器中,由于离子束速度分散而引起的聚焦误差。

6.158

质谱 mass spectrum

由质谱仪器给出的离子流强度随质荷比的分布。

6.159

本底质谱 background mass spectrum

没有试样引入质谱仪器,主要由离子源中的残余气体或残留的物质所产生的质谱。

6.160

同位素峰 isotope peak

同位素的离子形成的质谱峰。

6.161

质谱的可迭加性 additivity of mass spectra

一定分压强存在于离子源中的某成分的质谱峰等于其单独存在于离子源中压强等于分压强时的质谱峰。

6.162

原谱 raw spectra

质谱仪器输出的未经任何处理的质谱。

6.163

归一化质谱 normalized mass spectrum

对原谱进行归一化处理的质谱。

6.164

基峰　base peak

测定质谱(纯物质质谱或混合物质谱)的图型系数时取作基准的最强峰。

6.165

图型系数　pattern coefficient

质谱图中,各峰的峰高比例关系。利用图型系数可进行图谱检索。

6.166

相对灵敏度系数　relative sensitivity coefficient

以某种元素的质谱峰强为标准,其他元素的质谱峰强与之相比的系数。供定量分析时校正之用。

6.167

碎裂图型　cracking pattern fragmentation pattern

由母分子离子峰及其碎片离子峰组成的质谱中,以基峰作基准表示碎片峰的相对高度的图型。这种图谱能够提供各种成分的“指纹”信息,故也称为指纹谱。

6.168

总离子色谱图　total ion chromatogram

在色谱-质谱法中质谱计测得的各种质荷比离子的总和和随时间变化的曲线。

6.169

质量歧视效应　mass discrimination effect

质谱法中,不能完全按质荷比进行分离的现象。

6.170

离子传输率　ion transmisson efficiency

又称离子流通率。

离开质量分析器的某种质荷比的离子流与进入该分析器的该离子流的强度之比值。

6.171

十倍质量程　mass decade range

扫描质量终点数值是起点数值 10 倍的质量范围。

6.172

谱库检索　library searching

将被分析样品的归一化质谱与数据系统标准谱库中已知化合物的归一化标准质谱对比而给出定性分析结果的过程。

6.173

相似指数　similarity index

谱库检索中,表示被分析的未知化合物的质谱与标准化合物质谱相似程度的指标。

6.174

逆谱库检索　reverse search

谱库检索的逆过程。即用标准谱库中某已知化合物的质谱与试样的未知质谱进行比较而实现定性。

6.175

峰匹配　peak matching

质谱仪器进行两个峰测定时,利用快速切换扫描参数,使两个峰同时定位在显示装置上,从而实现精确测定质量的方法。

6.176

[质谱]灵敏度　sensitivity [MS]

质谱仪器输出的某种质荷比的离子流与对应试样成分在进样系统中或电离室中的分压强之比。单位:A/Pa。

6.177

丰度灵敏度　abundance sensitivity

同位素质谱计能够测定同位素丰度的能力的度量,见式(12)。

$$S_a = \frac{I_m}{I_{m\pm1}} \qquad \cdots\cdots (12)$$

式中:

S_a ——丰度灵敏度;

I_m ——m 质量的强峰的离子流强度;

I_{m+1}——在(m±1)处峰的离子流强度。

6.178

质量稳定性　mass stability

质量峰位置的稳定性。

6.179

最小可检分压强　minimum detectable partial pressure

质谱计能够检测出的某种气体的最小分压强。

6.180

最小可检漏量　minimum detectable leak

质谱检漏仪进行动态检漏时所能检出的最小漏量。

6.181

滤质器的接收容限　acceptance of the mass filter

四极滤质器能够传输的离子初始速度和初始位置的范围。

6.182

质量范围　mass range

质谱仪器能够分析试样的原子量或分子量范围。

6.183

分辨率　resolution power

又称分辨本领。质谱仪器能区分不同质荷比离子的能力。以给定质量 M 对其峰宽 ΔM 的比值 $(M/\Delta M)$ 表示。

6.184

极限分辨率　limit resolution

又称静态分辨率。

在不考虑灵敏度和扫描速度的限制因素下,能够达到的最高分辨率,取决于设计和制造工艺。

6.185

工作分辨率　working resolution

又称动态分辨率。在保证实用的灵敏度和扫描速度的正常操作条件下,仪器具有的分辨率。

6.186

绝对分辨率　absolute resolution

质谱计分辨不同质荷比离子的能力,由给定质量的峰宽表示。

6.187

单位分辨　unit resolution

又称单位质量分辨。

绝对分辨率等于 1 u 时的分辨能力。

6.188

单位分辨质量　unit resolution mass

绝对分辨率达到 1 u 时的质量。

6.189

空间分辨率　spatial resolution

二次离子质谱法中，能够鉴别出元素浓度的最小空间距离。可分为横向分辨率和纵深分辨率。

6.190

峰形系数　peak shape factor

梯形峰的 10%及 90%高度处峰宽之差与 50%处峰宽之比。

6.191

峰顶平直度　peak top flatness

梯形峰顶部的起伏最大值与最小值之差与峰强平均值之比。

6.192

质量峰　mass peak

又称质谱峰。质量扫描时，由离子检测器输出的对应某一质荷比离子流的信号。

6.193

[质谱]峰宽　peak width[MS]

图形质谱中，质量峰规定高度上两侧之间的距离。

6.194

[质谱]峰高　peak height[MS]

图形质谱中，质量峰的峰顶到零输出基线的距离。

6.195

峰距　peak separation

图形质谱中，过两个质量峰的顶点所作平行于纵坐标(离子流强度)的直线之间的距离。

6.196

谷　valley

又称峰谷。两个质荷比差 1 的相邻质量峰间的高于零输出基线的部分。谷高是谷的最低点到零输出基线的距离。当两个峰完全分开时，谷高与零输出基线重合。

6.197

零输出基线　zero output base line

图形质谱中，质量分析器不输出离子时离子检测器的输出。

6.198

基体效应　matrix effect

二次离子质谱法中，待分析离子信号受基体成分的影响。

6.199

生物质谱分析　biological mass spectrometry

用质谱分析技术对生物样品进行精确的定性或定量测定，以获取组成、结构等信息。通常采用快原子轰击、电喷雾电离质谱、离子喷雾电离质谱、激光解吸电离质谱、大气压电离质谱等方法。

7 波谱仪器

7.1

波谱法 wave spectroscopy

利用原子对射频、微波的响应进行定性定量分析的方法。分为核磁共振、顺磁共振、核四极共振、光磁共振等。

7.2

核磁共振波谱法 nuclear magnetic resonance spectroscopy;NMR

研究原子核在磁场中吸收射频辐射能量进而发生能级跃迁现象的一种波谱法。

7.3

电子顺磁共振波谱法 electron paramagnetic resonance spectroscopy;EPR

又称电子自旋共振(ESR)波谱法。应用微波频率的辐射对具有不成对自旋的电子诱导磁能级之间的跃迁的波谱法。

7.4

核四极共振波谱法 nuclear electric quadrupole moment resonance spectroscopy

利用在射频电磁场作用下,原子核在固体晶格的非均匀电场中能级之间的共振跃迁,而进行物质成分和结构分析的方法。

7.5

快速傅立叶变换核磁共振相关波谱法 rapid Fourier transform NMR correlation spectroscopy

将快速扫描记录下来的共振谱线对信号进行处理,再用傅立叶变换求出此信号与另一共振信号的相关函数的核磁共振谱的方法。

7.6

脉冲傅立叶变换核磁共振[法] pulse Fourier transform NMR

将大功率射频窄脉冲加到试样上,使被观测核的磁化矢量倾倒90°然后接收这种核产生的迭加的自由感应衰减信号,经过傅立叶变换处理,以得到所需要的核磁共振谱的方法。

7.7

随机激发核磁共振[法] stochastic excitation NMR

用伪随机噪声序列调制发射信号,接收到的信号是噪声激发自由感应衰减信号的叠加,用伪随机序列使此叠加信号解调,获得自由感应衰减信号的方法。

7.8

核磁双共振[法] nuclear magnetic double resonance

利用一个静磁场和两个交变磁场的作用,使试样中两种原子核或两种原子核集团同时发出核磁共振的方法。它分为核间双共振、自旋去耦、自旋微扰和核欧沃豪斯效应等。

7.9

核间双共振[法] internuclear double resonance

利用被监视谱线在特定频率与另一核的谱线相互耦合而发生变化的原理的核磁双共振法。这种实验是在被淹没的许多谱线中寻找耦合的关系,解析复杂波谱的有效方法。

7.10

自旋去耦 spin decoupling

应用核磁双共振方法消除核间自旋耦合的相互作用的技术。在这种技术中,谱的某一特殊区域被一强射频功率或射频边带功率照射而饱和,使原来与之耦合的其他区域的共振多重谱线合并成更为容易分析的简易谱图,有助于复杂谱的解析。

7.11

核磁共振仪　NMR equipment

利用核磁共振原理测量试样的某种核磁共振信息或精密测量磁场的装置。

7.12

高分辨核磁共振波谱仪　high-resolution NMR spectrometer

分析分子的精细结构用的一种核磁共振波谱仪。其分辨率是以记录谱峰的半高宽表示。一般都优于 1×10^{-8}。

7.13

[核磁共振]传感器　transducer[NMR]

又称探头。

依据磁共振原理，将核(或电子)的共振信息转换成电参量传送给谱仪的装置。

7.14

磁旋比　magnetic rotation comparison

原子核磁矩与自旋角动量之比。

7.15

基本核磁共振频率　basic NMR[frequency]

用来诱导原子核的各个磁能级之间跃迁的、外加振荡磁场的频率。

7.16

核磁共振吸收线　NMR absorption line

由原子核磁能级的单个跃迁或一组跃迁组成的谱线。

7.17

核磁共振吸收带　NMR absorption band

又称核磁共振谱带。包含可测信号的，由一个或多个峰组成的波谱区。

7.18

波谱图　wave spectrogram

原子核或电子对频率的响应函数图形。

7.19

[核磁共振]参比试样　reference sample[NMR]

与被测试样混合在一起，并以其谱线作为化学位移零点的化合物。常用的为四甲基硅[$Si(CH_3)_4$]。

7.20

[核磁共振]内参比试样　internal reference sample[NMR]

和试样混于同一样品管内的参比化合物。

7.21

[核磁共振]外参比试样　external reference sample[NMR]

和试样不混于同一样品管内的参比化合物。

7.22

锁信号　lock signal

用来控制波谱仪稳定性的场/频跟踪的核磁共振信号。

7.23

内锁[信号]　internal lock[signal]

由参比试样获得的锁信号所进行的场/频锁信号。

7.24

外锁[信号]　external lock[signal]

由试样管外邻近空间的参比试样的锁信号所进行的场/频锁信号。

7.25

同核锁[信号]　homonuclear lock[signal]

由与试样相同的核种得到的内(或外)锁信号。

7.26

异核锁[信号]　heteronuclear lock[signal]

由与试样不相同的核种得到的内(或外)锁信号。

7.27

场频锁　field-frequency lock

在核磁共振波谱仪中,为了提高磁场的稳定性,用参考核磁共振信号使磁场频率同步跟踪的一种稳场技术。

7.28

化学位移　chemical shift

在试样谱线与任意选择的参比试样共振谱线之间的磁场差的相对值。用式(13)表示:

$$\sigma = \frac{(H - H_0)}{H_0} \times 10^6 \qquad \cdots\cdots(13)$$

式中:

σ ——化学位移;

H ——被测试样谱线的位置;

H_0——参比试样谱线的位置。

7.29

旋转边带　spinning sidebands

由于磁场的不均匀性,在试样旋转时,相当于一个以旋转频率调制的背景信号,经接收放大,出现在主信号的两边的干扰谱峰。

7.30

卫星峰　satellites

由于同位素的存在,核磁共振谱线的两边常常出现对称的两组小峰。

7.31

调制边带　modulation sideband

由于磁场或频率受一声频调制,使核磁共振谱线发生变化,在主带信号两侧出现的许多边带信号。与主带相邻的为第一边带,依次有第二、第三……边带。主带与第一边带间的距离等于调制频率。

7.32

核磁共振线宽　NMR line width

共振谱峰的最大半高宽度。用来衡量分辨率的优劣。常用符号 Δ1/2 表示。

7.33

[核磁共振]自旋-自旋耦合常数　spin-spin coupling constant [NMR]

自旋-自旋耦合使两组自旋的谱线发生分裂时,分裂谱线的各分量的间距。它与外磁场无关且强度对称分布。常用符号 J 表示。

7.34

自由感应衰减信号　free induction decay signal;FID

在施加一个射频脉冲之后的时间响应信号。

7.35

[核磁共振]灵敏度　sensitivity [NMR]

又称信噪比。试样特定峰高与基线噪声均方根值之比。噪声的均方根值可以用噪声峰-峰值除以2.5计。

7.36

[核磁共振]分辨率　resolution [NMR]

以对某特定试样谱线的半高宽度表示的仪器分辨能力。它与试样所在处的磁场均匀度有关。

7.37

[核磁共振]取数据时间　acquisition time [NMR]

在傅立叶变换核磁共振波谱法中，把激发起来的自由感应衰减信号经A/D变换成数字量存入累加器中的时间。

7.38

[核磁共振]稳定性　stability [NMR]

一般是指磁场随时间的变化量。有长时间稳定性和短时间稳定性之分。为了反映核磁共振仪的高稳定性能，也有用分辨稳定性来表示的。

7.39

窗口函数　window function

在脉冲傅立叶变换核磁共振波谱法中，为提高灵敏度或分辨率，在把自由感应衰减信号进行傅立叶变换之前所乘的函数。

7.40

场扫描　field sweeping

为了取得核磁共振谱，固定射频频率，而使磁场变化通过共振范围而取得所需之共振谱。

7.41

频率扫描　frequency sweeping

固定磁场，使射频或磁场调制频率缓慢变化，通过共振范围，取得所需之共振谱。

7.42

采样频率　sampling frequency

在脉冲傅立叶变换核磁共振波谱法中，将自由感应衰减信号变成数字量的A/D变换的频率。采样频率应大于自由感应衰减信号中最高频率的两倍，否则会发生谱线的失真。

7.43

均匀性突变脉冲　homogeneity spoiling pulse

造成磁场均匀性瞬时破坏的脉冲。

7.44

弛豫过程　relaxation process

核自旋系统由于受到外界作用离开平衡状态以后，自动返回平衡状态的过程。

7.45

脉冲回转角　pulse flip angle

在脉冲核磁共振中，由于在主磁场 B_0 的垂直方向上加一射频磁场而使与 B_0 同方向的磁化矢量 M_0 与 B_0 形成一定的夹角。

7.46

停顿时间　dwell time

在自由感应衰减中，一个数据点取样开始和紧接着的下一个数据点取样开始之间的那段时间。

7.47

空隙时间　aperture time

试样接受激发的时间。在脉冲核磁共振的大多数应用中,空隙时间仅是停顿时间的一小部分。

8　色谱仪器

8.1

色谱学　chromatography

研究色谱分离方法和技术的一门科学。其内容包括色谱分离机理,各种色谱分离的动力学及热力学过程以及固定相、流动相、分离装置等。

8.2

色谱法　chromatography

利用物质在流动相中与固定相中分配系数的差异,当两相作相对运动时,试样组分在两相之间进行反复多次分配,各组分的分配系数即使只有微小差别,随着流动相的移动也可以有距离,最后被测试样组分得到分离测定。

8.3

气相色谱法　gas chromatography;GS

用气体作为流动相的色谱法。

8.4

气液色谱法　gas liquid chromatography;GLC

将固定液涂渍在载体上作为固定相的气相色谱法。

8.5

气固色谱法　gas solid chromatography;GSC

用固体(一般指吸附剂)作为固定相的气相色谱法。

8.6

程序升温气相色谱法　programmed temperature gas chromatography

又称程序变温色谱法。

色谱柱按照预定的程序连续地或分阶段地进行升温的气相色谱法。

8.7

反应气相色谱法　reaction gas chromatography

试样经过色谱柱前,柱内或柱后的反应区,进行化学反应的气相色谱法。

8.8

裂解气相色谱法　pyrolysis gas chromatography

试样经过高温、激光、电弧等途径,裂解为较小分子后进入色谱柱的气相色谱法,是反应气相色谱法的一种。

8.9

顶空气相色谱法　head space gas chromatography

用气相色谱法分析在密闭系统中与液体(或固体)试样处于热力学平衡状态的气相组分,是间接测定试样中挥发性组分的一种方法。

8.10

毛细管气相色谱法　capillary gas chromatography

使用具有高分离效能的毛细管柱的气相色谱法。

8.11

多维气相色谱法(GC-GC)　multidimensional gas chromatography

将两个或多个色谱柱组合,通过切换,可进行正吹、反吹或切割等操作的气相色谱法。

8.12

制备色谱法　preparative chromatography

用能处理较大量试样的色谱系统,进行分离、切割和收集组分,以提纯化合物的色谱法。

8.13

等温气相色谱法　isothermal gas chromatography

在气相色谱分离过程中,色谱柱的温度保持恒定的气相色谱法。即样品中所有组分色谱分离的温度条件都相同,通常都是将色谱柱装在带有恒温控制的炉箱或容器内,以实现恒温操作。

8.14

程序变流气相色谱法　programmed flow gas chromatography

在分离过程中,载气流速按预定程序连续地随时间增大的气相色谱法。

8.15

程序变压气相色谱法　programmed pressure gas chromatography

在分离过程中,色谱柱入口载气压力按预定程序逐步升高的气相色谱法。适用于分离宽沸程试样。

8.16

真空熔融气相色谱法　vacuum fusion gas chromatography

用于测定金属及合金中气体含量的气相色谱方法。它是将试样置于石墨坩埚中,在高真空条件下,用高频加热使样品熔融,并释放出所含的气体,收集后送入色谱系统进行分离和鉴定。

8.17

液相色谱法　liquid chromatography;LC

用液体作为流动相的色谱法。

8.18

高效液相色谱法　high performance liquid chromatography;HPLC

具有高分离效能的柱液相色谱法。

8.19

液-液色谱法　liquid-liquid chromatography;LLC

将固定液涂渍在载体上作为固定相的液相色谱法。

8.20

液-固色谱法　liquid-solid chromatography;LSC

用固体(一般指吸附剂)作为固定相的液相色谱法。

8.21

正相液相色谱法　normal phase liquid chromatography

固定相的极性较流动相的极性强的液相色谱法。

8.22

反相液相色谱法　reversed-phase liquid chromatography

固定相的极性较流动相的极性弱的液相色谱法。

8.23

迎头色谱法　frontal chromatography

又称前沿法。将试样连续地通过色谱柱,吸附或溶解最弱的组分,首先以纯物质状态流出色谱柱,然后顺次流出的是次弱组分和第一流出组分的混合物,依次类推,从而实现混合物分离的色谱法。常用于色谱溶剂的提纯或液体中痕量组分的富集。

8.24

冲洗色谱法　elution chromatography

又称洗脱法、洗提法或淋洗法。将试样加在色谱柱的一端，用在固定相上被吸附或溶解能力比试样中各组分都弱的流动相作为冲洗剂，由于试样中各组分在固定相上的吸附溶解的能力不同，于是被冲洗剂带出柱的先后次序也不同，从而使试样中各组分彼此分离的色谱法。

8.25

顶替展开法　displacement development

又称取代法或顶替法。将试样加入色谱柱后，注入一种为固定相吸附或溶解能力较试样中诸组分都强的物质，将试样中诸组分依次顶替出色谱柱，从而实现混合物分离的色谱法。

8.26

吸附色谱法　adsorption chromatography

固定相是一种吸附剂，利用吸附剂对试样中诸组分吸附能力的差异，而实现试样中诸组分分离的色谱法。

8.27

分配色谱法　partition chromatography

固定相是液体，利用液体固定相对试样中诸组分的溶解能力不同，即试样中诸组分在流动相与固定相中分配系数的差异，而实现试样中诸组分分离的色谱法。

8.28

络合色谱法　complexation chromatography

利用化合物络合性能差异进行分离的色谱方法。在固定相中加入能与被分离组分形成络合物的试剂。试样通过时，各组分生成的络合物稳定性不同被分离。适用于分离性质相近似的化合物。

8.29

催化色谱法　catalytic chromatography

将催化剂和固定相结合起来的一种色谱法。催化反应直接在柱内进行，同时进行分离。可用于研究催化反应过程及反应力学等有关问题。

8.30

空穴色谱法　vacancy chromatography

又称反冲法。以分析试样(或按一定比例稀释后的样品)作载气，以不含试样组分的气体作被分析物的冲洗色谱法。

适用于检验载气的纯度。

8.31

差示色谱法　differential chromatography

用一种试样(气态)作载气，以另一种含量不同，但组分类似的试样作被分析物的冲洗色谱法。流出曲线的正峰表示试样组分的浓度高于载气，负峰表示试样组分的浓度低于载气。

8.32

核对色谱法　iteration chromatography

以试样(气态)作载气。以包含试样组分的标准物质混合物作为被分析物的冲洗色谱法。当试样的组分与标准组分有差异时，在流出曲线上就会出现谱峰。

8.33

等离子体色谱法　plasma chromatography

利用有机物与等离子体反应的分离方法。适用于测定痕量物质反应气(如含水空气)在β射线作用下，经电离和与中性水分子碰撞等步骤，产生大量等离子体，与试样组分接触并反应转化离子-分子状态，又在电场作用下，以不同的漂移时间到达收集器，得到等离子谱图。

8.34

放射色谱法　radio chromatography

测定放射性物质的色谱法。所用的放射检测器有各种计数器、闪烁器和离子室。鉴定经分离的组分在衰变过程中放射出电子、正电子或 γ 射线。

8.35

体积色谱法　volumetric chromatography

由测定分离组分的体积进行定量分析的一种气相色谱法。

8.36

离子色谱法　ion chromatography

用电导检测器对阳离子和阴离子混合物作常量和痕量分析的色谱法。分析时在分离柱后串接一根抑制柱，来抑制流动相中的电解质的背景电导率。

8.37

循环色谱法　recycle chromatography

采用程序控制的切换方法，使混合物多次循环地通过色谱柱系统，用不太长的柱可以得到长柱分离效果的色谱法。分离效率随循环次数增加有提高，但循环次数不宜过多。

8.38

薄层色谱法　thin layer chromatography

将固定相(如硅胶)薄薄地均匀涂敷在底板(或棒)上，试样点在薄层一端，在展开罐内展开，由于各组分在薄层上的移动距离不同，形成互相分离的斑点，测定各斑点的位置及其密度就可以完成对试样的定性、定量分析的色谱法。也可用检测器(如 FID)加以检测。

8.39

纸色谱法　paper chromatography

用纸为载体，在纸上均匀地吸附着液体固定相(如水、甲酰胺或其他)，用与固定液不互溶的溶剂作流动相。将试样滴在纸条一端在展开罐中展开，由于各组分在纸上移动的距离不同，最终形成互相分离的斑点，实现定性定量分析的色谱法。

8.40

凝胶色谱法　gel chromatography

又称凝胶渗透色谱法。流动相为有机溶剂，固定相是化学惰性的多孔物质(如凝胶)的色谱法。当试样随着流动相通过固定相时，由于各组分分子尺寸大小不同，渗入凝胶孔内的深度不同，大分子渗入不进去而最早从柱内流出，较小的分子由于渗入孔内，因此滞留的时间长而较晚流出，因而可以使分子尺寸大小不同的组分得到分离。

8.41

离子交换色谱法　ion-exchange chromatography

以离子交换树脂作固定相，在流动相带着试样通过离子交换树脂时，由于不同的离子与固定相具有不同的亲合力而获得分离的色谱法。

8.42

离子排斥色谱法　ion-exclusion chromatography

利用电介质与非电介质，受离子交换剂的不同吸斥力而达到分离的色谱方法。用水或低离子强度的溶剂作洗脱剂，样品流经离子交换剂时，非电介质组分被吸附或扩散，因亲水性强弱而相互分离，电介质组分的离子上因电荷密度不同，受交换剂排斥程序不同而被分离。

8.43

配位体色谱法　ligand chromatography

又称配位体交换色谱法。利用物质与金属离子间络合(或取代配位体)强度不同实现分离的色谱方法。色谱柱中填充有络合作用的金属离子的离子交换树脂，当试样通过时，因络合程度相异、保留时间不同而被分离。

8.44

超高压液相色谱法　ultrahigh pressure chromatography；UPLC

与传统高效液相色谱法（HPLC）相比，在更高操作压力下进行分离的液相色谱法。

8.45

反相高效液相色谱法　reversed phase high performance liquide chromatography；RHPLC

由非极性固定相和极性流动相组成的体系，用来分析能溶于极性或弱极性溶剂中的有机物的液相色谱法。

8.46

体积排除色谱法　size exclusion chromatography；SEC

用化学惰性的多孔性物质作为固定相，试样组分按分子体积（严格来讲是流体力学体积）进行分离的液相色谱法。

8.47

色谱仪　chromatograph

应用色谱法进行物质的定性分析、定量分析以及研究物质的物理化学特性的仪器。一般包括色谱柱、检测器温度控制系统、进样系统、信号处理系统及记录仪等部件，它又分为气相色谱仪和液相色谱仪两大类。

8.48

气相色谱仪　gas chromatograph

气相色谱法用的装置。主要由气路系统、进样系统、柱系统、检测系统、数据处理系统、控制系统组成。

8.49

流程气相色谱仪　process gas chromatograph

用于工业生产流程的能按设置程序自动连续地测定试样的气相色谱仪。

8.50

毛细管气相色谱仪　capillary gas chromatograph

毛细管气相色谱法用的装置。

8.51

多维气相色谱仪　multidimensional gas chromatograph

多维气相色谱法用的装置。

8.52

制备气相色谱仪　preparative gas chromatograph

制备气相色谱法用的装置。

8.53

气相色谱-傅立叶红外光谱联用仪　gas chromatograph-Fourier transform infrared spectrometer；GC-FTIR

由气相色谱仪与傅立叶变换红外光谱仪组合成的仪器。气相色谱仪分离的样品组分进入傅立叶变换红外光谱仪，绘出相应组分的气态红外光谱图，得到定性结果。

8.54

液相色谱仪　liquid chromatograph

液相色谱法用的装置。主要由输液系统、进样器、色谱柱、检测器和数据记录处理装置等部分组成。

8.55

高效液相色谱仪　high performance liquid chromatograph

高效液相色谱法用的装置。

8.56

制备液相色谱仪　preparative liquid chromatograph

制备液相色谱法用的装置。

8.57

浓度敏感型检测器　concentration sensitive detector

又称浓度型检测器。响应值取决于组分浓度的检测器。

8.58

质量流速敏感型检测器　mass flow rate sensitive detector

又称质量型检测器。

响应值取决于组分质量流量的检测器。

8.59

积分型检测器　integral detector

响应值取决于组分累积量的检测器。

8.60

微分型检测器　differential detector

响应值取于组分瞬时量的检测器。

8.61

热导检测器　thermal conductivity detector;TCD

又称热导池。气相色谱仪的通用检测器。当载气和色谱柱流出物通过热敏元件时,由于两者的热导系数不同,使阻值发生差异而产生电信号。

8.62

氢火焰离子化检测器　flame ionization detector;FID

有机物在氢火焰中燃烧时生成的离子,在电场作用下产生电信号的检测器。

8.63

氮磷检测器　nitrogen phosphorous detector;NPD

在火焰离子化检测器的喷咀附近放置碱金属化合物,能增加含氮或磷化合物所生成的离子,从而使电信号增强的检测器。

8.64

光离子化检测器　photoionization detector;PID

利用高能量的紫外线,使电离电位低于紫外线能量的组分离子化,在电场作用下产生电信号的检测器。

8.65

电子捕获检测器　electron capture detector;ECD

载气分子在^{3}H或^{63}Ni等辐射源所产生的β粒子的作用下离子化,在电场中形成稳定的基流,当含电负性基因的组分通过时,捕获电子使基流减小而产生电信号的检测器。

8.66

火焰温度检测器　flame temperature detector

又称热电偶检测器。从色谱柱流出的样品组分在火焰中燃烧,由热电偶测量燃烧温度变化的检测器。

8.67

火焰光度检测器　flame photometric detector;FPD

将含硫或含磷的化合物在富氢火焰中产生的特征波长的光转化为电信号的检测器。

8.68

脉冲火焰光度检测器　pulse flame photometric detector;PFPD

在火焰光度检测器的基础上,通过减小燃烧池的体积和降低燃气的流速,形成间歇性的脉冲式火焰,即利用时间分辨率来区分各元素的响应的检测器。

8.69

质谱检测器　mass spectrometric detector;MSD

使所含组分离子化,然后利用不同离子在电场或磁场的运动行为的不同,把离子按质荷比(m/z)分开而得到质谱,通过样品的质谱和相关信息,可以得到样品的定性定量结果的检测器。

8.70

傅立叶变换红外光谱检测器　Fourier transform infrared spectrum detector

通过麦克尔逊干涉仪来获得光强度的时间函数的检测器。

8.71

微波等离子体检测器　microwave plasma detector

又称原子发射检测器(AED)。用微波等离子体激发化合物,使之产生所含元素特征的发射光谱,经分光系统能同时检测多种元素的检测器。

8.72

微量吸附检测器　micro adsorption detector

又称质量检测器。载气中样品组分为吸附剂所吸附,因吸附剂装在与微量天平一臂上,从而使天平失去平衡,电磁场自动补偿并输出信号的检测器。

8.73

微量吸附热检测器　micro-heat of adsorption detector

利用已被分离的组分为某种吸附剂吸附(或脱附)时会释放(或吸收)微量热原理制成的检测器。

它采用灵敏的测温元件,测量这种微量热的变化,可以对试样组分作定量分析。这种检测器的色谱柱是正峰与负峰相隔,即每个组分都有一个正峰(吸附峰)和一个负峰(脱附峰)。

8.74

双火焰离子化检测器　dual-flame ionization detector

包含着两个火焰,分别形成了一个氢火焰电离和一个碱火焰电离的检测器,从色谱柱馏出组分按比例分成两路送入两个火焰喷咀,试样中烃类组分由氢火焰电离检测器测定;含硫、氮、磷等有机组分由碱火焰电离检测器测定。

8.75

无放射源电子捕获检测器　non-radioactive electron capture detector

载气(氦)经电离产生的低能自由电子被电负性组分捕获,使基流下降而输出信号的检测器。

8.76

离子截面积检测器　cross-section ionization detector

用放射线 α 或 β 轰击试样分子,使之电离,并形成离子流进行分析的检测器。其离子流的大小和分子的截面积有关。

8.77

电子迁移率检测器　electron mobility detector

利用试样与 β 粒子的非弹性碰撞,改变到达正极的快电子电流进行分析的检测器。它通常用与卢粒子进行弹性碰撞的单原子氩作载气。

8.78

氩离子化检测器　argon ionization detector

利用激发态氩离子使试样分子电离形成离子流进行分析的检测器。载气氩由 β 射线激发。

8.79

紫外-可见光检测器　ultraviolet-visible detector

利用组分在紫外-可见光的波长范围内有特征吸收而产生电信号的检测器。

8.80

示差折光检测器　differential refraction detector

利用流动相与试样之间折光率不同来检测流动相中被分离的组分的检测器。

8.81

荧光检测器　fluorescence detector

利用荧光物质在紫外光照射下发出荧光的原理进行分析的检测器。荧光的强度是定量的依据。

8.82

电导检测器　electrical conductivity detector

利用流动相与试样中诸组分的电导率不同，通过测量色谱柱流出物电导率变化，确定被分离的组分含量的检测器。主要用于液相色谱仪中供测量能解离为离子或以离子状态存在的物质。在气相色谱仪中，需用定量的吸收液将各组分从载气中吸取出来进行测定，对有机试样可燃烧转化为 CO_2 后再吸取、测定。

8.83

微库仑检测器　micro coulometric detector

又称电量检测器。

利用为使库仑池恢复平衡而消耗的电量与被测组分的化学当量的关系进行分析的检测器。主要用于检测硫、氮、卤素等化合物。

8.84

光电二极管阵列检测器　photodiode array detector

利用光电二极管阵列（或 CCD 阵列、硅靶摄像管等）作为检测元件的检测器。

8.85

（激光）光散射检测器　(laser) light scattering detector

利用激光器作光源，测量高分子溶液散射光强度的电信号的一种分子量的检测器。

8.86

进样器　sample injector

能定量和瞬时地将试样注入色谱系统的器件或装置。

8.87

汽化室　vaporizer

使试样瞬时汽化并预热载气的部件。

8.88

裂解器　pyrolysis apparatus

实现裂解气相色谱法分析的装置。具有升温速度快和重复性好的特点。有热丝裂解器、管炉裂解器、居里点裂解器和激光裂解器等多种型式。

8.89

分流器　splitter

按一定比例将气流分成两部分的部件。

8.90

收集器　trap

用来收集气相色谱柱馏出的各分离组分的装置。其收集管(如细 U 形管)浸入固态 CO_2,或液氮中,当组分流过时受低温而冷凝出来,一个收集管收集一种组分。

8.91

加热器　calorifier

使流体(气体或液体)通过盘形管使流体预热或恒温的加热装置。

8.92

旁路进样器　by-pass injector

将一个规定容积的样品室连接在旁边流路的位置上,由阀门或旋塞控制,使载体不能通过。当试样充满样品室时,再切换阀门或旋塞,使载体将试样带到色谱柱中的一种进样装置。

8.93

分流进样器　split stream injector

一种毛细管气相色谱进样器。因毛细管柱的柱容量很小(仅约填充柱的百分之一),只能允许少量试样进入毛细管柱,大部分从分流气路口放空。采用此种进样器时,试样无需稀释。

8.94

无分流进样器　non split stream injector

一种毛细管气相色谱进样器。经稀释的试样在尽量不与载气混合的情况下进入毛细管柱。由于柱温略低于试样溶剂的沸点,进入柱头的溶剂重新冷凝,起着富集试样的作用(即"溶剂效应"),这能有效地避免因溶剂汽化扩散带来的拖尾现象,从而提高柱效。此种进样器适用于低浓度试样。

8.95

冷柱头进样器　on-cold column injector

一种毛细管气相色谱进样器。其进样室不加热并用载气冷却,而利用特制的微量注射器将试样全部直接注入毛细管柱顶端。进样后柱箱程序升温,对试样进行分离。此种进样器适用于热不稳定化合物,实验重复性较好。

8.96

直接进样器　direct injector

一种毛细管气相色谱进样器。试样不经稀释,通过一小口径的玻璃衬管瞬时汽化直接进入柱内。它不利用"溶剂效应",故柱温不必低于溶剂沸点。常用于内径较大的毛细管柱。

8.97

旁通阀　by-pass valve

装在色谱旁通气路中的针形阀。可调节旁通气路的气阻,使旁通气路接入流程时,减少气流波动。

8.98

展开罐　development tank

进行纸色谱或薄层色谱展开过程所使用的溶剂容器。

8.99

储液器　reservoir

液相色谱仪中存储流动相的容器。

8.100

色谱柱　chromatographic column

内有固定相以分离混合物的柱管。

8.101

填充柱　packed column

填充了固定相的色谱柱。

8.102

微填充柱　micro-packed column

填充了微粒固定相的内径一般为0.5 mm～1 mm的色谱柱。

8.103

毛细管柱　capillary column

内径一般为0.1 mm～0.5 mm的色谱柱。

8.104

空心柱　open tubular column

内壁上有固定相的开口的毛细管柱。

8.105

涂壁空心柱　wall-coated open-tubular column；WCOT

内壁上直接涂渍固定液的空心柱。

8.106

涂载体空心柱　supper-coated open-tubular column；SCOT

内壁上沉积载体后涂渍固定液的空心柱。

8.107

多孔层空心柱　porous-layer open-tubular column；PLOT

内壁上有多孔层的固定相的空心柱。

8.108

填充毛细管柱　packed capillary column

将载体或吸附剂疏松地装入玻璃管中，然后拉制成内径一般为0.25 mm～0.5 mm的毛细管柱。

8.109

复合柱　combined column

包含多种固定相的色谱柱。适用于分析含有多种功能团的复杂试样。

8.110

参比柱　reference column

在双流路色谱仪中，只通过纯流动相的色谱柱。它和工作柱并联，而且填充相同的固定相。

8.111

正相柱　normal-phase column

固定相极性较流动相强的液相色谱柱。其固定相多采用硅胶、氧化铝及极性化合物，流动相多采用有机溶剂。

8.112

反相柱　reversed-phase column

固定相极性较流动相弱的液相色谱柱，其固定相多采用烷基键合相或苯基键合相，流动相多采用有机改善剂的水溶液。

8.113

载体　support

负载固定液的惰性固体。

8.114

固定相　stationary phase

色谱柱内不移动的，起分离作用的物质。

8.115

流动相　mobile phase

色谱柱内用以携带试样和洗脱组分的流体。

8.116

固定液　stationary liquid

指涂渍在载体表面上起分离作用的物质。它是固定相的一种,在操作温度下是不易挥发的液体。

8.117

吸附剂　adsorbent

具有吸附活性并用于色谱分离的固体物质。

8.118

高分子多孔小球　porous polymer beads

苯乙烯和二乙烯基苯的共聚物或其他共聚物的多孔小球。它可以单独或涂渍固定液后作为固定相。

8.119

化学键合相　chemically bonded phase

用化学反应在载体表面键合上特定基团的固定相。

8.120

泵　pump

把流动相传送到色谱柱的装置。

8.121

往复泵　reciprocating pump

传送流动相的活塞或膜片作往复运动的泵。它具有单室或双室结构。

8.122

柱塞泵　plunger pump

一种以小直径宝石杆做活塞,缸体容积较小的往复泵。由于其流量可以采用电子线路进行闭环控制,恒流精度较高。

8.123

气动泵　pneumatic pump

用气体作动力驱动活塞输送流动相的泵。

8.124

注射泵　syringe pump

用电动机驱动,液缸内活塞以一定的速率向前推进,从而输送流动相的泵。

8.125

蠕动泵　peristaltic pump

用挤压富有弹性的软管的方式,从而输送流动相的泵。

8.126

[液相色谱柱]装填机　packing machine[liquid chromatographic column]

装填液相色谱柱的专用装置。它由一个高压泵和匀浆罐组成。

8.127

匀浆填充　slurry packing

用适当的溶剂将填充剂配制成匀浆悬浮液,然后在高压下填充液相色谱柱的方法。

8.128

辅助气体　auxiliary gas

为使通过检测器的流量达到最佳条件,除去来自色谱柱的载气外,在其入口处另加入的某种气体。

8.129

旁路 by-pass

用来替换某一段流路的通路。在色谱柱切换系统中，旁路上可连接不同极性的色谱柱、储存组分的色谱柱或平衡气阻的针形阀等。

8.130

记录仪 recorder

记录由检测器系统所产生的，随时间变化的电信号的仪器。

8.131

积分仪 integrator

按时间累积检测系统所产生信号的仪器。

8.132

色谱数据 chromatography data

包括仪器信息（仪器编号、仪器控制 & 序列参数日志等）、样品名称、操作者姓名、谱图数据、分析结果（积分参数 & 结果、校准表、报告模板、分析报告等）、审计跟踪信息。

8.133

色谱数据工作站 workstation of chromatography data

由一台微机、一个将模拟信号转换成数字量的数据采集器及色谱数据处理软件构成，能完成色谱仪的信号转换、数据采集、计算、统计、比较、报告、检索、储存功能的硬软件总称，还可以具有色谱仪控制、网络支持等扩展功能。

8.134

涡流扩散 eddy diffusion

在填充色谱柱中，组分分子随流动相通过填充固定相的不规则空隙，不断改变流动方向，形成紊乱的类似涡流的流动状态，造成同一组分的分子在柱内滞留的时间不等，使色谱峰扩散的现象。

8.135

分配等温线 partition isotherm

在分配色谱中，在一定温度下，组分会以一定规律分配于固定相和流动相中，在平衡状态时，用组分在固定相中的浓度作横坐标，用在流动相中的浓度作纵坐标，所得到的曲线。

8.136

渗透率 permeability

表示流动相通过色谱柱时所受到的阻力的一个特征量。它也决定着物质进入色谱柱时在固定相中滞留时间的长短。

8.137

比渗透率 specific permeability

表示气相色谱法中载气通过色谱柱难易程度的量。常用符号 B_0 表示。

填充柱可按式(14)计算：

$$B_0 = \frac{2p_0\mu_0\eta L\varepsilon}{p_1^2 - p_0^2} \qquad \cdots\cdots(14)$$

空心柱可按式(15)计算：

$$B_0 = \frac{d^2}{32} \qquad \cdots\cdots(15)$$

式中：

η ——流动相黏度，单位为帕秒（Pa·s）；

μ_0 ——流动相线速度，单位为米每秒（m/s）；

L ——柱长度，单位为米(m)；
p_0 ——柱出口压力，单位为兆帕(MPa)；
p_1 ——柱入口压力，单位为兆帕(MPa)；
d ——柱内径，单位为毫米(mm)；
ε ——颗粒间孔率。

8.138

容量因子　capacity factor

在平衡状态时，组分在固定液与流动相中的质量之比。常用符号 K 表示。

8.139

柱容量　column capacity

又称柱负荷。在不影响柱效能的情况下允许的最大进样量。

8.140

柱老化　aging of column

气相色谱柱在高于操作温度条件下通气处理，使其性能稳定的过程。

8.141

柱寿命　column life

色谱柱保持一定的柱效能条件下的使用期限。

8.142

柱外效应　extra-column effect

从进样系统到检测器之间色谱柱以外的气路部分，由于进样方式、柱后扩散等因素对柱效能所产生的影响。

8.143

相比率　phase ratio

气相色谱柱中气相与液相体积之比。

8.144

分配系数　partition coefficient

在平衡态度下，组分在固定液与流动相中的浓度之比。

8.145

柱切换　column switching

为了分离复杂的混合物，将两根或多根色谱柱串、并联，使试样按一定程序通过不同的柱子进行分离的操作过程。

8.146

畸峰　distorted peak

形状不对称的峰，如拖尾峰、前伸峰。

8.147

死时间　dead time

不被固定相滞留的组分，从进样到出现峰最大值所需的时间。常用符号 t_M 表示。

8.148

保留时间　retention time

组分从进样到出现峰最大值所需的时间。常用符号 t_R 表示。

8.149

调整保留时间　adjusted retention time

保留时间减去死时间。常用符号 t'_R 表示。

8.150

校正保留时间　corrected retention time

压力梯度校正因子(j)乘以保留时间。常用符号 t_R^0 表示。

8.151

净保留时间　net retention time

压力梯度校正因子(j)乘以调整保留时间。常用符号 t_N 表示。

8.152

死体积　dead volume

不被固定相滞留的组分,从进样到出现峰最大值所需的流动相体积。常用符号 V_M 表示,见式(16)。

$$V_M = t_M \times F_c \qquad \cdots\cdots(16)$$

式中:

t_M ——死时间;

F_c——流动相流速。

8.153

保留体积　retention volume

组分从进样到出现最大峰值所需的流动相体积。常用符号 V_R 表示,见式(17)。

$$V_R = t_R \times F_c \qquad \cdots\cdots(17)$$

式中:

t_R ——保留时间;

F_c——流动相流速。

8.154

调整保留体积　adjusted retention volume

又称实际保留体积。

保留体积减去死体积。常用符号 V'_R 表示。

8.155

校正保留体积　corrected retention volume

压力梯度校正因子乘以保留体积。常用符号 V_R^0 表示。

8.156

净保留体积　net retention volume

压力梯度校正因子乘以调整保留体积。常用符号 V_N 表示。

8.157

比保留体积　specific retention volume

每克固定液校正到 273 K 时的净保留体积。常用符号 V_g 表示,见式(18)。

$$V_g = \frac{273}{T_C} \times \frac{V_N}{m_L} \qquad \cdots\cdots(18)$$

式中:

T_C ——以热力学温度表示的柱温,单位为开尔文(K);

m_L ——固定液的质量,单位为克(g);

V_N ——净保留体积。

8.158

相对保留值　relative retention value

在相同操作条件下,组分(i)与参比组分(s)的调整保留时间或调整保留体积之比。常用符号 $r_{i,s}$ 表示。

8.159

保留指数　retention index

以色谱图上位于待测组分两侧的相邻正构烷烃的保留值为基准，用对数内插法求得的定性参数。常用符号 I 表示。可由式(19)计算：

$$I = 100\left[Z + \frac{\lg V'_{R(i)} - \lg V'_{R(Z)}}{\lg V'_{(Z+1)} - \lg V'_{(Z)}}\right] \quad \cdots\cdots(19)$$

式中：

V'_R ——保留体积；

Z、$(Z+1)$ ——组分 i 色谱峰前、后分别出现的具有 Z、$(Z+1)$碳原子数的正构烷烃。

8.160

柱效能　column efficiency

色谱柱在色谱分离过程中主要由动力学因素(操作参数)所决定的分离效能。通常用理论板数、理论板高或有效板数表示。

8.161

理论板数　number of theoretical plate

表示柱效能的物理量。常用符号 n 表示。可由式(20)计算：

$$n = 5.54\left(\frac{t_R}{W_{h/2}}\right)^2 = 16\left(\frac{t_R}{W}\right)^2 \quad \cdots\cdots(20)$$

式中：

W ——峰宽，单位为厘米(cm)(或以时间表示，min)；

$W_{h/2}$ ——半高峰宽，单位为厘米(cm)(或以时间表示，min)；

t_R ——保留时间。

8.162

理论板高　height equivalent to a theoretical plate

单位理论板的柱长。常用符号 H 表示。

8.163

有效板数　number of effective plate

用调整保留时间表示柱效能的物理量。常用符号 n_{eff} 表示。可由式(21)计算。

$$n_{eff} = 5.54\left(\frac{t'_R}{W_{h/2}}\right)^2 = 16\left(\frac{t'_R}{W}\right)^2 \quad \cdots\cdots(21)$$

式中：

W ——峰宽，单位为厘米(cm)(或以时间表示，min)；

$W_{h/2}$ ——半高峰宽，单位为厘米(cm)(或以时间表示，min)；

t'_R ——调整保留时间。

8.164

分离度　resolution

两个相邻色谱峰的分离程度。它是两个组分保留值之差与其平均峰宽值之比。常用符号 R 表示。可由式(22)计算：

$$R = 2\left(\frac{t_{R2} - t_{R1}}{W_1 + W_2}\right) \quad \cdots\cdots(22)$$

式中：

t_R ——保留时间；

W ——峰宽。

8.165

分离数　separation number

两个相邻的正构烷烃峰之间可容纳的峰数。常用符号 T_Z 表示。

8.166

响应值　response

组分通过检测器所产生的信号。

8.167

相对响应值　relative response

单位量物质与单位量参比物质的响应值之比。

8.168

校正因子　correction factor

相对响应值的倒数，它与峰面积的乘积正比于物质的量。常用符号 f 表示。

8.169

［色谱］检测限　detectability［chromatographic］

随单位体积的流动相(或在单位时间内)进入检测器的组分的量。它所产生的信号等于基线噪声的二倍。常用符号 D 表示。可由式(23)计算：

$$D=\frac{2N}{S} \qquad \cdots\cdots(23)$$

式中：

N ——基线噪声；

S ——灵敏度。

8.170

质量流量　mass flow rate

单位时间通过任一截面的流体之质量。若流体流动是稳定状态时，则质量流量是不随时间而变化的。

8.171

流动相流速　flow rate of mobile phase

在色谱柱出口温度和压力下测得的体积流速。常用符号 F_c 表示。可由式(24)计算：

$$F_c=F_0\times\frac{T_c}{T_0} \qquad \cdots\cdots(24)$$

式中：

F_0——柱出口载气体积流速，单位为毫升每分钟(mL/min)；

T_0——以热力学温度表示的室温，单位为开尔文(K)；

T_c——以热力学温度表示的柱温，单位为开尔文(K)。

8.172

流动相平均线速　mean linear velocity of mobile phase

流动相沿色谱柱轴向移动的平均速度。常用符号 $\bar{u}$ 表示。可由式(25)计算：

$$\bar{u}=\frac{L}{t_M} \qquad \cdots\cdots(25)$$

式中：

L ——柱长度；

t_M——死时间。

8.173

压力梯度校正因子　pressure gradient correction factor

用以校正在气相色谱柱中由于流动相的可压缩性所产生的压力梯度的因子。常用符号 j 表示。由式(26)计算：

$$j=\frac{3}{2}\times\left[\frac{(p_{\rm i}/p_{\rm o})^2-1}{(p_{\rm i}/p_{\rm o})^3-1}\right] \qquad \cdots\cdots(26)$$

式中：

$p_{\rm i}$ ——柱入口压力，单位为兆帕(MPa)；

$p_{\rm o}$ ——柱出口压力，单位为兆帕(MPa)。

8.174

液相载荷量　liquid phase loading

在填充柱中，固定液与固定相(包括固定液和载体)的相对量。常用质量百分数表示。

8.175

基流　background current

纯流动相在通过检测器时所产生的信号电流。

8.176

基线噪声　baseline noise

由于各种因素所引起的基线波动。常用符号 N 表示。

8.177

外标法　external standard method

在相同的操作条件下，分别将等量的试样和含待测组分的标准试样进行色谱分析，比较试样中待测组分与标准试样峰值，求出待测组分的含量的方法。计算见式(27)：

$$X_i=E_i\times\frac{A_i}{A_E} \qquad \cdots\cdots(27)$$

式中：

X_i ——试样中组分 i 的含量；

E_i ——标准试样中组分 i 的含量；

A_i ——试样中组分 i 的峰面积，单位为平方厘米(cm^2)；

A_E ——标准试样中组分 i 的峰面积，单位为平方厘米(cm^2)。

8.178

内标法　internal standard method

在已知量的试样中加入能与所有组分完全分离的已知量的内标物质，用相应的校正因子校正待测组分的峰值，并与内标物质的峰值进行比较，求出待测组分的含量的方法。计算见式(28)：

$$X_i=\frac{m_{\rm s}\times A_i\times f_{{\rm s},i}}{m\times A_{\rm s}}\times 100\% \qquad \cdots\cdots(28)$$

式中：

X_i ——试样中组分 i 的含量；

m ——试样的质量，单位为克(g)；

$m_{\rm s}$ ——加入内标物质的质量，单位为克(g)；

A_i ——试样中组分 i 的峰面积，单位为平方厘米(cm^2)；

$A_{\rm s}$ ——内标物质 i 的峰面积，单位为平方厘米(cm^2)；

$f_{{\rm s},i}$——试样中组分 i 与内标物质相比的校正因子。

8.179

归一法　normalization method

试样中全部组分都显示出色谱峰时，测量的全部峰值经相应的校正因子校正并归一后，计算每个组分的百分含量的方法。计算见式(29)：

$$X_i = \frac{f_i \times A_i}{\sum(f_i \times A_i)} \times 100\% \qquad \cdots\cdots(29)$$

式中：

X_i ——试样中组分 i 的含量；

A_i ——试样中组分 i 的峰面积，单位为平方厘米(cm^2)；

f_i ——试样中组分 i 的校正因子。

8.180

绝对法　absolute method

根据事先求得待测组分的峰值与量(用重量或容量分析等方法测得)的关系，在相同操作条件下，测量已知量试样中组分的峰值并求出其含量的方法。

8.181

叠加法　addition method

测量试样中待测组分及一邻近组分的峰值后，在已知量的试样中加入一定量的待测组分，再测量此两组分的峰值，求出待测组分含量的方法。计算见式(30)：

$$X_i = \frac{m_i \times A_i A'_j}{m(A'_i A_j - A_i A'_j)} \times 100\% \qquad \cdots\cdots(30)$$

式中：

X_i ——试样中组分 i 的含量；

m ——试样的质量，单位为克(g)；

m_i ——加入组分 i 的质量，单位为克(g)；

A_i ——试样中组分 i 的峰面积，单位为平方厘米(cm^2)；

A_j ——试样中组分 i 邻近组分 j 的峰面积，单位为平方厘米(cm^2)；

A'_i ——试样加入 m_i 组分 i 后，组分 i 的峰面积，单位为平方厘米(cm^2)；

A'_j ——试样加入 m_i 组分 i 后，邻近组分 j 的峰面积，单位为平方厘米(cm^2)。

8.182

峰面积百分比法　peak area percent

计算其中一组分峰面积在样品中所有组分峰面积之和的百分数的定量方法。计算见式(31)：

$$X_i = \frac{A_i}{\sum A_i} \times 100\% \qquad \cdots\cdots(31)$$

式中：

X_i ——试样中组分 i 的含量；

A_i ——试样中组分 i 的峰面积，单位为平方厘米(cm^2)。

8.183

洗脱　elution

流动相携带组分在色谱柱内向前移动并流出色谱柱的过程。

8.184

谱带扩张　band broadening

由于涡流扩散，传质阻力等因素的影响，使组分在色谱柱内移动过程中谱带宽度增加的现象。

8.185

反吹　back flushing

在一些组分洗脱以后，将流动相反向通过色谱柱，使某些组分向相反方向移动的操作。

8.186

色谱图　chromatogram

色谱柱流出物通过检测器系统时产生的响应信号对时间或载气流出体积的曲线图。

8.187

［色谱］峰　peak［chromatographic］

色谱柱流出组分通过检测器系统时所产生的响应信号的微分曲线图。

8.188

峰底　peak base

从峰的起点与终点之间的直线。

8.189

［色谱］峰高　peak height［chromatographic］

从峰最大值到峰底的距离。常用符号 h 表示。

8.190

［色谱］峰宽　peak width［chromatographic］

在峰两侧拐点处中所作切线与峰底相交两点间的距离。常用符号 W 表示。

8.191

半高峰宽　peak width at half height

通过峰高的中点作平行于峰底的直线，此直线与峰两侧相交两点之间的距离。常用符号 $W_{h/2}$ 表示。

8.192

［色谱］峰面积　peak area［chromatographic］

峰与峰底之间的面积。常用符号 A 表示。

8.193

拖尾峰　tailing peak

后沿较前沿平缓的不对称的峰。

8.194

前伸峰　leading peak

前沿较后沿平缓的不对称的峰。

8.195

假峰　ghost peak

并非由试样所产生的峰。

9　能谱和射线分析仪器

9.1

能谱法　spectroscopy

用具有一定能量的粒子束轰击试样物质，根据试样物质被激发的粒子能量，或被试样物质反射的粒子能量和强度与入射粒子束强度的关系图（称为能谱）实现对试样的非破坏性元素分析、结构分析和表面物化特性分析的方法。它一般分为电子能谱法、离子散射谱法和二次离子谱法三类。

9.2

电子能谱法　electron spectroscopy

记录试样物质被激发的电子(光电子、penning 电子、俄歇电子或其他低能电子)的能谱的分析方法。

9.3

光电子能谱法　photo electron spectroscopy；PES

以光作激发源的电子能谱分析方法。常用激发源有 X 射线和紫外光。

9.4

X 射线光电子能谱法　X-ray photo electron spectroscopy；XPS

用 X 射线主要激发试样原子内壳层电子获得光电子能谱法实现对元素的定性分析或化学态分析的方法。

9.5

紫外光电子能谱法　ultraviolet photo-electron spectroscopy；UPS

用紫外光激发试样的光电子能谱法。由于紫外光量子能量低，且能量分布较窄(小于 0.01 eV)，用以激发外层或价层电子，灵敏度、分辨率高，可获得直接反映原子特征的价层电子能谱。

9.6

俄歇电子能谱法　auger electron spectroscopy；AES

测量和分析试样产生的俄歇电子能谱的电子能谱法。当试样的原子在电子束或 X 射线轰击下射出一个电子，其空位由一个较高能级的电子填充，如果同时又射出另一个电子以释放多余的能量，则称此电子为俄歇电子。本方法常用于表面分析和对轻元素的分析。对原子序小于 33 的元素有较高的灵敏度。

9.7

电子能量损失谱法　electron energy lose spectroscopy；EELS

测量被试样物质非弹性散射后已损失部分能量的电子的能谱，用以分析试样的化学成分和化学态的电子能谱法。

9.8

电子衍射法　electron-diffraction method；EED

通过记录和分析入射电子束与试样物质发生相干弹性散射而形成的电子衍射图像，测定试样晶体结构的电子能谱法。

9.9

角分辨电子谱法　angle resolved electron spectroscopy；ARES

通过检测器在分析时的转动来实现测量电子能谱和电子能量角分布的电子能谱法。

9.10

出现电势谱法　appearance potential spectroscopy；APS

通过逐渐增强入射电子束的能量，测量试样被激发的 X 射线或俄歇电子能量的变化以分析试样。表面成分，元素电子束缚能表面电子结构的电子能谱法。

9.11

离化损失谱法　ionization lose spectroscopy；ILS

基于原子电离时，其电子必须克服束缚能 E_b 的原理，当具有能量 E_a 的电子束激发试样原子并使之电离时，对应入射电子的剩余能量(E_a-E_b)将有相应的色谱峰，对试样的原子和结构进行定性定量分析的电子能谱法。

9.12

离子中和谱法　ion neutralizing spectroscopy; INS

用单能惰性气体离子束轰击试样表面，当入射的离子从试样的表面的原子中获取一个电子而被中和时，能激发出俄歇电子，通过测量该俄歇电子的能谱，分析试样表面电子状态、吸附状态、成分和能带的电子能谱法。

9.13

场发射显微镜法　method of field emission microscope; FEM

用带高电压的针形试样，使镜室内的惰性气体电离且正离子飞向荧光屏成象，使得用肉眼可观察试样尖端的原子结构象的电子能谱法。

如和质谱仪联用，可精确测量离子质量能量分布，进而确定试样表面的电子结构、晶格结构和表面吸附等。

9.14

离子散射谱法　ion-scattering spectroscopy; ISS

使离子束倾斜入射，在一定角度上测量散射离子能谱的能谱法。可分析除氢、氦外的全部元素和同位素。一般有低能离子散射、高能离子散射和卢瑟福背散射等几种。

9.15

卢瑟福背散射谱法　Rutherford back scattering spectroscopy; RBS

以兆电子伏特级的高能轻元素离子（如 H^+、He^{2+}）通过针形电极（探针）以掠射方式入射试样，大部分离子由于试样原子核的库仑作用产生卢瑟福散射，改变了运动方向而形成背散射。测量背散射离子的能量、数量，分析试样所含的元素、含量和晶格的方法。

9.16

二次离子谱法　secondary ion spectroscopy

对试样被激发出射的二次离子束进行质荷比的测量，分析试样表面元素分布和深度元素分布的能谱法。此法能分析所有元素和同位素。

9.17

表面分析　surface analysis

对固体（或液体）与低密度（10^{-8} Pa）气体间界面的分析。其主要内容包括：试样表面的成分和结构、表面原子的扩散和振动表面附近的电子密度分布和区域电子的表面态（原子、离子、电子）。电磁场等外部物质与固体（或液体）表面的相互作用。由于上述研究必须借助于粒子的散射和发射的测量，所以一定要向固体（或液体）表面施加粒子和（或）电磁场。

9.18

电荷中和　charge neutralization

为了补偿所积累的电荷，使离子轰击下的表面维持一个已知电位的技术。

9.19

双弹性散射过程　binary elastic scattering event

入射探针粒子与表面单层原子间的碰撞过程，碰撞总动能和动量均守恒。

9.20

非弹性散射过程　inelastic scattering event

探针粒子交出一部分动能使试样的内能产生一个增量，并且这部分动能不再转化成被散射的探针粒子的功能或试样原子的反冲力的碰撞过程。

9.21

多重散射过程　multiple scattering event

一个可以用一连串的双散射过程描述的碰撞过程。其散射过程既可以是弹性的也可以是非弹性的。

9.22

离子中和　ion neutralization

探针离子被与其相互作用的试样表面所中和。

9.23

探针离子　probe ion

由离子源特意产生的一束高能细微粒子束。

其能量已知，并以一个已知的入射角射向试样表面。

9.24

二次离子　secondary ion

由一次离子束或探针离子束轰击试样表面所产生，并离开试样表面的正负离子。

9.25

库仑作用　Coulumb interaction

又称库仑势。高能离子与原子相互作用时，由于两个粒子已足够接近，粒子间的作用势函数 $V(r)$ 可以简单地用库仑势描述，计算见式(32)：

$$V(r)=\frac{Z_1\times Z_2\times e^2}{4\pi\varepsilon_0 r} \qquad\cdots\cdots(32)$$

式中：

Z_1，Z_2——两种粒子的电荷数；

e ——电子电量；

ε_0 ——常数 8.855×10^{-12} C/V・m；

r ——两粒子的距离。

当离子能量较低时，要考虑电子对原子核的屏蔽作用，此时势函数要用屏蔽库仑势或汤姆森-费米势表示。

利用势函数可以计算散射截面和散射角。

9.26

电子能谱仪　electron spectrometer

实现电子能谱分析的仪器，包括光电子能谱仪、俄歇电子能谱仪、电子能量损失谱仪、电子衍射仪、角分辨电子谱仪、出现电势谱仪、离化损失谱仪、离子中和谱仪和场发射显微镜等。

9.27

X 射线光电子能谱仪　X-ray photo-electron spectrometer

用 X 射线激发试样光电子的能谱仪。适用于元素分析、价态和化学结构分析，也可测量电子结合能。

9.28

紫外光电子能谱仪　ultraviolet photo-electron spectrometer

用紫外光激发试样光电子的能谱仪。适用于表面状态分析，能获得能带结构、振荡能级信息。

9.29

俄歇电子能谱仪　Auger electron spectrometer

测量试样俄歇电子能量的电子能谱仪。适用于表面元素分析，对原子序数较小的元素灵敏度高。

9.30

电子能量损失谱仪　energy loss of electron spectrometer

测量试样非弹性散射电子能量的电子能谱仪。包括低能能量损失谱仪、透射能量损失谱仪、特征能量损失谱仪等。前者适用于测定表面吸附能力，半导体的表面态等，后者适用于元素分析和化学态分析。

9.31

电子衍射谱仪 electron diffractometer

利用电子衍射图谱进行晶体结构分析的仪器，包括低能电子衍射仪、高能电子衍射仪和气体、液体中的衍射仪等。适用于晶体结构分析或晶体生成、结构相变等动态测量等。

9.32

低能电子衍射仪 low electron energy diffractometer；LEED

电子能量小于 500 eV，电子束是单色的、近似平行的，直径为 10^{-4} m～10^{-3} m，通常垂直入射，利用集电极或半球形荧光屏来探测被弹性反向散射的电子形成的衍射图的电子衍射仪。

它必须在超高真空、试样表面非常清洁的条件下工作。主要用以研究单晶表面结构、与表面横向周期性变化相联系的表面过程。

9.33

高能电子衍射仪 high electron energy diffractometer；HEED

电子能量为 5 keV～500 keV，电子束是单色的、近似平行的，直径为 10^{-8} m～10^{-3} m，通过荧光屏或其他检测器探测前向散射电子形成的衍散图的电子衍射仪。主要用于研究薄膜、薄箔、小颗粒（厚度或直径为 10^{-9} m～10^{-6} m）的分子结构。

一般分三类：反射高能衍射仪（RHEED），适用于确定较粗糙表面上层原子的横向排列；扫描高能衍射仪（SHEED），可以直接测量弹性散射的电子，适用于薄膜生成、退火和腐蚀过程研究；透射高能电子衍射仪（THEED）通常和透射显微镜联用研究薄膜的生长。

9.34

出现电势谱仪 appearance potential spectrometer

测量出现电势谱的能谱仪，它包括软 X 射线出现电势谱仪、俄歇电子出现电势谱仪和消隐出现电势谱仪等。适用于分析表面成分、表面电子结构、能带结构等。

9.35

离子中和谱仪 ion neutralization spectrometer

实现离子中和谱法的仪器。适用于表面元素分析。

9.36

场发射显微镜 field emission microscope

适用于观察针状试样表面原子状况、几何排列和作晶体结构分析的一种电子能谱仪，它包括场离子显微镜和场电子显微镜。

9.37

离子散射谱仪 ion scattering spectrometer

能产生基本上是单能、单电荷、低能离子束，并能测定沿已知角从固体表面散射出来的探针离子能量分布的能谱仪，包括低能离子散射谱仪、高能离子散射谱仪和卢瑟福背散射谱仪等。除一般成分分析外，适合于测量深度分布，广泛用于纯材料中的杂质分析。

9.38

二次离子谱仪 secondary ion spectrometer

适用于元素的表面分析，深度分布的微区分析的能谱仪。包括直接成象二次离子谱仪、离子探针谱仪、静态二次离子谱仪、激光二次离子谱仪和溅射中性质谱仪等。它对所有元素都有较高灵敏度。

9.39

电子能量分析器 electron-energy analyzer

对应于一定的参数，只允许一种能量的电子通过，使电子能量分离的装置。一般有静电型和磁场型两种。

9.40

电子透镜　electron lens

具有轴向对称分布的电场或磁场，能够使电子束聚焦的装置。可分为磁透镜、静电透镜等。

9.41

电子枪　electron gun

产生电子束，并能对电子束进行聚焦、偏转等控制的装置。

9.42

氩离子枪　argon-ion gun

用以消除干扰或实现深度分析，对试样进行清洗和刻蚀的装置。

9.43

弹性本底　elastic background

除双弹性过程使探针粒子散射所产生的响应信号外，探测系统和能量过滤系统对其他过程的响应信号。

9.44

非弹性本底　inelastic background

除去非弹性散射过程的探针粒子的响应信号外，能量过滤系统和探测系统对其他过程的响应信号。

9.45

仪器本底　instrumental background

除了探针离子束轰击试样表面所产生的响应信号外，能量过滤系统和探测系统对其他过程的响应信号。

9.46

二次离子本底　secondary ion background

能量过滤系统和探测系统对探针离子轰击靶材所产生的二次离子的响应信号。

9.47

双弹性散射峰　binary elastic scattering peak

谱仪探测系统响应信号在本底水平上的增量，该增量是由探针离子受到表面特定质量原子的双弹性散射造成的。

9.48

离子散射谱　ion-scattering spectrum

把散射离子的强度表示为散射离子的能量与入射离子能量比值的函数的能谱图。

9.49

散射离子能量　scattering ion energy

在双弹性碰撞过程中，发生双弹性碰撞的探针离子的动能 E_s，由式(33)计算：

$$E_s = E_0[M_0/(M_0+M_1)]^2\{\cos\theta + [(M_1/M_0)^2 - \sin^2\theta]^{1/2}\}^2 \quad \cdots\cdots(33)$$

式中：

E_s——被散射的探针离子的动能；

E_0——碰撞前入射探针离子的动能。它是离子电荷与加速电压的乘积；

M_0——探针离子的质量；

M_1——靶原子的质量；

θ——探针离子初速矢量和最终速度矢量的夹角，其数值是根据实验室坐标系中的一个公共坐标原点求得取值范围为0°～180°。

9.50

散射离子的能量比值　scattered ion energy ratio

散射探针离子动能和入射探针离子动能之比。该比值可用作离子散射谱的横坐标。

9.51

散射离子的实验强度　experimental intensity of scattered ion

用一束探针离子轰击试样所测得的能量过滤系统和探测系统的响应信号。通常被表示为离子散射谱的纵坐标。

9.52

散射离子的理论强度　theoretical intensity of scattered ion

由式(34)定义：

$$I_i(\theta)=I_0N_iP_ia_i(\mathrm{d}\sigma_i/\mathrm{d}\Omega)_\theta\Delta\Omega T \qquad (34)$$

式中：

$I_i(\theta)$ ——在给定的散射角 θ 处由 i 类原子散射的离子强度，离子数/s；

I_0 ——入射探针离子强度，离子数/s；

N_i ——表面的每单位面积(或入射束可进入的每单位体积)中，i 类散射中心的数目，原子数/m^2；

P_i ——探针离子在与 i 类原子相互作用以后仍保持离子化状态的概率；

a_i ——在给定的环境和几何条件下，i 类原子的几何因子或屏蔽因子；

$(\mathrm{d}\sigma_i/\mathrm{d}\Omega)_\theta$ ——在测量散射的角度外，i 类原子每单位立体角的微分散射截面，也就是每个 i 类原子每单位入射离子强度的角分布，m^2/原子数；

$\Delta\Omega$ ——由过滤系统和探测系统的入口狭缝所决定的接收立体角；

T ——分析系统和探测系统的百分传输率。

9.53

X 射线分析法　X-ray analysis

测量试样在各种条件下所发射的特征 X 射线。或者是测定试样的 X 射线衍射图形，从而实现试样的元素定性、定量分析和晶体结构分析方法。它一般分为 X 射线衍射分析法、发射 X 射线谱法和吸收 X 射线谱法三类。

9.54

X 射线衍射分析法　X-ray diffraction analysis

利用试样对 X 射线的衍射现象进行物质结构分析的方法。

9.55

发射 X 射线谱法　emission X-ray spectrometry

利用 X 射线或电子束激发试样产生的 X 射线，对试样所包含的某种元素进行定量定性分析的方法。

9.56

吸收 X 射线谱法　absorption X-ray spectrometry

利用试样对 X 射线的特征吸收进行试样元素定性定量分析的方法。

9.57

X 射线荧光分析法　X-ray fluorescence analysis

对固体或液体试样进行化学分析的一种非破坏性物理分析法。试样在强 X 射线束照射下产生的荧光 X 射线被已知点阵间距的晶体衍射而取得荧光 X 射线光谱。这种谱线的波长是试样中元素定性分析的依据，谱线的强度是定量分析的依据。

9.58

X 射线　X-ray

又称伦琴射线。

波长约为 0.01 nm～10 nm 间的电磁辐射。

9.59

X 射线光谱　X-ray spectrum

粒子束撞击固体目标(靶)时产生的 X 射线谱。它包含一个连续的韧致辐射谱和特征于靶中所含元素的若干组尖锐谱线。

9.60

X 射线强度　X-ray intensity

在一束 X 射线中每秒检测到的光子数。

9.61

特征 X 射线　characteristic X-ray

原子内层电子空位被来自外层的电子填充时所发射的 X 射线。不同元素的原子有不同的特征 X 射线。

9.62

增强[效应]　enhancement[effect]

由于一元素特征辐射的激发,而引起另一元素 X 射线辐射的增大的现象。

9.63

韧致辐射　bremss trahlung

具有足够能量的粒子(例如;电子)与物质相互作用急剧减速时辐射的连续 X 射线谱。它的强度在从 0～$\nu_{大}$ 的频率范围内大致是恒定的。它的最高频率 ν,由式(35)决定:

$$\nu = \frac{T}{h} \quad \cdots\cdots(35)$$

式中:

T ——粒子的初始动能;

h ——普朗克常数。

9.64

布拉格方程　Bragg's equation

又称为布拉格定律。

在满足衍射条件时,入射线波长 λ、晶面间距 d、衍射角 θ(即入射线束或反射线束与晶面的夹角)之间的关系见式(36):

$$n\lambda = 2d\sin\theta \quad \cdots\cdots(36)$$

式中:

n——正整数,称为衍射级序。

现在还用式(37)表示:

$$\lambda = 2d_{hki}\sin\theta \quad \cdots\cdots(37)$$

式中:

d_{hki}——以密勒指数表示的平行等距晶面族的面间距。

9.65

质量吸收系数　mass absorption coefficient

线性吸收系数 μ 与物质密度 ρ 之比。

对给定元素和给定波长而言,它是一个常数。

9.66

线性吸收系数　linear absorption coefficient

X射线通过均匀物质时强度的相对衰减量可由式(38)计算。

$$\mu = \frac{\ln \frac{I_0}{I}}{t} \qquad \cdots\cdots (38)$$

式中：

t ——吸收物质的单位截面的厚度；

I_0、I ——入射、出射X射线的强度。

9.67

波长色散　wavelength dispersion

通过衍射作用使X射线实现按波长的空间分离。

9.68

能量色散　energy dispersion

使X射线光子按能量大小分离。

9.69

X射线分析器　X-ray analyzer

对X射线波长进行分析的仪器。有发射式、吸收式和衍射式三类。

9.70

X射线荧光发射光谱仪　X-ray fluorescent emission spectrometer

用于测量荧光X射线的X射线光谱仪。为了聚焦低强度荧光光束而设计的变曲的反射或透射晶体、理论曲率半径可随所需衍射角而变。

9.71

X线光谱仪　X-ray spectrometer

X射线波谱仪和X射线能谱仪的总称。用于获得试样X射线光谱，并测量谱线的位置和强度。

9.72

X射线晶体光谱仪　X-ray crystal spectrometer

利用晶体作分光器的X射线光谱仪。晶体具有适当的点阵间隔，对一定波长范围的X射线产生衍射作用，可起到类似于光学式分析仪器中衍射光栅的作用。

9.73

X射线摄谱仪　X-ray spectrograph

配有照相或其他记录装置，能同时取得一定波长范围X射线光谱的X射线光谱仪。

9.74

X射线衍射仪　X-ray diffractometer

接受和记录衍射X射线，以获得试样结构信息的仪器。

9.75

X射线粉末衍射仪　X-ray powder diffractometer

用已知波长的X射线束照射粉末状或多晶物质试样，记录X射线衍射谱的角位置和强度，供晶体鉴别或结构分析用的一种X射线衍射式分析仪器。

9.76

X射线测角仪　X-ray goniometer

在X射线分析法中，用于测量入射X射线束与衍射X射线束之间夹角的仪器。

9.77

结构分析用X射线分析装置　X-ray apparatus for structure analysis

利用试样对X射线产生的衍射现象进行物质结构分析的装置。一般由X射线光源、光辐射检测器组成,有时还附加照相记录装置。

9.78

X射线吸收式光谱仪　X-ray absorption spectrometer

测定连续X射线透过试样后产生的特征吸收单色X射线的仪器。它最适合于有机溶剂等的分析。

9.79

扫描X射线光谱仪　sequential X-ray spectrometer

能对其中不同波长的X射线光谱进行连续研究的X射线光谱仪。

9.80

非衍射X射线光谱仪　nondiffraction X-ray spectrometer

一种不采用衍射原理的X射线光谱仪。它的检测器输出信号或与X射线光子能量有关;或与试样对X射线的选择吸收有关。

9.81

多道X射线光谱仪　multaneous X-ray spectrometer

能对多种不同波长或能量同时进行测量的X射线光谱仪。

9.82

X射线分光装置　X-ray spectrometer arrangement

用以使X射线产生波长色散的装置。

9.83

X射线单色器　X-ray monochromator

利用单晶体衍射作用以取得单色X射线束的装置。

9.84

固态[X射线]检测器　solid-state[X-ray]detector

利用X射线光子在激发半导体时,形成的电流脉冲与X射线光子的能量成比例的原理制成的X射线半导体检测器。

9.85

气体正比检测器　gas proportional detector

利用X射线光子栏通过它的窗口时,因产生气体离子-电子对而失去能量所形成的离子-电子对的数量与光子的能量成比例关系的原理制成的X射线检测器。

9.86

闪烁检测器　scintillation detector

当入射X射线使闪烁体(如碘化钠)产生荧光闪烁,利用良好的光耦合和反射物使荧光进入光电倍增管产生脉冲,该脉冲与X射线光子能量成比例关系的原理制成的检测器。

9.87

X射线过滤器　X-ray filter

由吸收材料制成,用于减弱或改变X射线辐射光谱成分的装置。

9.88

X射线光束截捕器　X-ray beam stop

X射线光谱分析器中吸收未被利用的入射X射线的装置。

9.89

扫描器　scanner

实现波长扫描并记录扫描过程中光谱的X射线分光电路装置。

9.90

晶体光栅　crystal grating

利用晶体内等距点阵面对 X 射线或 γ 射线产生衍射作用的器件。

9.91

分光波道　spectrometer channel

能对 X 射线进行分光的装置。它能将所选 X 射线分光在不同的空间位置并记录。为提高分析效率,有的 X 射线分析仪有几十个分析通道。

10　物性分析仪器

10.1

黏度　viscosity

当流体受外力作用而移动时,在分子间呈现的阻力或摩擦力。

10.2

剪切　shearing

互相平行的相邻流层间的有规则运动。

10.3

剪切应力　shearing stress

运动流层上单位面积的切向力。单位:Pa。

10.4

剪切速率　shearing speed

又称切速率或切变速率。

在稳定剪切时,流层间的速度梯度。

10.5

牛顿流动定律　Newton's law of flowing

描述流体流动时剪切力、剪切速率和流体黏度的定律。它可表示为式(39):

$$\eta=\frac{L}{D} \qquad \cdots\cdots(39)$$

式中:

η ——黏度,单位为帕秒(Pa · s);

L ——剪切应力,单位为帕(Pa);

D ——剪切速率,单位为秒负一次方(s^{-1})。

10.6

牛顿流体　Newton's fluid

没有剪切弹性的理想流体。其剪切应力与剪切速度之比为一常数。

10.7

非牛顿流体　non-Newtonian fluid

黏度系数在剪切速率变化时不能保持为常数的流体。这类物质主要有:塑性流体、假塑性流体、胀塑性流体触变体等。

10.8

动力黏度　dynamic viscosity

又称绝对黏度。

由牛顿流动定律导出的黏度值。其单位相距为 1 m 的两流层,当其中一层以 1 m/s 的流速相对另一层运动时，另 1 m^2 面积上受到 1 N 切向力时的黏度。单位：Pa·s。

10.9

运动黏度　kinematic viscosity

在相同温度下，流体的动力黏度与密度之比。单位：m^2/s。20 ℃时纯水黏度值 $1.003\,8\times10^{-6}\ m^2/s$ 是液体黏度基准。

10.10

相对黏度　relative viscosity

溶液的动力黏度与溶剂动力黏度之比。

10.11

比黏　specific viscosity

已知浓度的聚合物之相对黏度减去 1。通常用于测定低浓度的聚合物。

10.12

恩氏黏度　Engler viscosity

试样从恩氏黏度计流孔中流出 200 mL，所需要的时间与蒸馏水在 20 ℃流出相同体积所需的时间之比。它与温度有关。恩氏黏度 E_t 与运动黏度 V_t 的换算见式(40)，单位为 m^2/s：

$$V_t=\left(0.073\,19E_t-\frac{0.063\,1}{E_t}\right)\times10^{-4} \qquad \cdots\cdots(40)$$

10.13

还原黏度　reduced viscosity

比黏与浓度之比，常用于塑料加工过程。

10.14

固有黏度　intrinsic viscosity

还原黏度在浓度趋于零时的极限值。常用于高分子聚合物分子量的测定。可由式(41)计算：

$$\eta=\lim_{c\to0}\frac{n_{sp}}{c} \qquad \cdots\cdots(41)$$

式中：

η ——固有黏度；

c ——浓度；

n_{sp}——比黏。

10.15

体积黏度　volume viscosity

物体在体积发生变化时，表征其所受阻力和体积变化速率关系的量。可由式(42)计算：

$$\eta_V=-\frac{\Delta p}{\mathrm{d}V/\mathrm{d}t} \qquad \cdots\cdots(42)$$

式中：

η_V ——体积黏度；

Δp ——阻力；

$\mathrm{d}V/\mathrm{d}t$ ——单位体积变化速率。

10.16

黏度计　viscometer

测量流体(主要是液体)黏度的仪器。有毛细管黏度计，旋转黏度计，落球黏度计等等。

10.17

毛细管黏度计　capillary viscometer

一种具有玻璃毛细管(或金属毛细管)的黏度测量仪器。这类黏度计有的是通过测定一定体积的液体经过毛细管流入容器的时间(s);有的是通过测量单位时间内所流出的液体的体积;还有的是在恒定的流量下,测量其相应的压力,然后计算黏度。

10.18

标准黏度计　master viscometer

用以标定黏度标准液的一种毛细管黏度计。

10.19

旋转黏度计　rotational viscometer

一种具有转动测定系统的黏度计。按其测量参数可分为:在恒定转速下,测量浸入液体中转动体所受的转矩;在恒定转矩下,测定转动体转速两类。按其测量系统结构可分为:同轴圆筒式与锥板式两类。

10.20

旋转圆筒式黏度计　rotating cylinder viscometer

试样置于两同轴圆筒内,内筒旋转,由内筒的旋转角速度和力矩求出液体的黏度的一种旋转黏度计。

10.21

环式黏度计　ring viscometer

试样放在两大小相同的环状平板之间,一环固定,另一环旋转,由旋转环的角速度和力矩可求出试样黏度的一种平行板式旋转黏度计。

10.22

双锥黏度计　double-cone viscometer

试样放在两同轴的圆锥面之间,一个圆锥转动,通过测定转动体的角速度和转矩可得试样黏度一种旋转黏度计。这类仪器有共顶式和等锥角式两种。

10.23

锥-板黏度计　cone-plate viscometer

通过测量圆锥板转动力矩求出试样黏度的一种旋转黏度计。它由同轴的平板和圆锥板构成。平板在下,不动;圆锥板在上,旋转。试样置于两板之间。

10.24

落球黏度计　falling sphere viscometer

利用球体在液体中自由下落的速度与该液体的黏度有关的原理制成的一种黏度计。黏度 η 与下落速度 V 的关系见式(43):

$$\eta = A \times \frac{(\rho_0 - \rho)}{V} \quad \cdots\cdots(43)$$

式中:

A ——常数;

ρ_0 ——球体密度;

ρ ——液体密度。

10.25

同轴圆筒下落黏度计　falling coaxial cylinder viscometer

根据内筒下落的速度可得出试样黏度的一种黏度计。试样置于两同轴圆筒之间,外筒固定,内筒靠自重自由下落。适用于测定高黏度物质的黏度。

10.26

滚球式黏度计　rolling sphere viscometer

根据滚动的距离和时间可求出试样的黏度的一种黏度计。试样盛入倾斜的圆筒,将一直径比圆筒略小的球体放入,使沿内表面滚下。

10.27

流出式黏度计　efflux viscometer

使试样通过一个锐孔流出，通过测定流出时间或体积得到试样黏度的一种黏度计。

10.28

活塞式黏度计　plunger viscometer

由载荷与活塞下落速度可求出试样黏度的一种黏度计。试样放在圆筒状容器内，活塞靠自重(或加载)下落，试样从缝隙中压出。

10.29

振动黏度计　vibrating viscometer

通过测定振动衰减速度来测量黏度的一种黏度计。它利用电磁作用力驱动浸在液体中的振动元件。

10.30

密度　density

单位体积物质的质量。所有物质的密度都和温度有关。混合物的密度因成分而不同；气体的密度随压力而改变。

10.31

比重　specific gravity

物质的密度和某一标准物质的密度之比。

10.32

密度计　densitometer

测量物质密度的仪器。由于密度和比重之间有一定关系，因此密度计也可以用作为比重计。密度计按其用途所分为液体密度计、气体密度计、固体密度计等。

10.33

液体密度计　liquid densitometer

测定液体密度的仪器。常有振动式密度计、放射性同位素密度计、浮力式密度计、静压式密度计、重力式密度计、声速式密度计等。

10.34

γ射线密度计　γ-ray densitometer

具有γ射线源和辐射检测器的密度计。由于达到检测器的辐射能量与液体密度成反比，因此可对液体密度进行连续非接触测量。

10.35

气体密度计　gas densitometer

测量气体密度的仪器。常见的有平衡式气体密度计、黏滞式气体密度计、振动式气体密度计等。

10.36

湿度　humidity

气体中的含水量。

10.37

相对湿度　relative humidity

气体中的水蒸汽浓度和同一温度下气体所含饱和水蒸汽浓度之比，用百分比表示。

10.38

机械湿度计　mechanical hygrometer

装有一种敏感元件，其尺寸或质量随气体含水量的不同而改变的仪器。

10.39

电气湿度计 electrical hygrometer

其敏感元件的电气特性随着通过它的气体的湿度而变化的一种湿度计。

10.40

电解湿度计 electrolytic hygrometer

利用吸收物质(如五氧化二磷)与气体中水分接触时,会转换电解质(如磷酸)的一种湿度计。该电解电流在被分析气体恒速流动时,是湿度的线性函数。

10.41

电容湿度计 capacitance hygrometer

利用电容器电容量变化进行测量的湿度计。电容器的介质由气体或与气体相接触的材料构成。

10.42

电阻湿度计 resistance hygrometer

应用吸湿物质的电阻随湿度变化的特性制成的湿度计。可分为电解型(如氯化锂)和吸着型湿度计两大类。

10.43

干湿球湿度计 psychrometer

由两个温度敏感元件组成用来测定大气相对湿度的仪器。其中一个测量空气温度,另一个用水浸湿,用以测量在有水分蒸发冷却条件下的温度。两个敏感元件的温差为相对湿度的函数。

10.44

露点湿度计 dew point hygrometer

利用试样在冷却表面上露点形成的温度与通过此表面试样湿度的函数关系制成的湿度计。

10.45

霜点湿度计 frost point hygrometer

利用试样在冷却表面上形成霜时的温度与通过该表面的试样湿度的函数的关系制成的湿度计。

10.46

浊度计 turbidimeter

测量液体的浑浊程度的仪器。

10.47

透射光浊度计 transmission turbidimeter

根据浊度和透射光衰减程度之间的关系,实现对浊度测量的仪器。

10.48

散射光浊度计 scattering turbidimeter

根据散射光的强度与试样中的浊质微粒大小和含量成正比关系,实现对浊度测量的仪器。

11 其他分析仪器和辅助装置

11.1

环境监测站(车) environmental monitor station

用于环境污染监测的仪器系统。通常由采样系统、试样分析系统、仪器校准系统、数据处理系统和程序控制系统组成,监测对象主要为大气中的有害物质、土质和水质。为了巡回流动测量,将系统安装在特种车上则称环境监测车。

11.2

环境空气质量监测系统　air quality monitoring system

自动监测环境空气中有害气体的含量。主要监测有二氧化硫、氮氧化物、一氧化碳、二氧化碳、臭氧和颗粒物等。

11.3

颗粒物监测仪　particulate matter monitor

分为可吸入颗粒物（PM_{10}）监测仪和悬浮颗粒物（$PM_{2.5}$）监测仪。常用有重量法和β射线法等。

11.4

尘量分析仪　dust analyzer

分析环境空气所含粉尘，烟尘或漂尘的分析仪。

11.5

大气污染物监测系统　air pollution monitoring system

大气污染物监测是间断或连续地监视和测定环境中污染物的浓度，观察、分析其变化和对环境影响的过程。主要监测项目有二氧化硫、一氧化碳、氮氧化物、臭氧、总烃、漂尘及风向、风速、温度、湿度、日照等。大气污染在线监测系统是对城市或地区的环境空气进行连续、自动的采样和测定，并对测定的数据进行传输和处理的实时监测网。

11.6

水质监测系统　water quality monitoring system

水质监测是间断或连续地监视和测定水体中污染物的种类、各类污染物的浓度及变化趋势，评价水质状况的过程。主要监测项目可分为两大类：一类是反映水质状况的综合指标，如温度、色度、浊度、pH、电导率、悬浮物、溶解氧、化学需氧量和生物需氧量等；另一类是一些有毒物质，如酚、氰、砷、铅、铬、镉、汞和有机农药等。水质在线监测系统是对天然水（江、河、湖、海和地下水）及各种各样的工业排水等水体进行连续、自动的采样和测定，并对测定的数据进行传输和处理的实时监测网。

11.7

二氧化硫分析仪　sulfur dioxide analyzer

分析大气中二氧化硫含量的仪器。常用库仑法，或紫外荧光法、火焰光度法和红外线分析法等原理制成。

11.8

氮氧化物分析仪　nitrogen-oxide analyzer

分析大气中一氧化氮、二氧化氮等氮氧化物的仪器。常利用化学发光法或库仑法等原理制成。

11.9

臭氧分析仪　ozone analyzer

分析大气中臭氧含量的仪器。常利用紫外吸收法原理制成。

11.10

生物医学分析仪　biomedical analyzer

用于生物、生理、生物化学和医学等方面的分析仪器。包括各种电泳仪、血液分析仪、肺功能测定仪、专用电极等。

11.11

农用分析仪　agricultural analyzer

用于农产品成分、贮存保鲜、农药污染、育种、植物光合作用和光呼吸作用以及土壤成分的各类分析仪器。

11.12

食品安全检测仪　food analyzer

用于食品营养成分、风味、污染和添加剂检测的仪器。

11.13

动态校准器　dynamic calibrator

用于产生或稀释配置多种环境气体分析器校准用标准气体的装置。一般提供的校准气体有一氧化氮、氮、二氧化氮、二氧化硫、臭氧、一氧化碳、甲烷、硫化氢等。

11.14

二氧化氮转化炉　nitrogen dioxide transfer furnace

将二氧化氮转化为一氧化氮的装置。利用一氧化氮与臭氧的气相反应产生的化学发光，可实现对氮氧化物的检测。有钼转化炉和高温玻璃炭转化炉等类型。

11.15

反应气　reaction gas

在化学发光式分析器中，使与被测气体发生化学发光反应的气体。如臭氧分析时的乙烯，氮氧化物分析时的臭氧。

11.16

气体发生器　gas generator

产生分析仪器使用氮气、氢气等的装置。它是分析仪器的辅助设备。

11.17

渗透管　permeability tube

利用聚乙烯塑料膜的渗透性提供微量校准气的器件。渗出的气体经稀释含量可以达微克/分级。常用的有二氧化硫、氮氧化物、硫化氢、氨、氯等，按工作温度分则有常温(30 ℃)、高温(50 ℃)两种。

11.18

采样器　sampler

与分析仪器配套使用的采集样品的装置。通常有气体采样器、液体采样器、粉尘采样器、烟尘采样器等。

11.19

分析小屋　analyzer house;AH

一种封闭的建筑或是建筑的一部分，安装有单台或多台在线分析器及辅助设备。由有资质的人员进行定期的流程巡检，通常有自然通风或强制通风。并在室内进行分析器的维修保养。

注：本标准术语“AH”范围不考虑建筑结构的配置，不管是房间、柜还是建筑物，也不管它是整体，还是附属于其他建筑的一部分。

11.20

切割器　particle separate device

采样器中具有将不同粒径分离功能的装置。通常有总悬浮颗粒物(TSP)和空气中空气动力学直径不大于 10 μm 的颗粒物(PM_{10})、空气中空气动力学直径不大于 2.5 μm 的颗粒物($PM_{2.5}$)和空气中空气动力学直径不大于 1.0 μm 的颗粒物($PM_{1.0}$)。

11.21

烟气连续排放监测系统　continuous emission monitoring system;CEMS

指对大气污染源排放的气态污染物和颗粒物进行浓度和排放总量连续监测并将信息实时传输到主管部门的装置，被称为“烟气自动监控系统”，亦称“烟气排放连续监测系统”或“烟气在线监测系统”。

11.22

实验室分析仪器　laboratory analytical Instrument

指固定安装在实验室或条件相似的场所，对被测物质的组成成分或物性参数进行定性、定量分析测量的一类仪器。

11.23

移动分析仪器　carrying analytical Instrument

指安装在运动载体(如车、船、飞行器等)上,对被测物质的组成成分或物性参数进行定性、定量分析测量的一类仪器。

11.24

便携式分析仪器　portable analytical Instrument

指便于个人携带,对被测物质的组成成分或物性参数进行定性、定量分析测量的一类仪器。

11.25

在线分析仪器　on-line analytical instrument

又称过程分析器(process analyzer)。指将分析仪器的检测器(传感器)或整机直接安装在工业生产流程或其他源流体现场,对被测介质的组成成分或物性参数进行实时分析并能连续自动测量的一类仪器。

中文索引

A

B

C

D

E

F

G

H

K

L

R

S

T

W

X

Y

Z

英文对应词索引

A

B

C

D

E

F

I

J

K

L

M

N

O

P

Q

R

S

T

U

ICS 71.040
N 53

中华人民共和国国家标准

GB/T 13971—2013
代替 GB/T 13971—1992

紫外线气体分析器技术条件

Specification of ultraviolet gas analyzers

2013-12-17 发布 2014-06-01 实施

中华人民共和国国家质量监督检验检疫总局
中国国家标准化管理委员会 发布

前　言

本标准按照 GB/T 1.1—2009 给出的规则起草。

本标准修订并代替 GB/T 13971—1992《紫外线气体分析器技术条件》。

本标准在技术内容上与原标准的主要变化如下：

——修订了线性误差、重复性、输出波动、零点漂移、量程漂移等性能要求；

——增加了电源电压影响量的要求和试验方法；

——增加了干扰气体组分影响量的要求和试验方法；

——增加了机械振动影响量的要求和试验方法；

——删除了大气压力变化的影响的要求和试验方法。

本标准由中国机械工业联合会提出。

本标准由全国工业过程测量和控制标准化技术委员会(SAC/TC 124)归口。

本标准由聚光科技(杭州)股份有限公司负责起草，重庆川仪分析仪器有限公司、武汉天虹仪表有限责任公司、上海市计量测试技术研究院、杭州市环境监测中心站等单位参加起草。

本标准主要起草人：黄伟、叶华俊、王欣媛、李曹东、姜永年、蔡建华、何曦。

本标准所替代标准的历次版本发布情况：

——GB/T 13971—1992。

紫外线气体分析器技术条件

1 范围

本标准规定了紫外线气体分析器的要求、试验方法、检验规则、标志、包装、运输及贮存。

本标准适用于测定混合气体中某一组分浓度的不分光紫外线气体分析器(以下简称仪器),包括不分光紫外线吸收光谱气体分析器和紫外线荧光光谱气体分析器,紫外线波长范围为150 nm～400 nm。

2 规范性引用文件

下列文件对于本文件的应用是必不可少的。凡是注日期的引用文件,仅注日期的版本适用于本文件。凡是不注日期的引用文件,其最新版本(包括所有的修改单)适用于本文件。

GB/T 191—2008 包装储运图示标志

GB/T 2829—2002 周期检验计数抽样程序及表(适用于对过程稳定性的检验)

GB 4793.1—2007 测量、控制和试验室用电气设备的安全要求 第1部分:通用要求

GB/T 11606—2007 分析仪器环境试验方法

GB/T 13384—2008 机电产品包装通用技术条件

GB/T 17626.2—2006 电磁兼容 试验和测量技术 静电放电抗扰度试验

GB/T 17626.3—2006 电磁兼容 试验和测量技术 射频电磁场辐射抗扰度试验

GB/T 17626.4—2008 电磁兼容 试验和测量技术 电快速瞬变脉冲群抗扰度试验

GB/T 17626.5—2008 电磁兼容 试验和测量技术 浪涌(冲击)抗扰度试验

GB/T 17626.11—2008 电磁兼容 试验和测量技术 电压暂降、短时中断和电压变化的抗扰度试验

GB/T 18268.1—2010 测量、控制和实验室用的电设备 电磁兼容性要求 第1部分:通用要求

3 要求

3.1 工作条件

仪器在表1规定的工作条件下应能正常工作。

表1 工作条件

条件	序号	影响量	单位	正常工作条件
大气条件	1	环境温度	℃	5～40
	2	相对湿度	%	≤90
	3	大气压力	kPa	当地大气压力(70.0～106.0)
机械条件	4	通风	—	按制造商规定
	5	机械振动	—	按制造商规定
	6	机械冲击	—	按制造商规定

表 1（续）

条件	序号	影响量	单位	正常工作条件
电源条件	7	电源电压	V	额定电压±10%
	8	电源频率	Hz	额定频率±2%

3.2 外观要求

仪器的外观应满足如下要求：

a） 仪器的外观应光洁，表面涂、镀层无明显剥落、擦伤、露底及污垢；

b） 所有铭牌及标志应清晰耐久，内容符合相关法规、标准的要求；

c） 所有紧固件不得松动、各种调节件灵活，功能正常；

d） 零件表面不得锈蚀；

e） 仪器可拆部分应能无障碍地拆装。

3.3 性能要求

3.3.1 线性误差

仪器的线性误差应从下列数值中选取：

±1%FS、±1.5%FS、±2%FS、±3%FS。

注：FS 表示满量程。

3.3.2 重复性

仪器的重复性应从下列数值中选取：

≤0.5%、≤0.75%、≤1%、≤1.5%。

3.3.3 输出波动

在规定时间内，仪器输出信号的波动应不超过线性误差的二分之一。

3.3.4 零点漂移和量程漂移

仪器连续运行规定的时间间隔，其零点漂移量和量程漂移量应从下列数值中选取：

±1%FS、±1.5%FS、±2%FS、±3%FS。

时间间隔应从以下数值中选取：24 h、3 d、7 d。

3.3.5 预热时间

预热时间应从下列时间中选取：

30 min、1 h、3 h。

3.3.6 滞后时间、上升时间和下降时间

仪器的滞后时间、上升时间和下降时间应在下列时间中选取：

滞后时间：5 s、10 s；

上升时间：20 s、60 s、120 s；

下降时间：20 s、60 s、120 s。

注：响应时间 T_{90} 为滞后时间与上升时间（或下降时间）之和。

3.4 影响量

3.4.1 环境温度变化的影响

5 ℃～40 ℃环境温度范围内，温度变化引起的偏差应不超过线性误差的二倍。

3.4.2 振动影响

振动试验的振动频率为10 Hz～55 Hz、振幅为0.15 mm、扫描速率为每分钟一倍频程、循环次数为20次，仪器在进行振动试验的过程中，测量结果应符合3.3.1中的规定，并且不得有机械损坏。

3.4.3 干扰误差

按用户要求或双方协议分别测定其干扰误差。

3.4.4 电源电压

电源电压在额定值±10%范围内变化时，引起的偏差应不超过线性误差的二分之一。

3.5 安全要求

3.5.1 标志和文件

仪器的标志和文件应符合GB 4793.1—2007中第5章的有关规定。

3.5.2 防电击要求

3.5.2.1 接触电流

由交流电网供电的仪器，其接触电流应符合GB 4793.1—2007中6.3的有关规定，即不接地设备和正常工作条件下的接地设备接触电流应不大于0.5 mA，故障条件下的接地设备接触电流应不大于3.5 mA。

3.5.2.2 保护接地

由交流电网供电的仪器，其保护接地应符合GB 4793.1—2007中6.5.1的有关规定，即保护导体端子与规定要采用保护连接的每一个可触及零部件之间的阻抗不应超过0.1 Ω。

3.5.2.3 介电强度

由交流电网供电的仪器，电源输入端与可触及导电零部件之间施加规定的1.5 kV的试验电压，漏电流设置为5 mA，历时1 min，不应出现击穿或飞弧现象。

3.6 包装、运输和贮存

仪器在运输包装状态下，按GB/T 11606—2007表1中运输、运输贮存的要求进行下列试验：

a) 低温贮存：－20 ℃；
b) 高温贮存：55 ℃；
c) 交变湿热：相对湿度95%、温度55 ℃；
d) 跌落：自由跌落高度250 mm；
e) 碰撞：碰撞1 000次。

试验后，包装箱不应有较大变形和损伤，受试仪器不应有变形松脱、涂覆层剥落等机械损伤；将仪器置于正常工作条件下进行检验，应符合3.2、3.3和3.5的要求。

3.7 电磁兼容性要求

仪器的静电放电抗扰度、射频电磁场辐射抗扰度、电快速瞬变脉冲群抗扰度、浪涌（冲击）抗扰度及电压暂降、短时中断和电压变化的抗扰度应分别满足GB/T 18268.1—2010中性能判据2的要求。

4 试验条件

4.1 除非另有规定，仪器在表2规定的参比试验条件下进行。

表2 参比试验条件

条件	序号	影响量	单位	参比试验条件
大气条件	1	环境温度	℃	23±2
	2	相对湿度	%	45～75
	3	大气压力	kPa	86.0～106.0
机械条件	4	通风	—	通风无阻碍
	5	机械振动	—	可忽略不计的值
	6	机械冲击	—	可忽略不计的值
电源条件	7	电源电压	V	额定电压±1%
	8	电源频率	Hz	额定频率±1%

4.2 试验时，校准物质应采用国家二级或二级以上的标准物质。

5 试验程序

5.1 外观检查

在正常光线下，用目视和手感等方法进行。

5.2 性能试验

5.2.1 线性误差

仪器在正常工作状态下，校准仪器零点、满量程。依次通入不同浓度校准气体（在量程范围内均匀分布，不少于三种），待稳定后，分别记录仪器的示值。上述步骤重复三次，求出相应的示值平均值。求这些平均值与校准气标称值的差值ΔA，按式(1)计算δ_l。取绝对值最大者为仪器的线性误差。

$$\delta_l = \frac{\Delta A}{R} \times 100\% \qquad \cdots\cdots(1)$$

式中：

R——仪器满量程值（以下同义）。

5.2.2 重复性

仪器在正常工作状态下，通入零点校准气体，示值稳定后，再通入规定浓度（指浓度为满量程60%～90%的校准气体，下同）的校准气体，记录稳定后仪器的示值A_i。重复上述步骤六次，求出其平

均值 $\overline{A}$。按式(2)计算仪器的重复性 RSD。

$$RSD=\frac{1}{\overline{A}}\sqrt{\frac{\sum_{i=1}^{6}(A_i-\overline{A})^2}{5}}\times 100\% \qquad \cdots\cdots(2)$$

5.2.3 输出波动

仪器在正常工作状态下，连续通入零点校准气体，把示值调到量程的5%与测量下限之和处(以下简称规定处)，持续5 min，用测量装置在此期间内测量随机的最大峰-峰值 A_{max}；重复测量三次，取其平均值 $\overline{A}$。按式(3)计算仪器由输出波动引起的偏差(δ_u)：

$$\delta_u=\frac{\overline{A}}{R}\times 100\% \qquad \cdots\cdots(3)$$

5.2.4 零点漂移和量程漂移

仪器在正常工作状态下，通入零点校准气体，示值调到规定处，稳定后记录仪器的示值 Z_0。然后通入规定浓度的校准气体，记录稳定后的仪器的示值 E_0。仪器连续运行，重复上述步骤(至少六次，在试验时间间隔内均匀分布)，同时记录仪器示值 Z_i、E_i($i=1,2,\cdots,n$)。按式(4)计算零点漂移 δ_{zi}，取绝对值最大的 δ_{zi} 作为仪器的零点漂移 δ_z。

$$\delta_{zi}=\frac{Z_i-Z_0}{R}\times 100\% \qquad \cdots\cdots(4)$$

按式(5)计算量程漂移 δ_{si}，取绝对值最大的 δ_{si} 作为仪器的量程漂移 δ_s。

$$\delta_{si}=\frac{(E_i-Z_i)-(E_0-Z_0)}{R}\times 100\% \qquad \cdots\cdots(5)$$

注：如果大气压力变化对仪器指示值的影响不可忽略，记录大气压力值，以便对测量结果进行修正。Z_i、E_i 值应为受压力影响的修正值。

5.2.5 预热时间

在未通电的情况下放置12 h，接通仪器电源，同时连续向仪器通入规定浓度的校准气体，记录仪器的输出信号。从仪器接通电源起，到规定时间内输出信号的偏差不大于所规定的重复性之前的时间为预热时间。

按式(6)计算偏差 δ_Y：

$$\delta_Y=\frac{A_{max}-A_{min}}{R}\times 100\% \qquad \cdots\cdots(6)$$

式中：

A_{max}——最大指示值；

A_{min}——最小指示值。

5.2.6 滞后时间(T_{10})、上升时间(T_r)和下降时间(T_f)

仪器在正常工作状态下。分别通入零点校准气体和规定浓度的校准气体，记录稳定后的示值 A_1 和 A_2。计算 $A_{T10}=A_1+0.1\times(A_2-A_1)$ 和 $A_{T90}=A_1+0.9\times(A_2-A_1)$ 的值。

重新通入零点校准气体，待示值稳定后，通入规定浓度的校准气体。从仪器进口通入校准气体起，用秒表分别记录仪器指示到 A_{T10} 处所经过的时间和仪器指示从 A_{T10} 到 A_{T90} 处所经过的时间。这两个时间分别为滞后时间(T_{10})和上升时间(T_r)。

下降时间(T_f)的测定。再通入规定浓度的校准气体，待示值稳定后，向仪器通入零点校准气体，用

秒表记录示值从 A_{T90} 到达 A_{T10} 处所经过的时间。

5.3 影响量

5.3.1 环境温度变化的影响

将仪器安放在环境试验室(箱)内。仪器在正常工作状态下，通入规定浓度的校准气体，将环境试验室(箱)依次均匀调节到给定的温度，升降温度速率不大于 1 ℃/min。在该温度下保持 4 h，分别测定仪器在参比温度和额定工作范围上、下限温度下仪器的示值，按式(7)求出与参比条件下仪器的示值之差 ΔA。

偏差(δ_i)按式(8)计算。

$$\Delta A = A_2 - A_1 \qquad \cdots\cdots(7)$$

$$\delta_i = \frac{\Delta A}{R} \times 100\% \qquad \cdots\cdots(8)$$

式中：

A_2——在额定工作温度上、下限仪器的示值；

A_1——参比条件下仪器的示值。

5.3.2 振动影响

试验方法参照 GB/T 11606—2007 中第 9 章规定的振动试验方案进行，具体试验方法为试验中扫频范围设定为(10～55)Hz，由下限频率扫频到上限频率，再到下限频率为一个周期，扫频循环数为 20 次。扫描速率为每 min 一倍频程。试验过程中按 5.2.1 方法测量仪器的线性误差。

5.3.3 干扰误差

5.3.3.1 非水蒸气干扰组分的干扰误差

5.3.3.1.1 干扰组分浓度应按用户要求或双方协议确定。

仪器在正常工作状态下，通入零点校准气，并将示值调到规定处，记录仪器示值为 A_0，向仪器通入按要求制备的干扰气，记录测定仪器的示值 A_i，重复上述步骤三次，按式(9)计算 ΔA。

$$\Delta A = \frac{\sum_{i=1}^{3}(A_i - A_0)}{3} \qquad \cdots\cdots(9)$$

式中：

A_i——通入干扰气时仪器的第 i 次示值；

A_0——未通入干扰气前仪器调零后的示值。

非水蒸气组分的干扰误差按式(8)计算。

5.3.3.2 水蒸气的干扰误差

仪器在正常工作状态下，通入干燥的零点校准气(含水量按体积比低于 0.1%)，记录仪器的示值 A_0；然后让其通过一个水蒸气发生装置(如水鼓泡器)，该装置的温度控制在某一温度点上，使产生的水蒸气浓度满足给定要求，记录稳定后仪器的示值 A_i。重复上述步骤三次。

试验过程中，应避免水蒸气进入仪器传感器之前发生冷凝现象。

按式(10)计算 ΔA。

$$\Delta A = \frac{\sum_{i=1}^{3}(A_i - A_0)}{3} \qquad \cdots\cdots(10)$$

水蒸气的干扰误差按式(8)计算。

5.3.4 电源电压

仪器在正常工作状态下，通入规定浓度的校准气体，分别测定仪器在电源电压为额定电压值±10%下仪器的示值，求出与参比条件下仪器的示值之差 ΔA。

偏差(δ_i)按式(8)计算。

5.4 安全性

5.4.1 标志和文件

目测检查。

5.4.2 防电击试验

5.4.2.1 接触电流

按 GB 4793.1—2007 的有关规定进行试验，仪器正常状态下和故障状态下均通过接触电流测试仪给被测仪器供电，供电电压为 1.1 倍额定工作电压(242 VA.C.)，被测设备进行正常流程工作，注意记录试验过程中仪器接触电流变化。

5.4.2.2 保护接地

按 GB 4793.1—2007 附录 F 的有关规定进行试验，将接地电阻仪的一端钳子连接至仪器的保护导体端子，将另一端连接至测试点，进行保护连接阻抗测试，记录保护连接阻抗。

5.4.2.3 介电强度

5.4.2.3.1 试验要求

潮湿预处理按 GB 4793.1—2007 中 6.8.2 规定进行(该项试验仅在仪器鉴定检验时进行)。

在正常工作条件下，仪器处于非工作状态，电源开关置于接通位置，按试验要求 3.5.2.3 规定的试验电压值对受试仪器进行试验。

5.4.2.3.2 试验方法

用耐电压测试仪，其一端为连接在一起的电源线插头的相线和中线，另一端为连接在一起的所有可触及导电零部件之间，在 5 s 内升至规定的试验电压值 1.5 kV，漏电流设置为 5 mA，并保持 1 min。

5.5 仪器的包装、运输贮存

仪器在包装状态下，按 GB/T 11606—2007 中第 8 章、第 15 章、第 16 章、第 17 章的方法进行试验，恢复后的性能检查项目按 3.2、3.3 和 3.5 规定进行。

5.6 电磁兼容性

5.6.1 静电放电抗扰度

静电放电抗扰度试验的试验方法按 GB/T 17626.2—2006 实施。

直接放电试验分为接触放电和空气放电，接触放电时要求静电枪在放电之前接触仪器测试点，试验等级为 3 级;空气放电时圆形放电电极尽可能快地接近并触及仪器,试验等级为 4 级,每次放电之后,将静电枪从仪器移开,然后重新触发静电枪,进行新的单次放电,这个程序应当重复直至放电完成为止。

5.6.2 射频电磁场辐射抗扰度

射频电磁场辐射抗扰度试验的试验方法按 GB/T 17626.3—2006 实施。

5.6.3 电快速瞬变脉冲群抗扰度

电快速瞬变脉冲群抗扰度试验的试验方法按 GB/T 17626.4—2008 实施。

对电源端口、信号端口、控制端口、保护接地施加试验等级为 3 级的电快速瞬变脉冲群,应分别在重复频率为 5 kHz 和 100 kHz 的正负极性脉冲下进行,重复试验 3 次。

5.6.4 浪涌(冲击)抗扰度

浪涌(冲击)抗扰度试验的试验方法按 GB/T 17626.5—2008 实施。

对电源端口、信号端口、控制端口、保护接地施加试验等级为 3 级的浪涌(冲击)。

5.6.5 电压暂降、短时中断和电压变化的抗扰度

电压暂降、短时中断和电压变化的抗扰度试验的试验方法按 GB/T 17626.11—2008 实施。

电压暂降、短时中断试验分别进行 0%、40%、70%不同等级的试验,起始相位为 0°、45°、90°、135°、180°、225°、270°、315°,要求 3 次相同的电压暂降试验,且每次试验之间的间隔为 10 s。

6 检验规则

6.1 检验分类

仪器检验分为出厂检验和型式检验。

6.2 出厂检验

6.2.1 每台仪器须经制造厂质量检验部门检验,所检验的项目全部达到产品标准要求后方可出厂,并附有产品合格证书、使用说明书及装箱单。

6.2.2 出厂检验项目及不合格类别见表 3。

6.2.3 出厂检验不合格或有不合格项目,则应返工然后复验。复验全部项目合格后,方可出厂。

6.3 型式检验

6.3.1 检验时机

在下列情况之一时,应进行型式检验:

a) 仪器设计定型或生产定型时;
b) 仪器转厂或转移生产地时;
c) 仪器正式生产后,如结构、材料、工艺有较大改变,可能影响仪器性能时;
d) 仪器长期停产,恢复生产时;
e) 仪器正常生产时,定期或积累一定产量后,应周期进行一次检验;
f) 国家各级质量监督检验要求时;
g) 出厂检验结果与上次型式检验有较大差异时。

6.3.2 样品量

型式检验的样品应从出厂检验合格的批中随机抽取，样品量不少于两台。

6.3.3 判定规则

6.3.3.1 型式检验项目及不合格类别见表 3。

6.3.3.2 型式检验的抽样应按 GB/T 2829—2002 中 5.9 的规定。采用的抽样方案、检验的不合格分类、检验项目及对应的条目、不合格质量水平、判别水平、样本量和判定数组等要求应在产品标准中规定。

6.3.3.3 合格与不合格的判定应按 GB/T 2829—2002 中 5.11 的规定进行。

6.3.3.4 若型式检验合格，对进行抽样的该批产品可以提交鉴定、定型或出厂、入库。

6.3.3.5 若型式检验不合格，应分析原因，采取纠正措施，验证有效后，重新提交检验。若型式检验再次不合格，则对进行抽样的该批产品应停止出厂，再重复上述分析、纠正、验证、重新提交的步骤，直至合格为止。

表 3 仪器检验项目表

序号	不合格分类	检验项目、要求及试验条目			检验分类	
		检验项目	要求条款	试验方法	出厂检验	型式检验
1	A	安全要求	3.5	5.4	●	●
2		线性误差	3.3.1	5.2.1	●	●
3		重复性	3.3.2	5.2.2	●	●
4		零点漂移和量程漂移	3.3.4	5.2.4	●	●
5	B	外观要求	3.2	5.1	●	●
6		输出波动	3.3.3	5.2.3	●	●
7		预热时间	3.3.5	5.2.5	●	●
8		滞后时间、上升时间和下降时间	3.3.6	5.2.6	●	●
9		环境温度变化	3.4.1	5.3.1	—	●
10		振动影响[a]	3.4.2	5.3.2	—	●
11		干扰误差	3.4.3	5.3.3	—	●
12		电源电压	3.4.4	5.3.4	—	●
13		包装、运输和贮存	3.6	5.5	—	●
14		电磁兼容性要求	3.7	5.6	—	○

注 1：● ——应进行检验的项目。

注 2：○ ——需要时进行检验的项目。

注 3：— ——不进行检验的项目。

注 4：A 类不合格——单位产品的极重要质量特性不符合规定，或者单位产品的质量特性极严重不符合规定。

注 5：B 类不合格——单位产品的重要质量特性不符合规定，或者单位产品的质量特性严重不符合规定。

[a] “振动影响”仅适用在车载系统等振动较大环境下使用的仪器。

7 标志、包装、运输和贮存

7.1 仪器的标志

仪器在适当的明显位置固定铭牌，其上应有如下标志：

a) 制造厂名称、地址；

b) 仪器型号、规格、名称；

c) 制造日期；

d) 出厂编号；

e) 电源电压、电源频率；

f) 必须标志的重要参数；

g) 执行标准。

7.2 包装

7.2.1 仪器包装应符合 GB/T 13384—2008 中防潮、防震包装规定。

7.2.2 包装箱标志

包装箱的适当明显位置上应有下列标志：

a) 仪器型号、规格、名称；

b) 制造厂名称、地址；

c) 外形尺寸：长×宽×高，单位为 mm；

d) 净重及毛重，单位为 kg；

e) 出厂编号、包装箱序号及数量；

f) 包装储运图示标志："易碎物品"、"向上"、"怕雨"等应符合 GB/T 191—2008 规定；

g) 发送地点及收货单位。

7.2.3 随机文件

仪器的随机文件包括：

a) 装箱单；

b) 产品合格证；

c) 使用说明书(仪器文件中有关安全描述应符合 GB 4793.1—2007 第 5 章有关规定)；

d) 备件清单。

7.3 运输、贮存

7.3.1 仪器在运输过程中和贮存时应防止受到剧烈冲击、雨淋、暴晒及辐射。

7.3.2 仪器应原箱存放保管，仓库环境温度为 0 ℃～40 ℃，相对湿度不大于 85%，不应有能引起仪器腐蚀及电气绝缘降低的有害物质存放。

7.3.3 仪器贮存期限不应超过两年，超过期限后，应对仪器按产品标准要求进行抽检。

ICS 29.130.20
K 32

中华人民共和国国家标准

GB/T 14048.19—2013/IEC 60947-5-7:2003

低压开关设备和控制设备 第5-7部分:控制电路电器和开关元件 用于带模拟输出的接近设备的要求

**Low-voltage switchgear and controlgear—
Part 5-7:Control circuit devices and switching elements—
Requirements for proximity devices with analogue output**

(IEC 60947-5-7:2003,IDT)

2013-12-17 发布 2014-04-09 实施

中华人民共和国国家质量监督检验检疫总局
中国国家标准化管理委员会 发布

前　言

GB 14048《低压开关设备和控制设备》目前分为以下 21 个部分：

——GB 14048.1　低压开关设备和控制设备　第 1 部分：总则；

——GB 14048.2　低压开关设备和控制设备　第 2 部分：断路器；

——GB 14048.3　低压开关设备和控制设备　第 3 部分：开关、隔离器、隔离开关及熔断器组合电器；

——GB 14048.4 低压开关设备和控制设备　第 4-1 部分：接触器和电动机起动器　机电式接触器和电动机起动器(含电动机保护器)；

——GB 14048.5　低压开关设备和控制设备　第 5-1 部分：控制电路电器和开关元件　机电式控制电路电器；

——GB 14048.6　低压开关设备和控制设备　第 4-2 部分：接触器和电动机起动器　交流半导体电动机控制器和起动器(含软起动器)；

——GB/T 14048.7　低压开关设备和控制设备　第 7-1 部分：辅助器件　铜导体的接线端子排；

——GB/T 14048.8　低压开关设备和控制设备　第 7-2 部分：辅助器件　铜导体的保护导体接线端子排；

——GB 14048.9　低压开关设备和控制设备　第 6-2 部分：多功能电器(设备)　控制与保护开关电器(设备)(CPS)；

——GB/T 14048.10　低压开关设备和控制设备　第 5-2 部分：控制电路电器和开关元件　接近开关；

——GB/T 14048.11　低压开关设备和控制设备　第 6-1 部分：多功能电器　转换开关电器；

——GB/T 14048.12　低压开关设备和控制设备　第 4-3 部分：接触器和电动机起动器-非电动机负载用交流半导体控制器和接触器；

——GB/T 14048.13　低压开关设备和控制设备　第 5-3 部分：控制电路电器和开关元件-在故障条件下具有确定功能的接近开关(PDF)的要求；

——GB/T 14048.14　低压开关设备和控制设备　第 5-5 部分：控制电路电器和开关元件-具有机械锁闩功能的电气紧急制动装置；

——GB/T 14048.15　低压开关设备和控制设备　第 5-6 部分：控制电路电器和开关元件-接近传感器和开关放大器的 DC 接口(NAMUR)；

——GB/T 14048.16　低压开关设备和控制设备　第 8 部分：旋转电机用装入式热保护(PTC)控制单元；

——GB/T 14048.17　低压开关设备和控制设备　第 5-4 部分：控制电路电器和开关元件　小容量触头的性能评定方法　特殊试验；

——GB/T 14048.18　低压开关设备和控制设备　第 7-3 部分：辅助器件　熔断器接线端子排的安全要求；

——GB/T 14048.19　低压开关设备和控制设备　第 5-7 部分：控制电路电器和开关元件　用于带模拟输出的接近设备的要求；

——GB/T 14048.20　低压开关设备和控制设备　第 5-8 部分：控制电路电器和开关元件　三位使能开关；

——GB/T 14048.21　低压开关设备和控制设备　第 5-9 部分：控制电路电器和开关元件　流量开关。

本部分为 GB 14048《低压开关设备和控制设备》的第 19 部分。

本部分按照 GB/T 1.1—2009 给出的规则起草。

本部分使用翻译法等同采用 IEC 60947-5-7:2003《低压开关设备和控制设备　第 5-7 部分:控制电路电器和开关元件　用于带模拟输出的接近设备的要求》。

本部分由中国电器工业协会提出。

本部分由全国低压电器标准化技术委员会(SAC/TC 189)归口。

本部分负责起草单位:上海电器科学研究院、上海电科电器科技有限公司。

本部分参加起草单位:苏州电器科学研究院股份有限公司、巨邦电气有限公司、上海电器设备检测所。

本部分主要起草人:栗惠、黄兢业。

本部分参加起草人:何秀明、波官勇、忻毅。

引　　言

本部分修改了 GB/T 14048.10—2008 中有关带半导体开关元件的接近开关的要求，以适用于带模拟输出的接近设备。

低压开关设备和控制设备 第5-7部分:控制电路电器和开关元件 用于带模拟输出的接近设备的要求

1 基本要求

1.1 适用范围和目的

本部分规定了带模拟输出的接近设备的要求。该设备可由一个或多个部分组成。

本部分适用于带模拟输出的接近设备。GB/T 14048.10(接近开关)的要求在按本部分的规定进行补充或修改后适用。本部分的条款号按GB/T 14048.10中的条款号顺序编号,需要时做了适当修改。

1.2 规范性引用文件

下列文件对于本文件的应用是必不可少的。凡是注日期的引用文件,仅注日期的版本适用于本文件。凡是不注日期的引用文件,其最新版本(包括所有的修改单)适用于本文件。

GB/T 14048.10—2008 低压开关设备和控制设备 第5-2部分:控制电路电器和开关元件 接近开关(IEC 60947-5-2:2004,IDT)

2 术语和定义

GB/T 14048.10—2008界定的术语和定义以及下列术语和定义适用于本文件。

2.1 基本定义

2.1.2

带模拟输出的接近设备 proximity device with analogue output

输出信号根据接近设备的感应表面与其标靶物体之间的距离而连续变化的设备。

2.1.3

下限距离 lower distance

规定的最小距离,大于该值则输出信号连续变化。

2.1.4

上限距离 upper distance

规定的最大距离,小于该值则输出信号连续变化。

2.1.5

距离范围 distance range

下限距离和上限距离之间的距离范围,包括上限和下限值。

2.3 接近设备的动作

2.3.7

接近设备的距离/输出特性 distance/output characteristic of the proximity device

稳态下,输出信号(电流或电压值)相对于接近设备感应表面和标靶物体之间距离的关系。

2.3.8

一致性 conformity

标称距离/输出特性曲线与5个规定距离的测量值之间的最大偏差，包括制造误差。

2.3.9

重复精度 repeatability

规定条件下输出信号的变化值，用上限值的百分比表示。

2.3.10

上行误差 upscale error

距离逐渐增大的每个测量周期中，每个测量值的误差的算术平均值。

2.3.11

下行误差 downscale error

距离逐渐减小的每个测量周期中，每个测量值的误差的算术平均值。

2.3.12

平均误差 average error

每个距离点处所有上行测量值和下行测量值的算术平均值。

2.4 输出元件的特性

注：模拟式接近设备不一定是线性设备。

2.4.8

模拟电流信号 analogue current signal

在其范围内连续变化的电流信号。

2.4.9

模拟电压信号 analogue voltage signal

在其范围内连续变化的电压信号。

2.4.10

模拟信号的范围 range of analogue signal

规定限值范围内的所有信号值。

2.4.11

下限值 lower limit

规定范围的最小值。

注：下限值可以是零或一个有限值，如果为零，则称为“真零点”，如果为一个有限值，则称为“活动零点(live zero)”。

2.4.12

上限值 upper limit

规定范围的最大值。

2.4.13

负载阻抗 load impedance

规定了接近设备输出特性的阻抗。

2.4.14

波纹量 ripple content

交流分量的峰峰值与信号上限值的比率。

2.4.15

恢复时间 recovery time

外部影响去除之后，输出信号返回到以前的值（在2.3.9规定的重复精度限值范围内）所需要的时间。

3 分类

按照 GB/T 14048.10—2008 的表 1 进行分类,补充下列要求。

3.7 按模拟输出分类

在第 5 个位置上用字母 A 表示带模拟输出的接近设备。如果还有其他类型的输出,应该根据表 1 第 5 个位置的规定用第二个数字来表示。

4 特性

特性应该符合 GB/T 14048.10—2008 中第 4 章的要求,并作如下补充。

4.3 接近设备和输出元件的额定值和极限值

4.3.1 电压

4.3.1.5 模拟电压信号的范围

模拟电压信号的范围应该是表 9 所规定的范围之一。

表 9 模拟电压信号的范围

下限值 V	上限值 V
+1	+5
0	+10

4.3.1.6 输出电压的波纹量

最大波纹量应该由制造商规定。

4.3.2 电流

4.3.2.1 模拟电流信号的范围

模拟电流信号的范围应该是表 10 所规定的范围之一。

表 10 模拟电流信号的范围

下限值 mA	上限值 mA
0	20
4	20

4.3.2.2 输出电流的波纹量

最大波纹量应该由制造商规定。

4.3.7 一致性

一致性应在上限值的±10%以内(见 2.3.8)。

5 产品资料

5.1.1 标志内容

GB/T 14048.10—2008 中的 5.1.1 适用,并补充如下:

a) 输出类型和范围(电压或电流);

b) 距离范围;

c) 波纹系数;

d) 距离/输出特性;

e) 恢复时间。

7 结构和性能要求

7.2.1.4 重复精度

GB/T 14048.10—2008 中 7.2.1.4 适用,并作如下修改。

在下限距离、上限距离以及距离范围的中间值进行测量,不应超过 5%。

7.2.1.16 输出信号的上限值

当标靶移动到制造商规定的上限距离之外时,模拟式接近设备的输出信号不应衰减。

注:这一要求是为了确保不会有 2 个或多个距离对应于同一个输出信号。

8 试验

8.4.1.6 一致性

8.4.1.6.1 测量方法

新的接近设备应该根据制造商的说明进行安装,标靶沿轴向移近或远离接近设备的感应面。用于确定设备性能的试验点在距离范围内应该是等距离分布的。至少需要 5 个点。

对每个给定的距离,应该至少记录三次标靶沿每个轴向全距离往返移动的输出值。

示例如附录 G 所示。

8.4.1.6.2 误差表

应确定每一个记录的输出值与其相应的标称输出值之间的差值。这个差值就是误差,应该用上限值的百分比表示。正误差表示测得的输出值大于标称输出值。

应计算下列数据:

a) 平均上行误差

——距离逐渐增大的每个测量周期中，每个测量值的误差的算术平均值。

b) 平均下行误差

——距离逐渐减小的每个测量周期中，每个测量值的误差的算术平均值。

c) 平均误差

——每个距离点处所有上行测量值和下行测量值的算术平均值。

当距离/输出特性可调时，制造商应规定用于测量一致性的特性。

8.4.1.6.3 误差曲线

应给出下列与上限距离百分比对应的误差曲线：

——平均上行误差；

——平均下行误差；

——平均误差。

8.4.1.6.4 最大误差

由上行误差平均值曲线或下行误差平均值曲线所确定的误差的最大值（正或负）应作为最大误差。

8.4.1.6.5 一致性的确定

一致性应通过计算或按以下方式确定。

规定的输出特性曲线在距离范围的上限和下限处应与平均误差曲线一致。

一致性是平均误差曲线和规定输出特性之间的最大偏差。用上限值的百分比表示，该百分比可为正或负。

制造商应给出距离范围之外的输出特性信息。

8.6 验证电磁兼容性

GB/T 14048.10—2008 中 8.6 规定的关于发射和抗扰度的要求适用，并作如下补充。

按照 GB/T 14048.10—2008 中 8.6.2.1，8.6.2.2 和 8.6.2.3 试验时，去除试验影响因素之后，在制造商规定的恢复时间内，输出信号应返回到标称值，并且一致性符合要求。

附 录 G
（资料性附录）
确定标称感应距离为 60 mm～500 mm、具有线性输出特性的超声波传感器一致性的示例

测量方法：按照 8.4.1.6.1 的规定，使用 14 个试验点，3 个全距离往返。

误差表（见表 G.1，表 G.2 和表 G.3）：按照 8.4.1.6.2 的规定。

表 G.1　第 1 个往返的误差表

距离 mm	理论输出值 V	往返 1			
		距离减小 V	误差 %	距离增加 V	误差 %
60	0.000	0.006	0.062	0.006	0.061
80	0.455	0.461	0.065	0.465	0.105
100	0.909	0.926	0.169	0.924	0.149
120	1.364	1.360	−0.036	1.400	0.364
140	1.818	1.850	0.318	1.830	0.118
160	2.273	2.310	0.373	2.310	0.373
180	2.727	2.780	0.527	2.760	0.327
200	3.182	3.230	0.482	3.250	0.682
250	4.318	4.410	0.918	4.390	0.718
300	5.455	5.520	0.655	5.520	0.655
350	6.591	6.660	0.691	6.720	1.291
400	7.727	7.840	1.127	7.820	0.927
450	8.864	8.970	1.064	9.000	1.364
500	10.000	10.000	0.000	10.000	0.000

表 G.2　第 2 个往返的误差表

距离 mm	理论输出值 V	往返 2			
		距离减小 V	误差 %	距离增加 V	误差 %
60	0.000	0.006	0.062	0.006	0.061
80	0.455	0.462	0.075	0.464	0.095
100	0.909	0.927	0.179	0.923	0.139
120	1.364	1.400	0.364	1.360	−0.036
140	1.818	1.860	0.418	1.820	0.018
160	2.273	2.300	0.273	2.320	0.473

表 G.2（续）

距离 mm	理论输出值 V	往返 2			
		距离减小 V	误差 %	距离增加 V	误差 %
180	2.727	2.790	0.627	2.750	0.227
200	3.182	3.210	0.282	3.270	0.882
250	4.318	4.500	1.818	4.300	−0.182
300	5.455	5.510	0.555	5.530	0.755
350	6.591	6.680	0.891	6.700	1.091
400	7.727	7.850	1.227	7.810	0.827
450	8.864	8.980	1.164	8.980	1.164
500	10.000	10.200	2.000	9.800	−2.000

表 G.3　第 3 个往返的误差表

距离 mm	理论输出值 V	往返 3			
		距离减小 V	误差 %	距离增加 V	误差 %
60	0.000	0.006	0.061	0.006	0.062
80	0.455	0.466	0.115	0.460	0.055
100	0.909	0.920	0.109	0.930	0.209
120	1.364	1.370	0.064	1.390	0.264
140	1.818	1.800	−0.182	1.88	0.618
160	2.273	2.280	0.073	2.34	0.673
180	2.727	2.720	−0.073	2.82	0.927
200	3.182	3.200	0.182	3.280	0.982
250	4.318	4.380	0.618	4.420	1.018
300	5.455	5.500	0.455	5.540	0.855
350	6.591	6.710	1.191	6.670	0.791
400	7.727	7.800	0.727	7.860	1.327
450	8.864	8.950	0.864	9.010	1.464
500	10.000	9.900	−1.000	10.100	1.000

表 G.4 给出了下列计算结果：
——平均上行误差；
——平均下行误差；
——平均误差。

表 G.4 计算误差

距离 mm	平均上行误差	平均下行误差	平均误差
60	0.062	0.061	0.061
80	0.085	0.085	0.085
100	0.166	0.152	0.159
120	0.197	0.130	0.164
140	0.252	0.185	0.218
160	0.506	0.239	0.373
180	0.494	0.361	0.427
200	0.848	0.315	0.582
250	0.518	1.118	0.818
300	0.755	0.555	0.655
350	1.058	0.924	0.991
400	1.027	1.027	1.027
450	1.330	1.030	1.180
500	−0.333	0.333	0.000

误差曲线：按照 8.4.1.6.3 的规定。
误差曲线(见图 G.1)：对应上限距离的百分比：
——平均上行误差；
——平均下行误差；
——平均误差。

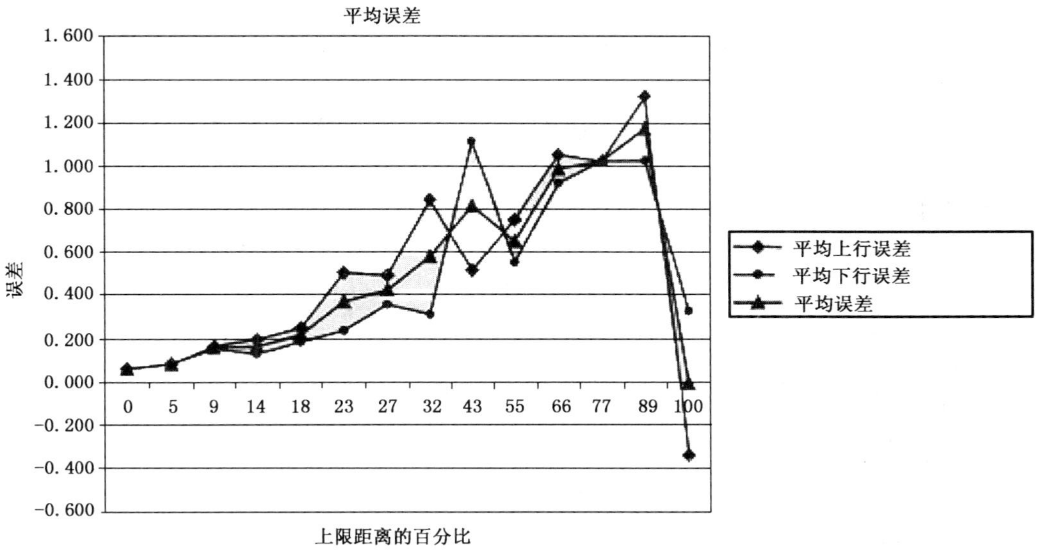

最大误差:按照 8.4.1.6.4 的规定;

最大误差:1.33%;

一致性:按照 8.4.1.6.5 的规定;

一致性:1.33%。

图 G.1 误差曲线图

参 考 文 献

[1] GB/T 3369.1—2008 过程控制系统用模拟信号 第1部分:直流电流信号(IEC 60381-1:1982,IDT)

[2] GB/T 3369.2—2008 过程控制系统用模拟信号 第2部分:直流电压信号(IEC 60381-2:1978,IDT)

[3] GB/T 17614.1—2008 工业过程控制系统用变送器 第1部分:性能评定方法(IEC 60770-1:1999,IDT)

ICS 29.130.20
K 32

中华人民共和国国家标准

GB/T 14048.20—2013/IEC 60947-5-8:2006

低压开关设备和控制设备 第5-8部分:控制电路电器和开关元件 三位使能开关

Low-voltage switchgear and controlgear—Part 5-8:Control circuit devices and switching elements—Three-position enabling switches

(IEC 60947-5-8:2006,IDT)

2013-12-17 发布　　　　2014-04-09 实施

中华人民共和国国家质量监督检验检疫总局
中国国家标准化管理委员会　发布

前　言

GB 14048《低压开关设备和控制设备》目前分为以下21个部分：

——GB 14048.1　低压开关设备和控制设备　第1部分：总则；

——GB 14048.2　低压开关设备和控制设备　第2部分：断路器；

——GB 14048.3　低压开关设备和控制设备　第3部分：开关、隔离器、隔离开关及熔断器组合电器；

——GB 14048.4　低压开关设备和控制设备　第4-1部分：接触器和电动机起动器　机电式接触器和电动机起动器；

——GB 14048.5　低压开关设备和控制设备　第5-1部分：控制电路电器和开关元件　机电式控制电路电器；

——GB 14048.6　低压开关设备和控制设备　第4-2部分：接触器和电动机起动器　交流半导体电动机控制器和起动器(含软起动器)；

——GB/T 14048.7　低压开关设备和控制设备　第7-1部分：辅助器件　铜导体的接线端子排；

——GB/T 14048.8　低压开关设备和控制设备　第7-2部分：辅助器件　铜导体的保护导体接线端子排；

——GB 14048.9　低压开关设备和控制设备　第6-2部分：多功能电器(设备)　控制与保护开关电器(设备)(CPS)；

——GB/T 14048.10　低压开关设备和控制设备　第5-2部分：控制电路电器和开关元件　接近开关；

——GB/T 14048.11　低压开关设备和控制设备　第6-1部分：多功能电器　转换开关电器；

——GB/T 14048.12　低压开关设备和控制设备　第4-3部分：接触器和电动机起动器-非电动机负载用交流半导体控制器和接触器；

——GB/T 14048.13　低压开关设备和控制设备　第5-3部分：控制电路电器和开关元件-在故障条件下具有确定功能的接近开关(PDF)的要求；

——GB/T 14048.14　低压开关设备和控制设备　第5-5部分：控制电路电器和开关元件-具有机械锁闩功能的电气紧急制动装置；

——GB/T 14048.15　低压开关设备和控制设备　第5-6部分：控制电路电器和开关元件-接近传感器和开关放大器的DC接口(NAMUR)；

——GB/T 14048.16　低压开关设备和控制设备　第8部分：旋转电机用装入式热保护(PTC)控制单元；

——GB/T 14048.17　低压开关设备和控制设备　第5-4部分：控制电路电器和开关元件　小容量触头的性能评定方法　特殊试验；

——GB/T 14048.18　低压开关设备和控制设备　第7-3部分：辅助器件　熔断器接线端子排的安全要求；

——GB/T 14048.19　低压开关设备和控制设备　第5-7部分：控制电路电器和开关元件　用于带模拟输出的接近设备的要求；

——GB/T 14048.20　低压开关设备和控制设备　第5-8部分：控制电路电器和开关元件　三位使能开关；

——GB/T 14048.21　低压开关设备和控制设备　第5-9部分：控制电路电器和开关元件　流量

开关。

本部分为 GB 14048《低压开关设备和控制设备》的第 20 部分。

本部分按照 GB/T 1.1—2009 给出的规则起草。

本部分使用翻译法等同采用 IEC 60947-5-8:2007《低压开关设备和控制设备 第 5-8 部分:控制电路电器和开关元件 三位使能开关》。

本部分做了下列编辑性修改:

——删除了 IEC 的前言;

——第 2 章中删去了定义的字母索引。

与本部分中规范性引用的国际文件有一致性对应关系的我国文件如下:

——GB 14048.1—2012 低压开关设备和控制设备 第 1 部分:总则 (IEC 60947-1:2011,MOD);

——GB 14048.5—2008 低压开关设备和控制设备 第 5-1 部分:控制电路电器和开关元件 机电式控制电路电器(IEC 60947-5-1:2003,MOD)。

本部分由中国电器工业协会提出。

本部分由全国低压电器标准化技术委员会(SAC/TC 189)归口。

本部分负责起草单位:上海电器科学研究院、上海电科电器科技有限公司。

本部分参加起草单位:余姚市嘉荣电子电器有限公司、巨邦电气有限公司、常安集团有限公司、上海电器设备检测所。

本部分主要起草人:黄兢业、吴庆云。

本部分参加起草人:钱加灿、波官勇、朱明龙、郑凯宇。

低压开关设备和控制设备 第 5-8 部分:控制电路电器和开关元件 三位使能开关

1 基本要求

1.1 适用范围和目的

本部分规定了三位使能开关的要求。

本部分适用于开关作为使能设备(见 GB 5226.1—2008 中 10.9 的规定)的元件使用,在下列情况下提供信号:

1) 被激励时,允许机械运转由单独的起动控制引发,和

2) 去激励时:

   a) 引发停止功能,和

   b) 防止机械运转。

注 1:使能控制功能在 GB 5226.1—2008 中 9.2.6.3 描述。

注 2:本部分不涉及使能设备。

本部分不适用于:

——用于非电气控制线路的三位使能开关,例如水压式、气动式;

——不带有三位机械装置的使能开关;

——紧急制动装置(见 GB/T 14048.14)。

1.2 规范性引用文件

下列文件对于本文件的应用是必不可少的。凡是注日期的引用文件,仅注日期的版本适用于本文件。凡是不注日期的引用文件,其最新版本(包括所有的修改单)适用于本文件。

GB/T 2423.1—2008 电工电子产品环境试验 第 2 部分:试验方法 试验 A:低温(IEC 60068-2-1:2007,IDT)

GB/T 2423.2—2008 电工电子产品环境试验 第 2 部分:试验方法 试验 B:高温(IEC 60068-2-2:2007,IDT)

GB/T 2423.10—2008 电工电子产品环境试验 第 2 部分:试验方法 试验 Fc:振动(正弦)(IEC 60068-2-6:1995,IDT)

GB/T 2423.5—1995 电工电子产品环境试验 第 2 部分:试验方法 试验 Ea 和导则:冲击(IEC 60068-2-27:1987,IDT)

GB 5226.1—2008 机械电气安全 机械电气设备 第 1 部分:通用技术条件(IEC 60204-1:2005,IDT)

IEC 60947-1:2011 低压开关设备和控制设备 第 1 部分:总则 (Low-voltage switchgear and controlgear—Part 1:General rules)

IEC 60947-5-1:2003 低压开关设备和控制设备 第 5-1 部分:控制电路电器和开关元件 机电式

控制电路电器(Low-voltage switchgear and controlgear—Part 5-1:Control circuit devices and switching element—Electromechanical control circuit devices)

2 术语和定义

IEC 60947-1:2011 的第 2 章和 IEC 60947-5-1:2003 的第 2 章适用,并补充如下:

2.1

使能设备 enabling device

与起动控制相连的手动操作的控制电器,当其连续动作时,允许机器运行。

2.2

三位使能开关 three-position enabling switch

具有三个连续操动器位置的开关,当操动器处于中间位置(部分按压)时开关中的触头被闭合,当操动器处于休止位置(没有被按压)和全部按压位置时,触头断开。

2.3

操动系统(三位使能开关的) actuating system (of a three-position enabling switch)

传送操动力至触头元件的机械部件。

【IEV 441-15-21,修改】

2.4

操动器(三位使能开关的) actuator (of a three-position enabling switch)

操动系统的一部分,其由人体的某一部位进行操作。

示例:按钮。

2.5

辅助触头 auxiliary contact

在三位使能开关中提供辅助功能的触头。

辅助触头可以是常开和/或常闭的。

3 分类

3.1 触头元件

IEC 60947-5-1:2003 中 3.1 适用。

3.2 三位使能开关

三位使能开关可以根据触头元件和操动系统的种类来划分,如三位使能开关,B 型。

4 特性

4.1 特性概述

IEC 60947-5-1:2003 中 4.1 适用。

4.1.1 控制开关的操作

IEC 60947-5-1:2003 中 4.1.1 适用。

4.1.1.1 正常使用条件

IEC 60947-5-1:2003 中 4.1.1.1 适用。

4.1.1.2 非正常使用条件

IEC 60947-5-1:2003 中 4.1.1.2 适用。

4.2 三位使能开关的类型

4.2.1 与三位使能开关配合使用的设备的示例

——按钮使能设备；
——把手操动的使能设备；
——脚踏操动的使能设备等。

4.2.2 极数

极数应由制造商规定。

4.2.3 电流种类

交流或直流。

4.3 开关元件的额定值和极限值

IEC 60947-5-1:2003 中 4.3 适用。

4.4 开关元件的使用类别

IEC 60947-5-1:2003 中 4.4 适用。

4.5 空白

4.6 空白

4.7 空白

4.8 空白

4.9 通断操作过电压

IEC 60947-1:2011 中 4.9 适用。

4.10 电气上分开的触头元件

IEC 60947-5-1:2003 中 4.10 适用。

5 产品的有关资料

5.1 资料的内容

制造商应提供下列信息：

标识：

a) 制造商名称或商标；

b) 型号或系列号，以此可从制造商处获得关于开关元件(或整个控制开关)的有关资料；

c) GB/T 14048.X，如果制造商宣称产品符合本部分；

d) 三位使能开关应清晰标志下列符号，符号标记应不能被清除；

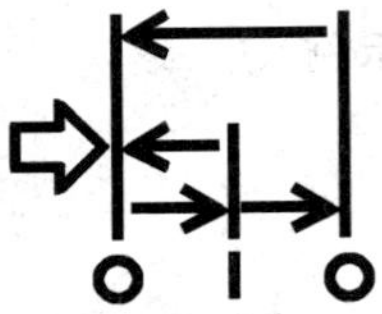

如果因开关尺寸原因其标志不能粘贴在开关上，则开关符号应在安装、操作、维修说明书中标明。

基础额定值和使用：

e) 操动力和操作中的行程；

f) 额定工作电压(见 IEC 60947-5-1:2003 中 4.3.1.1)；

g) 开关元件的使用类别和在额定工作电压下的额定工作电流；

h) 额定绝缘电压(见 IEC 60947-5-1:2003 中 4.3.1.2)；

i) 额定冲击耐受电压 U_{imp}，根据 IEC 60947-1:2003 中 4.3.1.3；

j) IP 代码，(见 IEC 60947-1:2011 中 5.1 和附录 C)；

k) 污染等级(见 IEC 60947-5-1:2003 中 6.1.3.2)；

l) 短路保护电器的型式和最大额定值(见 IEC 60947-5-1:2003 中 8.3.4.3)；

m) 限制短路电流，如果小于 1 000 A；

n) 相同极性触头元件的指示；

o) 机械和/或电气耐久性。

5.2 标志

5.2.1 一般要求

5.1 中 a)，b)，c)和 d)项规定的数据标志必须标在三位使能开关的铭牌上，以便从制造商处获得完整的资料。

标志是不易磨灭和易于识别的，并且标志不应标于螺钉及可移动部件上。

如果位置许可，5.1 中 e)至 o)项的参数应标在铭牌上，或标在三位使能开关上，或包含在制造商公布的文件中。

5.2.2 端子的识别和标志

IEC 60947-1:2011 中 7.1.8.4 适用。

5.2.3 功能标志

为了避免与紧急制动装置混淆，使能开关的操动器不应被染成红色(见 GB 5226.1)。

5.3 安装、操作和维修说明

IEC 60947-1:2011 中 5.3 适用。

5.4 附加资料

IEC 60947-5-1:2003 中 5.4 适用。

6 正常使用、安装和运输条件

IEC 60947-1:2011 中 6 适用，并补充如下内容：

6.1.3.2 污染等级

除非制造商有其他规定，三位使能开关规定为安装在污染等级 3 的环境条件中。但根据微观环境不同，其他污染等级也可适用。

6.3 安装

应规定三位使能开关安全安装在预定安装位置的安装方式。

7 结构和性能要求

7.1 结构要求

IEC 60947-1:2011 中 7.1 适用，但 7.1.2、7.1.3、7.1.7、7.1.9 和 7.1.13 除外。并做如下补充：

7.1.1 材料

IEC 60947-5-1:2003 中 7.1.1 适用。

7.1.2 载流部件及其连接

IEC 60947-5-1:2003 中 7.1.2 适用。

7.1.3 电气间隙和爬电距离

IEC 60947-5-1:2003 中 7.1.3 适用。

7.1.4.3 操动力(或力矩)

操作操动器所需的力或力矩应与指定的用途相适合。应考虑操动器的尺寸、外壳或控制板的型式，安装环境以及指定用途。

7.1.7 Ⅱ级三位使能开关

IEC 60947-5-1:2003 中 7.1.7 适用。

7.1.8 带有完全连接电缆的三位使能开关的要求

IEC 60947-5-1:2003 中 7.1.8 适用。

7.1.9 三位操作

三个位置的指示如下，见图 2:

——位置 1:触头在 OFF 状态(操动器没有被按压);

——位置 2:触头在 ON 状态(操动器被按压至正常启动位置);

——位置 3:触头在 OFF 状态(操动器被按完全按下)。

被按压至位置 2 的三位使能开关，被释放时应返回至位置 1。当进一步按压时三位使能开关应由位置 2 变至位置 3。当从位置 3 释放至位置 1 时，开关元件在操动器经过位置 2 时不应闭合。

图 1 表示了 3 位和相应的触头状态。

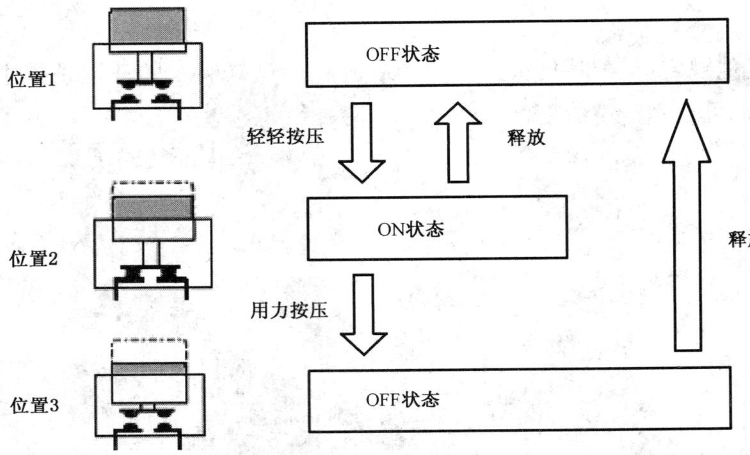

图 1 三位使能开关的操作

操动三位使能开关从位置 1 至位置 2 和从位置 2 至位置 3 的操作行程和力应由制造商规定。

7.1.10 操作特性

三位使能开关的设计和制造应满足下列操作特性的要求。

- 应减小操作人员在操作三位使能开关时生理上的疲劳，F_2 应为 10 N 或更小;
- 应减小由于操作人员疏忽将三位使能开关无意中转换至位置 3 的可能性，F_3 应为 $2F_2$ 或更大，并且 F_3 应为 $2F_1$ 或更大;
- F_5 应为 150 N 或更大(见 8.2.6)。

注 1:为防止三位使能开关无意中转换至位置 1，推荐将 S_1' 设置小于 S_1

注 2:为了让操作人员在转换位置时触觉上有感知，推荐提供操作力差降值 ΔF_1 和 ΔF_3。

图 2 给出了三位使能开关在被按压时的工作特性。

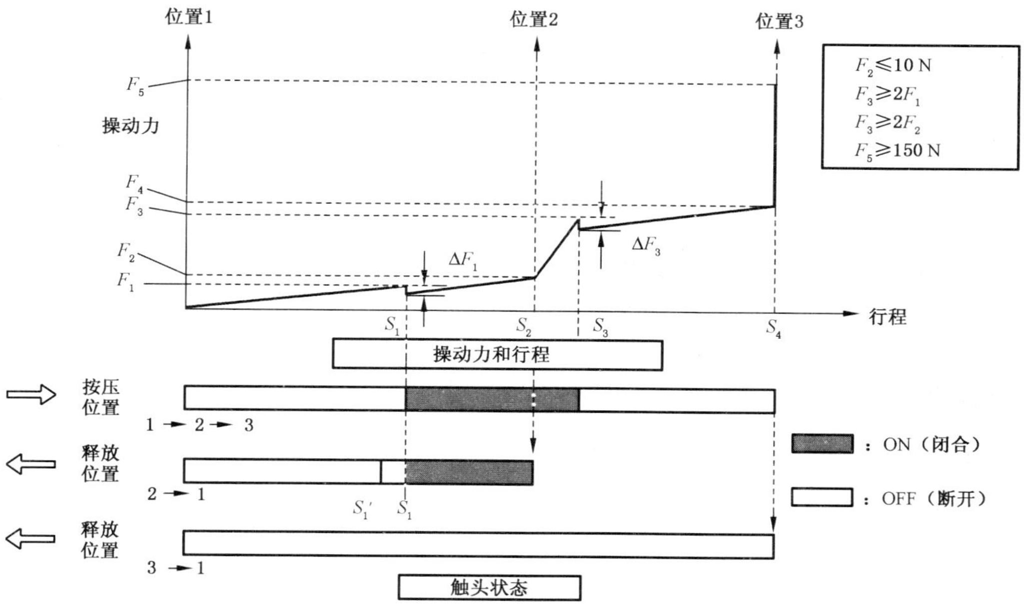

说明：

F_1 ——从位置 1 至位置 2 接通触头所需的力；

F_2 ——将开关维持在位置 2 所需的力；

F_3 ——从位置 2 至位置 3 分断触头所需的力；

F_4 ——完全行程力(位置 3)；

F_5 ——最大额定操动力；

ΔF_1——越过点 S_1 时操动力差降；

ΔF_3——越过点 S_3 时操动力差降；

S_1 ——开关由位置 1 转换至位置 2 时的点，触头接通；

S_1' ——开关由位置 2 转换至位置 1 时的点，触头断开；

S_2 ——开关维持在位置 2 时的点；

S_3 ——开关由位置 2 转换至位置 3 时的点，触头断开；

S_4 ——完全行程点。

图 2 操动力、行程及触头状态

当由位置 3 释放至位置 1 时，触头不应闭合。

7.2 性能要求

IEC 60947-1:2011 中 7.2.1.1，7.2.2 适用，并做如下补充：

7.2.3 介电性能

IEC 60947-5-1:2003 中 7.2.3 适用。

7.2.4 正常和非正常条件下的接通和分断能力

IEC 60947-5-1:2003 中 7.2.4 适用，并做下列补充：

7.2.4.3 耐久性

三位使能开关应根据 8.3.3.6 进行试验。

7.2.5 限制短路电流

IEC 60947-5-1:2003 中 7.2.5 适用。

7.2.6 通断操作过电压

IEC 60947-1:2011 中 7.2.6 适用。

7.2.7 适用于隔离的控制开关的附加要求

IEC 60947-5-1:2003 中 7.2.7 适用。

7.2.8 抗冲击和振动

冲击和振动不应引起闭合的触头断开或断开的触头闭合。试验应按照 8.3.5.2 和 8.3.5.3 的要求进行。

8 试验

8.1 试验种类

8.1.1 一般要求

IEC 60947-1:2011 中 8.1.1 适用。

8.1.2 型式试验

型式试验是为了验证三位使能开关的设计符合本部分的要求。

型式试验包括以下验证试验:

a) 温升(8.3.3.3);

b) 介电性能(8.3.3.4);

c) 正常条件下开关元件的接通和分断能力(8.3.3.5);

d) 非正常条件下开关元件的接通和分断能力(8.3.3.5);

e) 限制短路电流性能(8.3.4);

f) 结构要求(8.2);

g) 封闭三位使能开关的保护等级,如适用(8.3.1);

h) 耐久性(8.3.3.6);

i) 冲击和振动(8.3.5)。

8.1.3 常规试验

常规试验由制造商负责进行。通常限于机械检查和机电操作的验证。

在常规检查基础上还应附加介电试验,介电试验按照 8.3.3.4 的要求进行,并做下列修改:要求耐受电压的最小持续时间降低至约 1 s,不需要金属箔和额外的接线端子连接。

三位使能开关的附加常规试验可作适当规定,可允许用抽样方法。

8.1.4 抽样试验

IEC 60947-1:2011 中 8.1.4 适用。

8.1.5 特殊试验

特殊试验根据制造商和用户的协议进行。

8.2 验证结构要求

IEC 60947-1:2011 中 8.2 适用,但 8.2.5,8.2.6 除外。

8.2.5 三位使能开关操作性能验证

通过操作操动器时监视触头的状态来验证 7.1.9 中的要求。监测装置应具备检测触头闭合时间高于 0.2 ms 精确度的能力。

三位的操作应在 8.3.1 的试验程序Ⅶ中进行验证。

8.2.6 验证操动器动作

操动器应能耐受在正常的操作方向由制造商规定的最大额定操动力(见图 2 中 F_5)。

8.3 性能

8.3.1 试验程序

试验类型和试验顺序在相应样品上进行,其规定如下:

——试验程序Ⅰ(样品 1 号)
  ——No.1 试验——温升(8.3.3.3)
  ——No.2 试验——介电性能(8.3.3.4)
  ——No.3 试验——端子的机械性能(IEC 60947-1:2011 中 8.2.4)
——试验程序Ⅱ(样品 2 号)
  ——No.1 试验——在正常条件下开关元件的接通分断能力(IEC 60947-5-1:2003 中 8.3.3.5.2)
  ——No.2 试验——介电验证(IEC 60947-5-1:2003 的 8.3.3.5.5b))
——试验程序Ⅲ(样品 3 号)
  ——No.1 试验——在非正常条件下开关元件的接通分断能力(IEC 60947-5-1:2003 中 8.3.3.5.3)
  ——No.2 试验——介电验证(IEC 60947-5-1:2003 的 8.3.3.5.5b))
——试验程序Ⅳ(样品 4 号)
  ——No.1 试验——在限制短路电流下的性能(8.3.4)
  ——No.2 试验——介电验证(IEC 60947-5-1:2003 的 8.3.3.5.5b))
——试验程序Ⅴ(样品 5 号)
  ——No.1 试验——三位使能开关的保护等级(IEC 60947-1:2011 的附录 C)
  ——No.2 试验——介电验证(IEC 60947-5-1:2003 的 8.3.3.5.5b))
——试验程序Ⅵ(样品 6 号)
  ——No.1 试验——测量电气间隙和爬电距离,如合适(7.1.3)
  ——No.2 试验——操动力或力矩的测量(7.1.10)(8.2.5)
  ——No.3 试验——操动器牢固性验证(8.3.3.7)
——试验程序Ⅶ(样品 7 号)
  ——No.1 试验——机械耐久性(8.3.3.6.1)
  ——No.2 试验——介电验证(IEC 60947-5-1:2003 的 8.3.3.5.5b))
——试验程序Ⅷ(样品 8 号)

——No.1 试验——电气耐久性(8.3.3.6.2)

——No.2 试验——介电验证(IEC 60947-5-1:2003 的 8.3.3.5.5b))

——试验程序Ⅸ(样品 9 号)

——No.1 试验——冲击和振动(8.3.5)

——No.2 试验——介电验证(IEC 60947-5-1:2003 的 8.3.3.5.5b))

以上试验任何一项试验都不得失败。

若制造商要求,可在一个样品上进行一个以上或所有的试验程序,但试验应按上述每个样品的程序进行。

注 1:对于封装隔离的Ⅱ级三位使能开关,需另加样品(见 IEC 60947-5-1:2003 中附录 F)。

注 2:对于具有整体连接电缆的三位使能开关,见 IEC 60947-5-1:2003 中附录 G。

对于冲击和振动试验,试验应在三个样品上进行,见 8.3.5。

8.3.2 一般试验条件

8.3.2.1 一般要求

IEC 60947-1:2011 中 8.3.2.1 适用,并做如下补充:

试验中,操动器应由机器按如下要求操作:

——机器应在操动器运动的方向施加操动力至操动器;

——施加在操动器上的最大力不应超过 F_4(见图 2);

——开关动作发生的瞬间,机器接触操动器部分的运动速度应在 0.05 m/s~0.15 m/s 之间;

——机器和操动器之间的机械连接不应妨碍操动器离开机器的自由运动。

8.3.2.2 试验参数

IEC 60947-1:2011 中 8.3.2.2 适用,但 8.3.2.2.3 除外。

8.3.2.3 试验结果的判别

三位使能开关在每次试验后的状态必须用每个试验所适用的方法来校验。

三位使能开关如果能符合所适用的每项试验和/或试验程序的要求,则应认为符合本部分要求。

8.3.2.4 试验报告

IEC 60947-1:2011 中 8.3.2.4 适用。

8.3.3 空载、正常负载和非正常负载条件的性能

8.3.3.1 动作性能

IEC 60947-1:2011 中 8.3.3.1 适用。

8.3.3.2 空白

8.3.3.3 温升试验

IEC 60947-5-1:2003 中 8.3.3.3 适用。

8.3.3.4 介电性能试验

IEC 60947-5-1:2003 中 8.3.3.4 适用。

8.3.3.5 接通和分断能力

IEC 60947-5-1:2003 中 8.3.3.5 适用。

8.3.3.6 耐久性

三位使能开关应成功通过 8.3.3.6.1 和 8.3.3.6.2 中规定的机械和电气耐久性试验。

最小试验操作次数:100 000 次操作循环。

推荐试验操作次数:0.1-0.3-1-3-10-30-100 百万次操作循环。

8.3.3.6.1 机械耐久性

三个样品(见 8.1)用于下列试验。

试验应进行最少 50 000 次位置 1 ⟶2 ⟶1 的循环操作,最少 50 000 次位置 1 ⟶2 ⟶3 ⟶1 的循环操作。三位使能开关的操动器应能承受完成所要求位置所必需的力。

三位使能开关的运动及操动力应在整个试验过程中保持一致。可以通过在试验之前和之后进行测量来验证。

三位使能开关的机械耐久性规定为无负载时的操作循环次数,操作循环期间,所有样品不可维修或更换部件。

试验应根据 IEC 60947-5-1:2003 中 C.1.2 进行。

在试验过程中,制造商应在下述条件下,在开关每一次状态变化时检查触头,触头应无损坏:

试验电压和电流:24 Vd.c.,最大 10 mA。

试验方法:在转换至下一个位置之前的每一个位置上检查开关位置的一致性和触头状况。

应在每一个位置检查触头状况。三位使能开关应只有在开关位置和触头状态被确认一致之后才可被制动至下一个位置。当任何开关位置和触头状态存在不一致时,试验应停止。

位置 1:触头断开

↓

位置 2:触头闭合

↓

位置 3:触头断开

↓

位置 3-位置 1:触头断开

故障判别:

在试验过程中,应没有电气和/或机械故障。试验后,开关元件应能通过 IEC 60947-5-1:2003 中 8.3.3.4 规定的在试验电压等于 2Ue,最小值为 1 000 V 的介电试验。

8.3.3.6.2 电气耐久性

除了开关的电路按制造商规定的额定值(根据 5.1 中 g))通电之外,试验条件见 8.3.3.6.1 的规定。

8.3.3.7 坚固性

操动器应能承受 150%的由制造商规定的最大额定操动力(见图 2 中 F_5),在模拟人力操作的条件下在正常操作方向施加 3 次。

8.3.4 限制短路电流性能

IEC 60947-5-1:2003 中 8.3.4 适用。

8.3.5 冲击和振动试验

8.3.5.1 预处理程序

下列试验程序的目的是使三位使能开关暴露于各种环境条件中，以检查其经受这些环境条件后的功能状态。

三位使能开关应能承受下列环境条件：

——+40 ℃干燥环境（见 GB/T 2423.2—2008 中试验 Ba）中放置 96 h；

——+5 ℃环境（见 GB/T 2423.1—2008 中试验 Aa）中放置 96 h。

样品在经历了上述环境条件且被恢复至室温后，应进行 8.3.5.2 和 8.3.5.3 的试验程序。

8.3.5.2 冲击试验

已经按 8.3.5.1 要求经过预处理的 3 个三位使能开关应在三组互相垂直的轴向上各自进行试验。

每个三位使能开关应在位置 1 被试验，在每一轴的两个方向上应能耐受 15 g 的冲击（见 GB/T 2423.5—1995：11 ms-15 g）。

在试验过程中，应没有闭合的触头断开和断开的触头闭合的情况。

监测装置应能检测任何持续时间超过 0.2 ms 的触头的断开或闭合动作。

8.3.5.3 振动试验

根据 GB/T 2423.10—2008，用于 8.3.5.2 的 3 个样品应在下列条件下，在 3 组互相垂直的轴向上被试验：

——频率范围：10 Hz～55 Hz；

——振幅：0.5 mm；

——扫描周期：5 min；

——共振频率或在 55 Hz 时的持续时间：在三个轴向，每个轴向 30 min（总共 90 min）。

在试验过程中，应没有闭合的触头断开和断开的触头闭合的情况。

监测装置应能检测任何持续时间超过 0.2 ms 的触头的短开或闭合动作。

附 录 A
（资料性附录）
使用三位使能开关的使能设备举例

图 A.1 是带三位使能开关的使能设备的示意图。该使能设备用作控制电路电器执行 GB 5226.1—2008 中描述的使能功能。

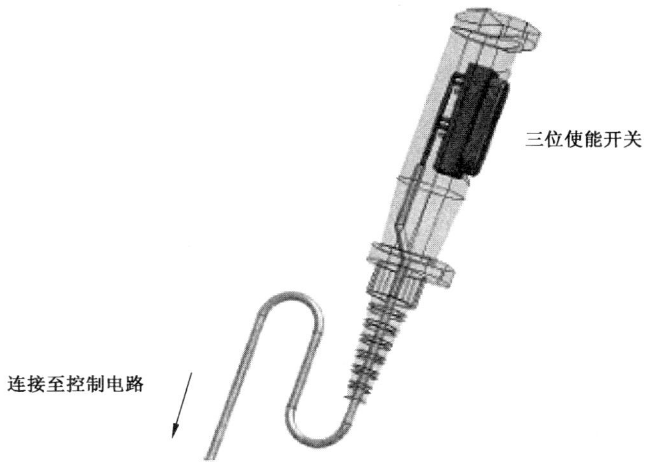

图 A.1 使能设备

参 考 文 献

[1] GB/T 2900.18—1992 电工术语 低压电器

[2] GB/T 14048.14—2006 低压开关设备和控制设备 第5-5部分:控制电路电器和开关元件——带机械锁闩功能的电气紧急制动装置(IEC 60947-5-5:1997,IDT)

ICS 29.130.20
K 32

中华人民共和国国家标准

GB/T 14048.21—2013/IEC 60947-5-9:2006

低压开关设备和控制设备　第5-9部分：控制电路电器和开关元件　流量开关

Low-voltage switchgear and controlgear—Part 5-9: Control circuit devices and switching elements—Flow rate switches

(IEC 60947-5-9:2006,IDT)

2013-12-17 发布　　2014-04-09 实施

中华人民共和国国家质量监督检验检疫总局
中国国家标准化管理委员会　发布

前　言

GB 14048《低压开关设备和控制设备》目前分为以下 21 个部分：

——GB 14048.1　低压开关设备和控制设备　第 1 部分：总则；

——GB 14048.2　低压开关设备和控制设备　第 2 部分：断路器；

——GB 14048.3　低压开关设备和控制设备　第 3 部分：开关、隔离器、隔离开关及熔断器组合电器；

——GB 14048.4　低压开关设备和控制设备　第 4-1 部分：接触器和电动机起动器　机电式接触器和电动机起动器(含电动机保护器)；

——GB 14048.5　低压开关设备和控制设备　第 5-1 部分：控制电路电器和开关元件　机电式控制电路电器；

——GB 14048.6　低压开关设备和控制设备　第 4-2 部分：接触器和电动机起动器　交流半导体电动机控制器和起动器(含软起动器)；

——GB/T 14048.7　低压开关设备和控制设备　第 7-1 部分：辅助器件　铜导体的接线端子排；

——GB/T 14048.8　低压开关设备和控制设备　第 7-2 部分：辅助器件　铜导体的保护导体接线端子排；

——GB 14048.9　低压开关设备和控制设备　第 6-2 部分：多功能电器(设备)　控制与保护开关电器(设备)(CPS)；

——GB/T 14048.10　低压开关设备和控制设备　第 5-2 部分：控制电路电器和开关元件　接近开关；

——GB/T 14048.11　低压开关设备和控制设备　第 6-1 部分：多功能电器　转换开关电器；

——GB/T 14048.12　低压开关设备和控制设备　第 4-3 部分：接触器和电动机起动器　非电动机负载用交流半导体控制器和接触器；

——GB/T 14048.13　低压开关设备和控制设备　第 5-3 部分：控制电路电器和开关元件　在故障条件下具有确定功能的接近开关(PDF)的要求；

——GB/T 14048.14　低压开关设备和控制设备　第 5-5 部分：控制电路电器和开关元件　具有机械锁闩功能的电气紧急制动装置；

——GB/T 14048.15　低压开关设备和控制设备　第 5-6 部分：控制电路电器和开关元件　接近传感器和开关放大器的 DC 接口(NAMUR)；

——GB/T 14048.16　低压开关设备和控制设备　第 8 部分：旋转电机用装入式热保护(PTC)控制单元；

——GB/T 14048.17　低压开关设备和控制设备　第 5-4 部分：控制电路电器和开关元件　小容量触头的性能评定方法　特殊试验；

——GB/T 14048.18　低压开关设备和控制设备　第 7-3 部分：辅助器件　熔断器接线端子排的安全要求；

——GB/T 14048.19　低压开关设备和控制设备　第 5-7 部分：控制电路电器和开关元件　用于带模拟输出的接近设备的要求；

——GB/T 14048.20　低压开关设备和控制设备　第 5-8 部分：控制电路电器和开关元件　三位使能开关；

——GB/T 14048.21　低压开关设备和控制设备　第 5-9 部分：控制电路电器和开关元件　流量开关。

本部分为 GB 14048《低压开关设备和控制设备》的第 21 部分。

本部分按照 GB/T 1.1—2009 给出的规则起草。

本部分使用翻译法等同采用 IEC 60947-5-9:2006《低压开关设备和控制设备　第 5-9 部分:控制电路电器和开关元件　流量开关》。

与本部分中规范性引用的国际文件有一致性对应关系的我国文件如下:

——GB 14048.1—2012　低压开关设备和控制设备　第 1 部分:总则(IEC 60947-1:2011,MOD);

——GB 17625.1—2003　电磁兼容　限值　谐波电流发射限值(设备每相输入电流≤16 A)(IEC 61000-3-2:2001,IDT);

——GB/T 17626.3—2006　电磁兼容　试验和测量技术　射频电磁场辐射抗扰度试验(IEC 61000-4-3:2002,IDT);

——GB 19212.7—2006　电力变压器、电源装置和类似产品的安全　第 7 部分:一般用途安全隔离变压器的特殊要求(IEC 61558-2-6:1997,MOD)。

本标准做了下列编辑性修改:

——根据 GB/T 14048.10—2008 中的表编号,将 8.3.3.4.3 中的引用由“表 6”改为“表 9”。

本部分由中国电器工业协会提出。

本部分由全国低压电器标准化技术委员会(SAC/TC 189)归口。

本部分负责起草单位:上海电器科学研究院、上海电科电器科技有限公司。

本部分参加起草单位:余姚市嘉荣电子电器有限公司、上海电器设备检测所。

本部分主要起草人:栗惠、黄兢业。

本部分参加起草人:钱加灿、张建红。

低压开关设备和控制设备　第5-9部分：控制电路电器和开关元件　流量开关

1　基本要求

1.1　适用范围和目的

本部分规定了流量开关的下列内容：

——定义；

——分类；

——特性；

——产品资料；

——正常使用、安装和运输条件；

——结构和性能要求；

——额定性能验证试验。

本部分适用于用于检测气体、液体或粒状固体流速的流量开关。如果超过了流量开关的预设流速，则开关会改变其输出状态。

这些流量开关是独立的，具有半导体开关元件，预期接入额定电压不超过交流250 V、50/60 Hz，或者直流不超过300 V的电路。

与爆炸性检测材料一起使用的和/或位于爆炸性场所的流量开关所必需的一些附加措施，本部分不作规定。

本部分不适用于具有模拟输出的设备。

1.2　规范性引用文件

下列文件对于本文件的应用是必不可少的。凡是注日期的引用文件，仅注日期的版本适用于本文件。凡是不注日期的引用文件，其最新版本(包括所有的修改单)适用于本文件。

GB 4824—2004　工业、科学和医疗(ISM)射频设备　电磁骚扰特性　限值和测量方法(IEC/CISPR 11:2003,IDT)

GB 7947—2010　人机界面标志标识的基本和安全规则　导体颜色或字母数字标识(IEC 60446:2007,IDT)

GB/T 14048.10—2008　低压开关设备和控制设备　第5-2部分:控制电路电器和开关元件　接近开关(IEC 60947-5-2:2004,IDT)

GB/T 17045—2008　电击防护　装置和设备的通用部分(IEC 61140:2001,IDT)

GB 17625.2—2007　电磁兼容　限值　对每相额定电流≤16A且无条件接入的设备在公用低压供电系统中产生的电压变化、电压波动和闪烁的限制(IEC 61000-3-3:2005,IDT)

GB/T 17626.2—2006　电磁兼容　试验和测量技术　静电放电抗扰度试验(IEC 61000-4-2:2001,IDT)

GB/T 17626.4—2008　电磁兼容　试验和测量技术　电快速瞬变脉冲群抗扰度试验(IEC 61000-4-4:2004,IDT)

GB/T 17626.6—2008　电磁兼容　试验和测量技术　射频场感应的传导骚扰抗扰度(IEC 61000-4-6:2006,IDT)

GB/T 17626.8—2006 电磁兼容 试验和测量技术 工频磁场抗扰度试验(IEC 61000-4-8:2001,IDT)

GB/T 17626.11—2008 电磁兼容 试验和测量技术 电压暂降、短时中断和电压变化的抗扰度试验(IEC 61000-4-11:2004,IDT)

GB/T 17626.13—2006 电磁兼容 试验和测量技术 交流电源端口谐波、谐间波及电网信号的低频抗扰度试验(IEC 61000-4-13:2002,IDT)

IEC 60947-1:2011 低压开关设备和控制设备 第1部分:总则(Low-voltage switchgear and controlgear—Part 1: General rules)

IEC 61000-3-2:2005 电磁兼容 第3-2部分:限值 谐波电流发射限值(设备每相输入电流≤16 A)(Electromagnetic compatibility (EMC)—Part 3-2: Limits - Limits for harmonic current emissions (equipment input current≤16 A per phase)

IEC 61000-4-3:2006 电磁兼容 第4-3部分:试验和测量技术 射频电磁场辐射抗扰度试验(Electromagnetic compatibility (EMC)—Part 4-3: Testing and measurement techniques - Radiated, radio-frequency, electromagnetic field immunity test)

IEC 61558-2-6 电力变压器、电源装置和类似产品的安全 第2部分:一般用途安全隔离变压器的特殊要求(Safety of power transformers, power supply units and similar—Part 2:Particular requirements for safety isolating transformers for general use)

2 术语和定义

IEC 60947-1:2011 和 GB/T 14048.10—2008 界定的术语和定义以及下列术语和定义适用于本文件。

字母索引

2.1 基本定义

2.1.1

流量开关　flow rate switch

由流速传感器和开关元件构成的电器，当介质(流动介质)流速(根据其增加或减小)达到预设值时改变输出信号。

2.1.2

流速传感器　flow rate sensor

在活动区域(active area)用于检测介质流速的传感器。

2.1.3

半导体开关元件　semiconductor switching element

通过控制半导体的导通开关电路电流的元件。

2.1.4

介质　medium

气体，液体或细小粒状固体，或其混合物。

2.1.5

基准介质　reference medium

根据本部分的规定进行测量时所参照的介质。

2.1.6

流向　flow direction

介质流向传感器的方向。

2.1.7

均匀区域　homogenization zone

位于传感器前面和后面的一段区域，在该区域内，介质的流动不受干扰，匀速流动以获得正确的测量结果。

2.2 流量开关的特性

2.2.1

活动区　active zone

检测流速的区域。

注：该区域可以是感应端的表面或感应管的内表面。

2.2.2

感应端　sensor tip

被介质包围,用于检测流速的尖端。

2.2.3

浸入深度　submersion depth

为了获得正确的测量结果,感应端浸入介质中的最小长度。

2.2.4

(流量开关用)调节器　adjuster(for a flow rate switch)

用于设定操作参数的流量开关的部件。

注:可以是电压计、按钮和/或数据接口。

2.2.5

设定点　set point

s_s

开关元件改变其状态时的介质流速。

2.2.6

检测范围　sensing range

设定点可调的最小和最大流速范围。

2.2.7

重复精度　repeat accuracy

R

规定条件下设定点的变化值。

2.2.8

行程差　hysteresis

H

设定点在开关元件接通和关断之间的差额。

2.2.9

最大温度梯度　maximum temperature gradient

在不会导致开关元件状态变化的规定时间内,介质温度匀速变化的最大值。

2.3　延时

2.3.1

接通时间　turn-on time

在规定条件下,检测到输入变量超过了设定点后半导体开关元件所需的响应时间。

2.3.2

关断时间　turn-off time

在规定条件下,检测到输入变量降低至设定点以下时半导体开关元件所需的响应时间。

2.3.3

可用之前的延时　time delay before availability

t_v

接通电源的时刻与流量开关可以正确操作的时刻之间的时间间隔。

3 分类

3.1 一般要求

流量开关按照表1所示的各种基本特性分类。

表1 流量开关的分类

第一个位置/ 1位数	第二个位置/ 1位数	第三个位置/ 1位数	第四个位置/ 1位数	第五个位置/ 1位数
感应方式 3.2	结构型式 3.3	开关元件功能(输出) 3.4	输出型式 3.5	连接方式 3.6
F 流速	1 一个感应端 2 两个感应端 3 与感应管齐平	A NO(接通) B NC(分断) C 通断转换(接通-分断) P 由用户编程 S 其他	P PNP输出,3或4个端子,直流 N NPN输出,3或4个端子,直流 A 3或4个端子,交流 B 母线接口 S 其他	1 整体式接线 2 整体式接线器 3 螺旋式端子 9 其他

3.2 根据感应方式分类

位于第一个位置的大写字母表示感应方式。

3.3 根据结构型式分类

位于第二个位置的一位数字表示结构型式。

3.4 根据开关元件的功能分类

位于第三个位置的大写字母表示开关元件功能。

3.5 根据输出型式分类

位于第四个位置的大写字母表示输出型式。

3.6 根据连接方式分类

位于第五个位置的一位数字表示连接方式。

4 特性

4.1 特性概述

4.1.1 一般要求

流量开关应规定如下特性:

——动作条件(4.2);

——额定值和极限值(4.3);

额定电压(4.3.1)；
电流(4.3.2)；
额定电源频率(4.3.3)；
正常和非正常负载特性(4.3.4)；
短路特性(4.3.5)；
——开关元件的使用类别(4.4)。

4.1.2 流量开关的动作

输出状态由以下条件确定：
——流速检测器的活动区内的流速，和
——设定点。

4.2 动作条件

4.2.1 流量开关的动作点

动作点之间的关系如图 1 所示。

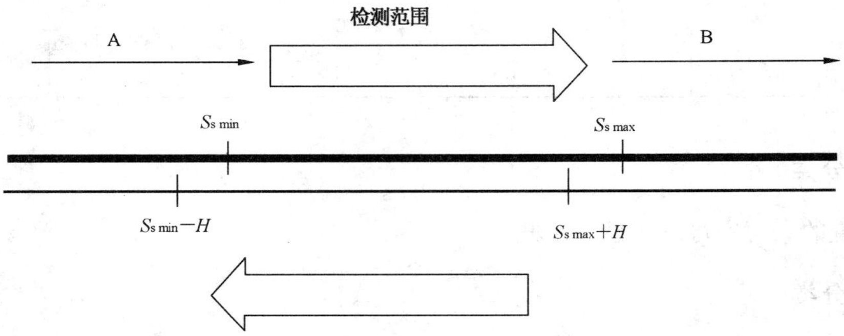

说明：
A——小于检测范围下限的范围；
B——大于检测范围上限的范围。

图 1 流量开关动作点之间的关系

4.2.2 检测范围

检测范围应该由制造商规定。

4.3 流量开关的额定值和极限值

4.3.1 电压

流量开关规定以下额定电压。

4.3.1.1 额定工作电压(U_e)

额定工作电压(U_e)(或范围)不应超过交流 250 V 或直流 300 V。

注：制造商可以规定一个包括所有 U_e 允差在内的极限值的范围，该范围应称为 U_B。

U_e 和 U_B 之间的关系如图 2 所示。

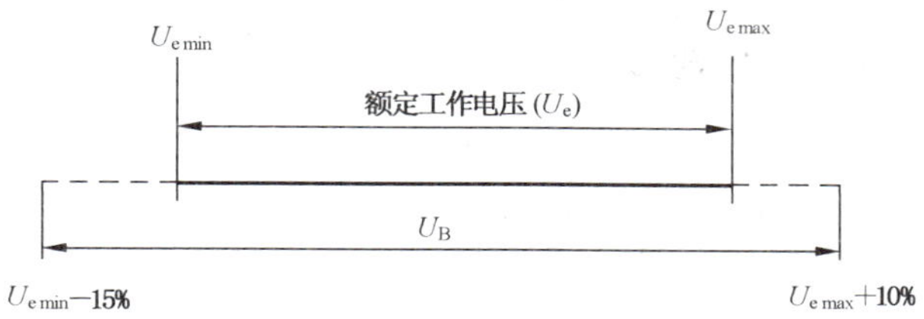

图 2 U_e 和 U_B 的关系

4.3.1.2 额定绝缘电压(U_i)

流量开关的额定绝缘电压与介电试验电压和爬电距离有关。

对于流量开关,额定绝缘电压应等于或大于最大额定工作电压。

4.3.1.3 额定冲击耐受电压(U_{imp})

IEC 60947-1:2011 中 4.3.1.3 适用。

4.3.1.4 电压降(U_d)

规定条件下,通以额定工作电流时,流量开关实际输出端之间测得的电压值即为电压降。

4.3.2 电流

流量开关的开关元件规定下列电流。

4.3.2.1 额定工作电流(I_e)

见 7.2.1.9。

4.3.2.2 最小工作电流(I_m)

见 7.2.1.10。

4.3.2.3 截止电流(I_r)

见 7.2.1.11。

4.3.2.4 空载电源电流(I_o)

3 或 4 端流量开关的最大空载电源电流应由制造商规定。

4.3.3 额定电源频率

交流流量开关的额定电源频率应该为 50 Hz 和/或 60 Hz。

4.3.4 正常和非正常负载特性

4.3.4.1 正常条件下开关元件的额定接通和分断能力及性能

半导体开关元件应符合 GB/T 14048.10—2008 中表 4 的要求。

注:对于一个已规定使用类别的半导体开关元件,不必再单独规定接通和分断能力。

4.3.4.2 非正常条件下的接通和分断能力

半导体开关元件应符合 GB/T 14048.10—2008 中表 5 的要求。

注：对于一个已规定使用类别的半导体开关元件，不必再单独规定接通和分断能力。

4.3.5 短路特性

流量开关的额定限制短路电流预期为 100 A。流量开关应该能成功完成 8.3.4 规定的试验。

4.4 开关元件的使用类别

使用类别可参照 GB/T 14048.10—2008 中表 2。其他的应用类型应由制造商和用户协商决定，但是制造商文件中所给出的信息可以作为协议。

5 产品资料

5.1 资料种类

制造商应提供下列资料。

标志：

a) 制造商的名称或商标；

b) 型号或其他标志，据此可识别流量开关并且可从制造商处得到有关文件资料；

c) 本部分的标准号(如果制造商声明符合本部分)；

基本的额定值和使用类别：

d) 额定工作电压(见 4.3.1.1)；

e) 在额定工作电压和额定频率或直流条件或相关规定下的使用类别和额定工作电流；

f) 额定绝缘电压(见 4.3.1.2)；

g) 额定冲击耐受电压(见 4.3.1.3)；

h) IP 代码(见 7.1.10)；

i) 污染等级(见 6.1.4.2)；

j) 短路保护电器的型号和最大额定值(见 7.2.5)；

k) 额定限制短路电流(见 4.3.5)；

l) 检测范围(见 7.2.1.3)；

m) 重复精度(见 7.2.1.4)；

n) 行程差(见 7.2.1.5)；

o) 延时(见 7.2.1.6)；

p) 最小工作电流(见 7.2.1.10)；

q) 截止电流(见 7.2.1.11)；

r) 空载电流(见 4.3.2.4)；

s) 电压降(见 7.2.1.13)；

t) 开关元件的功能(见 GB/T 14048.10—2008 中 2.4.1)；

u) 安装布局；

v) 结构尺寸。

5.2 标志

5.2.1 一般要求

5.1 中的 a)和 b)项数据应标在流量开关的本体上或永久标于产品的铭牌上。

注：该要求是为了从制造商处获得完整的信息。

标志应该是无法擦除且容易识别的，不应位于使用时会移开的部件上。如果流量开关底座的尺寸非常小，标识可以放在绳子上或永久附于绳子上的标签上，并且与设备本体的距离不能超过 100 mm。

如果 5.1 中 c)～v)的数据没有标在流量开关上，则应包括在制造商的文件中。

5.2.2 端子标识和标志

7.1.7.4 适用。

5.2.3 功能标志

如果根据流量开关的结构不能明显地确定活动区域或预期的流向，则可以标出活动区域和预期的流向(如果适用的话)。

5.3 安装、操作和维护说明

制造商应在其文件中规定流量开关的安装、操作和维护条件。

上述文件应该说明推荐的维护程度和维护频率(如适用)。

6 正常使用、安装和运输条件

6.1 正常使用条件

6.1.1 一般要求

符合本部分的流量开关应该可以在下述条件下动作。

如果动作条件与本部分的规定不同，则应由制造商和用户协商决定，但是制造商文件中规定的信息可以作为协议。

6.1.2 工作温度

6.1.2.1 介质温度

介质的额定温度范围应该由制造商规定。

6.1.2.2 周围空气温度

流量开关应该在周围空气温度 0 ℃～60 ℃的范围内正常工作，其动作特性应该能维持。

6.1.3 海拔

IEC 60947-1:2011 中 6.1.2 适用。

6.1.4 大气条件

6.1.4.1 湿度

空气的相对湿度(HR)不应超过 95%。

6.1.4.2 污染等级

除非制造商另有规定，流量开关用于安装在 IEC 60947-1:2011 中 6.1.3.2 所规定的污染等级为 3 的环境条件下。然而，根据微观环境的情况，也可以采用其他污染等级。

6.2 运输和储存条件

如果运输和储存条件不同于 6.1 所规定的条件，例如温度和湿度，则制造商与用户应协商决定。

6.3 安装

安装尺寸和条件应该由制造商规定。

6.4 指示方式

流量开关可以有一种或多种颜色指示方式。如果适用这些颜色应该具有下述意义：

a） 绿色（恒定）电源接通；

b） 黄色（恒定）开关元件接通；

c） 红色（恒定）故障指示；

d） 其他颜色（恒定）或上述一种颜色（闪烁）：其他功能（例如短路指示）。

7 结构和性能要求

7.1 结构要求

7.1.1 材料

GB/T 14048.10—2008 中 7.1.1 适用。

7.1.2 载流部件及其连接

IEC 60947-1:2011 中 7.1.3 适用。

7.1.3 电气间隙和爬电距离

IEC 60947-1:2011 中 7.1.4 适用。

7.1.4 操动器

在设定点处通过调节制造商规定的介质的流速（增加和减小流速），对流量开关进行动作试验。

7.1.5 空

7.1.6 空

7.1.7 端子

7.1.7.1 结构要求

IEC 60947-1:2011 中 7.1.8.1 适用。

7.1.7.2 连接能力

IEC 60947-1:2011 中 7.1.8.2 适用。

7.1.7.3 连接方式

IEC 60947-1:2011 中 7.1.8.3 适用,并补充如下要求。

流量开关可以使用整体式连接导线;这种情况下,连接导线的外层套管长度应该为 $2^{+0.1}_{0}$ m。

7.1.7.4 接线端子的标识和标志

IEC 60947-1:2011 中 7.1.8.4 适用,并补充如下要求。

使用整体式连接导线的流量开关应该用有颜色的导线标示,导线的颜色按照 GB/T 14048.10—2008 的表 3 的规定。

绿-黄双色线应用于标识保护导体,不应用作其他用途(见 GB 7947)。在可能会与保护导体产生混淆的地方,不应使用绿色和/或黄色。

7.1.8 空

7.1.9 保护接地装置

7.1.9.1 结构要求

IEC 60947-1:2011 中 7.1.10.1 适用,并补充如下要求。

注:最大额定电压不超过交流 50 V 或直流 120 V 的流量开关不需要接地保护装置。

应该考虑电源及其变压器(如果有的话)的安全绝缘。如果是由变压器供电,则应符合 IEC 61558-2-6 的要求。

7.1.9.2 保护接地端子

IEC 60947-1:2011 中 7.1.10.2 适用。

7.1.9.3 保护接地端子的标志和标识

IEC 60947-1:2011 中 7.1.10.3 适用。

7.1.10 防护等级

制造商应规定防护等级,根据 IEC 60947-1:2011 中附录 C 进行验证。

7.1.11 具有整体式连接电缆的流量开关的要求

GB/T 14048.10—2008 的附录 C 适用。

7.1.12 Ⅱ级流量开关

这类电器不应提供保护接地装置(见 GB/T 17045—2008)。

对于 II 级封装绝缘的流量开关,参见 GB/T 14048.10—2008 中附录 B 的要求。

7.2 性能要求

下述要求适用于新的、干净的电器。

7.2.1 动作条件

7.2.1.1 一般要求

电器应按照制造商的说明书进行安装。

对于7.2.1.3～7.2.1.6的试验，应调整负载以提供大小为0.2 I_e 的电流。

7.2.1.2 动作范围

在下述范围内流量开关应该正常动作：

a) 在(85%～110%)U_e 之间，或

b) 在85%U_{emin}～110%U_{emax}之间，或

c) 在 U_B 的范围内。

对于直流，波纹电压值(峰峰值)不应超过0.1 U_e(见4.3.1.1)。

7.2.1.3 检测范围

根据8.4的规定测量检测范围。设定点之间的关系如图1所示。

7.2.1.4 重复精度(R)

在制造商规定的介质温度(23±5)℃，6.1.4.1规定的相对湿度的环境温度(23±5)℃，以及额定电源电压±5%的条件下，测量8 h内的重复精度。

任意两次测量之间的差值不应超过设定点的10%：

$$R \leqslant 0.1\ s_s$$

7.2.1.5 行程差(H)

以设定点(s_s)的百分数的形式给出行程差值。应该在制造商规定的介质温度(23±5)℃，环境温度(23±5)℃，以及额定电压±5%的条件下测量。行程差值应该小于设定点(s_s)的20%：

$$H \leqslant 0.2\ s_s$$

7.2.1.6 可用之前的延时(t_v)(起动时间)

可用之前的延时不应超过制造商规定的值。

在此期间，开关元件不应发出任何误动作信号。持续超过2 ms的非零信号即为误动作信号(见8.3.3.2.2)。

7.2.1.7 接通时间(t_{on})

制造商应规定接通时间和测量方法。

7.2.1.8 截止时间(t_{off})

制造商应规定截止时间和测量方法。

7.2.1.9 额定工作电流(I_e)

额定工作电流应该为直流50 mA，或交流200 mA(有效值)。

更大的电流值可以由制造商和用户协商决定，但是制造商文件中给出的信息可以作为这种协议。

7.2.1.10 最小工作电流(I_m)

制造商应规定最小工作电流。

7.2.1.11 截止状态电流(I_r)

截止状态下流过流量开关负载电路中的最大电流(I_r)应该为：

2 端子　　I_r≤1.5 mA 直流，或

　　I_r≤3 mA 交流有效值，

3 或 4 端子　　I_r≤0.5 mA 直流。

根据 8.3.3.2.4 进行验证。

注：端子的详细信息可参见 GB/T 14048.10—2008 中表 3。

7.2.1.12 开关元件的动作

开关元件应独立动作，并应根据 8.3.3.2.5 进行验证。

7.2.1.13 电压降(U_d)

根据 8.3.3.2.6 的规定测量的电压降值应为：

2 端子　　U_d≤8 V(直流)，或

　　U_d≤10 V(交流有效值)，

3 端子或 4 端子　　U_d≤3.5 V(直流)。

注：端子的详细信息可参见 GB/T 14048.10—2008 中表 3。

7.2.2 温升

IEC 60947-1:2011 中 7.2.2 适用，并补充如下：

流量开关的温升极限为 50 K。该值适用于金属的或非金属材料的外壳外表面和接线端子。

7.2.3 介电性能

7.2.3.1 一般要求

流量开关应能耐受 8.3.3.4 规定的介电试验。

Ⅱ级封装绝缘的流量开关的要求见 GB/T 14048.10—2008 中附录 B。

7.2.3.2 冲击耐受电压

最小的试验电压为 1 kV。

冲击脉冲发生器特性：1.2/50 μs 脉冲；电源阻抗：500 Ω；电源能量：0.5 J。

7.2.4 正常负载和非正常负载条件下的接通和分断能力

7.2.4.1 接通和分断能力

a) 正常条件下的接通和分断能力

   在 GB/T 14048.10—2008 中表 4 规定的使用类别和操作次数及 8.3.3.5 规定的条件下开关元件应能接通和分断电流而不发生故障。

b) 非正常条件下的接通和分断能力

   在 GB/T 14048.10—2008 中表 5 规定的使用类别和操作次数及 8.3.3.5 规定的条件下开关元件应能接通和分断电流而不发生故障。

7.2.5 限制短路电流

在 8.3.4 规定的条件下开关元件应能耐受由于短路产生的应力 。

7.2.6 电磁兼容性(EMC)

7.2.6.1 一般要求

在不超过制造商规定的最大电磁干扰(EMI)电平下,流量开关的动作特性应保持不变。

由于流量开关的应用环境受到保护的原因,本部分规定的抗扰度电平在某些方面与一般抗扰度标准中规定的电平有所不同。

被试流量开关应具有其代表型号的所有基本设计结构部分,应选用清洁和新的试品。

试验循环中或试验循环后不允许维修或更换部件。

考虑下面两种环境:

a) 环境 A;

b) 环境 B。

环境 A 涉及低压非公用电网或工业电网/场所/设备,包括较高的骚扰源。

注 1:环境 A 相当于 GB 4824—2004 中规定的 A 类设备。

环境 B 涉及低压公用电网,如民用、商业和轻工业的场所/设备。不包括较高的骚扰源,例如弧焊机。

注 2:环境 B 相当于 GB 4824—2004 中规定的 B 类设备。

7.2.6.2 抗扰度

7.2.6.2.1 合格准则

合格准则见表 2。

表 2 合格准则

项 目	合格准则 (试验中性能判别准则)		
	A	B	C
整体性能	工作特性无明显变化。 按预期规定动作[a]	试验中,开关元件的状态发生变化的持续时间,直流元件不应大于 1 ms,交流元件不应大于一个电源频率周期	性能暂时降低或丧失,需操作者干预或系统复位
显示器和信号元件	显示信息无变化。仅 LED 有轻微的光亮度变化或字符轻微移动	暂时可视变化或信息丢失。 LED 误发光	停止工作。永久性丧失显示信息,或错误信息。 误操作模式。 不能自行恢复
信息处理和检测功能	与外部设备无干扰地进行通信和数据交换,符合规定的要求	暂时干扰通信,能被检测并自行恢复	信息的错误处理。未检测到数据和/或信息丢失。 通信错误。 不能自行恢复
[a] 制造商应在其文件中规定传导射频可能会产生故障的操作频率和带宽。			

7.2.6.2.2 静电放电

符合 GB/T 17626.2—2006 和表 3 的要求。

对有金属外壳的电器，采用接触放电的方法施加试验电压。

对非金属外壳的电器，采用空气间隙放电的方法施加试验电压。

表 3　抗扰度试验

试验型式	所要求的试验电平	合格准则
静电放电抗扰度试验 GB/T 17626.2	8 kV/空气放电 或 4 kV/接触放电	B
射频电磁场辐射抗扰度试验 (80 MHz～1 GHz 和 1.4 GHz～2 GHz) IEC 61000-4-3	10 V/m	A
电快速瞬变脉冲群抗扰度试验 GB/T 17626.4	2 kV/5 kHz	B
射频场感应的传导骚扰抗扰度试验 (150 kHz～80 MHz) GB/T 17626.6	10 V	A
工频磁场抗扰度试验[a] GB/T 17626.8	30A/m	A
电压暂降抗扰度试验[b] GB/T 17626.11	0%U_e维持半个周波和一个周波[c] 70%U_e维持 25/30 个周波[e]	B
电压中断抗扰度试验[b] GB/T 17626.11	0%U_e维持 250/300 个周波[c,e]	B
电源谐波抗扰度试验 IEC 61000-4-13	无要求[d]	—

[a] 仅适用于含有易受磁场影响的元器件的流量开关。

[b] 仅适用于交流流量开关；2 类 EMC 环境适用。

[c] 0%指的是 0 V。

[d] 试验电平在研究中。

[e] "/"前面的数值用于 50 Hz，后面的值用于 60 Hz。

7.2.6.2.3　射频电磁场辐射抗扰度

符合 IEC 61000-4-3 和表 3 的要求。

7.2.6.2.4　电快速瞬变脉冲群抗扰度

符合 GB/T 17626.4 和表 3 的要求。

7.2.6.2.5　浪涌抗扰度

流量开关无需进行浪涌抗扰度试验。设备的工作环境已对由雷电引起的浪涌电压进行了很好地防护。

7.2.6.2.6 射频场感应的传导骚扰抗扰度

符合 GB/T 17626.6 和表 3 的要求。

7.2.6.2.7 工频磁场抗扰度

符合 GB/T 17626.8 和表 3 的要求。

注：强磁场的相关要求见 GB/T 14048.10—2008 的附录 E。

7.2.6.2.8 电压暂降和中断抗扰度

符合 GB/T 17626.11 和表 3 的要求。

7.2.6.2.9 电源谐波抗扰度

符合 GB/T 17626.13 和表 3 的要求。

7.2.6.3 发射

7.2.6.3.1 测量条件

测量应在工作模式下(包括接地条件)进行，以产生频率范围内最强的发射，该频率范围与正常使用情况相一致(见第 4 章)。

每次测量应在规定的和可重复的条件下进行。

试验说明，试验方法和装置按 GB 4824—2004 的要求。本部分在此不再赘述。但试验中需要的修改和附加补充信息由本部分规定。

由公用主电源供电的流量开关，因低频发射属于 IEC 61000-3-2 和 GB 17625.2—2007 的范围内，该流量开关也应满足这些标准的要求。

7.2.6.3.2 高频发射的极限

流量开关能产生持续的电磁骚扰。

发射不应超过 GB 4824—2004 中规定的 A 类设备(第 1 组)的极限值。仅当控制电路和/或辅助电路包含开关基频大于 9kHz 的元件时，需要进行本项试验。

7.2.6.3.3 低频发射的极限

对于产生低频谐波的流量开关，IEC 61000-3-2 适用。

对于产生低频电压波动的流量开关，GB 17625.2—2007 适用。

注：对于不连接到公用主电源上的设备，这些要求并不适用。

7.3 冲击和振动

GB/T 14048.10—2008 中 7.4 适用。

8 试验

除非有其他的规定，否则应在环境温度和介质温度为(23±5)℃时进行试验。

8.1 试验种类

8.1.1 一般要求

IEC 60947-1:2011 中 8.1.1 适用。

8.1.2 型式试验

型式试验是为验证流量开关的设计是否符合本部分的要求。

型式试验的验证包括如下项目：

a) 温升(8.3.3.3)；

b) 介电性能(8.3.3.4)；

c) 正常条件和非正常条件下开关元件的接通和分断能力(8.3.3.5)；

d) 限制短路电流性能(8.3.4)；

e) 结构要求(8.2)；

f) 防护等级(8.2)；

g) 检测范围(8.4)；

h) 电磁兼容性(8.5)；

i) 冲击耐受能力(7.3)；

j) 振动耐受能力(7.3)。

8.1.3 常规试验

常规试验由制造商负责，一般包括机械检验和电气动作验证。

还应增加介电试验。进行介电性能试验时，可按 8.3.3.4 的规定进行，但试验时间可减少为 1 s。

8.1.4 抽样试验

IEC 60947-1:2011 中 8.1.4 适用。

8.1.5 特殊试验

特殊试验项目由用户和制造商协商。

8.2 验证结构要求

IEC 60947-1:2011 中 8.2 适用。

8.3 性能

8.3.1 试验程序

应在五个样品上进行试验，试验型式和程序如下：

样品 No.1：

试验 No.1—温升(8.3.3.3)；

试验 No.2—接线端子的机械性能(见 IEC 60947-1:2011 中 8.2.4)；

试验 No.3—介电性能(8.3.3.4)；

试验 No.4—目测。

样品 No.2：

试验 No.1—防护等级(IEC 60947-1:2011 中附录 C)；

试验 No.2—振动(7.3)；

试验 No.3—检测范围(8.4)；

试验 No.4—介电性能(8.3.3.4)。

样品 No.3：

试验 No.1—防护等级(IEC 60947-1:2011 中附录 C)；

试验 No.2—冲击(7.3)；

试验 No.3—检测范围(8.4)；

试验 No.4—介电性能(8.3.3.4)。

样品 No.4：

试验 No.1—接通和分断能力(8.3.3.5)；

试验 No.2—介电性能(8.3.3.4)；

试验 No.3—检测范围(8.4)。

样品 No.5：

试验 No.1—电磁兼容性(8.5)；

试验 No.2—短路条件下的性能(8.3.4)；

试验 No.3—介电性能(8.3.3.4)；

试验 No.4—检测范围(8.4)。

上述试验任一项目不得失败。

注 1：如果制造商有要求，一个样品可进行一个以上的程序试验或全部程序试验。然而试验必须按上述为每个样品规定的顺序进行。

注 2：对于Ⅱ级封装绝缘的流量开关，需增加试品(见 GB 14048.10—2008 中附录 B)。对于具有整体连接电缆的流量开关，也需增加试品(见 GB 14048.10—2008 中附录 C)。

8.3.2 一般试验条件

8.3.2.1 一般要求

除非另有规定，IEC 60947-1:2011 中 8.3.2.1 适用，并补充如下：

下述介质可作为参照介质：

a) 对于液体：非气态水；

b) 对于气体：空气；

c) 对于小颗粒状固体：由制造商规定。

8.3.2.2 试验参数

IEC 60947-1:2011 中 8.3.2.2 适用，但其中 8.3.2.2.3 除外。

8.3.2.3 试验结果的评定

流量开关每项试验后的状态应采用适当的验证方法进行检验。

如果流量开关满足所适用的每项试验和(或)试验程序的要求，则认为流量开关满足本部分的要求。

8.3.2.4 试验报告

IEC 60947-1:2011 中 8.3.2.4 适用。

8.3.3 空载、正常负载和非正常负载条件下的性能

8.3.3.1 动作

IEC 60947-1:2011 中 8.3.3.1 适用。

8.3.3.2 动作范围

8.3.3.2.1 一般要求

动作电压范围的规定见 7.2.1.2。

8.3.3.2.2 可用之前的延时

流量开关按照图 3 所示连接到试验电路上进行试验。

介质所处的状态可以使开关元件先处于接通状态，接着又处于截止状态。在额定工作电压下，或额定工作电压的最小值（如果 U_e 规定的是一个范围）下，调整负载获得最小工作电流 I_m。

可用之前的延时时间和错误信号的持续时间是在无弹跳“开关”处于闭合时用示波器测量负载端的信号而测量得到的。图 4 是直流开关元件的典型示波图。图 4a）表示开关元件处于接通状态时的示波图，图 4b）表示开关元件处于截止状态的示波图。

介质调整到设定点 200％的状态或设定点 66％减去行程差值的状态。

测量得到的起动前的延时，即图 4 中 t_3～t_0 间的时间应符合 7.2.1.6 的要求。错误信号（如果有的话）持续时间，即图 4a）和图 4b）中 t_2～t_1 间的时间应符合 7.2.1.6 的规定。

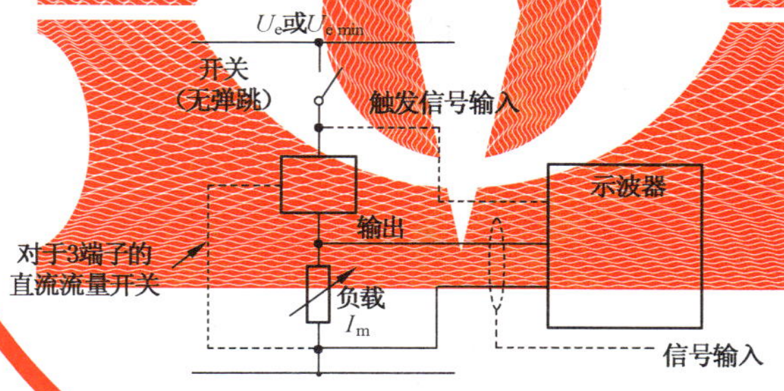

图 3 验证起动前的延时时间的试验电路图

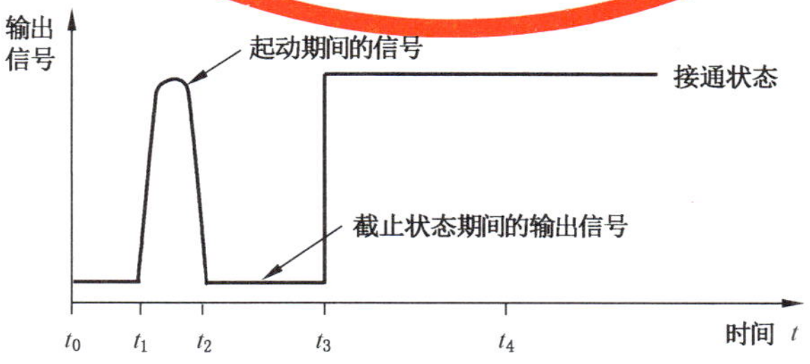

a） 开关元件处于接通状态

图 4 图 3 中负载的输出信号

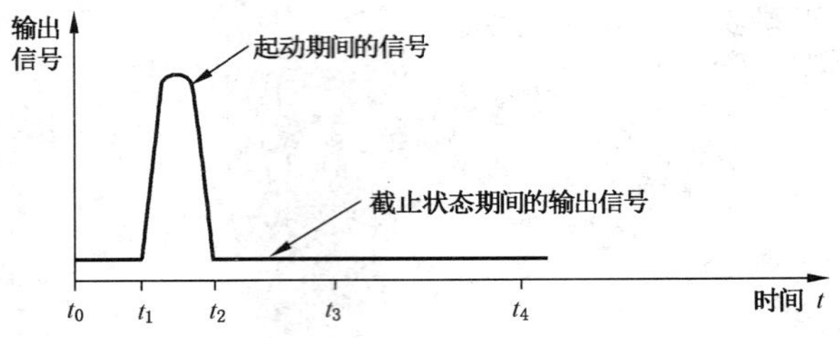

b） 开关元件处于截止状态

说明：

t_0——电源接通；

t_1——起动期间的信号起点(如有的话)；

t_2——起动期间的信号终点(如有的话)；

t_3——延时结束；

t_4——制造商规定的最大延时时间。

注 1：起动期间的信号(如有的话)可能在 t_0 点开始，此时就意味着 t_0 和 t_1 是同一时刻。

注 2：在起动期间无信号的情况下，t_3 点可在 t_0 和 t_4 之间的任何位置上。

注 3：起动期间的信号(如有的话)的波形由制造商规定。

图 4（续）

8.3.3.2.3 最小工作电流($\boldsymbol{I}_{\mathbf{m}}$)

流量开关按图 5 所示连接进行试验。

调整介质的状态使开关元件处于接通状态。电源电压为 U_e，开关 S 打开，调节负载 R_1 获得电流 I_m。所测的 I_m 值不应超过 7.2.1.10 规定的值。试验时开关元件不应改变状态。

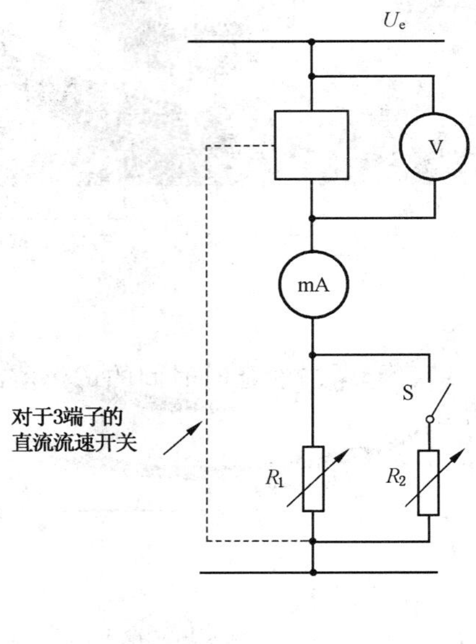

说明：

R_1、R_2——电阻负载；

V ——高阻抗电压表，阻抗≥0.2 MΩ/V；

mA ——毫安表；

S ——开关；

表计的规定：交流为有效值，直流为平均值。

图 5 验证最小工作电流、截止状态电流、电压降和非从动快速动作的试验电路图

8.3.3.2.4 截止状态电流(I_r)

采用图5的电路,开关S闭合,在电源电压为最高U_e时调整负载R_2获得额定工作电流I_e。然后调整介质使开关元件处于截止状态。

在电源电压为(1+10%)U_e或电源电压U_B的最大值(对电源电压为一范围而言)时,测量I_r电流。电流I_r应不超过7.2.1.11规定的值。

8.3.3.2.5 非从动(快速)动作

在最大和最小额定工作电压下,验证最大和最小动作负载电流时的非从动(快速)动作。四次试验的每项试验应使用适当阻值的电阻负载。

上述试验可按如下方式进行,通过调整介质的流速,使开关元件由截止状态变为接通状态,观察示波器上的输出。开关元件的功能应基本上与流速改变的速度无关,且输出在接通状态和截止状态转换时应无振荡,也不应保持在任何中间值上。

8.3.3.2.6 电压降(U_d)

电压降是在开关元件处于接通状态,在(23±5)℃环境温度和最低额定频率下承载额定工作电流(I_e)时流量开关实际输出端测得的电压。电压降的测量电路如图5所示,开关S闭合。在额定电源电压U_e下,调整负载R_2获得额定工作电流I_e。在下述情况下测量电压降U_d:

——(1+10%)U_e和(1−15%)U_e;或

——(1+10%)U_{emax}和(1−15%)U_{emin};或

——U_{Bmax}和U_{Bmin}。

所测得的电压降不应超过7.2.1.13规定。

8.3.3.3 温升

进行温升试验时将流量开关按正常使用条件安装,通以额定工作电压U_e(或其电压范围的最高工作电压),连接与其额定工作电流I_e相应的负载,直至达到热平衡。周围空气的温度与介质的温度之差最多不应超过3 K。

接线端子的温升(如适用的话)和外壳上任何一点的温升不应超过50 K(见IEC 60947-1:2011中7.2.2)。

连接至每个接线端子的导体的长度应为$2_{-0.1}^{\ 0}$ m。

8.3.3.4 介电性能

8.3.3.4.1 一般要求

介电性能的验证应按如下要求进行:

——额定冲击耐受电压U_{imp}按IEC 60947-1:2011中8.3.3.4进行试验,和

——按本部分8.3.3.4.2、8.3.3.4.3和8.3.3.4.4进行试验。

对于Ⅱ级封装绝缘的流量开关的介电性能要求见GB/T 14048.10—2008中附录B。

8.3.3.4.2 试验电压的施加

试验应在接近实际使用条件的情况下(例如,导体连接好)进行。在使用中可能触及到的全部绝缘部件的外表面应紧密覆盖一层金属箔使其导电。

流量开关应能耐受施加的试验电压,型式试验为 1 min,常规试验为 1 s,施加电压部位如下:

——开关元件的带电部件与流量开关用于接地的部件之间;

——开关元件的带电部件与流量开关使用中可能触及的表面(导电的或使用金属箔使其导电)之间;

——电气上分开的开关元件的带电部件(如有)之间。

8.3.3.4.3 试验电压值

按 8.3.3.4.2 的要求施加正弦工频电压。试验电压的规定见 GB/T 14048.10—2008 中表 9。

8.3.3.4.4 试验结果

GB/T 14048.10—2008 中 8.3.3.4.3 适用。

8.3.3.4.5 冲击耐受电压试验

试验按 7.2.3.2 的规定进行,并补充下列要求:

——试验中流量开关不通电;

——冲击耐压试验施加在:

a) 所有连接在一起的端子与地之间;

b) 连接至电源的接线端子之间;

c) 每个输出端子与每个连接至电源的端子之间。

——每两点之间,施加间隔不小于 5 s 的 3 个正脉冲和 3 个负脉冲。

注:冲击耐压试验为型式试验。

8.3.3.5 接通和分断能力

GB/T 14048.10—2008 中 8.3.3.5 适用。

8.3.4 短路电流条件下的性能

8.3.4.1 试验电路和试验程序

应采用新的流量开关(EUT)按实际使用情况安装在自由空气中,并用实际使用时相同尺寸的导线与试验电路连接。见图 6。

短路保护电器(SCPD)的型式和额定值应该由制造商规定。如果流量开关本身具有短路保护则可不采用 SCPD。

调整介质的状态使开关元件为接通状态,调整 R_1 使通过流量开关的电流等于其额定工作电流,调整电源 S 获得 100 A 预期短路电流,SC 开关与负载 R_1 并联,用来产生短路电流,开路电压应为额定工作电压的 1.1 倍或电压范围最大值。

随机闭合"SC"开关进行三次试验,试验电流应保持到 SCPD 或流量开关内的短路保护装置动作为止,每次试验间隔应不少于 3 min,试验的实际间隔时间应记录在试验报告中。每次试验后,SCPD 应更换或复位。

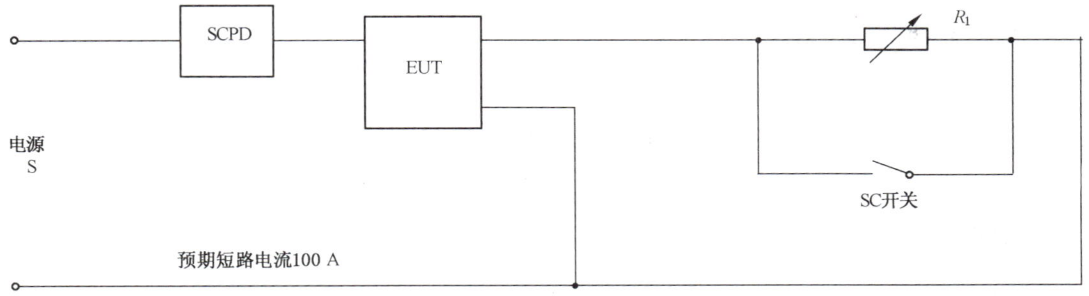

图 6 短路试验

8.3.4.2 试验结果

试验后,应测量流量开关的设定点,其值应保持在 7.2.1.3 规定的极限范围内。

8.4 设定点和延时时间的验证

8.4.1 一般要求

应该在下列条件下进行试验:

——按照图 7 所示,根据制造商的说明,把流量开关按照实际使用条件安装,接到与额定工作电流 I_e 相应的负载上,施以额定工作电压 U_e(或者电压范围中的最大电压值)。

进行试验时,试验装置(见图 7)应按如下要求调整:

——调整到流速 1,该流速比额定设定点小 10%,再减去额定行程差值,和

——调整到流速 2,该流速比额定设定点高 10%。

如果流量开关的设定点可调,则应该在制造商规定的最小流速、典型流速和最大流速进行试验。

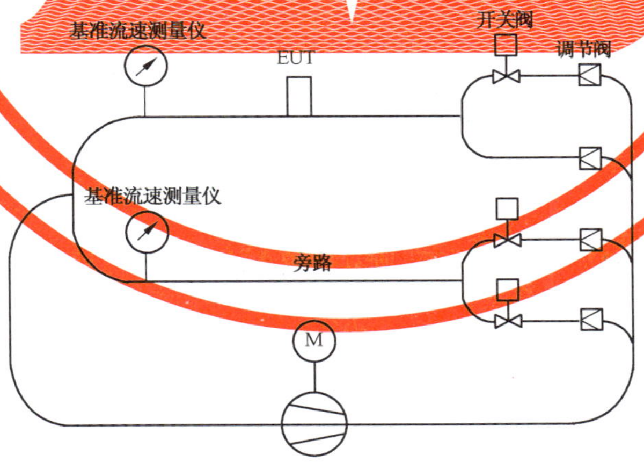

图 7 验证设定点和延时试验

8.4.2 验证设定点

进行该试验时,从流速 1 改变为流速 2,又从流速 2 变为流速 1,同时观察流量开关的响应。

流量开关应该在制造商规定的时间内改变其输出状态。输出在接通状态和截止状态转换时应无振荡,也不应保持在任何中间值上。

8.4.3 验证接通延时和关断延时

进行该试验时，从流速 1 改变为流速 2，又从流速 2 变为流速 1，同时观察流量开关的响应。

接通延时是指从流速 1 变为流速 2 的时刻与流量开关输出状态发生变化的时刻之间的时间间隔。

关断延时是指从流速 2 变为流速 1 的时刻与流量开关输出状态发生变化的时刻之间的时间间隔。

8.5 验证电磁兼容性

8.5.1 一般要求

试验应在下列条件下进行：

——流量开关应该按正常使用条件安装，连接到与额定工作电流 I_e 相应的负载上，施以额定工作电压 U_e(或其电压范围内的最大电压值)；

——连接导线为 $2^{+0.1}_{0}$ m。对不带有整体电缆的流量开关，使用的电缆类型由制造商规定，并记录在试验报告中。

在下列条件下进行试验：

a) 调整介质使开关元件处于截止状态；

b) 调整介质使开关元件处于接通状态。

对于按 8.5.3 进行的试验，补充下列安装条件：

——与基准接地板的连接方式按制造商的说明书进行(如制造商说明书有此规定)，并在试验报告中说明。

8.5.2 抗扰度

8.5.2.1 静电放电

试验按 GB/T 17626.2—2006 和 7.2.6.2.2 进行。在每个测量点重复 10 次，脉冲之间最小时间间隔为 1 s。

8.5.2.2 射频电磁场辐射

试验按 IEC 61000-4-3 和 7.2.6.2.3 进行。

8.5.2.3 电快速瞬变脉冲群

试验按 GB/T 17626.4 和 7.2.6.2.4 进行，所有连接导线接入电容耦合夹子。

8.5.2.4 射频场感应的传导骚扰

试验按 GB/T 17626.6 和 7.2.6.2.6 进行。

8.5.2.5 工频磁场

试验按 GB/T 17626.8 和 7.2.6.2.7 进行。

8.5.2.6 电压暂降和中断

试验按 GB/T 17626.11 和 7.2.6.2.8 进行。

8.5.3 发射

试验按 GB 4824—2004、1 组、A 类和 7.2.6.3 进行。

上述规定的极限适用于专门用于工业环境(环境 A)的电器。当可能用于民用环境(环境 B)时,在使用说明书中应包含下列提示。

提　　示
本产品为适用于环境 A 的产品。在民用环境中本产品可能会引起无线电干扰。在此情况下,请用户采取必要的措施。

8.6　试验结果和试验报告

试验结果应详细记录在试验报告中。试验报告应写明试验的目的、结果和所有有关信息,试验报告应详细规定受试流量开关的信息,包括电缆的布置和必要的辅助设备。任何与试验计划不一致的地方均应说明。

基于相同的原理和设计,并使用相同类型元器件的系列流量开关,试验可以在代表性的样品上进行。此外根据首次试验结果,试验室可限定射频和传导试验的试验频率范围,采用的频率范围应记录在试验报告中。

ICS 13.280
F 84

GB

中华人民共和国国家标准

GB/T 14054—2013/IEC 60532:2010
代替 GB/T 14054—1993

辐射防护仪器　能量在 50 keV～7 MeV 的 X 和 γ 辐射固定式剂量率仪、报警装置和监测仪

Radiation protection instrumentation—Installed dose rate meters, warning assemblies and monitors for X and gamma radiation of energy between 50 keV and 7 MeV

(IEC 60532:2010, Radiation protection instrumentation—Installed dose rate meters, warning assemblies and monitors—X and gamma radiation of energy between 50 keV and 7 MeV, IDT)

2013-10-10 发布　　　　2014-02-01 实施

中华人民共和国国家质量监督检验检疫总局
中国国家标准化管理委员会　发布

前　言

本标准按照 GB/T 1.1—2009 给出的规则起草。

本标准代替 GB/T 14054—1993《辐射防护用固定式 X、γ 辐射剂量率仪、报警装置和监测仪》，与 GB/T 14054—1993 相比，除编辑性修改外主要技术变化如下：

——标准名称改为《辐射防护仪器　能量在 50 keV～7 MeV 的 X 和 γ 辐射固定式剂量率仪、报警装置和监测仪》；

——在“2 规范性引用文件”中删除了 GB/T 8993.1《核仪器环境试验基本要求与方法 总则》和 GB/T 10257《核仪器与核辐射探测器质量检验规则》，增加了参考辐射、环境试验、电磁兼容、核电厂安全重要仪表和控制系统、标准电压、设备随机文件等方面的国家标准、行业标准和国际标准；

——在“术语和定义”中删除了常用辐射量的术语和定义，例如：周围剂量当量、空气比释动能、剂量等；增加了试验术语；

——第 4 章标题“技术要求”修改为“设计要求”，内容仅包括“4.1 一般特性”和“4.2 详细特性”，而辐射特性以及电气、机械和环境特性分别作为本标准的第 6 章和第 7 章并对技术内容进行了修改和补充；

——增加电磁兼容的技术内容，包括对电磁辐射发射、静电放电、射频电磁场、由快速瞬变或脉冲群感应的传导骚扰、由浪涌感应的传导骚扰、由射频感应的传导骚扰、振荡波、50 Hz 磁场、电压暂降和短时中断的要求和试验方法；

——删除第 6 章“检验规则”；

——删除第 7 章“标志、包装、运输、贮存”；

——第 8 章标题“说明书和检验合格证”修改为“文件”；

——附录 A 的内容由“确定仪器指示间真实差别所需的读数数目”修改为“脉冲电离辐射的监测”；

——增加“参考文献”。

本标准使用翻译法等同采用 IEC 60532:2010《辐射防护仪器　固定式辐射剂量率仪、报警装置和监测仪 X 和 γ 辐射能量在 50 keV～7 MeV》。

与本标准中规范性引用的国际标准有一致性对应关系的我国文件见附录 NA。

本标准对 IEC 60532:2010 做了下列编辑性修改：

——在“2 规范性引用文件”中将已有相应国家标准的国际标准改为我国的标准，增加在 4.2.2 中引用的 IEC 60987 和在 4.2.3 中引用的 IEC 61559，删除未在正文中出现的 IEC 60068-2-27:2008；

——“3 术语和定义”的引导语按 GB/T 1.1—2009 的规定改为“GB/T 2900.81、GB/T 2900.82 和 GB/T 2900.83 界定的以及下列术语和定义适用于本文件”，删除说明条款表述所用助动词的注；

——6.4.2 中第二行不是列项说明的内容，只是对下列能量表示方法的说明，故删去“——”；

——7.1“电源”只保留我国现行使用的内容；

——7.2.4.1 的“见表 4”是笔误，修改为“见表 6”；

——7.2.9 中删除不符合国情的“60 Hz”；

——7.4.1.2“表 4”是笔误，修改为“表 5”；

——表 3 中“标称电压±1%”修改为“标称电压(1±1%)”，“标称频率±2%”修改为“标称频率

(1±2%)"；

——表 5 中"电源"只保留我国现行使用的内容；

——增加附录 NA"本标准规范性引用文件中国际文件与我国文件的对应关系"。

本标准由国防科技工业局提出。

本标准由全国核仪器仪表标准化技术委员会(SAC/TC 30)归口。

本标准起草单位：西安核仪器厂。

本标准主要起草人：孙力平、杨妮莹。

本标准于 1993 年 1 月首次发布，本次修订为第一次修订。

引　言

a）　标准的技术背景、主要出版物和组织

本标准明确着重于正常和事故工况下使用的辐射监测系统。

本标准供用户在为其电厂专用辐射监测系统编制技术规格书时和制造厂在开发正常和事故工况下所用系统的过程中确定所需产品特性时使用。有些专用仪器的特性（例如：测量范围、要求的能量响应和周围的环境要求）取决于特殊应用。在这些情况下，针对确定的特殊要求提供指导，但并未说明具体要求，只是在资料性附录中给出典型实例。

本标准是与核电厂安全重要事故后辐射监测设备系列标准有关的一个标准。该系列标准由下列标准组成：

GB/T 12726.1　核电厂安全重要仪表　事故及事故后辐射监测　第1部分：一般要求（IEC 60951-1:2009，IDT）

GB/T 12726.2　核电厂安全重要仪表　事故及事故后辐射监测　第2部分：气态排出流及排风中放射性连续离线监测设备（IEC 60951-2:2009，IDT）

GB/T 12726.3　核电厂安全重要仪表　事故及事故后辐射监测　第3部分：高量程区域γ连续监测设备（IEC 60951-3:2009，IDT）

GB/T 12726.4　核电厂安全重要仪表　事故及事故后辐射监测　第4部分：工艺流管内或管旁放射性连续监测仪（IEC 60951-4:2009，IDT）

b）　在 SAC/TC 30/SC2 和 SC3 标准结构中现行标准的状况

GB/T 12726 系列标准在 SC2 标准层次结构中处于第三层面。

GB/T 12726 系列标准为用于事故和事故后工况辐射监测设备的设计和试验提供指导。SC2 和 SC3 制定的其他标准为用于正常运行工况下的辐射监测仪器提供指导。

GB/T 7165 系列标准为连续离线监测正常工况下气态排出流放射性的设备规定了要求。GB/T 10253 为连续离线监测正常工况下液态排出流放射性的设备规定了要求。IEC 60768 为连续监测正常工况和预计运行事件下工艺流管内或管旁放射性的设备规定了要求。最后，ISO 2889 为气体和粒子取样提供指导。表1给出了这些不同辐射监测标准之间的关系。

表1　SAC/TC30/SC2 和 SC3 标准系列

制定的组织	ISO	SC2——工艺和安全监测		SC3——辐射防护和排出流监测
范围	取样回路和方法	事故和事故后工况	正常和预计运行事件	
带取样的气体、微粒和碘监测（离线）	ISO 2889	GB/T 12726.1 和 GB/T 12726.2	GB/T 7165 系列标准	
带取样的液体监测（离线）	不适用	不适用	GB/T 10253	
不带取样的（气态排出流、蒸汽或液体）工艺流监测（管旁或管内）	不适用	GB/T 12726.1 和 GB/T 12726.4	IEC 60768	不适用
区域监测	不适用	GB/T 12726.1 和 GB/T 12726.3	GB/T 14054	
中央控制系统	不适用	IEC 61504		IEC 61559（所有部分）

c） 有关本标准应用的建议和限制

特别注意本标准没有为安全系统建立附加的功能要求。

d） SC2/SC3标准系列的结构描述和与其他标准及其他机构（IAEA、ISO）文件的关系

IEC 61508系列标准规定了总体安全寿命周期构架和系统寿命周期构架的要求。当研发具有安全功能、用于超出核电厂区域范围辐射监测的仪器时，宜在符合IEC 61508系列标准的同时也符合本标准规定的要求。

SC2标准系列的顶层标准是NB/T 20026。它为执行核电厂安全重要功能的仪表和控制系统及设备规定了总体要求。NB/T 20026构建了SC2标准系列。

NB/T 20026直接引用了其他SC2标准，涉及了功能分类和系统分级、质量鉴定、系统隔离、共因故障防御、基于计算机系统的软件、基于计算机系统的硬件和控制室设计等方面内容。宜考虑在第二层面直接引用这些标准并与NB/T 20026一起作为一套参考文件。

在第三层面，没有被NB/T 20026直接引用的SC2/SC3标准是涉及特殊设备、技术方法或特定活动的标准。通常，引用第二层面文件的这些文件可被其自身引用。

扩展了SC2/SC3标准系列的第四层面是不属于标准化范畴的技术报告。

NB/T 20026已采用与基本安全出版物相似的表述格式。

包括总体安全寿命周期构架和系统寿命周期构架的IEC 61508系列标准为核电厂部门提供了一般要求的描述（IEC 61508.1、IEC 61508.2和IEC 61508.4）。由于已向核工业部门作出解释，符合NB/T 20026将便于与IEC 61508系列标准的要求一致。在这个框架中，核应用部门的IEC 60880和IEC 62138对应于IEC 61508.3。

NB/T 20026在质量保证（QA）方面参考了GB/T 19000—2008、GB/T 19001—2008和HAF 003（对应IAEA 50-C-QA，IAEA 50-C-QA现已被IAEA GS-R-3取代）。

SC2标准系列一贯执行和详述针对核电厂的核安全法规和核安全导则中的原则和基本安全因素，特别是HAF 102的要求，建立与核电厂设计以及安全导则HAD 102/14涉及的核电厂安全重要仪表和控制系统相关的安全要求。SC2标准使用与核安全法规和核安全导则一致的术语和定义。

辐射防护仪器　能量在50 keV～7 MeV的X和γ辐射固定式剂量率仪、报警装置和监测仪

1　范围

本标准适用于固定式剂量率仪、报警装置和监测仪，这些仪器用于防止或减轻放射性释放或燃料劣化使其保持在核动力厂(NPP)/核设施(NF)的设计基准之内，并在核动力厂/核设施出现或导致放射性释放或者人员受到辐射照射危险的事件期间或之后，对人员发出警告以保证其安全。按照IEC 61226：2009，设备分为“A”类、“B”类、“C”类或“无类别”。

本标准涉及的设备用于各向同性地测量由能量范围在50 keV～7 MeV的X或γ辐射产生的空气比释动能、周围剂量当量或其他照射量。设备主要用于辐射防护目的并可在获得或保持核动力厂安全中起辅助或间接作用。

在本标准规定的范围内，仪器测量的有限能量范围至少覆盖80 keV～1.5 MeV。

一般规定这类装置作为区域辐射监测仪。通常这些装置用于连续确定在辐射场可能随时间变化的工作区域(例如，核动力厂、粒子加速器、高放射性实验室、核燃料后处理厂)中的放射性状况，并在辐射场超出预定限值时提供报警。这些装置也用于与安全有关的保护系统中，例如，允许进入可能受辐射场照射区域的人员通道控制系统。

本标准也为在脉冲辐射场使用的设备给出了指导，例如，测量由脉冲辐射或粒子加速器产生的辐射。由于本标准规定的大多数设备在脉冲辐射场中工作可能给出错误读数，所以这种指导十分重要。

本标准涉及的装置至少包括：

——探测器(例如，电离室、盖革-米勒计数管、闪烁计数器、半导体)装置；

——测量装置可安装在中央控制盘上，并对报警装置和监测仪提供输出信号并能触发报警或紧急停堆/联锁电路的触点以达到辐射防护目的。

本标准还适用于为特殊用途设计的固定式剂量率测量装置(例如，很高的剂量率)。但是，某些要求可能需要按照这类装置的特殊特性进行修改或补充。

本标准不适用于临界监测仪。

执行多种功能的装置宜满足这些功能的每一功能的有关要求。

本标准规定了上述装置的一般特性、一般试验方法、辐射特性、电气特性、安全特性和环境特性以及合格证书。

2　规范性引用文件

下列文件对于本文件的应用是必不可少的。凡是注日期的引用文件，仅注日期的版本适用于本文件。凡是不注日期的引用文件，其最新版本(包括所有的修改单)适用于本文件。

GB/T 2900.81—2008　电工术语　核仪器　物理现象和基本概念(IEC 60050-393:2003，IDT)

GB/T 2900.82—2008　电工术语　核仪器　仪器、系统、设备和探测器(IEC 60050-394:2007，IDT)

GB/T 2900.83—2008　电工术语　核仪器　电的和磁的器件(IEC 60050-151:2001，IDT)

GB/T 12162.1—2000 用于校准剂量仪和剂量率仪及确定其能量响应的X和γ参考辐射 第1部分:辐射特性及产生方法(ISO 4037-1:1996,IDT)

GB/T 12162.2—2004 用于校准剂量仪和剂量率仪及确定其响应的X和γ参考辐射 第2部分:辐射防护用的能量范围为80 keV～1.3 MeV和4 MeV～9 MeV的参考辐射的剂量测定(ISO 4037-2:1997,IDT)

GB/T 12162.3—2004 用于校准剂量仪和剂量率仪及确定其响应的X和γ参考辐射 第3部分:场所剂量仪和个人剂量计的校准及其能量响应和角响应的测定(ISO 4037-3:1999,IDT)

GB/T 12162.4—2010 用于校准剂量仪和剂量率仪及确定其响应的X和γ参考辐射 第4部分:低能X射线参考辐射场中场所和个人剂量仪的校准(ISO 4037-4:2004,IDT)

GB/T 12164.1—2008 β参考辐射 第1部分:产生方法(ISO 6980.1:2006,IDT)

GB/T 14055.1—2008 中子参考辐射 第1部分:辐射特性和产生方法(ISO 8529-1:2001,IDT)

GB/T 14055.2—2012 中子参考辐射 第2部分:与表征辐射场基本量相关的辐射防护仪表校准基础(ISO 8529-2:2000,IDT)

GB/T 16511—1996 电气和电子测量设备随机文件(IEC 61187:1993,IDT)

GB/T 17626.4—2008 电磁兼容 试验和测量技术 电快速瞬变脉冲群抗扰度试验(IEC 61000-4-4:2004,IDT)

GB/T 17626.5—2008 电磁兼容 试验和测量技术 浪涌(冲击)抗扰度试验(IEC 61000-4-5:2005,IDT)

NB/T 20026—2010 核电厂安全重要仪表和控制系统总体要求(IEC 61513:2001, IDT)

IEC 60038 IEC 标准电压(IEC standard voltages)

IEC 60068-2-18 环境试验 第2-18部分:试验 试验R:水试验方法和导则(Environmental testing—Part 2-18:Tests—Test R and guidance:Water)

IEC 60068-2-75 环境试验 第2-75部分:试验 试验Eh:锤击试验(Environmental testing—Part 2-75:Tests—Test Eh:Hammer tests)

IEC 60529:1989 外壳防护等级(IP代码)(Degrees of protection provided by enclosures(IP Code))

IEC 60780 核电厂 安全系统电气设备 质量鉴定(Nuclear power plants—Electrical equipment of the safety system—Qualification)

IEC 60880 核电厂 安全重要仪表和控制系统 执行A类功能的计算机软件(Nuclear power plants—Instrumentation and control important to safety—Software aspects for computer-based systems performing category A functions)

IEC 60987 核电厂 安全重要仪表和控制 基于计算机系统的硬件设计要求(Nuclear power plants—Instrumenttation and control important to safety—Hardware design requirements for computer-based systems)

IEC 61000-4-2:2008 电磁兼容(EMC) 第4-2部分:试验和测量技术 静电放电试验(Electromagnetic compatibility (EMC)—Part 4-3: Testing and measurement techniques—Electrostatic discharge test)

IEC 61000-4-3:2006 电磁兼容(EMC) 第4-3部分:试验和测量技术 射频电磁场辐射抗扰度试验(Electromagnetic compatibility (EMC)—Part 4-3: Testing and measurement techniques—Radiated,radio-frequency,electromagnetic field immunity test)

IEC 61000-4-6:2008 电磁兼容(EMC) 第4-6部分:试验和测量技术 射频场感应的传导骚扰抗扰度(Electromagnetic compatibility(EMC)—Part 4-6: Testing and measurement techniques—Immunity to conducted disturbances, induced by radio-frequency)

IEC 61000-4-8 电磁兼容 第4-8部分:试验和测量技术 工频磁场抗扰度试验(Electromagnetic compatibility(EMC)—Part 4-8: Testing and measurement techniques—Power frequency magnetic field immunity test)

IEC 61000-4-11 电磁兼容 第4-11部分:试验和测量技术 电压暂降、短时中断和电压变化的抗扰度试验(Electromagnetic compatibility(EMC)—Part 4-11: Testing and measurement techniques—Voltage dips,short interruptions and voltage veriations immunity tests)

IEC 61000-4-12 电磁兼容 第4-12部分:试验和测量技术 振荡波抗扰度试验(Electromagnetic compatibility(EMC)—Part 4-12: Testing and measurement techniques—Ring wave immunity test)

IEC 61000-6-2 电磁兼容 第6-2部分:通用标准 工业环境中的抗扰度试验(Electromagnetic compatibility(EMC)—Part 6-2: Generic standards—Immunity for industrial environments)

IEC 61000-6-4 电磁兼容 第6-4部分:通用标准 工业环境中的发射标准(Electromagnetic compatibility(EMC)—Part 6-4: Generic standards—Emission standard for industrial environments)

IEC 61226:2009 核电厂 安全重要仪表和控制 仪表和控制功能的分类(Nuclear power plants—Instrumentation and control important to safety—Classification of instrumenttation and control functions)

IEC 61504 核电厂 安全重要仪表和控制系统 厂房辐射监测(Nuclear power plants—Instrumentation and control system important to safety—Plant-wide radiation monitoring)

IEC 61508(所有部分) 电气/电子/可编程电子安全相关系统的功能安全(Functional safety of electrical/electronic/programmable electronic safety-related systems)

IEC 61559(所有部分) 核设施中的辐射防护仪器 连续监测辐射和/或放射性活度水平的中央控制系统(Radiation protection instrumentation in nuclear facilities—Centralized systems for continuous monitoring of radiation and/or levels of radioactivity)

IEC 62138 核电厂 安全重要仪表和控制 系统执行B类和C类功能的计算机软件(Nuclear power plants—Instrumentation and control important for safety—Software aspects for computer-based systems performing category B or C functions)

IEC 62262 电气设备外壳对外界机械碰撞的防护等级(IK代码)(Degrees of protection provided by enclosures for electrical equipment against external mechanical impacts (IK code))

ISO 2889 核设施烟囱和通风管道中气载放射性物质的取样(Sampling airborne radioactive materials from the stacks and ducts of nuclear facilities)

ISO 6980-2:2004 核能 β参考辐射 第2部分:与表征辐射场基本量相关的校准基础(Nuclear energy—Reference beta-radiation—Part 2:Calibration fundamentals related to basic quantities characterzing the radiation field)

ISO 6980-3:2006 核能 β参考辐射 第3部分:场所和个人剂量仪的校准以及能量响应和角响应的确定(Nuclear energy—Reference beta-radiation—Part 3:Calibration of area and personal dosemeters and the determination of their response as a function of beta radiation energy and angle of incidence)

ISO 8529-3:1998 中子参考辐射 第3部分:场所和个人剂量仪的校准以及能量响应和角响应的确定(Reference neutron radiation—Part 3:Calibration of area and personal dosemeters and the determination of response as a function of energy and angle of incidence)

3 术语和定义

GB/T 2900.81—2008、GB/T 2900.82—2008 和 GB/T 2900.83—2008 界定的以及下列术语和定

义适用于本文件。

3.1

制造厂　manufacturer

设备的设计、生产和销售者。

3.2

用户　purchaser

设备的使用者(操作者)。

3.3

探测器装置　detector assembly

DA

固定式辐射监测系统的部件,包括探测器和相关电子装置,也可包括可编程电子电路。

3.4

处理装置　processing assembly

PA

将探测器装置的输出信号转换为适于沿数据链传输至中央计算机、中央控制器的信号形式(通常为数字信号)和/或以预置的信号电平向报警单元提供报警输出的装置(可与一个或多个探测器装置相连)。

3.5

报警装置　alarm assembly

AA

在超过报警阈的事件中或在设备故障的情况下,触发音响或灯光报警的装置,该装置通常位于探测器装置的附近。

3.6

中央控制器　centralizer

CC

对处理装置输入的数据进行计算、显示和存储的中央处理计算机系统。

3.7

监测装置　monitoring assembly

MA

由处理装置、报警装置和探测器装置组成的整体装置。

3.8

数量级　order of magnitude

测量范围或被测水平相差的系数,一个数量级是10、两个数量级是100、三个数量级是1 000等。

3.9

工作低源　priming source

活度很低的放射源,如果使用,将其置于探测器中或探测器附近,除非出现故障,它的存在可保证在正常时不触发低值报警。

3.10

剂量率的约定真值　conventional true dose rate

用于设备校准的实际剂量率的最佳估算值,该值及其不确定度由一个次级标准或基准确定,或由一台经次级标准或基准校准过的参考仪器确定。

3.11

变异系数 coefficient of variation

一组 n 个测量值 x_i 的标准偏差 s 与其算术平均值 $\bar{x}$ 之比，由式(1)给出：

$$v=\frac{s}{\bar{x}}=\frac{1}{\bar{x}}\sqrt{\frac{1}{n-1}\sum_{i=1}^{n}(x_i-\bar{x})^2} \qquad \cdots\cdots(1)$$

3.12

试验术语

3.12.1

质量鉴定试验 qualification test

为了证明设计的充分性和设备在正常条件、运行工况和预计运行事件下均能满足制造厂和用户商定的技术要求，对该设备有代表性的样本进行的试验。

注 1：为了证明满足技术要求，进行质量鉴定试验。

注 2：质量鉴定试验分为型式试验和常规试验。

3.12.2

型式试验 type test

对代表产品的一个或多个物项进行的符合性试验。

3.12.3

常规试验 routine test

对制造中或完工后的每一个产品所进行的符合性试验。

3.12.4

验收试验 acceptance test

向顾客证明产品符合其某些规范要求，按合同规定进行的试验。

3.12.5

补充试验 supplementary tests

为装置的某些特性提供补充信息的试验。

注：本标准中使用的术语“剂量率”表示仪器的测量量(例如：空气比释动能)。根据该量由制造厂规定辐射试验。

4 设计要求

4.1 一般特性

4.1.1 概述

设备可设计为一台单独的装置(监测装置)，即探测器装置可靠近或包括在监测装置中，或者探测器远离其余的设备。

探测器装置(探测器和相关电子装置)可位于远离处理装置(电子装置)和指示及报警装置的地方。

设备宜采用统一的通用设计，以允许使用不同类型的探测器而采用同样的显示和报警装置。

4.1.2 测量范围

设备应能测量能量范围至少在 80 keV～1.5 MeV 的 X 或 γ 射线的剂量率。可对超出这一范围低至 50 keV 和高达 7 MeV 能量的有效响应作出说明。设备的测量范围应至少为三个数量级；在某些应用中可要求五个或更多数量级。

4.1.3 安全分类

本标准涉及的设备主要用于辐射防护目的并按 IEC 61226:2009 中 5.3 的规定可安装在核设施(例

如:核动力厂、核燃料储存和处理场所)中,因此可在实现或保持核动力厂安全中起作用。

例如,如果信号用于触发保护动作以减轻构筑物、系统或部件失效或故障造成的后果,应考虑将设备作为安全有关系统或保护系统的一部分。在这种情况下,设备应分别满足各个系统的要求。

如果应用安全分类,应使用涉及设备的技术指标、设计、制造、安装和运行以及有关硬件和软件质量的合适要求。应由制造厂与用户协商确定这些要求。特别是用户应决定适用于系统运行场所的合适安全标准,即 NB/T 20026—2010 或 IEC 61508 系列标准。

在核动力厂中使用的监测仪要求满足 NB/T 20026—2010 的规定。

可应用包括 IEC 61508 在内的基本安全标准并认为这些标准已用于核行业,在制造厂与用户协商确定的某些特殊情况下,可选择这些标准。当选择 IEC 61508 系列标准时,应使用系列标准的要求作为适用于规定的系统所需安全完整性等级(SIL)的要求。

另外,在安全有关保护系统的应用中,应按 IEC 60780 的要求对设备进行环境鉴定。适用时,应按 IEC 60780 的要求对设备进行抗震鉴定。

注 1:用于常规区域辐射防护目的的设备,其安全完整性等级预计为 SIL 1。在安全有关保护系统中起联锁作用的设备(例如,防止人员进入可能受很高辐射场照射区域的人员通道控制系统),其安全完整性等级预计为 SIL 2 或 SIL 3。

注 2:由用户与制造厂协商确定是选用 NB/T 20026—2010 还是选用 IEC 61508 系列标准。作为提示,给出下列对应关系:

—A 类→SIL 3;

—B 类→SIL 2;

—C 类→SIL 1。

4.2 详细特性

4.2.1 设备的结构

本标准规定的设备通常最多包括四种类型的装置,它们可以多种结构相互连接。

这些装置是:

——探测器装置(DA);

——处理装置(PA);

——报警装置(AA);

——监测装置(MA)。

设备的设计应考虑装置的实际使用,注意可要求设备测量相对其位置成不同入射角度的辐射场。

在探测器装置用于高中子场的场合,探测器装置的结构宜使用将中子活化影响减至最小的材料。

探测器装置的结构宜使用平滑、无孔的材料,以减少污染可能性并易于去污。

4.2.2 设备的可靠性

应按 NB/T 20026—2010 和有关的系列标准或按 IEC 61508 要求的 SIL 控制可靠性。

当在核动力厂/核设施使用时,设备应满足 NB/T 20026—2010 的规定。

应定量(平均故障间隔时间)或定性地(满足单一故障准则)规定功能所需的可靠性。

应对设备的任何部分(包括取样装置)进行适当的计划维修,应达到下列要求:

——MTBF(平均故障间隔时间)大于 20 000 h(进行了预防性维修)。

在设备按 IEC 61226:2009 进行功能分类的情况下,除了计算 MTBF 以外,还要进行故障模式和影响分析(FMEA)。

对于特殊指定的安全应用,由制造厂与用户协商,设计的设备可满足 IEC 61508 系列标准关于 SIL 用于安全应用的规定。当设计的设备其软件(固件)具有安全功能时,可认为仪器是可编程电子系统(即

SMART)。因此,设备或满足 IEC 61508 系列标准、IEC 60880 和 IEC 62138,或应由制造厂提供设备满足所需 SIL 的证据。

对于设备的硬件,已满足 IEC 60987 或 IEC 61508.2 要求的制造厂证据宜包括对诸如故障模式和影响及诊断分析(FMEDA)、安全故障百分率(SFF)的证明和统计试验(适用时)的评价。

为了满足所需的 SIL,应包括已满足 IEC 61508.3 中生命周期要求的制造厂证据。

设备应设计为故障安全型,其安全故障百分率最低分别为 SIL 1 为 60%、SIL 2 为 90%和 SIL 3 为 99%。

为了探测引起设备安全功能丧失的部件和软件故障,应提供诊断装置。这些装置应导致启动所有要求的触发/联锁/报警功能。

4.2.3 设备的指示值

处理单元应能给出就地指示和就地声光报警。应由制造厂与用户协商确定声光报警要求。设备宜具有将指示值和报警传输到远处的装置。设备性能应与任何运行模式无关并不受远处设备故障的影响。另外,可提供连接就地图表记录器的装置。

对于多监测仪的设置,远程位置可使用中央控制器。中央控制器宜满足 IEC 61559 系列标准的要求。首选的处理单元显示宜使用具有适当分度标记、每个十进位位刻度长度至少为 20 mm 的模拟对数刻度仪表。在要求提供清晰的指示值时,可使用数字显示。具有线性刻度的处理单元,相邻刻度之间的指示值之比不应超过 10。

设备的有效测量范围应为:

——具有线性刻度的处理单元,有效测量范围应在每个量程的 10%～100%;

——具有对数刻度的处理单元,有效测量范围应从最低有效剂量率 1.5 倍的标记处到满刻度之间;

——具有数字显示的处理单元,有效测量范围应从第二个最低有效数量级(即指示两位数字)到最大指示值。

4.2.4 报警/触发/联锁装置

4.2.4.1 概述

提供触发/联锁安全功能(见 4.1.3)输出的处理单元应设计为在电源中断或故障时是故障安全的。输出应启动所有选择的报警/触发/联锁功能。

关于如何在真实报警、仪表或电源故障时触发输出:这些输出应一直保持在报警/触发/联锁被触发的状态中,直到不安全状态消失或采用复位控制功能使其复位。

设备为提供区域辐射防护而配置的报警单元(AU)应在电源中断或故障时产生声光报警。但在真实报警、仪器或电源故障触发报警时,报警电路应保持报警状态直到采用复位控制使其复位。音响报警应能使用报警单元上的按钮使其静音。灯光报警应持续直到复位。

在所有情况下,均应在处理单元上提供电源故障的指示。

注:报警分为高值报警(4.2.4.2)、低值报警(4.2.4.3)和仪器故障报警((4.2.4.4)。

4.2.4.2 高值报警

宜至少提供一个高值报警。报警设置点可以是固定的或是可调的。在显示值达到设置点的 1 s 内应触发每个报警。可提供其他报警(警戒水平),在剂量率增加但其水平低于报警水平时触发。

可调报警宜至少覆盖刻度读数的 10%～100%(线性刻度)、从最低数量级刻度的 50%到最高数量级刻度的 100%(对数刻度)和除最低有效十进位位以外的所有范围(数字显示)。

4.2.4.3 低值报警

宜提供一个低值报警。按4.2.4.2的规定,低值报警应是可调的。低值报警在剂量率减少时工作,并且通常作为附加的故障报警,但能用于过程控制。

4.2.4.4 仪器的故障报警

为了探测可能引起设备安全功能丧失的电子部件、单元间通讯和处理固件(软件)的故障,只要合理可行,宜提供诊断装置。这些装置应产生故障指示或报警。最好能分别指示故障来源。

尽可能将故障报警设置在低于最小有效测量范围的一点上,这样当探测器故障时,在发生故障的5 min内报警。

通常报警工作时间、发生虚假报警的频率与本底水平和报警水平间的裕度之间存在相互关系。

可将低值报警设置在超过增强本底(工作低源用于提高现有的本底以保证探测功能)时工作,测量统计表明这样做可将虚假报警减至最少。

4.2.4.5 工作低源

在放射源与探测器装置组合的场合,这些源和仪器标志应满足国家有关放射性物质的适用法规。通常,这些源的活度低于管理限值。应由制造厂规定放射源维持其功能的有效时间。该时间一般不宜少于五年。所需的源位置调整或进行其他等效调整(例如,通过改变工作固件中的数据)每年不宜超过一次。

显示的信息应考虑工作低源,以便在规定的源寿期内对所有剂量率给出正确的读数。可以考虑允许的不确定度。

4.2.4.6 响应时间与统计涨落之间的关系

响应时间与统计涨落的变异系数是两个相关特性,在6.9和6.10中分别给出了统计涨落和响应时间的可接受限值。

对于高剂量率,当满足本标准规定的限值时,建议尽可能减少响应时间。小于1 s的响应时间几乎没有好处,而减少统计涨落更实际。

对于很低的剂量率,制造厂应说明合适的变异系数和响应时间的数值,经与用户协商,变异系数和响应时间可超过6.9和6.10中给出的限值。

5 一般试验方法

5.1 试验特性

除非在个别条款中另有规定,本标准列出的所有试验均认为是"型式试验"。然而,经用户与制造厂协商,某些试验也可作为验收试验。

5.2 参考条件和标准试验条件

表3给出了参考条件和标准试验条件。参考条件是那些涉及仪器性能的条件,标准试验条件表明在实际的试验中存在偏差。除非另有规定,本标准中的试验应在表3第3列给出的标准试验条件下进行。

5.3 标准试验条件下进行的试验

标准试验条件下进行的试验列于表4,表4对试验中的每一特性给出了要求和描述相应试验方法的条款号。

5.4 随影响量变化进行的试验

这些试验用于确定表 5 和表 6 给出的影响量变化所带来的影响，所有其他的影响量应保持在表 3 给出的标准试验条件的限值以内，除非在有关的试验方法中另有规定。

5.5 统计涨落

对于使用辐射的所有试验，如果单独由辐射的随机性引起的指示值统计涨落在试验中占有显著份额，那么就应取足够多的读数，以保证有足够的准确度估计这些读数的平均值，用于确定是否满足试验特性的要求。

相邻两次读数之间的时间间隔应足够长，以保证这些读数在统计学上的独立性。

5.6 参考辐射

5.6.1 γ 辐射

除非另有规定，应使用 ^{137}Cs 进行所有试验。作为一种选择，可使用 ^{60}Co。在这种情况下，应进行探测器装置对 ^{60}Co 和 ^{137}Cs 响应之间差别的修正。在 GB/T 12162.1～GB/T 12162.4 中规定了这些辐射质。

5.6.2 β 辐射

根据制造厂与用户协商，应在 β 辐射存在的情况下进行探测器装置对 γ 辐射响应的试验。应由制造厂说明探测器装置对 $^{90}Sr/^{90}Y$ 源产生的 β 辐射的响应。在 GB/T 12164.1—2008、ISO 6980-2:2004 和 ISO 6980-3:2006 中规定了 β 参考辐射场。

5.6.3 中子辐射

按用户的要求，应由制造厂说明对中子辐射的响应。如果探测器装置在中子辐射场中使用，应进行对中子响应的试验。宜使用 ^{252}Cf 或 ^{241}Am-Be 进行中子试验。在 GB/T 14055.1—2008、GB/T 14055.2—2012 和 ISO 8529-3:1998 中规定了中子参考辐射场。

5.7 天然本底辐射的考虑

对于低剂量当量率的测量，有必要考虑天然本底辐射的贡献。通常的作法是取足够多的本底辐射读数。试验时从探测器装置的剂量率指示值中扣除这些读数的平均指示值。如果探测器装置含有工作低源，应考虑扣除该源产生的指示值。

6 辐射特性

6.1 虚假报警试验

6.1.1 要求

监测仪在稳定的本底中工作 100 h 内不应发生无法解释的报警。如果发生可解释的报警，重复试验。

6.1.2 试验方法

监测仪在稳定的本底中正常工作，观察监测仪以验证在 100 h 内不发生报警。

6.2 试验点

应选择确定γ剂量率的试验点，辐射源与探测器装置之间的距离应足够大以保证由于照射探测器的不均匀性产生的任何误差不超过±5%。

6.3 线性

6.3.1 要求

线性是指仪器测量量程的线性。仪器误差与设备测量的辐射量有关。

在标准试验条件下，在受到任一参考辐射照射时，探测器装置的响应线性在有效测量范围内不应超过±30%。

注：该不确定度附加到剂量率约定真值的不确定度中。

6.3.2 γ辐射试验源

6.3.2.1 要求

应使用^{137}Cs或^{60}Co源进行试验。使用^{60}Co应满足5.6的要求。

应已知剂量率约定真值并说明其不确定度。

6.3.2.2 进行的试验

监测单元的型式试验应至少包括一个处理单元、一个报警装置和一个探测装置。

应对处理装置、报警装置和探测器装置的每个组合进行常规试验。

除非制造厂与用户另有协商，应使用辐射场进行所有试验。

6.3.2.3 型式试验

对于线性刻度的装置，应在所有量程和每个量程至少三个点上（即大约在量程的25%、50%和75%）进行型式试验。

对于单量程和对数刻度的装置或对于数字显示的装置，应在所有剂量率的数量级刻度和每个数量级刻度至少两个点上（每个十进位位中的高值应至少为低值的三倍并至少为该数量级最大值的70%）进行型式试验。如果探测器含有工作低源，应考虑扣除该源产生的指示值。

6.3.2.4 常规试验

对于线性刻度的装置，应在设置高值报警的量程中一个值上（在50%～75%之间）进行常规试验。

对于单量程和对数刻度的装置或对于数字显示的装置，应在设置高值报警的量程中的一个值上（在10%～90%之间）进行常规试验。如果探测器含有工作低源，应考虑扣除该源产生的指示值。

对于常规试验，可接受将电流或脉冲注入处理装置的方法。当使用电流或脉冲注入的方法时，应根据辐射的型式试验结果。

6.4 响应随光子辐射能量的变化

6.4.1 要求

在参考方向上，对80 keV～1.5 MeV之间光子能量的响应变化应在−25%～+40%之内。

对于在50 keV～80 keV之间和/或高于1.5 MeV能量中使用的装置，响应变化应由用户与制造厂协商确定。

如果仪器用于核动力厂附近，对高达 7 MeV 的响应由用户与制造厂协商确定。

原则上，宜对每个辐射能量以相同的剂量率进行本项试验。实际上这是难以实现的，宜以参考 γ 辐射的剂量率指示值对每个辐射能量的剂量率指示值进行非线性修正(如果必要，使用内插)。

在使用多个探测器覆盖不同剂量率量程的情况下，宜以合适的剂量率和能量对每个探测器进行试验。

6.4.2 试验方法

低空气比释动能率宜使用下列能量(取自 GB/T 12162 系列标准)：

平均能量(keV)：辐射质(管电压，kV)

——83 keV(N-100)或 87 keV(L-100)；

——100 keV(N-120)或 109 keV(L-125)；

——118 keV(N-150)；

——164 keV(N-200)或 149 keV(L-170)；

——208 keV(N-250)或 211 keV(L-240)；

——662 keV(^{137}Cs)；

——1 250 keV(^{60}Co)。

当仪器在其他能量中使用时：

——48 keV(N-60)或 48 keV(L-55)；

——65 keV(N-80)或 60 keV(L-70)或 59.5 keV(^{241}Am)。

对于 6.61 MeV，可采用以下办法：

——6.61 MeV(R-F)；或

——6.61 MeV(R-O)；或

——使用蒙特卡洛模拟针对该能量进行验证。

应由用户与制造厂协商确定对该能量的试验。

试验结果应以对所用每个辐射源单位剂量率的指示值与对参考 γ 辐射(^{137}Cs)单位剂量率的响应之比表示。

6.5 响应随入射角的变化

6.5.1 要求

对于多个响应平面，响应随相对于校准方向的入射角的变化应在下列范围内(见图 1)。

对 80 keV～1.5 MeV 能量范围：

——661.6 keV：入射角为 0°、±15°、±30°、±45°、±60°时的变化在±20%；

——83 keV：入射角为 0°、±15°、±30°、±45°、±60°由制造厂规定；

——59.5 keV /60 keV：入射角为 0°、±15°、±30°、±45°、±60°时的变化±30%(适用时)。

制造厂应说明对±90°响应的相对变化。

试验结果应以对所用每个辐射源单位剂量率的响应与对 0°入射角单位剂量率的响应之比表示。

通常，探测器装置的设计应使其安装在平滑的表面(例如墙面)上。因此，试验的角度范围限于垂直于安装表面的±60°(见 6.5.2)。如果要求其他的试验角度范围，应由制造厂与用户协商选择。

按照制造厂与用户的协议，应确定对其他 X 射线或 γ 射线照射进行附加角度试验的必要性。

a) 在包括由制造厂规定校准方向的平面中，应以每步 15°的方式改变辐射方向并在 6.5.1 中规定的所有角度范围内确定响应；

b) 应对垂直于 a)中所用平面的平面(但该平面仍包括校准方向)重复上述 a)的方法。

6.5.2 试验方法

应能在所需角度以最方便测量的方式安装装置。

对于本项试验,应将探测器装置的参考点置于剂量(率)已知的试验点上。如果可能,宜使用GB/T 12162系列标准中规定的窄谱系列光子辐射质以及γ源^{137}Cs和^{241}Am。

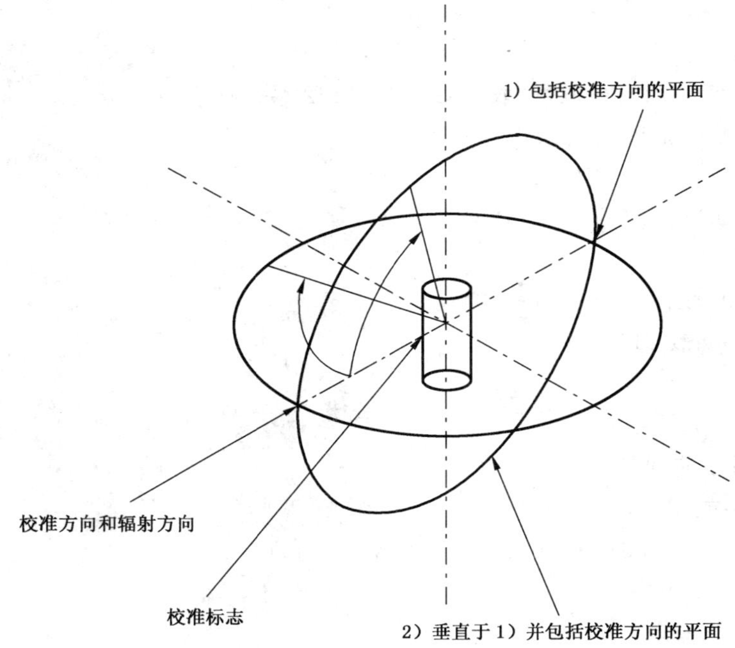

图1 探测器装置旋转的实例

6.6 对β辐射的响应

6.6.1 要求

当探测器装置用于在β辐射存在的情况下测量由γ辐射产生的剂量时,较高能量的粒子可能进入探测器的灵敏体积。如果确定探测器装置用于存在β辐射的场合,应由制造厂说明探测器装置对由$^{90}Sr/^{90}Y$源产生的β辐射的响应。

6.6.2 试验方法

在0°辐射入射角以GB/T 12164.1—2008、ISO 6980-2:2004和ISO 6980-3:2006规定的以下β参考辐射照射探测器装置:

——$^{90}Sr/^{90}Y(\overline{E}\approx 0.8\ MeV)$。

剂量率指示值应小于照射的剂量率值的10%。

6.7 对中子辐射的响应

6.7.1 要求

如果确定探测器装置用于存在中子辐射的场合,应由制造厂说明探测器装置对中子辐射的响应。

如果有文件分析证明仪器对中子辐射不敏感,经用户与制造厂协商可省略本项试验。

6.7.2 试验方法

在要求试验时，推荐下述方法：

在参考校准方向上，以^{252}Cf或^{241}Am-Be源照射探测器装置，使其在第二个最灵敏数量级刻度上产生最大值70%的读数。如果在实际中不可行，宜使用10 mSv/h的限值。

应记录由中子源产生的$(n+\gamma)$指示值。

应(由计算或使用参考仪器)确定探测器装置上的光子剂量率$\dot{H}^*(10)_\gamma$，并由$I_{(\gamma)}=R_\gamma\times\dot{H}^*(10)_\gamma$建立指示值$I_{(\gamma)}$，其中考虑了由$^{60}Co$产生的光子响应。对于$^{252}Cf$，光子与中子剂量率的比值通常约为0.04。

注1：由^{252}Cf源发射的光子能量与由^{60}Co源发射的能量(大约1.25 MeV)相近。

同样，应确定中子剂量率$\dot{H}^*(10)_n$。

中子响应应由式(2)表示：

$$R_n=\frac{I_{(n+\gamma)}+I_{(\gamma)}}{H^*(10)_n} \qquad \cdots\cdots(2)$$

GB/T 14055.1—2008、GB/T 14055.2—2012和ISO 8529-3:1998规定了中子参考辐射。

注2：以1 mm的铅包覆^{252}Cf源将减少γ(光子)发射。

注3：选择剂量率值$\dot{H}^*(10)$用于中子和光子辐射的测量。

6.8 过载特性

6.8.1 要求

对大于相应满刻度的剂量率，探测器装置/监测单元的指示值应在满刻度之外并保持。对于可切换量程的仪器，本项要求应适用于每个量程。

6.8.2 试验方法

在进行过载试验前，应建立参考读数。应从每个量程获得读数。

然后，用十倍于最大刻度值的剂量率照射探测器装置5 min。在此期间，指示值应保持在满刻度之外。

在剂量率恢复到以前的照射水平以后，监测仪恢复正常所需的时间不应大于10 min。试验后的读数与试验前读数或参考读数的偏差应在±10%以内。

6.9 统计涨落

6.9.1 要求

由随机涨落产生的变异系数应小于20%(对于最灵敏量程)和10%(对于所有其他量程)。

6.9.2 试验方法

应使用辐射源照射探测器装置，在最灵敏量程(线性输出)或最灵敏十进位位(对数输出)或第二个最低有效十进位位(数字显示)满量程的1/3～1/2之间给出一个剂量率。

应取足够多的读数以保证能够确定这些读数的平均值和变异系数。

6.10 响应时间

6.10.1 要求

如果剂量率发生突然增加或减少，指示值应在响应时间内达到式(3)的数值：

$$I_i + 0.9(I_f - I_i) \quad \cdots\cdots(3)$$

式中：

I_i——初始指示值；

I_f——最终指示值。

响应时间应小于：

——剂量率低于 60 μGy/h(或 μSv/h)：60 s；

——剂量率在 60 μGy/h(或 μSv/h)～1 000 μGy/h(或 μSv/h)之间：

$$\left[60-\frac{\text{剂量率}-60\ \mu\text{Gy/h(或}\ \mu\text{Sv/h)}}{940\ \mu\text{Gy/h(或}\ \mu\text{Sv/h)}}\times 50\right]\text{s}$$

——剂量率高于 1 000 μGy/h(μSv/h)：10 s。

应由用户与制造厂协商确定进行试验的次数。

应由制造厂说明响应时间。

6.10.2 试验方法

可使用合适的辐射源或通过将合适的电信号注入到剂量率仪的输入端进行试验。

初始剂量率和最终剂量率应至少相差十倍，并按此倍数进行增加和减少剂量率的两种测量。

对于数字显示或对数刻度的剂量率仪，应在剂量率指示值的每个数量级上进行测量；对于线性刻度的剂量率仪，应在剂量率指示值的每个量程上进行测量。

对于线性刻度的剂量率仪，低值剂量率可取为零或本底，高值剂量率在所有量程上至少为满刻度的 80%。

对于可转换量程的剂量率仪，应在每个量程上进行响应时间的试验。

如果使用电信号试验方法，应在随带文件中说明。注入的信号应符合上述要求。

对于增加剂量当量率的试验，剂量率仪的探测器装置应首先受较高剂量率的照射并记录指示值 I_f。然后，剂量率仪的探测器装置受较低剂量当量率照射足够长的时间，使指示值 I_i 达到稳定值并记录此值。最后，尽可能快(小于 1 s)地将剂量率改变为对应于指示值 I_f 的剂量率，并测量达到公式(3)给出数值所需的时间。

以相同的方法进行减少剂量当量率的试验。

6.11 零点漂移

6.11.1 要求

对于线性刻度的探测器装置/监测单元，在标准试验条件下，装置工作 30 min 后将仪器指示值置零，在随后连续工作的 24 h 中，零点位置的漂移在任何量程上不应超过满刻度的±2%。对于对数刻度和数字显示的探测器装置/监测单元，8 h、24 h 和 20 d 后的零点漂移应分别小于最灵敏数量级(对数刻度)或第二个最低有效数量级(数字显示)的 5%、25%和 50%。

6.11.2 试验方法

接通探测器装置的电源，并在 30 min 后调整调零控制器(如果有)使指示值置零。对于非线性刻度的某些探测器装置，调零控制器是将指示值调到某个参考值而不是调到零点。如果是这种情况，将指示值调到参考值，切换读数量程，等待 30 min 并重新调零。

将探测器装置切换到读数量程。在最初的 8 h，每小时记录一次指示值，然后过 24 h 再记录指示值。

除非制造厂与用户另有协议，应持续进行试验 20 d，每四天记录一次指示值。

6.12 报警

6.12.1 要求

报警的设置范围应满足4.2.4.2和4.2.4.3的要求。

6.12.2 试验方法

应对探测器装置/处理单元进行本项试验,但不包括探测器。使用合适的信号发生设备模拟探测器输出的范围。应将报警调整至最低设置值的10%以内,并增加输入信号直至发生报警。应记录设备的指示值。应将报警重新调整至最高设置值并重复试验。

对于减少输入信号的报警试验,按上述方法操作,但缓慢减少输入信号的水平。

6.12.3 设备的故障报警

通常,应按4.2.4.4的要求对仪器的故障报警进行试验。

应对照适当的设备故障进行故障报警的试验。

6.13 报警响应时间和稳定性

6.13.1 要求

辐射报警阈(低值报警或高值报警)与所选报警设置点的偏离不应超过±10%并应满足4.2.4.2和4.2.4.3的要求。

6.13.2 试验方法

应将低值报警阈调整至能使试验继续进行的合理剂量率水平。以报警阈90%的剂量率照射探测装置。在照射期间(1 min)不应触发报警。将剂量率水平增加至报警阈的两倍。应立即触发报警。

对高值报警进行相同的试验。

为了验证稳定性,在连续使用24 h后,重复进行低值报警和高值报警的试验。

6.14 预热

6.14.1 要求

制造厂应说明预热时间。表3给出了标准试验条件中的预热时间。

6.14.2 试验方法

关断探测器装置/监测单元的电源,用一个能在至少满刻度一半处给出指示值的合适辐射源照射探测器。接通装置的电源,并在接通电源后每隔30 s记录一次读数直到说明的预热时间。

在接通电源后的30 min,至少取10个读数并以这些读数的平均值作为指示值的"最终值"。在指示值作为时间函数的图上,画出一条光滑的最佳拟合曲线。对应于该曲线90%的时间是预热时间。

7 电气、机械和环境特性

7.1 电源

7.1.1 要求

装置宜设计成由IEC 60038规定的单相交流电压220 V供电。

装置可设计成由 24 V 直流供电。由交流变直流供电的设备应在电源变化±10%内正常工作。

7.1.2 试验方法

按 5.6 的规定将^{137}Cs源置于探测装置附近。使用标称电压值,确定并记录来自每个探测器的平均读数。

在电压高于标称值 10%和低于标称值 10%时,分别读取足够的读数。平均值与在电压标称值时获得读数之间的差别不应大于 10%。

不改变电压,应在 45 Hz～55 Hz 电源频率范围内重复上述试验。

7.2 电磁兼容性(EMC)

7.2.1 概述

在监测单元的设计中应采取特殊措施以保证其在电磁骚扰特别是射频场(见 IEC 61000-4-3:2006)存在的情况下能正常工作。电磁骚扰可能引起辐射读数的增加或减少,或监测系统的功能变化(例如:触发报警)。对于 7.2.3～7.2.10 中给出的每一项电磁兼容性试验,应将探测器装置设置在最灵敏量程并以其测量范围下限五倍的剂量率照射。

7.2.2 电磁辐射发射

7.2.2.1 要求

当在 30 m 处测量时,发射限值应小于表 2 的数值。

表 2 发射频率范围

频率/MHz	场强/dB
30～230	30
230～1 000	37

7.2.2.2 试验方法

将监测装置置于一适合的射频屏蔽房间或屏蔽室。应按 IEC 61000-6-4 的规定进行试验。关断装置的电源,使用 50 kHz 扫描带宽收集本底谱。接通装置的电源并进行射频扫描以确定场强。

7.2.3 静电放电

7.2.3.1 要求

监测装置不应受静电放电(见表 6 给出的值)的影响。读数应保持在当监测装置未暴露于静电放电环境时获得读数的±15%以内,不应触发报警,并当仅存在静电放电时不应发生其他功能变化。

7.2.3.2 试验方法

按 5.6 的规定,将^{137}Cs源置于探测装置附近。确定和记录平均读数。

当剂量当量(率)探测器装置/处理装置打开时,如果需要选择量程,将其置于最灵敏量程。使用 IEC 61000-4-2:2008 规定的合适的一台试验用静电放电发生器,对操作人员在正常使用期间可能接触到整个仪器的各个部分进行至少五次放电,应通过观察和记录显示的和数据输出端的指示值来检查是否符合该性能要求。

应按 IEC 61000-4-2:2008 的规定使用 4 kV 的电压进行静电放电。当试验带绝缘表面的剂量当量(率)仪探测器装置时,应使用 8 kV 空气放电方法(严酷度等级 3)。

7.2.4 普通的射频电磁场

7.2.4.1 要求

监测装置不应受频率范围为 80 MHz～1 000 MHz 和 1.4 GHz～2.5 GHz、强度为 10 V/m 射频场(见表 6)的影响。读数的变化应保持在当监测装置未暴露于射频场时获得读数的±15%以内,不应触发报警,并当仅存在射频场时不应发生其他功能变化。

7.2.4.2 试验方法

按 5.6 的规定,将 ^{137}Cs 源置于探测装置附近。确定和记录平均读数。

将剂量当量(率)探测器装置置于最灵敏量程,应通过观察和记录显示的和处理装置数据输出端的指示值来检查是否符合该性能要求。

电磁场强度应为 10 V/m,在 80 MHz～1 000 MHz 和 1.4 GHz～2.5 GHz 频率范内围,以 1%为步长(见 IEC 61000-4-3:2006)。

为了减少证明满足上述要求所需的测量次数,仅在一个取向用 20 V/m 的场强进行试验。如果观察到存在磁化率的指示值,按 IEC 61000-4-3:2006 的规定,对剂量当量(率)探测器装置在所有三个取向、用 10 V/m 的场强在该磁化率频率±5%的范围内进行附加试验。

7.2.5 由快速瞬变或脉冲群感应的传导骚扰

7.2.5.1 要求

监测装置不应受由快速瞬变或脉冲群(见表 6 给出的值)感应的传导骚扰的影响。读数的变化应保持在当监测装置未暴露于该传导骚扰环境时获得读数的±15%以内,不应触发报警,并当仅存在该骚扰时不应发生其他功能变化。

7.2.5.2 试验方法

按 5.6 的规定,将 ^{137}Cs 源置于探测装置附近。确定和记录平均读数。

将快速瞬变或脉冲群通过耦合/去耦网络或等效的设备加到交流电源的输入端上。重复率不应超过每分钟一次。应通过观察和记录显示的和处理装置数据输出端的指示值来检查是否符合该性能要求。按 GB/T 17626.4—2008 的规定,应使用±2 kV 的峰值电压进行试验。

试验的严酷度等级:

——安装在有防护房间内的设备:2 级;

——其他设备:3 级。

7.2.6 由浪涌感应的传导骚扰

7.2.6.1 要求

监测装置不应受由浪涌(见表 6 给出的值)感应的传导骚扰的影响。读数的变化应保持在当监测装置未暴露于该骚扰环境时获得读数的±15%以内,不应触发报警,并当仅存在该骚扰时不应发生其他功能变化。

7.2.6.2 试验方法

按 5.6 的规定,将 ^{137}Cs 源置于探测装置附近。确定和记录平均读数。

将脉冲通过耦合/去耦网络或等效的设备加到交流电源的输入端上。重复率不应超过每分钟一次。将剂量当量(率)探测器装置置于最灵敏量程,应通过观察和记录显示的和处理装置数据输出端的指示值来检查是否符合该性能要求。按GB/T 17626.5—2008的规定,应使用表6给出的±2 kV或±1 kV电压进行试验。

7.2.7 由射频感应的传导骚扰

7.2.7.1 要求

监测装置不应受由射频(见表6)感应的传导骚扰的影响。读数的变化应保持在当监测装置未暴露于该骚扰环境时获得读数的±15%以内,不应触发报警,并当仅存在该骚扰时不应发生其他功能变化。

7.2.7.2 试验方法

按5.6的规定,将^{137}Cs源置于探测装置附近。确定和记录平均读数。

将剂量仪探测器装置置于最灵敏量程,应通过观察和记录处理装置显示的指示值来检查是否符合该性能要求。

按IEC 61000-4-6:2008的规定,应使用10 V的电压在频率范围150 kHz～80 MHz内以1%为步长进行试验。

7.2.8 振荡波抗扰度

7.2.8.1 要求

监测装置不应受注入的振荡波(见表6)的影响。读数的变化应保持在当监测装置未暴露于该骚扰环境时获得读数的±15%以内,不应触发报警,并当仅存在振荡波时不应发生其他功能变化。

按IEC 61000-4-12的规定,应使用下述指标的阻尼振荡波:

——振荡频率:1 MHz+10%;

——交流电源频率在50 Hz～400 Hz之间并与网络频率不同步。

7.2.8.2 试验方法

按5.6的规定,将^{137}Cs源置于探测装置附近。确定和记录平均读数。

使用耦合/去耦网络注入共模振荡波。如果制造厂规定有一个回路要求接地,在应用规定的共模严酷度的同时,应以差模振荡波进行该回路的试验。

应按下述规定选择试验严酷度等级:

——与有防护房间连接的回路:1级;

——从其他位置引出的回路:3级。

完成试验后,系统的性能应符合制造厂规定的性能。

7.2.9 50 Hz磁场

7.2.9.1 要求

监测装置不应受50 Hz磁场的影响。读数的变化应保持在当监测装置未暴露在磁场环境时获得读数的±15%以内,不应触发报警,并当仅存在磁场时不应发生其他功能变化。

7.2.9.2 试验方法

在最灵敏量程上进行测量时,应通过观察和记录显示的和处理装置数据输出端的指示值来检查是否符合该性能要求。剂量当量(率)仪的探测器装置暴露于频率为50 Hz、场强为30 A/m的连续磁场中。宜将剂量当量(率)探测器装置置于相对于磁力线至少两个取向(0°和90°)上进行试验。

7.2.10 电压暂降和短时中断

7.2.10.1 要求

监测装置不应受电压暂降和短时中断的影响。读数的变化应保持在当监测装置未暴露于电压变化环境时获得读数的±15%以内,不应触发报警,并当仅存在电压暂降和短时中断时不应发生其他功能变化。

7.2.10.2 试验方法

对于交流供电的剂量当量(率)探测器装置,在最灵敏量程上进行测量时,应通过观察和记录显示的和处理装置数据输出端的指示值来检查是否符合该性能要求。按IEC 61000-4-11的规定,应使用表6给出的电压减少量进行试验。

7.3 机械特性

7.3.1 应用范围

除了在将其航运至某一地点的过程中,一般不将室内使用的设备置于诸如冲击和振动的机械环境中。设计用于安装在其他设备(例如,起重机或车辆)上的监测装置,尽可能将其置于产生冲击和/或振动最小的环境中。

安装在起重机上的探测装置可有附加要求,这些要求不包括在本标准中。

7.3.2 颤噪效应/碰撞

7.3.2.1 要求

监测装置不应受由其与坚硬表面低强度剧烈接触产生的颤噪效应的影响。读数的变化应保持在当监测装置未暴露于颤噪效应时获得读数的±15%以内,不应触发报警,并当仅存在颤噪效应时不应发生其他功能变化。

7.3.2.2 试验方法

可按IEC 60068-2-75或IEC 62262进行试验。

接通装置的电源并使其正常预热。使用合适的试验装置(如弹簧锤),使探测装置外壳经受三次能量为1.0 J的碰撞。应在对探测装置的每一面进行试验,同时观察响应。

监测装置的响应不应受碰撞的影响(读数的变化保持在试验前数值的±15%以内)。

7.4 环境特性

7.4.1 环境温度

7.4.1.1 要求

监测装置应能在下列环境温度范围内工作:

a) 室内使用:10 ℃~50 ℃;

b) 户外使用:−25 ℃~40 ℃(或55 ℃)。

如果设备安装在封闭机箱中,应考虑温度升高的影响。由于设备可能工作在较高的温度下,应在

−25 ℃～55 ℃温度范围内进行试验。在−25 ℃～40 ℃温度范围内，指示值的变化应保持在20 ℃时获得指示值的15％以内。在40 ℃～55 ℃温度范围内，指示值的变化应保持在20 ℃时获得指示值的25％以内。

7.4.1.2 试验方法

试验包括测量由环境本底引起的剂量率和测量由6.3.2中规定的γ辐射源产生的剂量率。在整个试验周期内，试验几何条件应保持相同。

温度应在其每个极值下至少保持16 h，并在此期间内每隔60 min测量一次装置的指示值。相对湿度宜足够低(小于50％)以防止出现冷凝。温度的变化率不应超过10 ℃/h。指示值的变化限值应在表5中给出值以内。

安装在可控环境中的某些系统部件可不进行本项试验。

如果监测装置内置温控组件，那些装置应作为整体装置进行试验。对于那些未提供内置温控组件的监测装置，允许将其作为组件对每个装置进行试验。

7.4.2 相对湿度

7.4.2.1 要求

监测装置应能在环境温度35 ℃时、相对湿度高达93％条件下工作。探测器计数率的变化与在20 ℃时、相对湿度65％条件下测量值相比不大于15％。在高湿度条件下不应有可观察到的影响。

按用户与制造厂的协议，可要求更高的湿度限值(40 ℃时、相对湿度93％)。在这种情况下，应对扩展的条件进行试验。

7.4.2.2 试验方法

应使用气候箱以35 ℃的单一温度进行本项试验。对于包括探测器装置的监测装置，试验时应接通电源并使其受6.3.2规定的γ参考辐射照射。湿度应保持在其极限值下至少24 h并在此期间每隔2 h记录一次装置的指示值。按表5规定的指示值允许变化应附加单独由温度引起的变化。在照射以后，应检查每个装置的腐蚀情况和其他由湿度引起的影响。不应有可观察到的影响。

安装在可控环境中的某些系统部件可不进行本项试验。

7.4.3 密封

7.4.3.1 要求

监测装置的设计应考虑防潮。制造厂应说明已采取的防潮措施。制造厂应说明装置按IEC 60529:1989规定的外壳防护等级(IP代码)。

7.4.3.2 试验方法

如果装置不符合IEC 60529:1989并由制造厂与用户协商，要求进行本项试验。

户外使用的所有部件应根据部件的面积进行淋雨试验，按监测仪经测量的表面积，以10 L/min的水喷淋一段时间。时间为3 min/m² 至少喷淋15 min(IEC 60068-2-18)。喷嘴宜距监测仪大约2 m。在淋雨试验后，应检查部件以确定湿气是否渗入安装的密封件。

8 文件

8.1 型式试验报告

应用户要求，制造厂应给出按本标准要求进行的型式试验报告。

8.2 合格证书

按 GB/T 16511—1996 的规定，每个监测单元和探测器装置应随机带有一份至少包括下列信息的合格证书：

——制造厂名称或注册商标；

——装置的型号和序号；

——装置所测的辐射类型；

——在脉冲辐射场工作的场合，剂量率、脉冲持续时间和脉冲重复率；

——装置的参考点；

——电源要求；

——工作温度范围；

——满足本标准的声明。

8.3 操作和维修手册

按 GB/T 16511—1996 的规定，应提供一份至少包括下列信息的操作和维修手册：

——包括备件表的电路示意图；

——操作细则、维修和试验程序。

应以明确的方式书写维修手册用户指南。这些指南对型式试验的所有部分是相同的并用于日常使用。

表 3 参考条件和标准试验条件

影响量	参考条件 （除非制造厂另有说明）	标准试验条件 （除非制造厂另有说明）
γ 参考辐射源	^{137}Cs	^{137}Cs
预热时间	30 min	不小于 30 min
环境温度	20 ℃	18 ℃～22 ℃
相对湿度	65%	50%～75%
大气压力	101.3 kPa	70 kPa～106 kPa
电源电压	标称电压	标称电压(1±1%)
电源频率	标称频率	标称频率(1±2%)
电源波形	正弦波	正弦波总谐波畸变小于 5%
γ 辐射本底	空气比释动能率 0.1 $\mu Gy \cdot h^{-1}$	空气比释动能率小于 0.25 $\mu Gy \cdot h^{-1}$
辐射入射角	由制造厂给出的校准方向	给出的校准方向±10°
外界电磁场	可忽略	小于能引起干扰的最小值
外界感应磁场	可忽略	小于由地球磁场引起的感应值的两倍
装置的取向	由制造厂说明	由制造厂说明的取向±5°
装置的控制旋钮	调到正常工作状态	调到正常工作状态
放射性物质的污染	可忽略	可忽略

表 4　标准试验条件下进行的试验

试验特性	要求的相关条款	试验方法的相关条款
本底影响和虚假报警	6.1.1	6.1.2
线性	6.3.1 6.3.2	 6.3.2.2 6.3.2.3 6.3.2.4
响应随光子辐射能量的变化 响应随入射角的变化	6.4.1 6.5.1	6.4.2 6.5.2
B 辐射探测	6.6.1	6.6.2
中子辐射探测	6.7.1	6.7.2
过载	6.8.1	6.8.2
统计涨落	6.9.1	6.9.2
响应时间 零点漂移 报警要求 设备的故障报警 报警响应时间和稳定性 预热 脉冲辐射影响	6.10.1 6.11.1 6.12.1 6.12.3 6.13.1 6.14.1 A.3.1	6.10.2 6.11.2 6.12.2 6.12.3 6.12.3 6.13.2 6.14.2 A.3.2

表 5　随影响量变化进行的试验

试验特性或影响量	影响量的数值范围	指示值或响应的变化限值	试验方法(条款编号)
电源	—电压:200 V～240 V; —频率:45 Hz～55 Hz	±10%	7.1.2
颤噪效应/碰撞	使探测装置上不同位置经受三次能量为 1.0 J 的碰撞	响应不应受碰撞的影响±15%	7.3.2.2
环境温度	室内使用:10 ℃～55 ℃;户外使用:−25 ℃～40 ℃(或 55 ℃)	±15%和±25%	7.4.1.2
相对湿度	35 ℃时 40%～93%	±15%	7.4.2.2
密封	3 min/m^2 至少喷淋 15 min	没有湿气渗入	7.4.3.2

表 6 由电磁骚扰产生的最大附加指示值

影响量或仪器参数	影响量的最小额定范围	试验执行的标准	频率	在测量范围下限五倍处响应的允许变化	准则[a]	条款编号
电磁辐射的发射	30 MHz～230 MHz; 230 MHz～1 000 MHz	IEC 61000-6-4		小于 30 dB 小于 37 dB		7.2.2
静电放电、充电电压	0 kV～±8 kV 空气放电; 0 kV～±4 kV 接触放电	IEC 61000-4-2:2008	五次骚扰	±15%	B	7.2.3
射频电磁场，场强和调制	80 MHz～1000 MHz;和 1.4 GHz～2.5 GHz;0 V/m～10 V/m (均方根，未调制);80%AM(1 kHz)	IEC 61000-4-3:2006	时间的 10%	±15%	A	7.2.4
由快速瞬变/脉冲群感应的传导骚扰，峰值电压	电源端口; 0 kV～±2 kV; 信号端口; 0 kV～±1 kV; 5/50 ns(tr/th)	GB/T 17626.4—2008	每小时 10 次骚扰	±15%	B	7.2.5
由浪涌感应的传导骚扰，峰值电压和上升时间	交流电源端口，线对地: 0 kV～±2 kV; 交流电源端口，线对线: 0 kV～±1 kV; 信号端口,线对地: 0 kV～±1 kV; 直流电源端口: 0 kV～±2 kV; 1.2/50(8/20)μs(tr/th)	GB/T 17626.5—2008	每小时 10 次骚扰	±15%	B	7.2.6
由射频感应的传导骚扰，频率和电压	150 kHz～80 MHz; 0 V～10 V (均方根,未调制) 8B0%AM(1 kHz)	IEC 61000-4-6:2008	时间的 10%	±15%	A	7.2.7
振荡波抗扰度	振荡频率 1 MHz±10%，电源频率在 50 Hz～400 Hz 之间与网络频率异步。	IEC 61000-4-12	时间的 10%	±15%	A	7.2.8

表 6（续）

影响量或仪器参数	影响量的最小额定范围	试验执行的标准	频率	在测量范围下限五倍处响应的允许变化	准则[a]	条款编号
50 Hz 磁场，场强	0 A/m～30 A/m	IEC 61000-4-8	时间的 10%	±15%	A	7.2.9
电压暂降/短时中断，持续时间	一个周期(减少 100%) (50 Hz 时 20 ms)	IEC 61000-4-11	每小时 10 次骚扰	±15%	B	7.2.10
电压暂降/短时中断，持续时间	500 ms； (减少 30%) 200 ms； (减少 60%) 5 000 ms； (减少 100%)	IEC 61000-4-11	每小时 10 次骚扰	±15%	C	7.2.10

[a] 按 IEC 61000-6-2 分为准则 A、B 和 C：
——A：在试验期间和试验之后，装置应连续工作；
——B：在试验之后，装置应连续工作；
——C：允许暂时丧失功能，可自行恢复或使用控制器恢复功能。

附 录 A
（资料性附录）
脉冲电离辐射的监测

A.1 概述

当监测脉冲辐射场(例如，医用X射线设备、某些其他X射线设备、直线加速器和回旋加速器)时，某些类型的剂量和剂量当量(率)探测器装置将给出不正确的指示值。

例如：在直线加速器的情况中，辐射能以 400 s^{-1} 的频率产生大约 1 μs 的脉冲群。在产生脉冲期间，实际的剂量率大约为平均剂量率的 2 500 倍。

脉冲计数探测器(例如，盖革-米勒计数管、闪烁计数管和半导体探测器)在开机时可产生一单个脉冲，但由于探测器或相关电子电路的死时间等于或大于辐射脉冲群，仅可看见一个脉冲。因此，最大计数率将是 400 s^{-1}，同时代表无穷大的剂量率。这就意味着最大计数率将等于每秒产生的 400 个脉冲，或许在每小时几个 Sv 的一个实际辐射场中产生每小时几个 mSv。同样，剂量仪的剂量读数的增加远低于受到的实际剂量。

A.2 电流测量系统

不依赖于来自探测器(例如，电离室、闪烁计数管和以电流模式工作的半导体探测器)脉冲计数的探测器装置能够测量由脉冲源产生的剂量和剂量率。然而，可能存在一些在高剂量率时饱和的问题。为了保证不发生这种情况，应与以不同电压工作的电离室进行比较。

A.3 试验方法

A.3.1 概述

当要求监测仪能在脉冲场使用时，宜以制造厂声称的能保持监测仪正确工作的最高剂量率进行下述试验。辐射脉冲的持续时间和重复率宜与在预期使用条件下所用的相似，但应在试验报告中规定。

A.3.2 剂量率仪

将剂量率仪置于 5.6.1 规定的辐射中。比较获得的读数与剂量率仪满意工作时的读数在平均剂量率、脉冲期间的剂量率、脉冲持续时间、每个脉冲产生的剂量和规定重复频率的不同。应提供读数之间的差别。

注：为了保证用于比较的剂量率仪未受到饱和效应的影响，其性能宜追溯到一个电离室仪器，在施加到电离室的极化电压增加 50% 同时剂量率等于或超过试验中使用的剂量率时，该电离室剂量率读数的增加不大于 5%。

附　录　NA
（资料性附录）
本标准规范性引用文件中国际文件与我国文件的对应关系

本标准规范性引用文件中国际文件与我国文件(不包括等同采用国际标准的我国文件)的对应关系以及它们的最新版本见表 NA.1。

表 NA.1　本标准规范性引用文件中国际文件与我国文件的对应关系

我国文件或标准的编号和名称	国际文件的编号和名称	一致性程度
GB/T 156—2007　标准电压	IEC 60038:2002　IEC 标准电压	MOD
GB/T 2423.38—2008　电工电子产品环境试验　第 2 部分:试验方法　试验 R:水试验方法和导则	IEC 60068-2-18:2000　环境试验　第 2-18 部分:试验　试验 R:水试验方法和导则	IDT
GB/T 2423.55—2006　电工电子产品环境试验　第 2 部分:环境测试　试验 Eh:锤击试验	IEC 60068-2-75:1997　环境试验　第 2-75 部分:试验　试验 Eh:锤击试验	IDT
GB 4208—2008　外壳防护等级(IP 代码)(IEC 60529:2001,IDT)	IEC 60529:1989　外壳防护等级(IP 代码)	
GB/T 12727—2002　核电厂安全系统电气设备质量鉴定	IEC 60780:1998　核电厂　安全系统电气设备质量鉴定	MOD
NB/T 20054—2011　核电厂安全重要仪表和控制系统执行 A 类功能的计算机软件	IEC 60880:2006　核电厂　安全重要仪表和控制系统　执行 A 类功能的计算机软件	MOD
GB/T 17626.2—2006　电磁兼容　试验和测量技术　静电放电抗扰度试验(IEC 61000-4-2:2001,IDT)	IEC 61000-4-2:2008　电磁兼容　第 4-2 部分:试验和测量技术　静电放电试验	
GB/T 17626.3—2006　电磁兼容　试验和测量技术　射频电磁场辐射抗扰度试验(IEC 61000-4-3:2002,IDT)	IEC 61000-4-3:2006　电磁兼容　第 4-3 部分:试验和测量技术　射频电磁场辐射抗扰度试验	
GB/T 17626.6—2008　电磁兼容　试验和测量技术　射频场感应的传导骚扰抗扰度(IEC 61000-4-6:2006,IDT)	IEC 61000-4-6:2008　电磁兼容　第 4-6 部分:试验和测量技术　射频场感应的传导骚扰抗扰度	
GB/T 17626.8—2006　电磁兼容　试验和测量技术　工频磁场抗扰度试验	IEC 61000-4-8:2001　电磁兼容　第 4-8 部分:试验和测量技术　工频磁场抗扰度试验	IDT
GB/T 17626.11—2008　电磁兼容　试验和测量技术　电压暂降、短时中断和电压变化的抗扰度试验	IEC 61000-4-11:2004　电磁兼容　第 4-11 部分:试验和测量技术　电压暂降、短时中断和电压变化的抗扰度试验	IDT
GB/T 17626.12—1998　电磁兼容　试验和测量技术　振荡波抗扰度试验	IEC 61000-4-12:1995　电磁兼容　第 4-12 部分:试验和测量技术　振荡波抗扰度试验	IDT

表 NA.1（续）

我国文件或标准的编号和名称	国际文件的编号和名称	一致性程度
GB/T 17799.2—2003 电磁兼容 通用标准 工业环境中的抗扰度试验	IEC 61000-6-2:1999 电磁兼容 第6-2部分:通用标准 工业环境中的抗扰度试验	IDT
GB 17799.4—2001 电磁兼容 通用标准 工业环境中的发射标准	IEC 61000-6-4:1997 电磁兼容 第6-4部分:通用标准 工业环境中的发射标准	IDT
GB/T 15474—2010 核电厂安全重要仪表和控制功能分类(IEC 61226:2005,MOD)	IEC 61226:2009 核电厂 安全重要仪表和控制仪表和控制功能的分类	
NB/T 20029—2010 核电厂安全重要仪表和控制系统 厂房辐射监测	IEC 61504:2000 核电厂 安全重要仪表和控制系统 厂房辐射监测	MOD
GB/T 20438(所有部分) 电气/电子/可编程电子安全相关系统的功能安全	IEC 61508(所有部分)电气/电子/可编程电子安全相关系统的功能安全	
NB/T 20055—2011 核电厂安全重要仪表和控制系统执行B类和C类功能的计算机软件	IEC 62138:2004 核电厂 安全重要仪表和控制系统执行B类和C类功能的计算机软件	MOD
GB/T 20138—2006 电器设备外壳对外界机械碰撞的防护等级(IK代码)	IEC 62262:2002 电器设备外壳对外界机械碰撞的防护等级(IK代码)	IDT

参 考 文 献

[1] GB/T 2423.2—2008 电工电子产品环境试验 第2部分:试验方法 试验B:高温(IEC 60068-2-2:2007,IDT)

[2] GB/T 6592—2010 电工和电子测量设备性能表示(IEC 60359:2001,IDT)

[3] GB/T 7165(所有部分) 气态排出流(放射性)活度连续监测设备[IEC 60761(所有部分),IDT]

[4] GB/T 10253 液态排出流和地表水中放射性核素监测设备(IEC 60861:2006,IDT)

[5] GB/T 12726.1 核电厂安全重要仪表 事故及事故后辐射监测 第1部分:一般要求(IEC 60951-1:2009,IDT)

[6] GB/T 12726.2 核电厂安全重要仪表 事故及事故后辐射监测 第2部分:气态排出流及排风中放射性连续离线监测设备(IEC 60951-2:2009,IDT)

[7] GB/T 12726.3 核电厂安全重要仪表 事故及事故后辐射监测 第3部分:高量程区域γ连续监测设备(IEC 60951-3:2009,IDT)

[8] GB/T 12726.4 核电厂安全重要仪表 事故及事故后辐射监测 第4部分:工艺流管内或管旁放射性连续监测仪(IEC 60951-4:2009,IDT)

[9] GB/T 13625—1992 核电厂安全系统电气设备抗震鉴定(IEC 60980:1989,EQV)

[10] GB/T 17626.14—2005 电磁兼容 试验和测量技术 电压波动抗扰度试验(IEC 61000-4-14:1999,IDT)

[11] GB/T 17626.28—2006 电磁兼容 试验和测量技术 工频频率变化抗扰度试验(IEC 61000-4-28:1999,IDT)

[12] GB/T 20438.1—2006 电气/电子/可编程电子安全相关系统的功能安全 第1部分:一般要求(IEC 61508-1:1998,IDT)

[13] GB/T 20438.2—2006 电气/电子/可编程电子安全相关系统的功能安全 第2部分:电气/电子/可编程电子安全相关系统的要求(IEC 61508-2:1998,IDT)

[14] GB/T 20438.3—2006 电气/电子/可编程电子安全相关系统的功能安全 第3部分:软件要求(IEC 61508-3:1998,IDT)

[15] GB/T 20438.4—2006 电气/电子/可编程电子安全相关系统的功能安全 第4部分:定义和缩写词(IEC 61508-4:1998,IDT)

[16] GB/T 20438.5—2006 电气/电子/可编程电子安全相关系统的功能安全 第5部分:确定安全完整性等级的方法示例(IEC 61508-5:1998,IDT)

[17] GB/T 20438.6—2006 电气/电子/可编程电子安全相关系统的功能安全 第6部分:GB/T 20438.2和GB/T 20438.3的应用指南(IEC 61508-6:2000,IDT)

[18] GB/T 20438.7—2006 电气/电子/可编程电子安全相关系统的功能安全 第7部分:技术和措施概述(IEC 61508-7:2000,IDT)

[19] IEC 60768, Nuclear power plants—Instrumentation important to safety—Equipment for continuous in-line or on-line monitoring of radioactivity in process streams for normal and incident conditions

[20] IEC 61559-1:2009, Radiation protection instrumentation in nuclear facilities—Centralized systems for continuous monitoring of radiation and/or levels of radioactivity—Part 1: General requirements

[21] IEC 61559-2:2002, Radiation in nuclear facilities—Centralized systems for continuous mo-

nitoring of radiation and/or levels of radioactivity—Part 2: Requirements for discharge, environmental, accident, or post-accident monitoring functions

[22] IEC 62003:2009, Nuclear power plants—Instrumentation and control important to safety—Requirements for electromagnetic compatibility testing

[23] International Atomic Energy Agency(IAEA), Safety Series No. 50-C/SG-Q:1996, Quality Assurance for Safety in Nuclear Power Plants and other Nuclear Installations, Code and Safety Guides, Q1-Q14

[24] International Atomic Energy Agency(IAEA), Safety Series No. NS-R-1, Safety of Nuclear Power Plants: Design Safety Requirements

[25] International Atomic Energy Agency(IAEA), Safety Series No. NS-G-1.3, Instrumentation and Control Systems Important to Safety in Nuclear Power Plants

[26] ICRU Report 51, Quantities and units in radiation protection dosimetry Safety Guide—IAEA Safety

[27] ICRP Publication 57, Radiological Protection of The Worker in Medicine and Dentistry

ICS 77.140.50
H 46

中华人民共和国国家标准

GB/T 14164—2013
代替 GB/T 14164—2005

石油天然气输送管用热轧宽钢带

Hot rolled wide strips for line pipe of petroleum and natural gas

2013-05-09 发布 2014-02-01 实施

中华人民共和国国家质量监督检验检疫总局
中国国家标准化管理委员会 发布

前言

本标准按照 GB/T 1.1—2009 给出的规则起草。

本标准参考 API Spec 5L(第 44 版)《管线钢管规范》、ISO 3183:2007《石油天然气工业　管线输送系统用钢管》,并结合当前石油天然气输送管用热轧宽钢带的发展和用户使用习惯,对 GB/T 14164—2005《石油天然气输送管用热轧宽钢带》进行了修订。

本标准代替 GB/T 14164—2005《石油天然气输送管用热轧宽钢带》,与 GB/T 14164—2005 相比主要技术变化如下:

——范围中增加了由热轧宽钢带剪切钢板;

——修改了分类、牌号表示方法和代号;

——增加了 L625/X90、L690/X100、L830/X120 三个 PSL2 牌号及其规定;

——修改了订货内容的规定;

——修改了尺寸、外形、重量及允许偏差的规定;

——调整了各牌号的化学成分、力学和工艺性能;

——调整了 PSL2 各牌号的碳当量;

——修改了冶炼方法的规定;

——修改了交货状态的规定;

——增加了晶粒度、非金属夹杂物和带状组织的规定;

——修改了表面质量、特殊要求的规定;

——修改了试验方法、包装、标志和质量证明书的规定;

——增加了数值修约规则的规定;

——删除了附录 A;

——调整了附录 B。

本标准由中国钢铁工业协会提出。

本标准由全国钢标准化技术委员会(SAC/TC 183)归口。

本标准起草单位:首钢总公司、宝山钢铁股份有限公司、江苏沙钢集团有限公司、冶金工业信息标准研究院、新余钢铁股份有限公司、湖南华菱涟源钢铁有限公司、邯郸钢铁集团有限责任公司。

本标准主要起草人:李永东、师莉、王姜维、黄锦花、黄正玉、程小三、王晓虎、陈建新、吝章国、吴新朗、王松涛、李晓波、冷光荣、刘晓燕、张永青。

本标准于 1992 年首次发布,2005 年第一次修订,本次为第二次修订。

石油天然气输送管用热轧宽钢带

1 范围

本标准规定了石油、天然气输送管用热连轧宽钢带及其剪切钢板(以下简称钢带和钢板)的分类、牌号表示方法和代号、尺寸、外形、重量及允许偏差、技术要求、试验方法、检验规则及包装、标志和质量证明书。

本标准适用于按 ISO 3183、GB/T 9711 和 API Spec 5L 等标准生产的石油、天然气输送管用钢带，及具有类似要求的其他流体输送焊管用钢带。

2 规范性引用文件

下列文件对于本文件的应用是必不可少的。凡是注日期的引用文件，仅注日期的版本适用于本文件。凡是不注日期的引用文件，其最新版本(包括所有的修改单)适用于本文件。

GB/T 223.5 钢铁 酸溶硅和全硅含量的测定 还原型硅钼酸盐分光光度法

GB/T 223.12 钢铁及合金化学分析方法 碳酸钠分离-二苯碳酰二肼光度法测定铬量

GB/T 223.17 钢铁及合金化学分析方法 二安替比林甲烷光度法测定钛量

GB/T 223.19 钢铁及合金化学分析方法 新亚铜灵-三氯甲烷萃取光度法测定铜量

GB/T 223.26 钢铁及合金 钼含量的测定 硫氰酸盐分光光度法

GB/T 223.40 钢铁及合金 铌含量的测定 氯磺酚 S 分光光度法

GB/T 223.53 钢铁及合金化学分析方法 火焰原子吸收分光光度法测定铜量

GB/T 223.54 钢铁及合金化学分析方法 火焰原子吸收分光光度法测定镍量

GB/T 223.58 钢铁及合金化学分析方法 亚砷酸钠-亚硝酸钠滴定法测定锰量

GB/T 223.59 钢铁及合金 磷含量的测定 铋磷钼蓝分光光度法和锑磷钼蓝分光光度法

GB/T 223.63 钢铁及合金化学分析方法 高碘酸钠(钾)光度法测定锰量

GB/T 223.68 钢铁及合金化学分析方法 管式炉内燃烧后碘酸钾滴定法测定硫含量

GB/T 223.69 钢铁及合金 碳含量的测定 管式炉内燃烧后气体容量法

GB/T 223.76 钢铁及合金化学分析方法 火焰原子吸收光谱法测定钒量

GB/T 223.78 钢铁及合金化学分析方法 姜黄素直接光度法测定硼含量

GB/T 228.1 金属材料 拉伸试验 第 1 部分:室温试验方法

GB/T 229 金属材料 夏比摆锤冲击试验方法

GB/T 232 金属材料 弯曲试验方法

GB/T 247 钢板和钢带包装、标志及质量证明书的一般规定

GB/T 709 热轧钢板和钢带的尺寸、外形、重量及允许偏差

GB/T 2975 钢及钢产品 力学性能试验取样位置及试样制备

GB/T 4336 碳素钢和中低合金钢 火花源原子发射光谱分析方法(常规法)

GB/T 4340.1 金属材料 维氏硬度试验 第 1 部分:试验方法

GB/T 6394 金属平均晶粒度测定方法

GB/T 8363 铁素体钢落锤撕裂试验方法

GB/T 9711 石油天然气工业 管线输送系统用钢管

GB/T 13299　钢的显微组织评定方法
GB/T 14977　热轧钢板表面质量的一般要求
GB/T 17505　钢及钢产品交货一般技术要求
GB/T 20066　钢和铁　化学成分测定用试样的取样和制样方法
GB/T 20123　钢铁　总碳硫含量的测定　高频感应炉燃烧后红外吸收法(常规方法)
GB/T 20125　低合金钢　多元素含量的测定　电感耦合等离子体原子发射光谱法
YB/T 081　冶金技术标准的数值修约与检测数值的判定原则
ISO 3183　石油天然气工业　管线输送系统用钢管
ASTM E45　钢中夹杂物含量的确定方法
API Spec 5L　管线钢管规范

3　分类、牌号表示方法和代号

3.1　分类

本标准按不同质量等级分为两类:PSL1 和 PSL2。

表 1　质量等级分类及其牌号

<table>
<tr><th>质量等级</th><th>交货状态</th><th>牌号</th><th>质量等级</th><th>交货状态</th><th>牌号</th></tr>
<tr><td rowspan="11">PSL1</td><td rowspan="3">热轧、
正火轧制</td><td>L175/A25</td><td rowspan="11">PSL2</td><td>热轧</td><td>L245R/BR、L290R/X42R</td></tr>
<tr><td>L175P/A25P</td><td rowspan="2">正火轧制</td><td rowspan="2">L245N/BN、L290N/X42N、
L320N/X46N、L360N/X52N、
L390N/X56N、L415N/X60N</td></tr>
<tr><td>L210/A</td></tr>
<tr><td>热轧、
正火轧制、
热机械轧制</td><td>L245/B</td><td rowspan="8">热机械轧制</td><td rowspan="8">L245M/BM、L290M/X42M、
L320M/X46M、L360M/X52M、
L390M/X56M、L415M/X60M、
L450M/X65M、L485M/X70M、
L555M/X80M、L625M/X90M、
L690M/X100M、L830M/X120M</td></tr>
<tr><td rowspan="7">热轧、
正火轧制、
热机械轧制</td><td>L290/X42</td></tr>
<tr><td>L320/X46</td></tr>
<tr><td>L360/X52</td></tr>
<tr><td>L390/X56</td></tr>
<tr><td>L415/X60</td></tr>
<tr><td>L450/X65</td></tr>
<tr><td>L485/X70</td></tr>
</table>

3.2　牌号表示方法

3.2.1　钢的牌号由代表输送管线的“Line”的首位英文字母、钢管规定的屈服强度最小值、交货状态组成。对于规定的最小屈服强度为 175 MPa 的牌号,其中 P 表示钢中含有规定含量的磷(L175P 比 L175 具有更好的螺纹加工性能,但其弯曲性较差)。

例如:L415M。

L——代表输送管线“Line”的首位英文字母;

415——代表规定钢管规定的屈服强度最小值，单位为兆帕(MPa)；

M——代表交货状态为热机械轧制状态(TMCP)。

3.2.2 除3.2.1命名外，其他经常使用的牌号也在表1中给出。牌号由代表管线钢的"X"、钢管规定的屈服强度最小值、交货状态组成。

例如：X60M。

X——代表管线钢；

60——代表钢管规定的屈服强度最小值，单位为ksi；

M——代表交货状态为热机械轧制状态(TMCP)。

3.2.3 本标准牌号与相关标准牌号对照表参见附录A。

3.3 代号

质量等级代号：PSL1和PSL2；

交货状态代号：热轧：R；正火轧制：N；热机械轧制：M；

边缘状态：不切边：EM；切边：EC。

4 订货内容

按本标准订货时，用户需提供以下信息：

a) 本标准编号；
b) 质量等级；
c) 牌号；
d) 规格；
e) 交货状态；
f) 重量；
g) 产品类型(钢带或钢板)；
h) 边缘状态；
i) 厚度精度；
j) 拉伸、冲击、落锤的试样方向；
k) 用途(输油、有类似要求的其他流体、输气)；
l) 特殊要求。

当合同中未注明边缘状态、厚度精度时，按本标准供货的产品按钢带为不切边而钢板为切边、普通厚度精度供货。

5 尺寸、外形、重量及允许偏差

5.1 钢带和钢板的尺寸、外形、重量及允许偏差应符合GB/T 709的规定。

5.2 根据需方要求，经供需双方协商并在合同中注明，可供其他尺寸、外形及允许偏差的钢带和钢板。

6 技术要求

6.1 化学成分

6.1.1 PSL1钢带和钢板的化学成分(熔炼和产品分析)应符合表2的规定。

6.1.2 PSL2钢带和钢板的化学成分(熔炼和产品分析)应符合表3的规定。

6.1.3 供方只提供熔炼分析，但保证满足产品分析要求，若用户需要提供产品分析结果，双方另行商议。

6.1.4 根据需方要求，经供需双方协商并在合同中注明，可供规定介于表2或表3中两个连续牌号之间的中间牌号。其化学成分应依照协议并与表2或表3的规定协调一致。

6.1.5 对L290/X42及以上级别钢带和钢板，经供需双方协商，可以添加表2或表3中所列元素（包括铌、钒、钛）以外的其他元素，但应慎重确定合金元素的添加量，因为添加这些元素可能会影响钢的可焊性。

表2 PSL1化学成分（熔炼分析和产品分析）

牌号	化学成分[a]（质量分数）/%					
	C[b] ≤	Si ≤	Mn[b] ≤	P	S ≤	其他[c]
L175/A25	0.21	0.35	0.60	≤0.030	0.030	—
L175P/A25P	0.21	0.35	0.60	0.045～0.080	0.030	—
L210/A	0.22	0.35	0.90	≤0.030	0.030	—
L245/B	0.26	0.35	1.20	≤0.030	0.030	d,e
L290/X42	0.26	0.35	1.30	≤0.030	0.030	e
L320/X46	0.26	0.35	1.40	≤0.030	0.030	e
L360/X52	0.26	0.35	1.40	≤0.030	0.030	e
L390/X56	0.26	0.40	1.40	≤0.030	0.030	e
L415/X60	0.26	0.40	1.40	≤0.030	0.030	e
L450/X65	0.26	0.40	1.45	≤0.030	0.030	e
L485/X70	0.26	0.40	1.65	≤0.030	0.030	e

[a] 铜含量不大于0.50%；镍含量不大于0.50%；铬含量不大于0.50%；钼含量不大于0.15%。

[b] 碳含量比规定最大碳含量每降低0.01%，锰含量则允许比规定最大锰含量高0.05%，但对L245/B～L360/X52，最大锰含量不得超过1.65%；对于L360/X52～L485/X70，最大锰含量不得超过1.75%；对于L485/X70，锰含量不得超过2.00%。

[c] 除非另有规定，否则不得有意加入硼，残余硼含量应不大于0.001%。

[d] 铌、钒含量之和不大于0.06%。

[e] 铌、钒、钛含量之和不大于0.15%。

6.2 碳当量（仅适用于PSL2）

6.2.1 对PSL2钢带和钢板，碳当量应按下列方法计算。

a) 当碳含量不大于0.12%时，应按式(1)计算：

$$Pcm = C + \frac{Si}{30} + \frac{Mn + Cu + Cr}{20} + \frac{Ni}{60} + \frac{Mo}{15} + \frac{V}{10} + 5B \quad \cdots\cdots(1)$$

其中，当硼含量小于0.000 5%时，在计算 Pcm 时，可将硼含量视为0。

b) 当碳含量大于0.12%时，应按式(2)计算：

$$CEV = C + \frac{Mn}{6} + \frac{Cr + Mo + V}{5} + \frac{Cu + Ni}{15} \quad \cdots\cdots(2)$$

6.2.2 PSL2 各牌号的碳当量应符合表 3 的规定。

表 3 PSL2 化学成分(熔炼分析和产品分析)及碳当量

牌号	化学成分(质量分数)/%									碳当量[a]/%	
	C[b] ≤	Si ≤	Mn[b] ≤	P ≤	S ≤	V ≤	Nb ≤	Ti ≤	其他	*CEV* ≤	*Pcm* ≤
L245R/BR	0.24	0.40	1.20	0.025	0.015	c	c	0.04	e	0.43	0.25
L290R/X42R	0.24	0.40	1.20	0.025	0.015	0.06	0.05	0.04	e	0.43	0.25
L245N/BN	0.24	0.40	1.20	0.025	0.015	c	c	0.04	e	0.43	0.25
L290N/X42N	0.24	0.40	1.20	0.025	0.015	0.06	0.05	0.04	e	0.43	0.25
L320N/X46N	0.24	0.40	1.40	0.025	0.015	0.07	0.05	0.04	d,e	0.43	0.25
L360N/X52N	0.24	0.45	1.40	0.025	0.015	0.10	0.05	0.04	d,e	0.43	0.25
L390N/X56N	0.24	0.45	1.40	0.025	0.015	0.10	0.05	0.04	d,e	0.43	0.25
L415N/X60N	0.24	0.45	1.40	0.025	0.015	0.10	0.05	0.04	d,g	协商	
L245M/BM	0.22	0.45	1.20	0.025	0.015	0.05	0.05	0.04	e	0.43	0.25
L290M/X42M	0.22	0.45	1.30	0.025	0.015	0.05	0.05	0.04	e	0.43	0.25
L320M/X46M	0.22	0.45	1.30	0.025	0.015	0.05	0.05	0.04	e	0.43	0.25
L360M/X52M	0.22	0.45	1.40	0.025	0.015	d	d	d	e	0.43	0.25
L390M/X56M	0.22	0.45	1.40	0.025	0.015	d	d	d	e	0.43	0.25
L415M/X60M	0.12	0.45	1.60	0.025	0.015	d	d	d	f	—	0.25
L450M/X65M	0.12	0.45	1.60	0.025	0.015	d	d	d	f		0.25
L485M/X70M	0.12	0.45	1.70	0.025	0.015	d	d	d	f		0.25
L555M/X80M	0.12	0.45	1.85	0.025	0.015	d	d	d	g		0.25
L625M/X90M	0.10	0.55	2.10	0.020	0.010	d	d	d	g		0.25
L690M/X100M	0.10	0.55	2.10	0.020	0.010	d	d	d	g,h		0.25
L830M/X120M	0.10	0.55	2.10	0.020	0.010	d	d	d	g,h		0.25

[a] 碳含量大于 0.12%时,*CEV* 适用;碳含量不大于 0.12%时,*Pcm* 适用。

[b] 碳含量比规定最大碳含量每降低 0.01%,则允许锰含量比规定值提高 0.05%,但对 L245/B～L360/X52(这里的牌号是否考虑和上表一致),锰含量最大不得超过 1.65%;对于 L390/X56～L450/X65,锰含量最大不得超过 1.75%;对于 L485/X70～L555/X80,锰含量最大不得超过 2.00%;对于 L625/X90～L830/X120,锰含量最大不得超过 2.20%。

[c] 铌、钒含量之和不大于 0.06%。

[d] 铌、钒、钛含量之和不大于 0.15%。

[e] 铜含量不大于 0.50%,镍含量不大于 0.30%,铬含量不大于 0.30%,钼含量不大于 0.15%,或供需双方协商。

[f] 铜含量不大于 0.50%,镍含量不大于 0.50%,铬含量不大于 0.50%,钼含量不大于 0.50%,或供需双方协商。

[g] 铜含量不大于 0.50%,镍含量不大于 1.00%,铬含量不大于 0.50%,钼含量不大于 0.50%,或供需双方协商。

[h] 一般情况下不得有意加入硼,残余硼含量应不大于 0.001%,若双方协商同意,硼含量应不大于 0.001%。

6.3 冶炼方法

钢应采用氧气转炉或电炉冶炼。PSL2 质量等级，应经炉外精炼，且对 L485/X70 及以上级别钢带和钢板应经真空脱气。除非需方有特殊要求，冶炼方法由供方选择。

6.4 交货状态

钢带和钢板应按热轧、正火轧制、热机械轧制状态交货。

6.5 力学和工艺性能

6.5.1 对介于两个连续牌号之间的且规定总延伸强度高于 L290/X42 的中间牌号，其力学和工艺性能由供需双方协商确定。

6.5.2 PSL1 钢带和钢板的力学和工艺性能应符合表 4 的规定。

6.5.3 PSL2 钢带和钢板的力学和工艺性能应符合表 5 的规定。

表 4 PSL1 钢带和钢板的力学和工艺性能

牌号	拉伸试验				180°，冷弯试验（a——试样厚度，d——弯心直径）
	规定总延伸强度 $R_{t0.5}$/MPa ≥	抗拉强度 R_m/MPa ≥	断后伸长率[a]/% ≥		
			A	$A_{50\ mm}$	
L175/A25	175	310	27	见 6.5.4	$d=2a$
L175P/A25P	175	310	27		
L210/A	210	335	25		
L245/B	245	415	21		
L290/X42	290	415	21		
L320/X46	320	435	20		
L360/X52	360	460	19		
L390/X56	390	490	18		
L415/X60	415	520	17		
L450/X65	450	535	17		
L485/X70	485	570	16		
需方在选用表中牌号时，由供需双方协商确定合适的拉伸性能范围，以保证钢管成品拉伸性能符合相应标准要求。表中所列拉伸试样由需方确定试样方向，并应在合同中注明。一般情况下拉伸试样方向为对应钢管横向。					
[a] 在供需双方未规定采用何种标距时，按照定标距检验。当发生争议时，以标距为 50 mm、宽度为 38 mm 的试样进行仲裁。					

6.5.4 拉伸试验

6.5.4.1 表 4 和表 5 中，标距为 50 mm 时断后伸长率最小值按式(3)计算：

$$A_{50\ mm}=1\ 940\times\frac{S_0^{0.2}}{R_m^{0.9}} \qquad \cdots\cdots(3)$$

式中：

$A_{50\ mm}$——断后伸长率最小值，以%表示；

S_0 ——拉伸试样原始横截面积，单位为平方毫米（mm^2）；

R_m ——规定的最小抗拉强度，单位为兆帕（MPa）。

对于圆棒试样，直径为 12.7 mm 和 8.9 mm 的试样的 S_0 为 130 mm^2；直径为 6.4 mm 的试样 S_0 为 65 mm^2；

对于全厚度矩形试样，取 a)485 mm^2 和 b)试样截面积（公称厚度×试样宽度）者中的较小者，修约到最接近的 10 mm^2。

6.5.4.2 对于 L485/X70 及以下级别的钢带和钢板，拉伸试验应采用全厚度矩形试样。对于 L555/X80 及以上级别钢带和钢板，拉伸试验可采用全厚度矩形试样或圆棒试样测定。当采用圆棒试样时，标距长度内的直径可为 12.7 mm、8.9 mm、6.4 mm，根据钢带或钢板厚度尽量选取较大尺寸的试样进行试验。

表 5 PSL2 钢带和钢板的力学和工艺性能

牌号	拉伸试验[a]					冷弯试验 180°，横向（d——弯心直径，a——试样厚度）
	规定总延伸强度[b] $R_{t0.5}$/MPa	抗拉强度 R_m/MPa	屈强比 ≤	断后伸长率[c]/% ≥ A	断后伸长率[c]/% ≥ $A_{50\ mm}$	
L245R/BR、L245N/BN、L245M/BM	245～450	415～760	0.91	21	见 6.5.4	$d=2a$
L290R/X42R、L290N/X42N、L290M/X42M	290～495	415～760		21		$d=2a$
L320N/X46N、L320M/X46M	320～525	435～760		20		$d=2a$
L360N/X52N、L360M/X52M	360～530	460～760	0.93	19		$d=2a$
L390N/X56N、L390M/X56M	390～545	490～760		18		$d=2a$
L415N/X60N、L415M/X60M	415～565	520～760		17		$d=2a$
L450M/X65M	450～600	535～760		17		$d=2a$
L485M/X70M	485～635	570～760		16		$d=2a$
L555M/X80M	555～705	625～825		15		$d=2a$
L625M/X90M	625～775	695～915	0.95[d]	协商		协商
L690M/X100M	690～840	760～990	0.97[d]			
L830M/X120M	830～1 050	915～1 145	0.99[d]			

表中所列拉伸，由需方确定试样方向，并应在合同中注明。一般情况下试样方向为对应钢管横向。

[a] 需方在选用表中牌号时，由供需双方协商确定合适的拉伸性能范围和屈强比要求，以保证钢管成品拉伸性能符合相应标准要求。

[b] 对于 L625/X90 及以上级别钢带和钢板，$R_{P0.2}$ 适用。

[c] 在供需双方未规定采用何种标距时，生产方按照定标距检验。以标距为 50 mm、宽度为 38 mm 的试样仲裁。

[d] 经需方要求，供需双方可协商规定钢带的屈强比。

6.5.5 弯曲试验

弯曲试样的外表面上不得出现裂纹。

6.6 晶粒度

PSL2 钢带和钢板的晶粒度要求应符合表 6 的规定。若供方能保证,经需方同意,可不做晶粒度检验。经供需双方协商,可对晶粒度另行规定。

表 6 晶粒度级别

用途	牌号	晶粒度级别
输油及其他类流体管道用钢	所有牌号	No.7 级或更细
输气管道用钢	L245/B～L360/X52	No.8 级或更细
	L390/X56～L450/X65	No.9 级或更细
	L485/X70～L830/X120	协商

6.7 非金属夹杂物

PSL2 钢带和钢板中 A、B、C、D 类非金属夹杂物级别应符合表 7 的规定。其检验方法应符合 ASTM E45 方法 A。经供需双方协商,可对非金属夹杂物另行规定。

表 7 非金属夹杂物级别

用途	A		B		C		D	
	细	粗	细	粗	细	粗	细	粗
输气管道用钢	≤2.0	≤2.0	≤2.0	≤2.0	≤2.0	≤2.0	≤2.0	≤2.0
输油及其他类流体管道用钢	≤2.5	≤2.5	≤2.5	≤2.5	≤2.5	≤2.5	≤2.5	≤2.5

6.8 带状组织

6.8.1 对输气管道用钢带和钢板,L555/X80 及以下级别钢带和钢板的带状组织应不大于 3 级。评级应符合 GB/T 13299 的规定。若供方能保证,经需方同意,可不做带状检验。经供需双方协商,可对带状组织另行规定。

6.8.2 对 L625/X90 及以上级别钢带和钢板的带状组织由供需双方协商。

6.9 表面质量

6.9.1 钢带和钢板表面不得有裂纹、结疤、折叠、气泡、夹杂和肉眼可见的分层等对使用有害的缺陷,如有上述缺陷,允许清除,清除的深度不得超过钢带或钢板厚度公差之半。清除处应光滑无棱角。

6.9.2 钢带和钢板表面允许存在其他不影响使用的局部缺陷,但应保证钢带允许的最小厚度。

6.9.3 不切边交货的钢带,其边缘裂口和其他缺陷,在宽度方向的深度不得大于宽度允许偏差的一半,且应保证钢带的最小宽度。

6.9.4 因钢带没有切除缺陷的机会,允许存在若干缺陷的部分,但不得超过总长度的 6%。

6.9.5 经供需双方协商,也可按照 GB/T 14977 来测定缺陷深度和影响面积。但钢带表面不允许焊补。

6.10 特殊要求

特殊要求只适用于 PSL2 质量等级的钢带和钢板，经供需双方协商，并在合同中注明。

6.10.1 断裂韧性

6.10.1.1 落锤撕裂试验

6.10.1.1.1 对 L360/X52 及以上级别钢带和钢板，落锤撕裂试验的剪切面积要求和试验温度参照表 8 的规定。对输气管道用钢带和钢板，落锤剪切面积单值不低于 70%，均值不低于 85%。

6.10.1.1.2 制造商在生产期间应每 20 熔炼炉次提交一熔炼炉次钢带和钢板规定位置、方向的落锤撕裂试验剪切面积的韧脆转变曲线。对于同一合同批，至少提交一熔炼炉次，提交总数不超过 3 个。韧脆转变曲线至少应包含下列温度的试验点：20 ℃、0 ℃、−10 ℃、−20 ℃、−30 ℃、−40 ℃。

6.10.1.2 夏比 V 型缺口冲击试验

6.10.1.2.1 输油及其他类流体管道用钢带和钢板的冲击试验参照表 8 的规定。对输气管道用钢带和钢板，冲击吸收能量应在钢管冲击吸收能量的基础上加 20 J。对 L360/X52 及以上级别输气管道用钢带和钢板冲击纤维断面率单值不低于 80%，均值不低于 90%。

6.10.1.2.2 制造商在生产期间应每 20 熔炼炉次提交一熔炼炉次钢带和钢板规定位置、方向的冲击剪切面积和冲击吸收能量的韧脆转变曲线。对于同一合同批，至少提交一熔炼炉次，提交总数不超过 3 个。韧脆转变曲线至少应包含下列温度的试验点：20 ℃、0 ℃、−10 ℃、−20 ℃、−40 ℃。

表 8 输油及其他类流体管道用钢带和钢板的断裂韧性

牌号	夏比 V 型缺口冲击试验，−10 ℃，KV_8			落锤撕裂试验(DWTT) DWTT 最小剪切面积百分比 SA/%		
	冲击吸收能量/J ≥	纤维断面率/% ≥		试验温度	均值	单值
		均值	单值			
L245/B	45	—	—	—	—	—
L290/X42	60					
L320/X46						
L360/X52	80	85	70	−5 ℃	80	60
L390/X56						
L415/X60						
L450/X65						
L485/X70	100					
L555/X80	120					
L625/X90	协商					
L690/X100						
L830/X120						

6.10.1.2.3 冲击吸收能量试验适用于厚度不小于 6 mm 的 PSL2 钢带。当采用 10 mm×10 mm×55 mm标准试样做冲击试验时，其冲击吸收能量值应符合表 8 的规定。厚度不小于 6 mm 的钢带和钢

板应做冲击试验，冲击试样尺寸取 10 mm×10 mm×55 mm 的标准试样；当钢材不足以制取标准试样时，应采用 10 mm×7.5 mm×55 mm 或 10 mm×5 mm×55 mm 小尺寸试样，冲击吸收能量应分别为不小于表 8 规定值的 75%或 50%，优先采用较大尺寸试样。纤维断面率应符合表 8 的规定。

6.10.1.2.4 冲击吸收能量值和纤维断面率为一组 3 个试样的平均值，允许有一个试样单个值小于规定值，但不得低于规定值的 75%。

6.10.2 硬度

6.10.2.1 表 9 给出了钢带和钢板横向截面上最大允许硬度(HV10)参考值。

表 9 PSL2 钢带和钢板的最大允许硬度参考值

钢级	最大允许硬度值 HV10	钢级	最大允许硬度值 HV10
L245/B	240	L450/X65	245
L290/X42	240	L485/X70	260
L320/X46	240	L555/X80	265
L360/X52	240	L625/X90	协商
L390/X56	240	L690/X100	
L415/X60	240	L830/X120	

6.10.2.2 钢带和钢板的硬度试验，应在宽度四分之一处取样，经抛光后按照 GB/T 4340.1 测定 HV10，质保书注明平均值，但单值不得超过标准规定的允许值。维氏硬度点位置如图 1 所示。

当厚度 $t \geqslant 6.0$ mm 时，如图所示硬度试验点至少为 9 点；

当厚度 4.0 mm$\leqslant t < 6.0$ mm 时，应在试样横截面上、下表面各取 3 点(共 6 点)进行试验；

当厚度 $t < 4.0$ mm 时，仅需在试样厚度心部横向取 3 点进行试验。

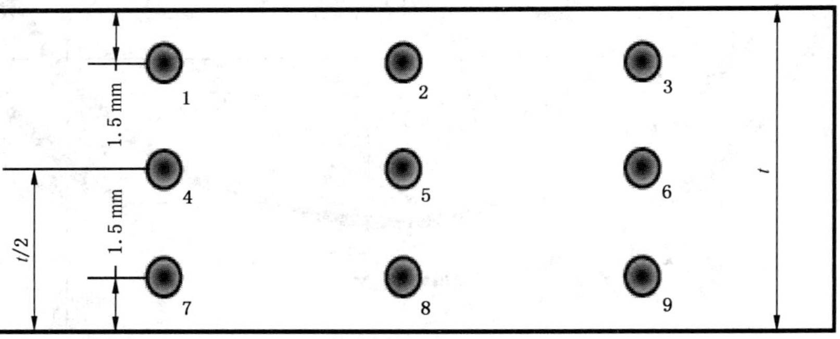

图 1 维氏硬度点位置

7 试验和检验方法

7.1 钢带和钢板的检验项目、试样数量、取样方法和试验方法应符合表 10 的规定。

7.2 试样应在距钢带头尾 1 000 mm 以外截取。采用短流程工艺生产的钢带，试样应在距钢带头尾 6 000 mm 以外截取。

表 10 检验项目、试样数量、取样方法和试验方法

序号	检验项目	试样数量	取样方法	试验方法
1	化学成分	1/炉	GB/T 20066	GB/T 223、GB/T 4336、GB/T 20123、GB/T 20125
2	拉伸	1/批	GB/T 2975、板宽 1/2 处	GB/T 228.1
3	弯曲	1/批	GB/T 2975、板宽 1/4 处,横向	GB/T 232
4	夏比冲击	3/批	GB/T 2975、板宽 1/4 处,试样表面距钢带表面小于 2 mm	GB/T 229
5	落锤撕裂	2/批	板宽 1/4 处	GB/T 8363
6	维氏硬度	1/批	板宽 1/4 处,横向	GB/T 4340.1
7	非金属夹杂物	ASTM E45 方法 A		
8	带状组织	1/批	板宽 1/2 处	GB/T 13299
9	晶粒度	1/批	板宽 1/2 处	GB/T 6394

8 检验规则

8.1 钢带和钢板由供方技术监督部门检查和验收。

8.2 钢带和钢板应成批验收,每批应由同一牌号、同一熔炼炉号、同一厚度和同一轧制制度的钢带或钢板组成。

8.3 复验

钢带和钢板的复验应符合 GB/T 17505 的要求。

9 包装、标志和质量证明书

9.1 钢带和钢板应用模板喷刷或粘贴标签方式进行标志,不允许采用冲模(无论冷冲压还是热冲压)标志。

9.2 钢带和钢板的包装、标志和质量证明书应符合 GB/T 247 的规定。

9.3 钢带应牢固捆扎,防止松卷。

10 数值修约

数值修约应符合 YB/T 081 的规定。

附 录 A
（资料性附录）
本标准牌号与国内外相关标准牌号对照

表 A.1 给出了本标准牌号与相关国内外钢带、钢管标准规定牌号的对照。

表 A.1 本标准牌号与相关标准牌号对照表

本标准牌号		GB/T 14164—2005	API Spec 5L(第 44 版)、ISO 3183:2007
质量等级为PSL1	L175/A25	S175I	L175/A25
	L175P/A25P	S175II	L175P/A25P
	L210/A	S210	L210/A
	L245/B	S245	L245/B
	L290/X42	S290	L290/X42
	L320/X46	S320	L320/X46
	L360/X52	S360	L360/X52
	L390/X56	S390	L390/X56
	L415/X60	S415	L415/X60
	L450/X65	S450	L450/X65
	L480/X70	S485	L480/X70
质量等级为PSL2	L245R/BR、L245N/BN、L245M/BM	S245	L245R/BR、L245N/BN、L245M/BM
	L290R/X42R、L290N/X42N、L290M/X42M	S290	L290R/X42R、L290N/X42N、L290M/X42M
	L320N/X46N、L320M/X46M	S320	L320N/X46N、L320M/X46M
	L360N/X52N、L360M/X52M	S360	L360N/X52N、L360M/X52M
	L390N/X56N、L390M/X56M	S390	L390N/X56N、L390M/X56M
	L415N/X60N、L415M/X60M	S415	L415N/X60N、L415M/X60M
	L450M/X65M	S450	L450M/X65M
	L485M/X70M	S485	L485M/X70M
	L555M/X80M	S555	L555M/X80M
	L625M/X90M	—	L625M/X90M
	L690M/X100M	—	L690M/X100M
	L830M/X120M	—	L830M/X120M

ICS 43.040.60
T 26

中华人民共和国国家标准

GB 14166—2013
代替 GB 14166—2003

机动车乘员用安全带、约束系统、儿童约束系统和ISOFIX儿童约束系统

Safety-belts, restraint systems, child restraint systems and ISOFIX child restraint systems for occupants of power-driven vehicles

2013-05-07 发布　　2014-01-01 实施

中华人民共和国国家质量监督检验检疫总局
中国国家标准化管理委员会　发布

前　言

本标准第4章，第5章，第6章，第7章为强制性的，其余为推荐性的。

本标准按照GB/T 1.1—2009给出的规则起草。

本标准代替GB 14166—2003《机动车成年乘员用安全带和约束系统》。

本标准与GB 14166—2003的主要差异有：

a) 修改了标准名称

将标准名称改为：机动车乘员安全带、约束系统、儿童约束系统和ISOFIX儿童约束系统(原名为：机动车成年乘员用安全带和约束系统)。

b) 修改了标准适用范围

- 前向或后向座椅上安装了作为成年乘员独立装备单独使用的安全带和约束系统的M、N类车辆。
- M、N类车辆前向或后向座椅上作为成年乘员独立装备单独使用的安全带和约束系统。
- 安装了儿童约束系统和ISOFIX儿童约束系统的M_1和N_1类车辆。
- 装有安全带提醒装置的M_1类车辆。

c) 卷收力

增加了带有减力装置的安全带卷收力的测量要求。测量卷收力时，当减力装置处于运行模式时，卷收力可减小至0.5 N；如果卷收器总成带有减力装置，在进行的耐久性试验前后，织带卷收力应在减力装置起作用和不起作用的状态下测量(本版的4.2.5.3.4)。

d) 动态性能

- 修改了带有预紧装置的安全带的动态性能要求。对于带有预紧装置的安全带，进行动态试验时预紧装置应起作用(本版的4.4.1.2)。2003年版要求进行两次动态试验时预紧装置分别在不起作用和起作用这两种工作状况进行试验(2003年版的4.4.1.2.4)。
- 增加了带有减力装置的安全带的动态性能要求。减力装置在运行模式时进行动态试验(本版的4.4.1.2)。
- 修改了假人参考点位移量的限值范围。对于约束系统，当上固定点安装在座椅上时，根据GB 14167—2013中4.5.4的减免规定，位移量可以大于4.4.1.3b)规定的值(本版的4.4.1.5)；对于全背带型安全带4.4.1.3b)中规定的最小位移量可以减少一半[2003年版的4.4.1.3b)]。2003年版在动态试验中没有涉及安全带上固定点安装在座椅上的相关减免规定和全背带型安全带的相关规定。

e) 增加了可以选用加速滑车装置进行动态试验的试验方法(本版的5.7.5)。2003年版只有减速滑车装置的相关内容。

f) 增加了安全带和约束系统在车辆上安装的要求(本版的6)。

g) 增加了附录B机动车前向座椅成人安全带和约束系统及ISOFIX儿童约束系统的安装要求。

h) 增加了附录N安全带与卷收器的最低要求。

i) 增加了附录O安全带提醒装置试验。

j) 增加了附录Q机动车乘坐位置H点和实际靠背角的确定程序，采用ISO 6549:1999所述H点装置。

本标准与ECE R16法规《关于机动车乘员安全带，约束系统，儿童约束系统和ISOFIX儿童约束系统认证的统一规定》(英文版)的技术性差异及其原因如下：

a) ECE R16 中 2.10 术语定义由儿童约束改为儿童约束系统，直接采用 GB 27887—2011《机动车儿童乘员用约束系统》中的定义；

b) 增加了卷收力台架试验方法(本版的 5.6.4.3)，增加了标准的可操作性；

c) 删除了 ECE R16 中第 3 章“认证申请”、第 4 章“标志”、第 5 章“认证”、第 9 章“生产一致性”、第 10 章“生产不一致性的处罚”、第 11 章“车型或安全带及约束系统的认证更改和认证扩展”、第 12 章“正式停产”、第 14 章“认证试验部门及行政管理部门的名称和地址”、附录 1A“按照 ECE R16 关于安全带的认证批准、认证扩展、认证拒绝、认证撤销或正式停产的通知书”、附录 1B“按照 ECE R16 关于机动车辆安全带及成人乘员约束系统的认证批准、认证扩展、认证拒绝、认证撤销或正式停产的通知书”、附录 2“认证标志的布置示例”关于认证程序及认证标志的内容，其原因是标准体系和法规体系的形式差别所致。

在附录 A 中列出了本标准章条编号与 ECE R16 法规章条编号的对照一览表。

为便于使用，对于 ECE R16 法规部分还做了下列编辑性修改：

a) “本法规”改为“本标准”；

b) cm^2 改为 mm^2，daN 改为 N；

c) 增加资料性附录 A。

本标准由中华人民共和国国家发展和改革委员会提出。

本标准由全国汽车标准化技术委员会(SAC/TC 114)归口。

本标准起草单位：东风汽车公司、国家汽车质量监督检验中心(襄阳)、中国汽车技术研究中心、郑州日产汽车有限公司、中国质量认证中心。

本标准主要起草人：李三红、余博英、杨斌、王长江、张尚娇、王盛、李维菁、李强红、王冬成、曲艳萍。

本标准代替了 GB 14166—2003。

GB 14166—2003 的历次版本发布情况为：

——GB 14166—1993。

机动车乘员用安全带、约束系统、儿童约束系统和 ISOFIX 儿童约束系统

1 范围

本标准规定了汽车安全带、约束系统、儿童约束系统和 ISOFIX 儿童约束系统的定义、技术要求和试验方法。

本标准适用于：

a) 前向或后向座椅上安装了作为成年乘员独立装备单独使用的安全带和约束系统的 M、N 类车辆；

b) M、N 类车辆前向或后向座椅上作为成年乘员独立装备单独使用的安全带和约束系统；

c) 安装了儿童约束系统和 ISOFIX 儿童约束系统的 M_1 和 N_1 类车辆；

d) 装有安全带提醒装置的 M_1 类车辆。

2 规范性引用文件

下列文件对于本文件的应用是必不可少的。凡是注日期的引用文件，仅注日期的版本适用于本文件。凡是不注日期的引用文件，其最新版本(包括所有的修改单)适用于本文件。

GB 4094—1999 汽车操纵件、指示器及信号装置的标志

GB/T 8427—2008 纺织品 色牢度试验 耐人造光色牢度：氙弧

GB 11551—2003 乘用车正面碰撞的乘员保护

GB 11552—2009 乘用车内部凸出物

GB 11557—2011 防止汽车转向机构对驾驶员伤害的规定

GB 13057—2003 客车座椅及其车辆固定件的强度

GB 14167—2013 汽车安全带安装固定点、ISOFIX 固定点系统及上拉带固定点

GB/T 15089—2001 机动车辆及挂车分类

GB 27887—2011 机动车儿童乘员用约束系统

ISO 6487:2002 道路车辆 碰撞试验测量技术 仪器设备(Road vehicles—Measurement techniques in impact tests—Instrumentation)

ISO 17373:2005 道路车辆 后碰撞时评价头部和颈部与座椅和头枕相互作用的滑车试验程序(Road vehicles—Sled test procedure for evaluating occupant head and neck interactions with seat/head restraint designs in low-speed rear-end impact)

ASTM D 573 在热风炉中进行橡胶变质的标准试验方法(Standard Test Method for Rubber-Deterioration in an Air Oven)

ASTM D 735 汽车用弹性化合物规范(Specification for Elastomer Compounds for Automotive Applications)

ASTM D 736 橡胶和类似橡胶材料的低温脆性测试方法(Method of Test for Low-Temperature Brittleness of Rubber and Rubber-Like Materials)

3 术语和定义

下列术语和定义适用于本文件。

3.1

安全带 safety belt,belt

具有织带、带扣、调节件以及将其固定在机动车辆内部的连接件,用于在车辆骤然减速或碰撞时通过限制佩戴者身体的运动以减轻其伤害程度的总成,包括吸能或卷收织带的装置。

3.1.1

腰带 lap belt

横跨佩戴者骨盆部位前方的两点式安全带。

3.1.2

肩带 diagonal belt

从臀部斜跨前胸至另一侧肩部的安全带。

3.1.3

三点式安全带 three-point belt

由一条腰带和一条肩带组成的安全带。

3.1.4

S 型安全带 S-type belt

除三点式安全带或腰带以外的安全带装置。

3.1.5

全背带式安全带 harness belt

由一条腰带和多条肩带组成的 S 型安全带总成。全背带式安全带可能提供一个附加的胯带总成。

3.2

安全带型式 belt type

在下列主要方面没有差异的安全带:

——刚性件(带扣、连接件、卷收器等);

——织带的材料、编织方式、尺寸和颜色等;

——安全带总成的几何形状。

3.3

织带 strap

用于约束乘员身体并将所受到的力传到安全带固定点的柔性部件。

3.4

带扣 buckle

一种使佩戴者能够被安全带约束住,且能快速解脱的装置,带扣可设有调节装置,但全背带式安全带除外。

3.5

安全带调节装置 belt adjusting device

使安全带能按照座椅位置和佩戴者的要求而进行调整的装置。调节装置可以是带扣,或卷收器,或安全带的其他部件的一部分。

3.6

预紧装置 pre-loading device

发生碰撞时拉紧安全带织带,以减少安全带松弛量的附加或集成装置。

3.7

基准区　reference zone

关于H点对称，两个相距400 mm垂直平面之间的空间，由GB 11552—2009附录C描述的头型设备从垂直位置旋转到水平位置确定。

3.8

安全气囊总成　airbag assembly

用于机动车辆上辅助安全带和约束系统作用的装置，在发生严重碰撞时自动展开一个柔性结构，通过压缩包含其中的气体，限制车辆乘员身体的一个或多个部分与车内部件的接触力。

3.9

乘员安全气囊　passenger airbag

正面碰撞时用于保护驾驶员以外乘员的安全气囊总成。

3.10

儿童约束系统　child restraint system

CRS

带有保护带扣的织带或相应柔软的部位、调整装置、连接装置、以及辅助装置[例如手提式婴儿床(便携睡床)、婴儿携带装置、辅助座椅和/或碰撞防护装置]，且能将其稳固放置在机动车上的装置。其设计是通过限制佩戴者身体的移动来减轻在车辆碰撞事故或突然减速情况下对佩戴人员的伤害。

3.11

后向　rearward-facing

车辆正常行驶方向相反的方向。

3.12

连接件　attachments

安全带总成中的部件，包括使其安装到安全带固定点上的必要的紧固部件。

3.13

吸能器　energy absorber

独立的或同织带结合起来吸收能量的装置，为安全带总成的组成部分。

3.14

卷收器　retractor

用于全部卷收或部分卷收安全带织带的装置。

3.14.1

无锁式卷收器(1型)　non-locking retractor(type 1)

用很小的力即可将织带全部拉出，并且拉出量是不可调整的卷收器。

3.14.2

手调式卷收器(2型)　manually unlocking retractor(type 2)

由使用者手动操作打开卷收器的锁止机构，以获得所需的织带拉出量，当停止操作时，可自动锁止的卷收器。

3.14.3

自锁式卷收器(3型)　automatically locking retractor(type 3)

可按所需长度自由拉出织带，并在带扣扣紧时，可根据佩戴者的体形自动调整织带长度的卷收器，佩戴者如果不有意解锁，织带将不能进一步拉出。

3.14.4

紧急锁止式卷收器(4型)　emergency locking retractor(type 4)

在正常行驶条件下，不限制安全带佩戴者活动自由的卷收器，这种卷收器有长度调节元件，可根据佩戴者的体形自动调整织带的长度，并有一锁止机构在紧急情况下因下列因素而起作用：

a) 车辆减速度(单敏感性)；

b) 车辆减速度，织带的运动或其他自动因素的组合(复合敏感性)。

3.14.5

高响应紧急锁止式卷收器(4N 型) emergency locking retractor with higher response threshold (type 4N)

用在 M_2、M_3、N_1、N_2、N_3 类(见 GB/T 15089—2001)车辆上且具有较高响应极限值的紧急锁止式卷收器。

3.14.6

安全带高度调节器 belt adjustment device for height

能够使安全带上导向件的高度位置按照佩戴者的需要和座椅的位置进行调整的装置，该装置可以视作安全带的组成部分或者视作安全带固定点组成部分。

3.15

安全带固定点 belt anchorages

用于固定安全带总成的车辆结构部件或座椅结构，或者车辆的其他部分。

3.16

安全带和约束系统的车辆类型 vehicle type as regards safety-belts and restraint systems

机动车辆的类型，它在车辆结构、座椅结构，或与安全带、约束系统相连接的车辆的任何部分的尺寸、外型、零件材料等方面无实质差异。

3.17

约束系统 restraint system

一种用于特定车辆类型或制造厂定义的并经检测机构认可的类型的系统，由一个座椅和通过适当方式固定到车辆上的安全带组成，另外还包括在车辆突然减速时，通过限制佩戴者身体的运动，减少佩戴者伤害的所有元件。

3.18

座椅 seat

供一个成年乘员乘坐且有完整装饰并与车辆结构为一体或分体的乘坐设施，它包括单独的座椅或长条座椅的一个座位。

3.19

座椅组 group of seats

可供一个或多个成年乘员乘坐的长条座椅或多个并排的单独座椅(即这些座椅中的一个前固定点与另一个座椅的后固定点的前部成一条直线或在另一个座椅的固定点之间)。

3.20

长条座椅 bench seat

供一个以上成年乘员乘坐且有完整装饰的乘坐设施。

3.21

座椅调节器 adjustment system of the seat

能将座椅或其部件的位置调整到适应乘员乘坐姿态的装置，该装置至少应有如下功能之一：

a) 纵向位移 longitudinal displacement；

b) 垂直位移 vertical displacement；

c) 角位移 angular displacement。

3.22

座椅固定点　seat anchorage

将座椅总成固定到车辆结构上的系统，包括车辆结构上的相关部件。

3.23

座椅型式　seat type

在以下主要方面没有差异的座椅：

——座椅结构件的形状、尺寸和材料；

——座椅调节和锁止机构的型式和尺寸；

——座椅上安全带固定点、座椅固定点和车辆结构上的相关部件的型式和尺寸。

3.24

座椅移位系统　displacement system of the seat

为便于乘员出入，可使座椅整体或其部件之一能转动或纵向移动并且无中间固定位置的装置。

3.25

座椅调节器锁止系统　locking system of the seat

使座椅及其部件保持在某个使用位置的装置。

3.26

封闭式带扣按钮　enclosed buckle-release button

用直径 40 mm 的球体不可能使带扣开锁的带扣按钮。

3.27

非封闭式带扣按钮　non-enclosed buckle-release button

用直径 40 mm 的球体能够使带扣开锁的带扣按钮。

3.28

减力装置　tension-reduce device

与卷收器组合在一起的装置，当安全带扣好时自动减少织带的张力，当安全带释放时，此装置自动关闭。

3.29

国际通用的儿童约束系统固定装置　ISOFIX

将儿童约束系统与车辆连接的装置。包括车辆上的两个刚性固定点，儿童约束系统上两个相对应的刚性连接装置，以及限制儿童约束系统翻转的装置。

3.30

ISOFIX 儿童约束系统　ISOFIX child restraint system

具有国际通用的儿童约束系统固定位置(ISOFIX)的儿童约束系统。它是满足 GB 27887 要求的儿童约束系统，且必须连接到满足 GB 14167 要求的 ISOFIX 固定点系统上。

3.31

ISOFIX 位置　ISOFIX position

允许安装下述儿童约束系统的位置：

a) 通用类 ISOFIX 前向儿童约束系统；

b) 半通用类 ISOFIX 前向儿童约束系统；

c) 半通用类 ISOFIX 后向儿童约束系统；

d) 半通用类 ISOFIX 侧向儿童约束系统；

e) 特殊类型车辆 ISOFIX 儿童约束系统。

3.32

ISOFIX 固定点系统　ISOFIX anchorages system

由两个规定的 ISOFIX 下固定点组成，与抗翻转装置配合使用，用于固定 ISOFIX 儿童约束系统的一套系统。

3.33

ISOFIX 下固定点　ISOFIX low anchorage

是一个直径 6 mm 的水平放置的刚性圆杆，从车辆结构或座椅结构中伸出，并与带有 ISOFIX 连接装置的 ISOFIX 儿童约束系统相配合使用。

3.34

抗翻转装置　anti-rotation device

用于防止儿童约束系统沿车辆行进方向发生转动的装置。用于以下不同类型的儿童约束系统其构成方式不同：

——用于通用类 ISOFIX 儿童约束系统的抗翻转装置由 ISOFIX 上拉带及其固定点构成；

——用于半通用类 ISOFIX 儿童约束系统的抗翻转装置由一个 ISOFIX 上拉带及其固定点、车辆仪表板或者在正面碰撞事故中用于限制约束系统翻转的支撑腿构成。

注：对于通用类和半通用类的 ISOFIX 儿童约束系统，车辆座椅本身不构成抗翻转装置。

3.35

ISOFIX 上拉带固定点　ISOFIX top tether anchorage

安装在规定区域，与 ISOFIX 上拉带连接件相联，并可以把约束力传递到车辆结构上的构件。

3.36

导向装置　guidance device

帮助人员安装 ISOFIX 儿童约束系统的装置，通过物理导向作用使 ISOFIX 儿童约束系统上的 ISOFIX 连接件正确地与 ISOFIX 下固定点对齐以使连接变得容易。

3.37

ISOFIX 标识　ISOFIX marking fixture

用于提示 ISOFIX CRS 使用者车辆上 ISOFIX 的位置以及每个 ISOFIX 相应的固定点位置的识别标志。

3.38

儿童约束固定模块　child restraint fixture

CRF

附录 B 中 B.3.4 规定的 7 种尺寸等级之一的装置。特指附录 B 中图 B.4～图 B.10 给出了尺寸的装置，用来检查儿童约束系统尺寸等级是否能够适用于车辆的 ISOFIX 位置。图 B.5 描述的称为 ISO/F2(B)的 CRF 在 GB 14167—2013 中用来检查 ISOFIX 固定点系统的位置和尺寸适应性。

3.39

安全带提醒装置　safety-belt reminder

当乘员不系安全带时警告驾驶员的系统，该系统由未系安全带的检测装置和两级驾驶员提醒(第一级提醒和第二级提醒)组成。

3.40

视觉提醒　visual warning

可视信号(灯光、闪烁、符号或信息的可视显示)提醒。

3.41

听觉提醒　audible warning

声音信号提醒。

3.42

第一级提醒　first level warning

当点火开关接通(发动机运转或不运转)驾驶员未系安全带时激活的视觉提醒。作为一种选择,可增加听觉提醒。

3.43

第二级提醒　second level warning

当驾驶员未系安全带驾驶车辆时激活的视觉提醒和听觉提醒。

3.44

未系安全带　safety-belt is not fastened

按照制造厂的选择,指驾驶员安全带锁扣未插入,或从卷收器中拉出的织带长度不超过 100 mm。

3.45

车辆处于正常运行状态　vehicle is in normal operation

车辆向前运动速度大于 10 km/h。

4　技术要求

4.1　总则

4.1.1　安全带或约束系统的设计和制造应满足:当正确安装和由乘员正常使用时,其功能正常,并在交通事故中降低对身体的伤害程度。

4.1.2　安全带的织带应不易出现危险形状。

4.1.3　由于聚酰胺 6 具有吸水变形的特性,所以所有机械部件不应使用具有聚酰胺 6 这种特性的材料,这种材料操作时很可能有不利影响。

4.1.4　安全带和约束系统生产一致性的控制可参考附录 C。

4.2　刚性件

4.2.1　概述

4.2.1.1　安全带的刚性件,如带扣、调节装置、连接件等,不得有导致易于磨损或割伤织带的锐边。

4.2.1.2　安全带总成中所有易腐蚀的部件,均应适当进行防锈处理。在经 5.2 的腐蚀试验后,不允许出现可能影响正常功能的损坏和由有经验的检验人员能用肉眼观察到的明显腐蚀。

4.2.1.3　用于吸收能量或承受、传递载荷的刚性件,不得使用脆性材料。

4.2.1.4　安全带上刚性件和塑料件所处的位置和安装方式应使车辆正常使用时,不致被夹到滑动座椅下面或被车门挤住。如果有一件零件不符合上述要求时,则该零件应进行 5.5.4 中规定的冷冲击试验。试验后,如果刚性件的塑料覆盖层或保护层出现肉眼可见的裂纹,则应去除塑料件后继续检验余下部分的安全性,如果余下部分仍然是安全的或无肉眼可见的裂纹,则应对比 4.2.2、4.2.3 和 4.4 规定的试验要求进一步地进行评估。

4.2.2　带扣

4.2.2.1　带扣应能排除任何误操作的可能性,尤其应使带扣不处于部分啮合的位置,开启带扣的方法应明确,可能与佩戴者身体接触的带扣部件,在距接触面不超过 2.5 mm 处的接触区面积不得小于 2 000 mm^2,宽度不得小于 46 mm。对于全背带式安全带带扣部分,如果带扣同佩戴者身体的接触区域在 2 000 mm^2～4 000 mm^2 之间,则认为满足要求。

4.2.2.2　无论车辆处于什么位置,即使带扣不受力,也应保持锁止状态。不能存在偶然或用小于 10 N

的力打开带扣的可能性。带扣应易于使用和锁止，当它不受力时或当在5.8.2中规定的受力条件下，它应能使佩戴者从某个方向用单手的简单动作来打开。此外，当安全带总成使用于前排外侧座椅位置时(全背带式除外)，带扣也应能由佩戴者从某个方向用单手的简单动作来打开。带扣应通过按压按钮或某个类似的装置来开启。当按钮在实际打开位置上，并投影到垂直于按钮最初运动方向的平面时，开启力施加表面应满足以下尺寸要求：

a) 对于封闭式带扣： 面积不小于450 mm^2，宽度不小于15 mm；

b) 对于非封闭式带扣：面积不小于250 mm^2，宽度不小于10 mm；

c) 带扣按钮表面应为红色，带扣其他部分不得呈红色。但如果乘员扣上安全带后警示灯熄灭，当乘员坐上座椅时，允许在带扣的任何部位设置红色警示灯。

4.2.2.3 当按5.5.3进行试验后，带扣应能正常工作。

4.2.2.4 带扣应能承受反复操作，在进行5.7规定的动态试验前，带扣应在正常使用条件下经受5 000次开闭循环；对于全背带式安全带的带扣，该试验可以在不是全部锁舌插入的情况下进行试验。

4.2.2.5 在进行5.8规定的试验时，带扣开启力不大于60 N。

4.2.2.6 带扣应按5.5.1和5.5.5(适用时)的要求进行强度试验。承受规定的负载时，带扣不得断裂、严重变形或自行开启。

4.2.2.7 当两个带扣合并成一个部件供两个总成通用时，将属于一套总成的带扣部件插入属于另一套总成的配合部件(如果使用时带扣可以采用该方法装配的话)，也要进行5.7和5.8中规定的强度和开启试验。

4.2.3 安全带调节装置

4.2.3.1 当佩戴者戴上安全带后，安全带应可自动调整以适应佩戴者，或者易于使佩戴者方便使用，也应允许单手拉紧安全带以适应佩戴者身体尺寸和车辆座椅的位置。

4.2.3.2 应按照5.3要求对每种安全带调节装置的两件样品进行试验。对于每个调节装置样品，织带的滑移不应超过25 mm，并且全部调节装置的总移动量不应超过40 mm。

4.2.3.3 全部调节装置应按5.5.1进行强度试验，在承受规定载荷时，不得出现断裂或脱开。

4.2.3.4 按5.5.6试验后，任何手动调节机构的操作力不得超过50 N。

4.2.4 连接件和高度调节器

连接件应按5.5.1和5.5.2的规定进行强度试验。安全带高度调节器如未按GB 14167—2013进行过试验，应按5.5.2的规定进行强度试验。在规定载荷作用下，不应破裂和脱开。

4.2.5 卷收器

4.2.5.1 手调式卷收器

4.2.5.1.1 装有手调式卷收器的安全带总成的织带在卷收器锁止位置之间的拉出量不应超过25 mm。

4.2.5.1.2 在织带正常拉出方向施加一个不小于14 N且不大于22 N的力时，从手调式卷收器拉出的织带长度应不大于6 mm。

4.2.5.1.3 按5.6.1规定的方法将织带拉出，并进行5 000次反复拉出回卷试验。然后，卷收器应进行5.2规定的腐蚀试验和5.6.3规定的粉尘试验，最后再进行5 000次拉出回卷试验。完成上述试验后，卷收器应能正常工作，且仍能满足上述4.2.5.1.1、4.2.5.1.2的要求。

4.2.5.2 自锁式卷收器

4.2.5.2.1 自锁式卷收器安全带总成的织带在卷收器锁止相邻位置之间的移动量不得超过30 mm。

在佩戴者向后运动后，安全带应保持其初始位置或在佩戴者随后的向前运动后，自动回到其初始位置。

4.2.5.2.2 如果卷收器是腰带的一部分，当按5.6.4.2在假人和卷收器之间的自由长度上测量时，织带的卷收力应不小于7 N；如果卷收器是肩带的一部分时，进行类似测量时，织带的卷收力应不小于2 N，且不大于7 N；如果织带穿过一导向装置或导向轮时，应在假人与导向装置或导向轮间的自由长度上测量卷收力；如果卷收器总成上设有手动或自动防止织带全部卷回的装置，则测量卷收力时，应使该装置失效。按5.6.4.3测量时，腰带的卷收力应大于2.6 N，肩带或连续带的卷收力应在1 N～7 N之间。

4.2.5.2.3 应按5.6.1规定的方法进行5 000次拉出回卷试验。然后，卷收器应进行5.2规定的腐蚀试验和5.6.3规定的粉尘试验，最后再进行5 000次拉出回卷试验。完成上述试验后，卷收器应能正常工作，并满足4.2.5.2.1和4.2.5.2.2的要求。

4.2.5.3 紧急锁止式卷收器

4.2.5.3.1 当按5.6.2试验时，紧急锁止式卷收器应满足下列要求[对于单敏感式卷收器，根据3.14.4a)，只有车辆减速度要求是有效的]：

a) 对于4型卷收器：当车辆减速度达到0.45g(g=9.81 m/s^2)时，卷收器应锁止；对于4 N型卷收器，当车辆减速度达到0.85g时，卷收器应锁止；
b) 对于4型卷收器，在织带拉出方向上测量织带的加速度值小于0.8g时，卷收器不得锁止；对于4 N型卷收器，加速度值小于1.0g时，卷收器不得锁止；
c) 当敏感装置在其制造厂规定的安装位置向任意方向倾斜12°或以下时，卷收器不得锁止；
d) 对于4型卷收器，当敏感装置在其制造厂规定的安装位置向任意方向上倾斜大于27°时，卷收器应锁止；对于4 N型卷收器，当敏感装置在其制造厂规定的安装位置向任意方向上倾斜大于40°时，卷收器应锁止；
e) 当卷收器依靠外部信号或动力源控制时，其结构应使信号或动力源失效或中断时，卷收器可自动锁止。如果只有一个敏感性依靠外部信号或动力源控制，且信号或动力源的失效有声光信号通知驾驶员时，这种复合敏感式卷收器不需要满足此要求。

4.2.5.3.2 按5.6.2试验时，具有复合敏感性，包括带感的紧急锁止式卷收器应满足规定的要求，当在拉出方向测量的织带加速度不小于2.0g时，卷收器应锁止。

4.2.5.3.3 对于4.2.5.3.1和4.2.5.3.2提到的试验，在卷收器锁止之前所产生的织带拉出量，从5.6.2.1给出的初始长度开始，不应超过50 mm。对于4.2.5.3.1b)提到的试验，从5.6.2.1给出的初始长度开始，织带拉出50 mm长度过程中，不得锁止。

4.2.5.3.4 如果卷收器是腰带的一部分，当按照5.6.4在假人和卷收器之间自由长度上测量时，织带的卷收力不应小于7 N；

如果卷收器是肩带的一部分时，进行类似测量时，织带的卷收力应不小于1 N且不大于7 N；装有减力装置时除外。这种情况下，只有当减力装置处于运行模式时，卷收力可减小至0.5 N。如果织带通过导向装置或导向轮，应在假人与导向装置或导向轮之间的自由长度上测量卷收力；

如果卷收器总成带有手动或自动防止织带全部卷回的装置，则应在该装置未起作用时测量卷收力。

如果卷收器总成带有减力装置，在按4.2.5.3.5进行的耐久性试验前和耐久性试验后评价这些要求时，上面所述的织带卷收力应在减力装置起作用和不起作用的状态下测量。

4.2.5.3.5 按5.6.1规定的方法，进行40 000次拉出回卷试验。然后，卷收器应进行5.2规定的腐蚀试验和5.6.3规定的粉尘试验。最后再进行5 000次拉出回卷试验(共进行45 000次)。

如果卷收器总成带有减力装置，上面所述的试验应在减力装置起作用和不起作用的状态下进行。

在完成上述试验后，卷收器应能正常工作且满足4.2.5.3.1、4.2.5.3.3和4.2.5.3.4的要求。

4.2.5.4 附加要求

在按 4.2.5.3.5 完成耐久性试验和按 4.2.5.3.4 完成卷收力测量后，卷收器应满足下列两条要求：

a) 当卷收器(自动锁止卷收器除外)按 5.6.4.4 进行试验时，应可以消除人体躯干和安全带之间的松弛；
b) 当带扣脱钩释放锁舌时，卷收器应能单独收回所有织带。

4.2.5.5 卷收器强度试验

卷收器试验包括 5.5.1 和 5.5.2 规定的强度试验(不包括无锁式卷收器)。

4.2.6 预紧装置

4.2.6.1 在经受 5.2 规定的腐蚀试验后，预紧装置(包括由无电流通过的原接插件连到装置上的撞击传感器)应能正常工作。
4.2.6.2 应验证装置的误操作不会导致对佩戴者身体的伤害。
4.2.6.3 火药式预紧装置应满足下列要求：

a) 在按 5.9 规定进行环境试验后，预紧装置不能因温度原因而触发，装置应正常工作；
b) 应采取措施防止火药爆发时排出的热气体引燃附近的易燃材料。

4.3 织带

4.3.1 概述

4.3.1.1 织带的特性应使其作用在佩戴者身体上的压力，在其全宽上尽可能的均匀分布，而且在载荷作用下，不会发生扭曲，织带应有吸收能量和释放能量的能力，织带应锁边以防使用时松散。
4.3.1.2 在 9 800 N 载荷下，织带的宽度不得小于 46 mm。应在进行 5.4.2 规定的断裂强度试验过程中测量该尺寸。

4.3.2 标准温湿态处理后的抗拉载荷

按 5.4.1.1 进行处理过的两条织带样品，按 5.4.2 规定测量所得到的织带抗拉载荷值不得小于 14 700 N，两件样品拉断载荷值的差别不得超过所测得的抗拉载荷较大值的 10%。

4.3.3 特殊处理后的抗拉载荷

按 5.4.1(5.4.1.1 除外)规定之一进行处理的两条织带样品，织带的拉断载荷不得小于按 4.3.2 规定试验中测得的载荷平均值的 75%，且不得小于 14 700 N。根据所使用的材料或已经获得的资料，检测机构可以免除试验中的一项或多项。

4.4 安全带总成或约束系统

4.4.1 动态试验

4.4.1.1 按 5.7 规定，对安全带总成或约束系统应进行动态试验。
4.4.1.2 对事先未受载荷的两套安全带总成进行动态试验，其中安全带总成是约束系统的一个组成部分时除外，此时应对事先未受过载荷的一组座椅的约束系统进行动态试验，要试验的安全带总成带扣应满足 4.2.2.4 的要求。对于带有卷收器的安全带，卷收器应进行 5.6.3 给出的粉尘试验。另外，带有火药式预紧装置的安全带或约束系统，该装置还应按 5.9 的规定进行处理。

安全带按 5.2 进行腐蚀试验后，带扣还应在正常使用条件下进行 500 次附加的开启和锁止试验。

对已进行过 4.2.5.2 试验或 4.2.5.3 试验的带有卷收器的安全带，如果卷收器已进行过 4.4.1.2

腐蚀试验，则腐蚀试验不必重复。

对于带有 3.14.6 中定义的安全带高度调节器的安全带，应由检测机构选择最不利的调节位置进行试验。如果安全带高度调节器为安全带固定点的一部分，且已满足 GB 14167—2013 要求，检测机构可按 5.7.1 的规定执行。

对于带有预紧装置的安全带，4.4.1.3b)中规定的最小位移量可减少一半。进行本试验时预紧装置应起作用。

对于带有减力装置的安全带，动态试验前应按照 4.2.5.3.5 减力装置在运行模式下进行耐久性试验，然后减力装置在运行模式时进行动态试验。

4.4.1.3 试验时，应满足下列要求：

a) 影响乘员约束的安全带总成或约束系统的部件不得断裂，并且带扣或锁止系统或位移系统均不得释放或解锁。

b) 对于腰带，假人骨盆位置前移量应在 80 mm～200 mm 之间，对于其他型式安全带，骨盆位置前移量应在 80 mm～200 mm 之间，胸部位置前移量应在 100 mm～300 mm 之间。对于全背带型安全带上述最小位移量可以减少一半。这些位移量为附录 D 图 D.6 所示测量点处的位移。

c) 安全带安装在前排外侧乘坐位置并且在前面有安全气囊保护时，如果胸部参考点在通过上面 4.4.1.3b)规定位移值的时刻的速度不超过 24 km/h，胸部参考点的位移值可超过这个规定的值。

4.4.1.4 约束系统应满足下列要求：

a) 如果通过计算或进一步的试验表明：假人的头部或躯干与车辆前面坚硬部位不发生任何接触，则胸部参考点的移动量允许超过 4.4.1.3b)的规定；动态试验中如胸部与转向机构总成接触，转向机构总成符合 GB 11557—2011 要求，且胸部与转向装置的撞击速度不大于 24 km/h 时，则胸部参考点的移动量允许超过 4.4.1.3b)的规定，进行本项评价时，座椅应位于 5.7.2d)规定的位置。

b) 车辆上的位移和锁止系统，应使所有座椅上的乘员在动态试验后，仍可用手动操作方式离开车辆。

4.4.1.5 作为上述条款的部分减免，对于约束系统，当上固定点安装在座椅上时，根据 GB 14167—2013 中 4.5.4 的减免规定，位移量可以大于 4.4.1.3b)中规定的值。

4.4.2 磨损处理后的载荷

4.4.2.1 经按 5.4.1.6 规定处理后的两件样品，应按 5.4.2 和 5.5 的规定来评价其断裂强度，其强度值至少应等于织带未经磨损处理时平均断裂强度值的 75%，且不得小于规定的试件最小载荷值。两件样品的断裂强度之间的差别不可超过所测强度最高值的 20%。对于程序 1 和程序 2，只对织带样品按 5.4.2 进行断裂强度试验，对于程序 3 应对金属元件结合在一起的织带按 5.5 进行断裂强度试验。

4.4.2.2 进行磨损处理程序的安全带总成部件见表 1。“×”表示该部件适用的处理程序，每一程序均应采用新的试样。

表 1 磨损程序

磨损处理的部件	程序 1	程序 2	程序 3
连接件	—	—	×
导向件或导向轮	—	×	—
带扣环	—	×	×
调节装置	×	—	×
缝到织带上的部件	—	—	×

5 试验方法

5.1 安全带或约束系统试验的样品

5.1.1 两套安全带或约束系统进行带扣检查、带扣低温试验，5.5.4 规定的低温试验(如有必要)、带扣耐久性试验、安全带腐蚀试验、卷收器性能试验、动态试验及动态试验后带扣开启试验。这两件样品之一将用于安全带或约束系统检查。

5.1.2 需要一套安全带或约束系统进行带扣检查和带扣、连接件安装座、安全带调节装置以及卷收器(如有必要)的强度试验。

5.1.3 需要两套安全带或约束系统进行带扣检查、微滑移试验和磨损试验。这两套样品之一将进行安全带调节装置试验。

5.1.4 需要织带样品用于织带的断裂强度试验。

5.1.5 安全带或约束系统试验的样品见附录 E。

5.2 腐蚀试验

5.2.1 将一套完整的安全带总成置于附录 F 规定的试验箱内，对装有卷收器的总成，织带除留下 300 mm±3 mm 外应全部拉出，除应检查或补充盐溶液等短时间中断外，试验应持续进行 50 h。

5.2.2 腐蚀试验完成后，应将安全带总成轻柔地冲洗或浸在温度不高于 38 ℃的流动清水中除去盐迹，然后放在室温中干燥 24 h，再按 4.2.1.2 进行检查。

5.3 微滑移试验

5.3.1 样品应在温度为 20 ℃±5 ℃，相对湿度为 65%±5%的环境中至少保持 24 h，试验应在15 ℃～30 ℃的温度下进行。

5.3.2 应使调节装置自由部分按装车状态朝上或朝下置于在工作台上。

5.3.3 织带的下端应悬挂 50 N 载荷，另外一端应作行程 300 mm±20 mm 的前后往复运动(见图 G.3)。

5.3.4 如果织带有用于储备的自由端，则该端不应固定或夹在受力段。

5.3.5 应使织带在试验台上与在车上一样，其松弛情况下，从调节装置下垂呈凹形曲线。加到试验台上的 50 N 载荷应有垂直导向，以防止载荷摇摆和安全带扭转，应按装车状态将连接件固定在 50 N 的载荷上。

5.3.6 在试验正式开始前，应预先运转 20 个循环，以使自紧系统正确定位。

5.3.7 应以每秒 0.5 个循环的频率，300 mm±20 mm 的总行程，完成 1 000 次试验。50 N 载荷仅在半个周期内的 100 mm±20 mm 移动区间内起作用。

5.3.8 试验装置见附录 G。

5.4 织带的处理和断裂强度试验(静态)

5.4.1 对进行断裂强度试验的织带的处理

5.4.1.1 温湿态处理

织带应在温度为 20 ℃±5 ℃、相对湿度为 65%±5%的环境中至少保存 24 h，如果处理后不立即进行试验，试件应存放在密封容器内直至试验开始，断裂载荷应在织带从处理环境中或从容器中取出后 5 min 内测量。

5.4.1.2 光照处理

5.4.1.2.1 应采用 GB/T 8427—2008 推荐的设备。织带暴露在光照之下，其时间相对应于使蓝色羊毛标准 7 褪色到灰色样卡 4 级所用的时间。

5.4.1.2.2 光照处理后，织带应在温度为 20 ℃±5 ℃、相对温度为 65%±5%的环境中至少保存 24 h，如果处理后不立即进行试验，试件应存放在密封容器内直至试验开始，断裂载荷应在织带从处理环境中或从容器中取出后 5 min 内测量。

5.4.1.3 低温处理

5.4.1.3.1 织带应在温度为 20 ℃±5 ℃、相对湿度为 65%±5%的环境中至少保存 24 h。

5.4.1.3.2 然后，织带应在温度为 −30 ℃±5 ℃的低温箱内的平面上至少存放 1.5 h，然后，将织带对折，并在对折处压上预先冷却到 −30 ℃±5 ℃的 2 kg 重块，在同一低温箱内放置 30 min，除去重块，断裂载荷应在织带从低温箱中取出后 5 min 内测量。

5.4.1.4 高温处理

5.4.1.4.1 织带应在温度为 60 ℃±5 ℃、相对湿度为 65%±5%的加热箱中保存 3 h。

5.4.1.4.2 断裂载荷应在织带从加热室中取出后 5 min 内测量。

5.4.1.5 浸水试验

5.4.1.5.1 织带应完全浸泡在温度为 20 ℃±5 ℃且已加入少量湿润剂的蒸馏水中保存 3 h，可采用任何适用于被试织带纤维的湿润剂。

5.4.1.5.2 断裂载荷应在织带从水中取出后 10 min 内测量。

5.4.1.6 磨损处理

5.4.1.6.1 所有同刚性件接触的织带均应进行磨损处理，对于在微滑移试验(5.3)，织带滑移值小于规定值的一半的所有调节装置，无需按 5.4.1.6.4a)进行程序 1 规定的磨损处理。试验设备的设置应基本上保持织带和接触区域的相对位置。

5.4.1.6.2 样品应在温度为 20 ℃±5 ℃、相对湿度为 65%±5%的环境中至少保存 24 h，在进行磨损程序时，试验室温度应在 15 ℃～30 ℃之间。

5.4.1.6.3 表 2 列出每个磨损程序的一般条件。

表 2 一般条件

程序	载荷/N	频率/Hz	循环次数	移动量[b]/mm
程序 1	25	0.5	5 000	300±20
程序 2	5	0.5	45 000	300±20
程序 3[a]	0～50	0.5	45 000	—

[a] 见 5.4.1.6.4c)。

[b] 移动量是指织带前后往复运动的行程。

5.4.1.6.4 特殊处理程序的适用要求：

a) 程序 1 适用于织带穿过调节装置滑动的情况。25 N 的垂直稳定载荷应保持作用在织带一端，织带的另一端应系在使织带呈水平前后运动的装置上。调节装置应放在水平织带上以便使织带保持张紧状态(见附录G图G.1)。

b) 程序2适用于织带穿过某个刚性件改变方向的情况。本试验过程中,织带的角度应保持图G.2所示的数值。试验时,应保持5 N的稳定载荷,对于穿过某个刚性件且不止一次改变织带方向的情况可增加5 N载荷以得到穿过刚性件300 mm的织带运动情况(见附录G图G.2)。

c) 程序3适用于织带通过缝制或用相似方法固定于刚性件上的情况。向前和向后运动全程应为300 mm±20 mm,但是对每半个周期而言,仅在100 mm±20 mm的移动量中对织带施加50 N的载荷(见附录G图G.3)。

5.4.2 织带的断裂强度试验(静态试验)

5.4.2.1 每次应采用两条长度足够且按照5.4.1的规定处理过的新织带进行试验。

5.4.2.2 每条织带应夹在拉力试验机夹具之间,夹具的设计应避免织带在夹具附近或夹具上发生断裂,加载速度大约为100 mm/min,试验开始时,夹具间试样的自由长度应为200 mm±40 mm。

5.4.2.3 当载荷达到9 800 N时,应在不停机情况下测量织带宽度。

5.4.2.4 继续增加载荷值,直至织带拉断,记录断裂载荷值。

5.4.2.5 如果织带发生滑动或断裂发生在距夹具10 mm以内,试验视为无效,应重新对另一试样进行试验。

5.5 带有刚性件的安全带总成部件的试验

5.5.1 带扣和调节装置应由安全带总成上的部件连接到拉力试验机上,然后加载至9 800 N。

对于全背带式安全带,通过与带扣和锁舌或与相对于带扣几何中心近似对称位置上的两个锁舌相连接的织带将带扣同试验设备连接到一起,如果带扣或调节装置是连接件或三点式安全带共用部件的一部分时,带扣或调节装置应按5.5.2与连接件一起试验,卷收器有导向轮或在安全带上部固定点处有织带导向件的情况除外。当载荷达到9 800 N时,织带缠绕在卷轴上的长度应尽可能使锁止时的长度接近织带末端450 mm处。

5.5.2 连接件和安全带高度调节器应按5.5.1规定的方法进行试验,但载荷应为14 700 N,且应按5.7.1第二句中的规定,以安全带正确装于车内时所可能出现的最不利的条件施加载荷。对于卷收器,试验应在织带完全拉出状态下进行。

5.5.3 两套完整的安全带总成样品应置于温度为−10 ℃±1 ℃的低温箱内2 h,从低温箱内取出后,应立即将带扣互相配合的部分连接到一起。

5.5.4 两套完整的安全带总成样品应置于温度为−10 ℃±1 ℃的低温箱内2 h,试验时,依次将刚性件和塑料件放在一刚性金属平板上(该平板同样品一起存放在低温箱内),再将该平板放在一质量至少为100 kg的水平坚实水平硬块上,在取出低温箱30 s之内,用一质量为18 kg的钢质重块以自由落体方式从300 mm高处下落冲击试样,重块冲击面应为表面硬度至少为HRC45的凸曲面,重块中心线处的纵向半径为150 mm,横向半径为10 mm,一件试样曲面块的轴线应与织带方向一致进行试验,而另一件试样与织带成90°进行试验。

5.5.5 带扣与两套安全带有共用部件时,其加载方式应能模拟座椅处于中间调整位置时车辆内的使用条件,对每条织带同时施加14 700 N载荷,载荷施加方向应按5.7.1确定,附录H给出了一种适合进行本试验的装置。

5.5.6 当试验手动调节装置时,织带应稳定地从该调节装置中拉出。考虑到正常使用条件,速度大约为100 mm/s,且在织带开始拉出25 mm后测量最大力,精度为1 N。应在织带穿过装置的两个方向均进行试验。在测量前,织带应预先来回拉动10次。

5.6 带有卷收器的安全带的附加试验

5.6.1 卷收器机构的耐久性

5.6.1.1 织带应以每分钟不多于30次的速度进行规定次数的拉出回卷试验，对于紧急锁止式卷收器，每5次循环应使卷收器锁止一次，锁止次数在5种不同拉出长度上应相同，即拉出缠绕在卷收器上织带总长度的90%、80%、75%、70%和65%。但是，对于缠绕织带长度大于900 mm的情况，上述百分数应以织带可从卷收器中拉出的最后900 mm长度为准。

5.6.1.2 附录I给出了一种适合进行5.6.1.1规定的试验设备。

5.6.2 紧急锁止式卷收器的锁止

5.6.2.1 卷收器应在当绕在卷收器上的织带长度为300 mm±3 mm时进行一次锁止试验。

对织带敏感式卷收器，织带的拉出方向应是卷收器装在车上正常使用时的方向。

对车体敏感式卷收器进行试验时，如果卷收器按安全带制造厂的规定安装在车上，则应沿两水平正交轴线方向按上述拉出量对其进行试验。当该位置没有规定时，检验机构应与安全带制造厂协商。这两个轴之一的方向应由检验机构按最不利锁止机构触发的方向选定。

5.6.2.2 附录J描述了一种适用于进行5.6.2.1规定的试验设备。该试验设备应使织带拉出5 mm以前达到所规定的加速度值，而且应使织带拉出时的加速度平均增长率在25 g/s～150 g/s之间。

5.6.2.3 为检查是否满足4.2.5.3.1c)和4.2.5.3.1d)要求，卷收器应装在水平台面上，并使台面以不超过2°/s的速度倾斜直至发生锁止。试验应在其他方向上重复进行以满足要求。

5.6.3 粉尘试验

5.6.3.1 卷收器应安装在附录K描述的试验箱内，其安装方式类似于在车辆上的安装状态。试验箱应装有5.6.3.2规定的粉尘，除了在每次搅拌粉尘后1 min～2 min内进行10次安全带拉出回卷试验外，应保持织带处于从卷收器中拉出500 mm长度的状态。在5 h内，每隔20 min，以表压为$5.5\times10^5\pm0.5\times10^5$ Pa，且不含油的干燥压缩空气，由一直径为1.5 mm±0.1 mm的小孔吹搅粉尘5 s。

5.6.3.2 上述5.6.3.1规定试验所用粉尘应含有1 kg干石英砂，其颗粒度分配如下：

a) 通过150 μm孔径，104 μm线径：99%至100%；

b) 通过105 μm孔径，64 μm线径：76%至86%；

c) 通过75 μm孔径，52 μm线径：60%至70%。

5.6.4 卷收力

5.6.4.1 按5.6.4.2或5.6.4.3测量卷收力。

5.6.4.2 将安全带总成安装到进行5.7规定的动态试验的假人上，当织带以约10 mm/s速率回卷时，在最接近与假人接触处测量织带卷收力。对于装有减力装置的安全带，应在减力装置运行模式和非运行模式下测量卷收力和织带张力。

5.6.4.3 将卷收器按在汽车上的安装状态固定住，把织带全部拉出，然后以约500 mm/min的速度将织带卷入卷收器内，当卷入的织带长度为织带有效长度的25%±50 mm时，测量卷收器的卷收力。对带有导向件的卷收器，则按实际安装尺寸，并让织带穿过导向件进行卷收力测量。

5.6.4.4 在进行5.7描述的动态试验前，应将穿着棉质衬衫的座姿假人向前倾斜，直到从卷收器中拉出350 mm织带，然后放回初始位置。

5.7 安全带总成或约束系统的动态试验

5.7.1 安全带总成应安装在装有按附录L规定的座椅和固定点的滑车上。如果安全带总成用于某一特定车辆或特殊类型的车辆上,假人和固定点之间的距离应由检验机构按照随安全带提供的安装说明或按照车辆制造厂提供的资料来确定。

如果安全带装有 3.14.6 定义的安全带高度调节器,则应按车辆设计要求给定的安装位置和固定方式来安装安全带高度调节器。

当已经进行了一种车型的动态试验,其他车型的每一个固定点与已试安全带相对应的固定点距离少于 50 mm 时,不需要重复试验。制造厂也可选择确定假定的固定点,以覆盖最大数目的真实固定点。

5.7.2 对于带有由不在该安全带总成中的零部件组成的预紧装置的安全带或约束系统,安全带总成应按 5.7.2a)的规定与必要的附加零件一起安装在滑车上。

对于不能在试验滑车上进行试验的那些装置,制造商可以选择通过按照 GB 11551—2003 规定的标准速度 50 km/h 进行正面撞击试验,来验证该装置符合本标准的要求。

对于构成作为约束系统申请型式认证的总成一部分的安全带或约束系统,安全带应装在该约束系统通常安装的车辆结构上,该部分应按下列规定的方式刚性地连接到滑车上:

a) 试验时,安装车辆的方法不得对座椅或安全带的固定点起加强或减少其结构正常变形的作用。除脚部外,车辆前部不得有限制假人前移而减少约束系统试验时受力的部件。去掉的结构部件,只要不妨碍假人前移,可用具有同样强度的部件代替。

b) 如果车辆或结构在距所试约束系统的固定点前方不少于 500 mm 处加强或固定,并且固定装置不在结构整个宽度区域内对其产生影响,则认为该固定装置是符合要求的,对后部而言,结构件应在固定点后方足够距离上安装以满足上述 5.7.2a)的要求。

c) 由检测机构选择对强度最不利条件将座椅安装于驾驶位置上,同时与车辆内的假人安装相匹配。座椅位置应在报告中说明。如果椅背可倾斜调整的话,应按制造商的规定锁止,当无任何规定时,对于 M_1 和 N_1 类车,应使实际座椅靠背角尽可能地接近 25°,对于所有其他类型车辆,应使该角度尽可能接近 15°。

d) 为了按 4.4.1.4a)的要求进行评估,座椅应位于适合于假人尺寸的最前的驾驶或乘坐位置。

e) 同一座椅组的所有座椅应同时进行试验。

f) 全背带式安全带的动态试验应在无胯带(总成)的情况下进行。

5.7.3 应按下述方法将安全带总成佩戴在附录 D 中规定的假人身上:在假人后背和椅背之间放置一个 25 mm 厚垫板,安全带应调至紧贴假人,然后去除垫板使假人背部与座椅靠背接触,然后进行检查使带扣两部分的连接状态不至产生降低锁止可靠性的危险。

5.7.4 织带的自由端应伸至调节装置外足够长以允许滑移。

5.7.5 减速或加速装置可以选用下列两种装置之一进行试验:

a) 减速试验装置

滑车的驱动方式应使滑车碰撞瞬间具有 50 km±1 km/h 的自由运行速度,并且使假人保持稳定,滑车的停车距离应为 400 mm±50 mm。滑车减速过程中应保持水平,滑车减速度应通过使用附录 L 中描述的设备或任何能得出相同结果的其他装置来获得。本设备性能应符合附录 M 规定的要求。

进行安全带试验时,包括惯性块的滑车总质量为 455 kg±20 kg。进行约束系统试验时,滑车和车辆结构的名义质量为 800 kg,包括惯性块的滑车总质量为 910 kg±40 kg。滑车减速度曲线应在附录 M 图中阴影区域内。必要时,滑车及所连接车辆结构的名义质量以 200 kg 增量递增,此时每增加 200 kg 的增量应增加 28 kg 的惯性块。滑车和车辆结构及惯性块的总质量与标定试验的名义值之间的差异任何时候都不得超过±40 kg,在停车装置标定时,滑车速度应为 50 km±1 km/h,停车距离为 400 mm±20 mm。

b) 加速试验装置

滑车的驱动方式应使滑车总的速度变化 Δv 为 51^{+2}_{0} km/h。滑车在加速过程中应保持水平。滑车的加速度应通过满足下面规定的仪器获得:

滑车(包括惯性块)的加速度曲线,应在附录 M 图中阴影区域内,并且在规定的线段[(10g,5 ms),(20g,10 ms)]的上面。根据 ISO 17373:2005 的 0.5g 加速度水平,定义碰撞开始时刻(T_0)。滑车和车辆结构及惯性块的总质量与标定试验的名义值之间的差异任何时候都不得超过±40 kg。在加速试验装置标定时,滑车总的速度变化 Δv 为 51^{+2}_{0} km/h。

除满足上述的要求外,检测机构应使用附录 L 中 L.1 规定的滑车,其质量超过 380 kg。

5.7.6 应测量碰撞前瞬间的滑车速度(对于减速试验台车需要计算停车距离),滑车的减速度或加速度,假人向前的前移量和假人胸部前移 300 mm 处胸部的速度。

通过对记录的滑车减速度或加速度进行积分,得到滑车的速度变化。

最初达到 50^{+1}_{0} km/h 时的滑车速度变化的距离,可以通过对记录的滑车减速度进行双重积分获得。

5.7.7 碰撞后,在不打开带扣的情况下,目视检查安全带总成或约束系统及刚性件,以确定是否有失效或断裂现象。对于约束系统试验后还应检查连接在滑车上的车辆结构部件是否有可见的永久性变形。如有变形,则应将其计入按照 4.4.1.4a)规定进行的计算中。

5.7.8 然而,如果滑车的速度高于规定值和/或加速度曲线超过阴影区域的上限,安全带满足要求,应认为该试验符合要求。

5.8 带扣开启试验

5.8.1 在本试验中,应使用已经过 5.7 规定的动态试验安全带总成或约束系统。

5.8.2 在不打开带扣情况下,从试验滑车上取下安全带总成,通过直接牵引连接于其上的织带将载荷作用到带扣上以使所有织带承受 600 N/n 的力(n 表示带扣在锁止位置时,其上所连接的织带数),对于与刚性件连接的带扣,施力时带扣与刚性件形成的角度与动态试验时相同。开启力应沿平行于按钮运动初始方向以每分钟 400 mm±20 mm 的速度施加到带扣开启按钮的几何中心,对带扣施加开启力时,带扣应由一刚性件固定住,所施加的载荷不应超过 4.2.2.5 规定的限值。试验装置接触点应是半径为 2.5 mm±0.1 mm 的球面,该球面系金属抛光面。

5.8.3 测量带扣开启力并记录带扣失效情况。

5.8.4 在带扣开启试验后,应对经过 5.7 规定试验的安全带总成或约束装置的部件进行检查,并且应将动态试验时安全带总成或约束系统所遭受的破坏程度记录在试验报告中。

5.9 有预紧装置的安全带的附加试验——温度调节处理

可以将预紧装置从要试验的安全带上拆下来进行试验。将其置于在温度为 60 ℃±5 ℃下保持 24 h,然后将温度升至 100 ℃±5 ℃保持 2 h,接着在−30 ℃±5 ℃温度下保持 24 h。温度调节处理后,装置应升温至环境温度,如果装置是从安全带上拆下来的,应再装回到安全带上。

5.10 试验报告

试验报告应包括以下内容:

a) 第 5 章全部试验的结果;

b) 使用的试验装置的类型(加速或减速装置);

c) 总的速度变化;

d) 碰撞前瞬间的滑车速度(减速滑车);

e) 滑车速度变化过程中的加速度或减速度曲线;

f) 假人的最大前移量;

g) 试验时带扣所占位置(如果是可变化的);

h) 带扣开启力;

i) 各种失效或断裂现象。

如果根据5.7.1没有按附录L规定的固定点安装,试验报告应描述安全带总成或约束系统是如何安装的,且应说明重要的角度和尺寸。

报告也应提供试验时发生的带扣变形或断裂情况。对于约束系统,试验报告还应详细说明车辆结构与滑车的连接方式、座椅的位置、座椅靠背倾斜角度。如果假人前移量超过上述4.4.1.3b)的规定值,报告应说明是否符合4.4.1.4a)的要求。

6 在车辆上安装的要求

6.1 安全带和约束系统装备

6.1.1 除了折叠座椅(按GB 14167—2013中的定义)和只在车辆静止时使用的座椅,M和N类车辆(GB/T 15089—2001定义的Ⅰ级、Ⅱ级和A级的M_2和M_3类车辆除外)应当装备满足本标准要求的安全带或约束系统。

6.1.2 需要安装的每个乘坐位置的安全带或约束系统的类型应符合附录N的规定[不能使用无锁式卷收器(3.14.1)和手调式卷收器(3.14.2)]。除了使用时正常扣上安全带扣后卷收程度显著降低舒适性的情况,对于附录N中规定使用B型腰带的所有乘坐位置容许使用Br3型腰带。

然而,对于附录N表N.1中带有角注a的N_1类车辆的外侧非前排乘坐位置,当座椅与最近的车侧壁之间有一个允许乘员到达车辆其他部位的通道时,允许安装Br4m或Br4Nm类型的腰带。把所有车门关上,如果侧壁与通过座椅中心线的垂直纵向平面的距离(在R点位置测量并垂直于车辆纵向中心平面)大于500 mm,座椅和车辆侧壁之间的空间认为是一个通道。

6.1.3 不要求安装任何安全带的车辆,制造厂也可以选择按本标准设计生产的任何类型的安全带或约束系统。可以用附录N中允许的A型安全带来替代附录N规定的安装腰带的乘坐位置的腰带。

6.1.4 装有多个卷收器的三点式安全带,应至少有一个卷收器用于肩带。

6.1.5 除了M_1类车,负责试验的检测机构认为安装4型卷收器不适用的地方而且使用4N型符合要求,可以用4N型紧急锁止式卷收器(3.14.5)来代替4型紧急锁止式卷收器。

6.1.6 对于附录N表N.1中带有角注b的前排外侧座椅和前排中间位置座椅,当风窗玻璃位于GB 11552—2009附录C规定的基准区域以外时,使用附录N所规定的腰带就足够。

关于安全带,依据GB 11552—2009附录C规定的方法,如果风窗玻璃与试验设备可以静态接触,则认为风挡玻璃是基准区域的一部分。

6.1.7 对于附录N表N.1中带有角注c的所有乘坐位置,应提供附录N规定的三点式安全带。除非满足下列任意一个条件,才能使用附录N中规定的两点式安全带。

——前方有一个满足GB 13057—2003中5.3.3规定的座椅或其他车辆部件;

——车辆的任何部件都不在基准区域内,或当车辆运动时,没有车辆的部件能进入基准区域内;

——在基准区域内的车辆部件应符合GB 13057—2003中5.2规定的吸能要求。

6.1.8 除了6.1.9包括的情况,需要给每个安装安全气囊的乘员乘坐位置配备警告标识,以防止在此乘坐位置使用后向儿童约束系统。警告标识是包括解释性文字的象形图,应当持久地固定在明显的位置上,让安装后向儿童约束系统人员容易发现。图1是象形图的一个例子。永久性提示应当任何时候均可见,防止关门时不可见。

注：颜色：

a) 象形图为红色；

b) 座椅、儿童座椅及安全气囊轮廓线为黑色；

c) 安全气囊(AIRBAG)文字与安全气囊为白色。

图1 警告标识象形图

6.1.9 只有装备有自动识别是否存在向后儿童约束系统的装置，并确保在装上这样的儿童约束系统后安全气囊不再展开，才允许不执行6.1.8的要求。

6.1.10 对于设计用于车辆静止时使用，能够翻转或移动到不同方位的座椅，依据6.1.1的要求只适用于车辆在路面上正常使用的座椅方向的情况。

6.2 一般要求

6.2.1 安全带、约束系统和附录B表B.3中的ISOFIX儿童约束系统按照GB 14167—2013的规定应能够固定在固定装置上，并能够满足设计和尺寸特性，固定点的数量及强度要求。

6.2.2 安装制造商推荐的附录B中表B.2和表B.3中的安全带、约束系统、儿童约束系统和ISOFIX儿童约束系统，确保发生事故时它们能够正常工作，减少对乘员身体的伤害。应满足以下要求：

a) 不能要求织带承担有危险的配置。

b) 把由于前倾运动使正确安装的安全带从佩戴者胸部往下滑移的危险性降到最小。

c) 把与车辆、座椅结构、儿童约束系统或按制造商推荐的附录B中表B.2和表B.3中的ISOFIX儿童约束系统的尖锐部件接触而使织带受损的危险降到最小。

d) 对于每个座椅位置提供的每个安全带的设计与安装应便于使用。此外，对于能够折叠以方便进入车辆的后部、货箱或行李厢的整体座椅或座垫或靠背，在折叠并恢复座椅到乘坐位置后，依据车辆的用户使用说明书，无需培训或练习，单人就能方便的使用这些座椅配套的安全带，或很容易从座椅下面或后面方便地进行恢复。

e) 检测机构应将锁舌插入带扣，以验证安全带可能的松弛不会影响对制造厂推荐的儿童约束系统进行正确安装，并且对于三点式安全带，当放置好下列假人或装置时，对安全带的肩带从外部施加拉力可对安全带的腰带产生至少50 N的张紧力：

1) GB 27887—2011附录G关于“9个月、3岁、6岁和10岁的假人的描述”中规定的10岁假人，并根据附录B中B.5进行调整；

2) 或附录B图B.1所确定的装置，该装置安装在能够安装通用儿童约束系统的座椅上。

6.3 对集成到安全带或约束系统的刚性部件的特殊要求

6.3.1 刚性部件，如带扣、调节装置和连接件在事故中不应对佩戴者或其他乘员增加身体伤害的危险。

6.3.2　解开带扣的装置应清晰可见并易于触及，设计上应能避免被无意或偶然打开。带扣需位于救援者易于触及的地方，以便在紧急时解救佩戴者。

带扣无论是否承担佩戴者的重量，其安装应使佩戴者用简单的动作在一个方向上单手就能打开。

除了全背带式安全带，对于前座外侧的乘坐位置的安全带或约束系统，带扣应能用同样的方式锁止。

如果带扣与佩戴者接触，应进行检查，确认接触面的宽度不应少于 46 mm。

如果带扣与佩戴者接触，应进行检查。接触面应满足 6.2.2a)的要求。

6.3.3　系上安全带时，安全带应能自动调节以适应佩戴者，或当佩戴者坐下时易于触及手动调节装置，使用简单方便，也可以单手收紧安全带，以适应佩戴者的坐姿和车辆座椅位置。

6.3.4　集成到卷收器的安全带或约束系统的安装应使卷收器能正常工作并有效地卷收织带。

6.3.5　为了告知车辆用户对载运儿童乘员而制定的条款，M_1 和 N_1 类车辆需按附录 B 提供相关资料。根据 GB 14167—2013 的相关规定，所有 M_1 类车辆均需具备 ISOFIX 位置。第一个 ISOFIX 位置应能至少安装附录 B 中 B.3 定义的三个前向装置中的一个；第二个 ISOFIX 位置应能至少安装附录 B 中 B.3 定义的三个后向装置中的一个。对于第二个 ISOFIX 位置，如果因为设计因素车辆第二排座椅不能安装后向装置，则在车辆的任何位置允许安装六个装置中的一个。

6.4　安全带提醒装置

6.4.1　M_1 类车辆驾驶员位置应配置一个满足本标准要求的安全带提醒装置。如果车辆制造厂提供另一种类型车辆上的提醒装置安装到驾驶员位置时，该安全带提醒装置也可以按本标准要求进行批准。如果满足 6.4.7 的要求，安全带提醒装置允许关闭。

6.4.2　安全带提醒装置的一般要求：

a)　视觉提醒信号应被放置到驾驶员在日光下易于看见和识别的地方，并且能够与其他的提醒信号相区别。如果这个视觉提醒信号使用红颜色，应使用一个与 GB 4094—1999 中 5.2.9 规定一致的符号，参见图 2。

图 2　视觉提醒信号示意图

b)　视觉提醒信号应是持续的或间歇式的信号。

c)　听觉提醒信号应是持续或间歇式的声音信号或语言信息。如果使用语言信息，制造厂应确保该语言提醒使用车辆销售市场的语言。这个听觉提醒信号可以由一个以上的节拍组成。

d)　视觉提醒信号应使驾驶员易于识别。

6.4.3　当驾驶员未系安全带并且点火开关打开，第一级提醒信号应至少有一个持续 4 s 或更长时间的视觉提醒信号。

6.4.4　第一级提醒信号的激活应按附录 O 中 O.1 定义的试验程序进行试验。

6.4.5　第二级提醒信号在未系安全带、车辆处于正常运转状态且至少符合以下的一个条件(或这些条件的组合)时，除 3 s 以上的提醒停止时间外，应启动 30 s 以上的视觉和听觉信号。以下的条件为：

——驾驶距离超过限值距离。限值不应超过 500 m。不包括车辆不在正常运行状态的距离。

——速度超过速度限值。限值不应超过 25 km/h。

——持续时间(发动机运转)超过持续时间限值。限值不应超过 60 s。不包括第一级提醒信号持续时间和车辆不在正常运行状态的持续时间。

6.4.6 第二级提醒信号的激活应按附录 O 中 O.2 定义的试验程序进行试验。

6.4.7 安全带提醒装置可以设计成允许关闭：

a) 当具有短期关闭功能时，关闭安全带提醒装置应比扣上和解开安全带更难。当点火开关关闭超过 30 min 然后再打开，短期关闭的安全带提醒装置应能重新激活。

b) 当具有长期关闭功能时，要求进行一系列只在制造厂技术手册有详细描述关闭操作程序和/或使用车辆没有提供的工具(机械、电子或数字等)才能关闭。

7 使用说明

如果安全带对于车辆来说是单独提供的，它的包装和安装说明书应清楚写明它所对应的车型。

8 标准实施过渡期

新定型车型自 2014 年 1 月 1 日起开始实施，在生产车型自 2017 年 1 月 1 日起开始实施。

附　录　A
（资料性附录）
本标准章条编号与 ECE R16 章条编号对照

表 A.1 给出了本标准章条编号与 ECE R16 章条编号对照一览表。

表 A.1　本标准章条编号与 ECE R16 章条编号对照

本标准章条编号	对应的国际标准章条编号
1	1
2	—
3	2
3.1	2.1
3.1.1	2.1.1
3.1.2	2.1.2
3.1.3	2.1.3
3.1.4	2.1.4
3.1.5	2.1.5
3.2	2.2
3.3	2.3
3.4	2.4
3.5	2.5
3.6	2.6
3.7	2.7
3.8	2.8
3.9	2.9
3.10	—
3.11	2.11
3.12	2.12
3.13	2.13
3.14	2.14
3.14.1	2.14.1
3.14.2	2.14.2
3.14.3	2.14.3
3.14.4	2.14.4

表 A.1（续）

本标准章条编号	对应的国际标准章条编号
3.14.5	2.14.5
3.14.6	2.14.6
3.15	2.15
3.16	2.16
3.17	2.17
3.18	2.18
3.19	2.19
3.20	2.20
3.21	2.21
3.21 a)	2.21.1
3.21 b)	2.21.2
3.21 c)	2.21.3
3.22	2.22
3.23	2.23
3.24	2.24
3.25	2.25
3.26	2.26
3.27	2.27
3.28	2.28
3.29	2.29
3.30	2.30
3.31	2.31
3.32	2.32
3.33	2.33
3.34	2.34
3.35	2.35
3.36	2.36
3.37	2.37
3.38	2.38
3.39	2.39
3.40	2.40

表 A.1（续）

本标准章条编号	对应的国际标准章条编号
3.41	2.41
3.42	2.42
3.43	2.43
3.44	2.44
3.45	2.45
—	3
—	4
—	5
4	6
4.1	6.1
4.1.1	6.1.1
4.1.2	6.1.2
4.1.3	6.1.3
4.1.4	6.1.4
4.2	6.2
4.2.1	6.2.1
4.2.2	6.2.2
4.2.3	6.2.3
4.2.4	6.2.4
4.2.5	6.2.5
4.2.6	6.2.6
4.3	6.3
4.3.1	6.3.1
4.3.2	6.3.2
4.3.3	6.3.3
4.4	6.4
4.4.1	6.4.1
4.4.2	6.4.2
5	7
5.1	7.1
5.2	7.2

表 A.1（续）

本标准章条编号	对应的国际标准章条编号
5.3	7.3
5.4	7.4
5.5	7.5
5.6	7.6
5.6.1	7.6.1
5.6.2	7.6.2
5.6.3	7.6.3
5.6.4	7.6.4
5.7	7.7
5.8	7.8
5.9	7.9
5.10	7.10
6	8
6.1	8.1
6.2	8.2
6.3	8.3
6.4	8.4
—	9
—	10
—	11
—	12
7	13
8	—
—	14
—	15
—	附录 1
—	附录 2
附录 A	—
附录 B	附录 17
附录 C	附录 14
附录 D	附录 7

表 A.1（续）

本标准章条编号	对应的国际标准章条编号
附录 E	附录 13
附录 F	附录 12
附录 G	附录 11
附录 H	附录 10
附录 I	附录 3
附录 J	附录 4
附录 K	附录 5
附录 L	附录 6
附录 M	附录 8
附录 N	附录 16
附录 O	附录 18
附录 P	附录 9
附录 Q	附录 15

附 录 B
（规范性附录）
机动车前向座椅成人安全带和约束系统及ISOFIX儿童约束系统的安装要求

B.1 儿童约束系统的适应性

B.1.1 车辆制造厂应在车辆用户手册中说明每个乘客座椅位置对乘载12岁以下儿童（身高1.5 m以下）以及安装儿童约束系统的适应性。该信息应使用简体中文表述。

针对各前向乘员座椅位置以及各ISOFIX位置，车辆制造厂应提供下列信息之一：

a) 说明该座椅位置是否适合通用型儿童约束系统（见B.1.2）；

b) 说明该ISOFIX位置是否适用于通用型ISOFIX儿童约束系统（见B.1.2）；

c) 提供一份适用于该车辆的“半通用类”、“受限制类”以及“特殊车辆类”儿童约束系统的清单，并且说明各儿童约束系统的目标质量组；

d) 提供一份适用于该车辆ISOFIX位置的“半通用类”、“受限制类”以及“特殊车辆类”ISOFIX儿童约束系统的清单，并且说明各ISOFIX儿童约束系统的目标质量组和ISOFIX尺寸类别；

e) 提供一份一体式儿童约束系统的目标质量组及相关结构；

f) 提供一份说明包括a)～e)任意组合；

g) 说明该座椅位置不能乘载的儿童质量组。

如果某个座椅位置只适用于前向儿童约束系统，则应特别说明。

用于说明以上信息的表格格式见B.4。

B.1.2 通用类儿童约束系统和通用类ISOFIX儿童约束系统是指满足GB 27887—2011要求的通用类儿童约束系统。由汽车制造厂说明，用以安装儿童约束系统或ISOFIX儿童约束系统的座椅位置或ISOFIX位置应符合B.2和B.3的规定。任何限制条件下，在ISOFIX儿童约束系统位置附近和/或ISOFIX位置之间以及成人乘坐位置能同时使用的位置，应在表B.3中予以描述。

B.2 利用车辆安全带固定的通用型儿童约束系统的安装规定

B.2.1 通则

B.2.1.1 B.2包含的试验程序和性能要求用以确定座椅位置对安装通用类儿童约束系统的适应性。

B.2.1.2 本试验可以在车辆或车辆的具有代表性的部件上进行。

B.2.2 试验程序

B.2.2.1 调整座椅使之位于最后和最低的位置。

B.2.2.2 调整座椅靠背角度使之位于制造厂的设计位置。若没有规定，应调整靠背角度至25°或距25°最近的位置。

B.2.2.3 使肩部固定件处于最低的位置。

B.2.2.4 将棉质织物放于靠背和座垫上。

B.2.2.5 将固定模块（如图B.1所述）置于车辆座椅上。

B.2.2.6 如果乘坐位置适用于前向或后向通用类儿童约束系统，依次按照B.2.2.6a)、B.2.2.7～

B.2.2.10 所述步骤进行试验。如果乘坐位置仅适用于前向通用类儿童约束系统，则依次按照 B.2.2.6b)、B.2.2.7～B.2.2.10 所述进行试验。安全带缠绕固定模块的方式按如下要求：

a) 按照图 B.2 或图 B.3 所示的正确位置，使用安全带缠绕固定模块，然后锁止带扣。

b) 按照图 B.3 所示的正确位置，使用安全带的腰带缠绕固定模块的下部，其半径为 150 mm，然后锁止带扣。

B.2.2.7 使固定模块的中心线位于乘座位置的中心线±25 mm 范围内，并与车辆的纵向中心线平行。

B.2.2.8 使织带处于非松弛状态。使用合适的力以消除织带的松弛，同时也不要使织带过于张紧。

B.2.2.9 在固定模块的前面中心位置施加一个力把固定模块往后推，力的大小为 100 N±10 N，方向平行于固定模块下表面，然后去除该力。

B.2.2.10 在固定模块的顶部中心位置施加一个力把固定模块垂直往下按，力的大小为 100 N±10 N，然后去除该力。

B.2.3 要求

B.2.3.1 固定模块的基座应与座垫表面的前部和后部都接触。如果由于安全带进入槽的原因而不能达到所要求的接触，则可以将该槽覆盖使其与试验固定模块的底面平齐。

B.2.3.2 安全带的腰带应在腰带路线的末端与固定模块两侧均接触(见图 B.3)。

B.2.3.3 如果按照 B.2.2.1、B.2.2.2 和 B.2.2.3 说明的调整不能满足上述要求。此时可按制造厂提供的正常使用的位置重新调节座椅、座椅靠背和安全带固定点至一设计替代位置，然后重复上述安装程序并且再验证是否符合要求。此替代位置应作为一个信息在表 B.2 中给出。

单位为毫米

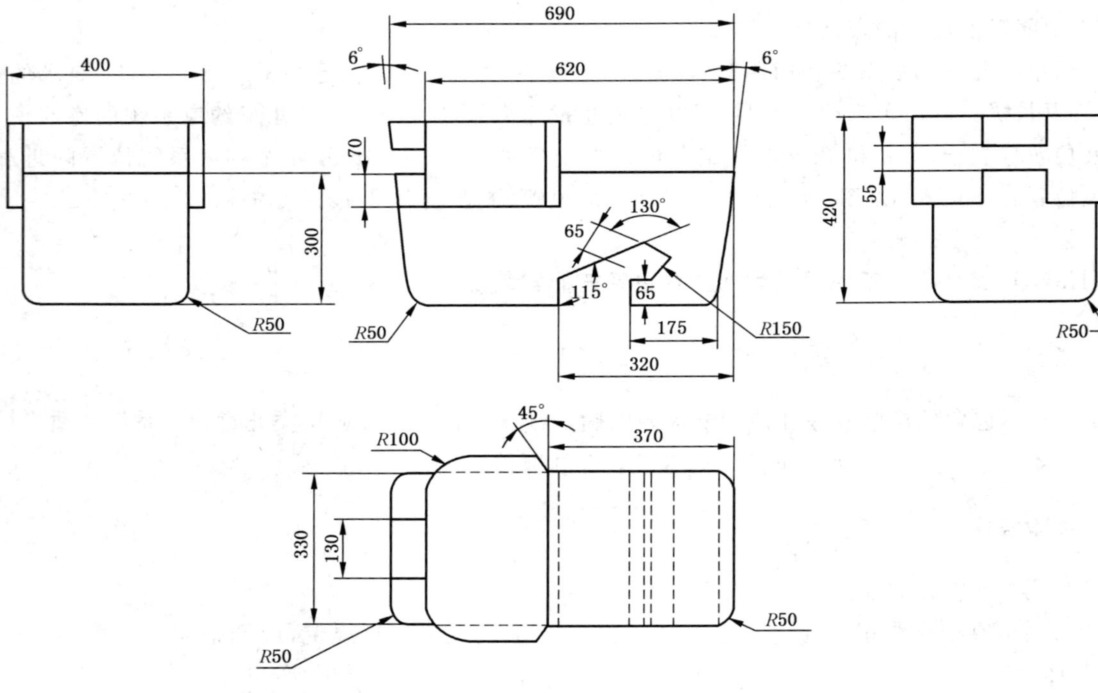

注：重 23 kg，均匀分布。

图 B.1 固定模块的规格

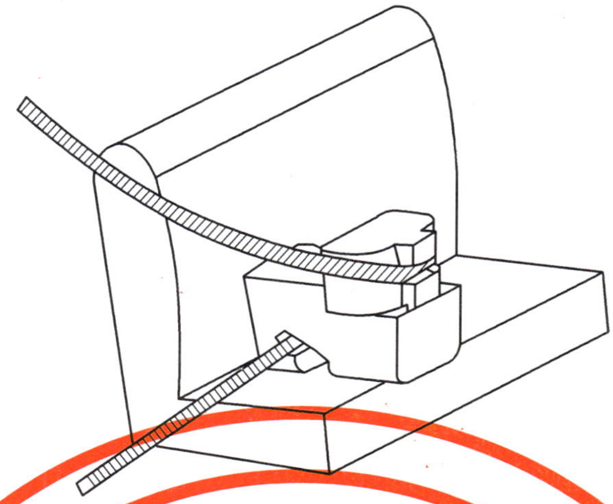

图 B.2　固定模块在车辆座椅上的安装[见 B.2.2.6a)]

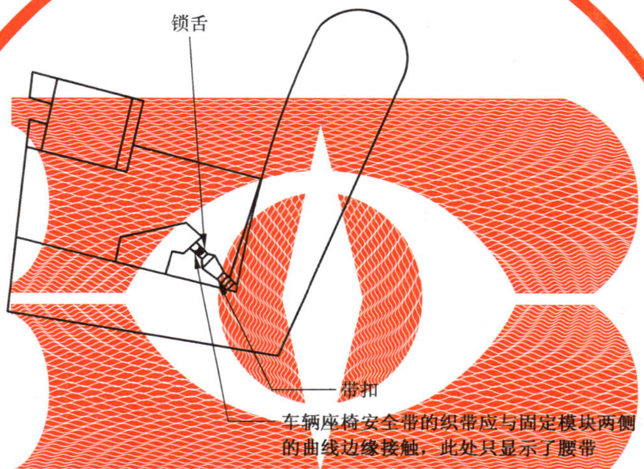

图 B.3　适应性检查[见 B.2.2.6a)和 B.2.3.2]

B.3　利用 ISOFIX 位置安装通用类和半通用类的前向和后向 ISOFIX 儿童约束系统的安装规定

B.3.1　通则

B.3.1.1　B.3 包含的试验程序和性能要求用以确定 ISOFIX 位置对安装通用类和半通用类 ISOFIX 儿童约束系统的适应性。

B.3.1.2　本试验可以在车辆或车辆的具有代表性的部件中进行。

B.3.2　试验程序

B.3.2.1　儿童约束固定模块(CRF)的适用范围

根据车辆制造厂在表 B.3 中的说明，对于车辆上每个 ISOFIX 位置，都应检查其是否能够容纳相对应的儿童约束固定模块(CRF)。

B.3.2.2　要求

B.3.2.2.1　当在一个座椅上检查 CRF 时，将该座椅调至纵向最后位置和最低位置。

B.3.2.2.2　调整座椅靠背角度使之位于制造商设计位置，头枕调至最后位置和最低位置，若没有规定，应调整靠背角度至 25°或距 25°最近的位置。当在某个后排座椅上检查 CRF 时，该后排座椅的前排座椅可以向前纵向调节，但不要超过该座椅最前和最后位置的中间位置。靠背角度也可以调节，但其角度不要小于相应的大小为15°的躯干角度。

B.3.2.2.3 将棉质织物放于靠背和座垫上。

B.3.2.2.4 将CRF放于ISOFIX位置。

B.3.2.2.5 在ISOFIX固定点的中心施加一个力，把固定模块推向ISOFIX固定系统，力的大小为100 N±10 N，方向平行于固定模块下表面，然后去除该力。

B.3.2.2.6 将CRF连接到ISOFIX固定点系统上。

B.3.2.2.7 在固定模块的顶部中心施加一个力，把固定模块垂直往下按，力的大小为100 N±10 N，然后去除该力。

B.3.3 要求

B.3.3.1 容纳CRF不允许与车辆内的部件发生干涉。CRF基座应有一个通过ISOFIX固定点系统与水平面向上成15°±10°的俯仰角度。

B.3.3.2 如果具有ISOFIX上固定点，应保持可用。

B.3.3.3 当按照B.3.2说明的调整不能满足上述要求时，应按制造商提供的正常使用的位置重新调节座椅、座椅靠背和头枕至一设计替代位置，然后重复上述安装程序并且再验证是否符合要求。此替代位置应在表B.3中给出。

B.3.3.4 如果车辆内部具有某些可以被拆卸的部件而不能满足上述要求，则可拆除此类部件，然后应重新按B.3.3的要求检验并且应能够达到要求。在此种情况，相关信息应在表B.3中给出。

B.3.3.5 以上试验条件仅适用于CRF被容纳于ISOFIX位置的情况。在这些试验条件下不要求CRF能够进出ISOFIX位置。

B.3.4 ISOFIX儿童约束系统尺寸分类和固定模块

以下的装置结构的质量应在5 kg～15 kg之间：

——A-ISO/F3：全高度的前向初学走路儿童用CRS；

——B-ISO/F2：降低高度的前向初学走路儿童用CRS；

——B1-ISO/F2X：降低高度的前向初学走路儿童用CRS；

——C-ISO/R3：全尺寸的后向初学走路儿童用CRS；

——D-ISO/R2：缩小尺寸的后向初学走路儿童用CRS；

——E-ISO/R1：后向婴儿用CRS；

——F-ISO/L1：左侧向CRS(便携床)；

——G-ISO/L2：右侧向CRS(便携床)。

表B.1 质量组与ISOFIX尺寸类别、CRF对应表

质量组	ISOFIX尺寸类别	固定模块(CRF)
0组：0～10 kg	F	ISO/L1
	G	ISO/L2
	E	ISO/R1
0+组：0～13 kg	C	ISO/R3
	D	ISO/R2
	E	ISO/R1
I组：9～18 kg	A	ISO/F3
	B	ISO/F2
	B1	ISO/F2X

表 B.1（续）

质量组	ISOFIX 尺寸类别	固定模块(CRF)
Ⅰ组:9～18 kg	C	ISO/R3
	D	ISO/R2

B.3.4.1 全高度的前向初学走路儿童用 CRS 外廓图

单位为毫米

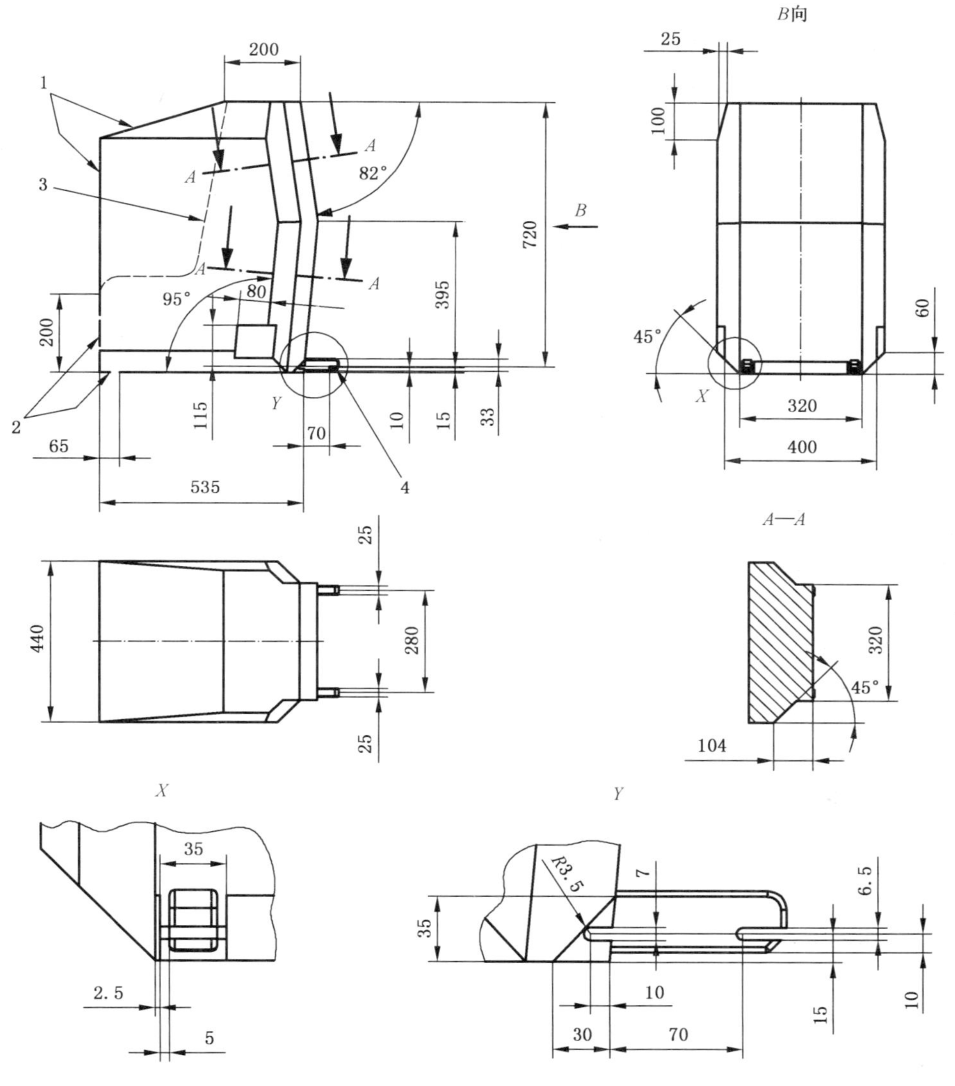

说明：

1——向前方向和向上方向的限制；

2——虚线标识区域允许有支撑腿或类似部件突出；

3——N/A；

4——连接件区域的详细规定见 GB 27887—2011。

图 B.4 适用于全高度前向初学走路儿童用 CRS(高度 720 mm)

ISO/F3——ISOFIX 尺寸类别 A

B.3.4.2　降低高度的前向初学走路儿童用 CRS 外廓图

单位为毫米

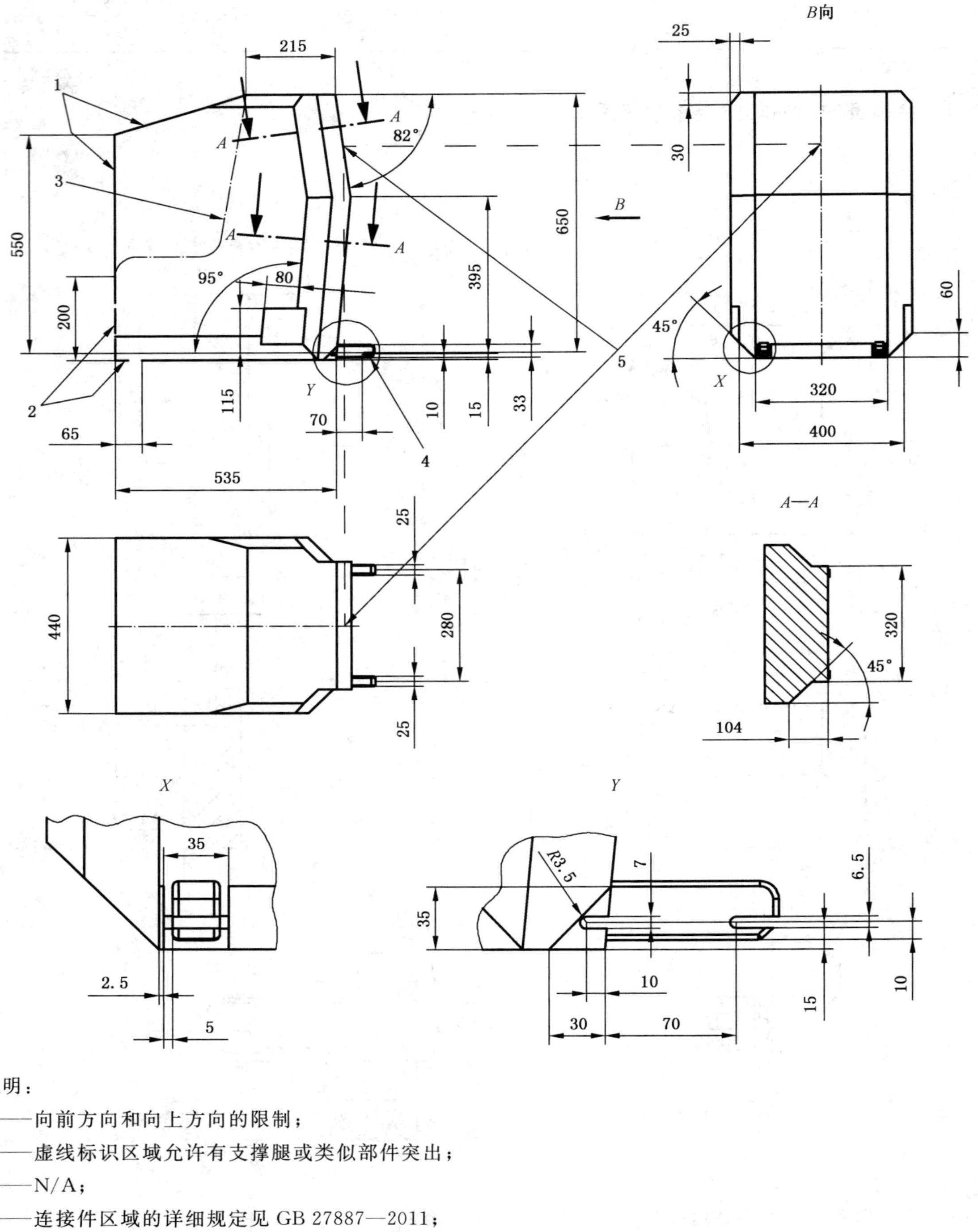

说明：

1——向前方向和向上方向的限制；

2——虚线标识区域允许有支撑腿或类似部件突出；

3——N/A；

4——连接件区域的详细规定见 GB 27887—2011；

5——上拉带连接点。

图 B.5　适用于降低高度的前向初学走路儿童用 CRS（高度 650 mm）
ISO/F2——ISOFIX 尺寸类别 B

B.3.4.3　降低高度的第二种背部形状的前向初学走路儿童用 CRS 外廓图

单位为毫米

说明：

1——向前方向和向上方向的限制；

2——虚线标识区域允许有支撑腿或类似部件突出；

3——N/A；

4——连接件区域的详细规定见 GB 27887—2011。

图 B.6　适用于降低高度的第二种背部形状的前向初学走路儿童用 CRS（高度 650 mm）ISO/F2X——ISOFIX 尺寸类别 B1

B.3.4.4 全尺寸的后向初学走路儿童用 CRS 外廓图

单位为毫米

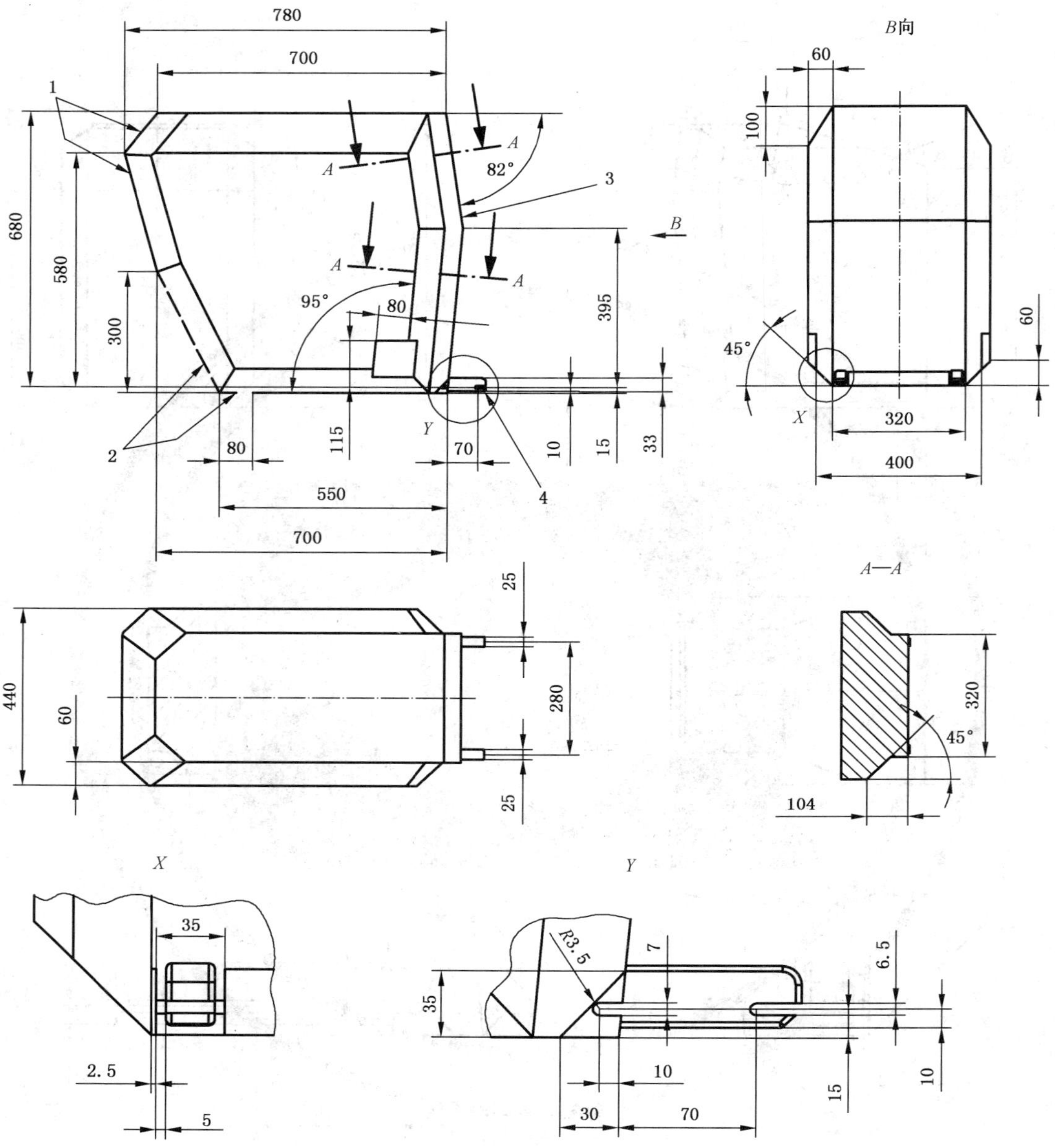

说明：

1——向后方向和向上方向的限制；

2——虚线标识区域允许有支撑腿或类似部件突出；

3——向后的限制(本图向右)由图 B.5 中的前向外廓图给出；

4——连接件区域的详细规定见 GB 27887—2011。

图 B.7 适用于全尺寸的后向初学走路儿童用 CRS ISO/R3——ISOFIX 尺寸类别 C

B.3.4.5 缩小尺寸的后向初学走路儿童用 **CRS** 外廓图

单位为毫米

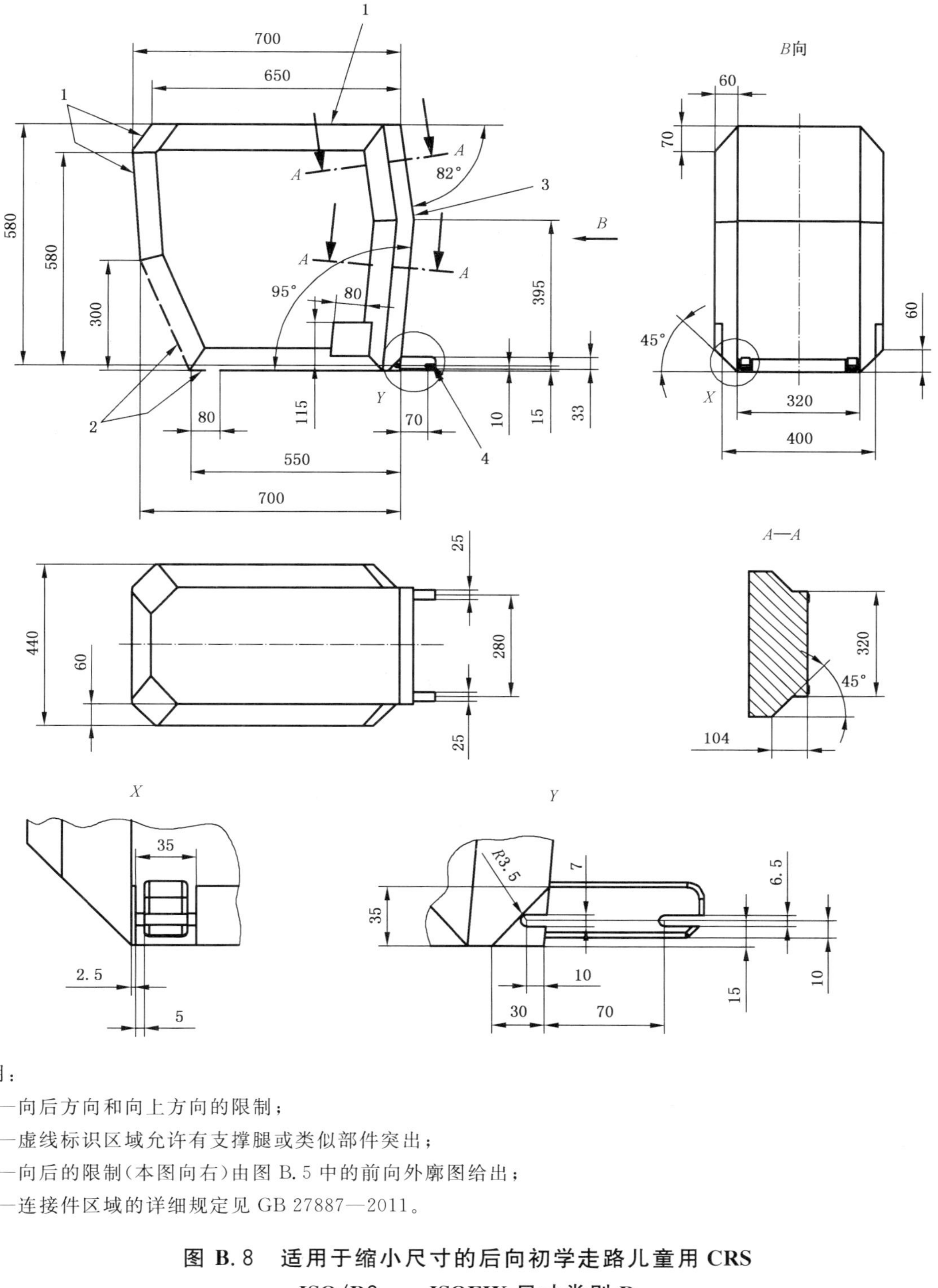

说明：

1——向后方向和向上方向的限制；

2——虚线标识区域允许有支撑腿或类似部件突出；

3——向后的限制(本图向右)由图 B.5 中的前向外廓图给出；

4——连接件区域的详细规定见 GB 27887—2011。

图 B.8 适用于缩小尺寸的后向初学走路儿童用 **CRS**

ISO/**R**2——**ISOFIX** 尺寸类别 **D**

B. 3.4.6　**后向婴儿用 CRS 外廓图**

单位为毫米

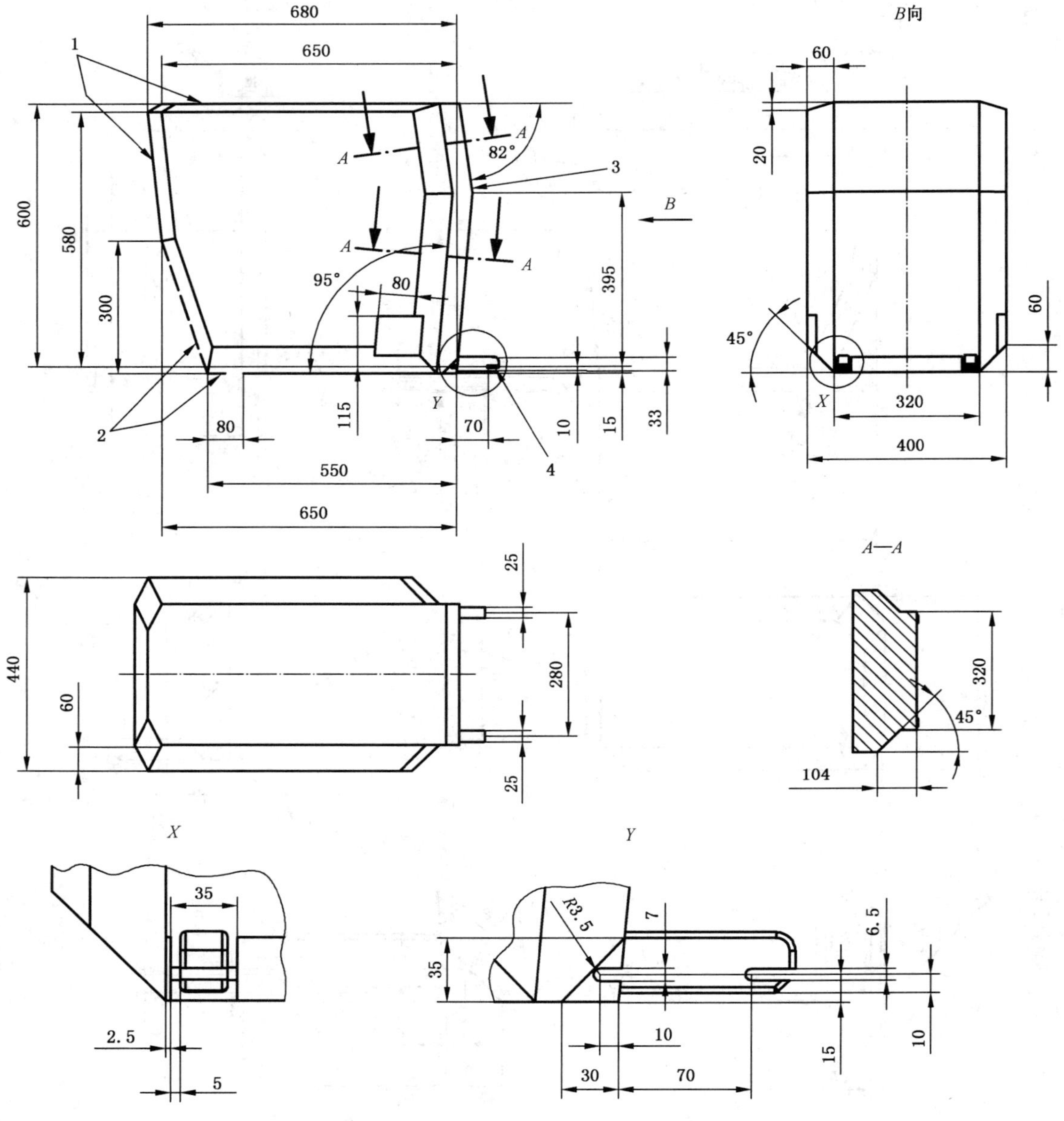

说明：

1——向后方向和向上方向的限制；

2——虚线标识区域允许有支撑腿或类似部件突出；

3——向后的限制(本图向右)由图 B.5 中的前向外廓图给出；

4——连接件区域的详细规定见 GB 27887—2011。

图 B.9　**适用于后向婴儿用 CRS**

ISO/R1——ISOFIX 尺寸类别 E

B. 3.4.7　**侧向 CRS 外廓图**

单位为毫米

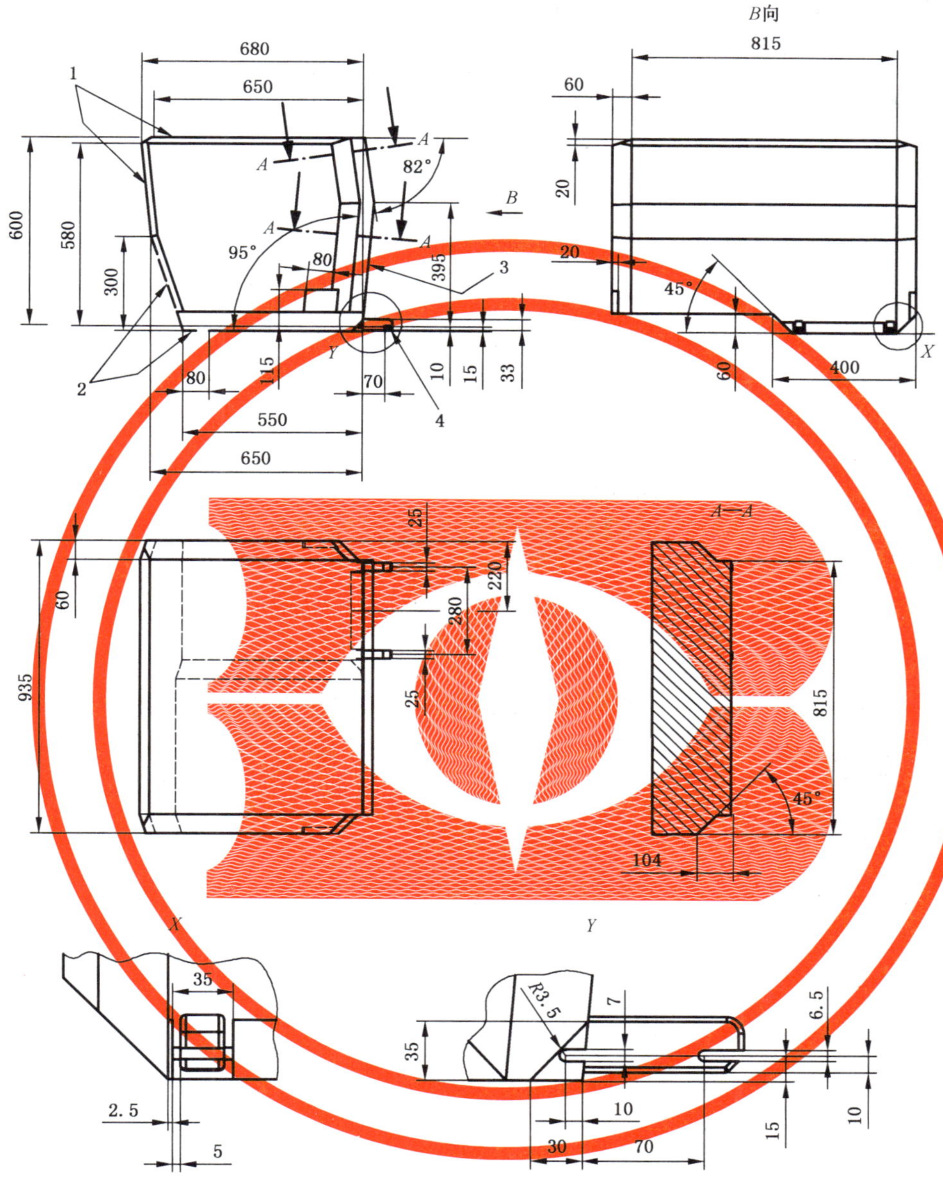

说明：

1——向后方向和向上方向的限制；

2——虚线标识区域允许有支撑腿或类似部件突出；

3——向后的限制(本图向右)由图 B.5 中的前向外廓图给出；

4——连接件区域的详细规定见 ISO 13216-1、图 B.5 和图 B.6。

图 B.10　适用于侧向 CRS ISO/L1——ISOFIX 尺寸类别 F 或其反向对称 ISO/L2——ISOFIX 尺寸类别 G 的外廓图

B.4 关于不同乘坐位置的儿童约束系统的车辆用户手册信息表

表 B.2 车辆用户手册——关于不同乘坐位置对儿童约束系统的适用性信息

质量组	乘坐位置(或其他位置)				
	前排乘员	后排外侧	后排中间	中排外侧	中排中间
0 组:<10 kg					
0+组:<13 kg					
Ⅰ组:9 kg~18 kg					
Ⅱ组:15 kg~25 kg					
Ⅲ组:22 kg~36 kg					

注:填入表中的字母含义为:

U ——适用于获得本质量组批准的通用类儿童约束系统。

UF ——适用于获得本质量组批准的前向通用类儿童约束系统。

L ——适用于清单上的特殊类儿童约束系统。这些约束系统可能是特殊车辆类、受限制类或半通用类。

B ——适用于获得本质量组批准的内置式儿童约束系统。

X ——本座椅位置不适用于本质量组的儿童约束系统。

表 B.3 车辆用户手册——不同 ISOFIX 位置对 ISOFIX 儿童约束系统的适应性信息

质量组	尺码类别	固定模块	车辆上 ISOFIX 位置					
			前排乘员	后排外侧	后排中间	中排外侧	中排中间	其他位置
便携床	F	ISO/L1						
	G	ISO/L2						
		(1)						
0 组:<10 kg	E	ISO/R1						
		(1)						
0+组:<13 kg	E	ISO/R1						
	D	ISO/R2						
	C	ISO/R3						
		(1)						
Ⅰ组:9 kg~18 kg	D	ISO/R2						
	C	ISO/R3						
	B	ISO/F2						
	B1	ISO/F2X						
	A	ISO/F3						
		(1)						

表 B.3（续）

质量组	尺码类别	固定模块	车辆上 ISOFIX 位置					
			前排乘员	后排外侧	后排中间	中排外侧	中排中间	其他位置
Ⅱ组：15 kg～25 kg		（1）						
Ⅲ组：22 kg～36 kg		（1）						

注 1：对于不按 ISO/××尺寸类别标识（A～G）的儿童约束系统，对其适用的质量组，车辆制造厂应说明每个乘坐位置推荐的车辆专用 ISOFIX 儿童约束系统。

注 2：填入表中的字母含义为：

IUF ——适用于获得本质量组批准的前向通用类 ISOFIX 儿童约束系统。

IL ——适用于清单上的特殊类 ISOFIX 儿童约束系统。这些约束系统可能是特殊车辆类、受限制类或半通用类。

X ——ISOFIX 的位置不适用于本质量组和/或本尺寸类别的 ISOFIX 儿童约束系统。

B.5 10 岁假人的安装

10 岁假人的安装过程如下：

a） 调整座椅到最后位置。

b） 根据生产厂的规定调整座椅的高度。如果没有规定，将座椅调整到最低位置。

c） 调整座椅靠背角度至制造厂的设计位置。如果没有规定，调整靠背角度至 25°或距 25°最近的位置。

d） 将肩部固定点调整至最低位置。

e） 调整座椅上的假人，使假人骨盆与座椅靠背接触。

f） 调整假人，使通过假人中心线的纵向平面与座椅的中心线一致。

附 录 C
（资料性附录）
生产一致性的控制

C.1 验证安全带的试验要求

C.1.1 紧急锁止式卷收器的耐久性和锁止性能的验证

按 4.2.5.3.5 的要求，在进行 5.6.1、5.2 和 5.6.3 规定的耐久性试验后，以最不利的方向按 5.6.2 的要求进行验证。

C.1.2 自锁式卷收器耐久性的验证

按 4.2.5.2.3 的要求，在进行 5.6.1 试验外的基础上，增补 5.2 和 5.6.3 试验。

C.1.3 标态处理后织带的载荷试验

在按 5.4.1.1～5.4.1.5 的要求处理后，按 5.4.2 的程序进行。磨损处理后织带的抗拉强度在按 5.4.1.6 的程序处理后，按 5.4.2 的程序进行。

C.1.4 微滑移试验

按 5.3 规定的程序进行。

C.1.5 刚性件的试验

按 5.5 规定的程序进行。

C.1.6 动态试验时安全带总成和约束系统性能要求的验证

C.1.6.1 与标态处理有关的试验

C.1.6.1.1 装有紧急锁止式卷收器的安全带和约束系统按 5.7 和 5.8 的要求进行。该安全带和约束系统已按 5.6.1 的要求进行了 45 000 次卷收器耐久性试验，并按 4.2.2.4、5.2、5.6.2 的要求进行了试验。

C.1.6.1.2 装有自锁式卷收器的安全带和约束系统按 5.7 和 5.8 的要求进行。该安全带和约束系统已按 5.6.1 的要求进行了 10 000 次卷收器耐久性试验，并按 4.2.2.4、5.2、5.6.2 的要求进行了试验。

C.1.6.1.3 固定式安全带按 5.7 和 5.8 的要求进行。该安全带已按 4.2.2.4、5.2 的要求进行了试验。

C.1.6.2 无标态处理的试验

按 5.7 和 5.8 的要求进行。

C.2 试验频次和结果

C.2.1 静态试验

C.1.1～C.1.5 试验频次要求将以常规质量保证程序之中的统计控制和随机性为基础。对紧急锁止式卷收器的全部总成应按下列要求检查：

a) 按 5.6.2.1 或 5.6.2.2 之一所规定的要求进行。以 5.6.2.1 中最不利的方向为准。试验结果应符合 4.2.5.3.1 和 4.2.5.3.3 的要求。

b) 或按 5.6.2.3 的要求进行。在最不利的方向，在不影响试验结果的情况下，倾斜速度可以大于规定速度。试验结果应符合 4.2.5.3.1d)的要求。

C.2.2 动态试验

C.2.2.1 对符合 C.1.6 规定的动态试验的结果，应在最小频次内进行。

C.2.2.2 与标态处理有关的试验：

a) 对装有紧急锁止式卷收器的安全带，且日产量大于 1 000 套安全带总成的厂家：

1) 100 000 套安全带总成取 1 套样品，最低频次为每两周一次；

2) 10 000 套安全带总成取 1 套样品，最低频次为每年对每种锁止机构[1]一次；

3) 应进行 C.1.6.1.1 规定的试验。

b) 对装有自锁式卷收器的安全带和固定式安全带：

1) 日产量大于 1 000 套安全带总成：每生产 100 000 套抽取一套样品，最小频次为每年一次；

2) 日产量小于或等于 1 000 套安全带总成：每生产 10 000 套抽取一套样品，最低频次为每年一次；

3) 应分别按 C.1.6.1.2 或 C.1.6.1.3 的规定进行试验。

C.2.2.3 无标态处理的试验：

a) 对装有紧急锁止式卷收器的安全带，应抽取以下数量的样品按 C.1.6.2 的规定进行试验：

1) 对日产量不少于 5 000 套安全带总成的厂家，最小频次为每生产 25 000 套安全带抽取两套，每天对每种锁止机构进行一次；

2) 对日产量少于 5 000 套安全带总成的厂家，每生产 5 000 套安全带抽取一套，对锁止机构的最小频次为每年对每种锁止机构进行一次。

b) 对装有紧急锁止式卷收器的安全带和固定式安全带，应抽取以下数量的样品按 C.1.6.2 的规定进行试验：

1) 对日产量不少于 5 000 套安全带总成的厂家，每生产 25 000 套安全带抽取两套，最小频次为每天每种一次；

2) 对日产量少于 5 000 套安全带总成的厂家，每生产 5 000 套安全带抽取一套，最小频次为每年每种一次。

C.2.2.4 试验结果应符合 4.4.1.3a)的要求。按 C.1.6.1 进行与标态处理有关的试验时，可按 4.4.1.3b)(或 4.4.1.4 中适用内容)的规定控制假人向前的移动量。

C.2.3 试验失败的处理

如果一件样品在进行的某个试验中失败，则应对至少三件其他样品进行同样要求的进一步试验。如果是在动态试验中失败，则生产厂家(或指定代理人)应向有关管理机构提交重新达到合格产品所要采取的措施。

---

1) 在本附录中“锁止机构的种类”指只是机构的敏感装置的角度相对车辆参考轴系统不同的所有紧急锁止式卷收器。

附　录　D
（规范性附录）
假　　人

D.1　假人的技术规范

D.1.1　概述

在下列图表中给出了假人的主要特征：

a）　头、颈和躯干的侧视图，见图 D.1；

b）　头、颈和躯干的前视图，见图 D.2；

c）　臀、大腿和小腿的侧视图，见图 D.3；

d）　臀、大腿和小腿的前视图，见图 D.4；

e）　主要尺寸，见图 D.5；

f）　坐姿假人给出了：重心位置、位移测量点的位置以及肩高，见图 D.6；

g）　假人部件的索引号、名称、材料和主要尺寸，见表 D.1；

h）　头、颈、躯干、大腿和小腿的质量，见表 D.2。

D.1.2　假人

D.1.2.1　小腿的结构

小腿结构由三个元件构成：脚底板(30)、薄壁管(29)、膝关节套(26)。膝关节套有两个限位块，以限制小腿相对于大腿的运动。小腿从直线位置能向后转动 120°(见图 D.3 和图 D.4)。

D.1.2.2　大腿的结构

大腿结构由三个部件组成：膝关节套(22)、大腿杆(21)、臀轴套管(20)，膝部的运动由两个位于小腿限位块相连的膝关节套内的切槽来加以限制(见图 D.3 和图 D.4)。

D.1.2.3　躯干的结构

躯干结构由下列部件构成：臀轴套管(2)、滚子链(4)、肋(6)和(7)、胸骨(8)以及链式连接件(3)、(7)和(8)的一部分(见图 D.1 和图 D.2)。

D.1.2.4　颈部

颈部由 7 个聚氨酯套环(9)组成。颈部的刚度由传动链张紧器调整(见图 D.1 和图 D.2)。

D.1.2.5　头部

头部(5)本体是空心的，聚氨酯外廓由钢带加强，调整颈部刚度的传动链张紧器由聚氨酯块(10)、管状隔套(11)和张紧元件(12)、(13)组成。头可在第一颈椎处转动，该处由调整器总成(14)和(18)、隔套(16)以及聚氨酯垫块(10)组成(见图 D.1 和图 D.2)。

D.1.2.6　膝关节

小腿和大腿由套管(27)和张紧器(28)连接(见图 D.4)。

D.1.2.7 臀关节

大腿和躯干由套管(23)、摩擦片(24)和张紧器总成(25)连接(见图 D.4)。

D.1.2.8 聚氨酯

型式:PU123CH 聚合物。

硬度:邵尔 A 硬度为 50～60。

D.1.2.9 外套

假人由特殊外套覆盖(见表 D.1)。

D.2 校正装置

为了校准假人,在臀连接处使用 6 块质量各为 1 kg 的校准钢制重块来调整假人的总质量及质量分布,6 块质量各为 1 kg 的聚氨酯重块可固定在躯干背部。

D.3 软垫

假人胸部和外套之间应放置软垫。软垫用聚乙烯泡沫制成,并符合以下规定:

a) 硬度:邵尔 A 硬度为 7～10;

b) 厚度:25 mm±5 mm;

c) 软垫应能更换。

D.4 关节的调整

D.4.1 概述

为实现结果的重复性,应控制各关节的摩擦力。

D.4.2 膝关节

拧紧膝关节,使大腿和小腿垂直,转动小腿 30°,逐渐松开张紧器(28),直至小腿借其自重下落,在此位置锁止张紧器。

D.4.3 臀关节

拧紧臀关节,使大腿处于水平位置、并使躯干处于垂直位置,向前转动躯干和大腿成 60°角。逐步放松张紧器直到躯干开始因其自重而下落。在此位置锁止张紧器。

D.4.4 第一颈椎关节

调节第一颈椎关节,以使其不能因自重而前后转动。

D.4.5 颈部

用链条张紧器(13)调节颈部,当调节颈部时,张紧器上端在承受 100 N 水平载荷时,位移应在 40 mm～60 mm 之间。

表 D.1 假人部件参数

序 号	名 称	材 料	尺寸/mm
1	躯体材料	聚氨酯	—
2	臀管	钢	76×70×100
3	链条连接件	钢	25×10×70
4	滚子链	钢	3/4
5	肩板	聚氨酯	—
6	转动部分	钢	30×30×3×250
7	肋骨	穿孔钢板	400×85×1.5
8	胸骨	穿孔钢板	250×90×1.5
9	盘(6 个)	聚氨酯	ϕ90×20 ϕ80×20 ϕ75×20 ϕ70×20 ϕ65×20 ϕ60×20
10	垫块	聚酰氨	60×60×25
11	管状隔套	钢	40×40×2×50
12	张紧螺栓	钢	M16×90
13	张紧螺母	钢	M16
14	第一颈椎关节张紧器	钢	ϕ12×130
15	头部	聚氨酯	—
16	管状隔套	钢	ϕ18×13×17
17	加强板	钢	30×3×500
18	张紧螺母	钢	M12
19	大腿	聚氨酯	—
20	臀管套	钢	76×70×80
21	大腿杆	钢	30×30×440
22	膝管套	钢	52×46×40
23	臀连接管	钢	70×64×250
24	摩擦片(4 个)	钢	160×75×1
25	张紧器总成	钢	M12×320
26	膝管套	钢	52×46×160
27	膝连接管	钢	44×39×190
28	张紧器板	钢	ϕ70×4
29	薄壁管	钢	50×50×2×460
30	底板	钢	100×170×3
31	躯干校准重块(6 个)	聚氨酯	每块质量 1 kg
32	软垫	聚苯乙烯泡沫	350×250×25
33	外套	棉和聚酰氨带	—
34	臀部校准重块(6 个)	钢	每块质量 1 kg

表 D.2 假人质量参数

假人部件	质量/kg
头部和颈部	4.6±0.3
躯干和双臂	40.3±1.0
大腿	16.2±0.5
小腿和脚	9.0±0.5
包括校正重量的总质量	75.5±1.0

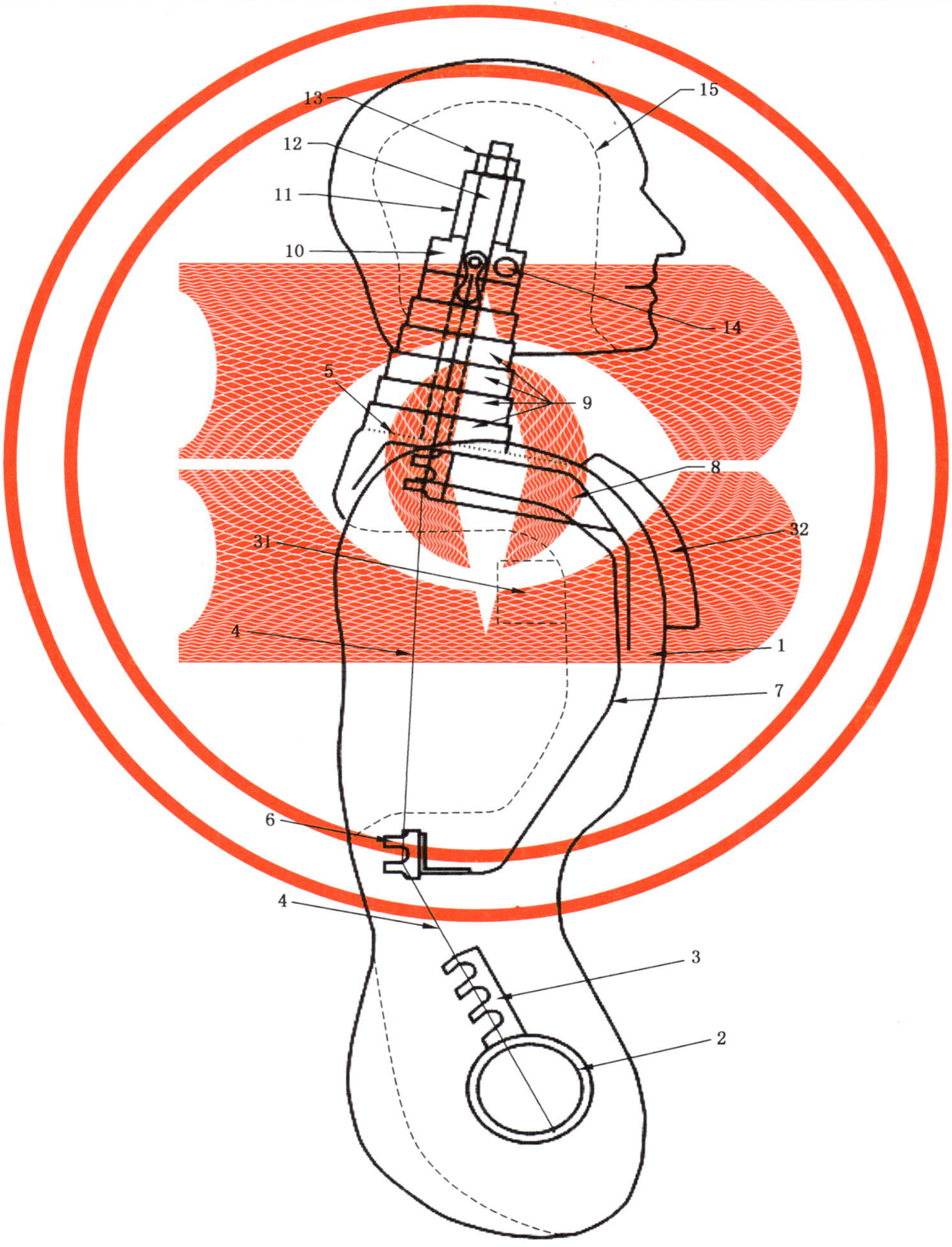

图 D.1 头、颈和躯干的侧视图

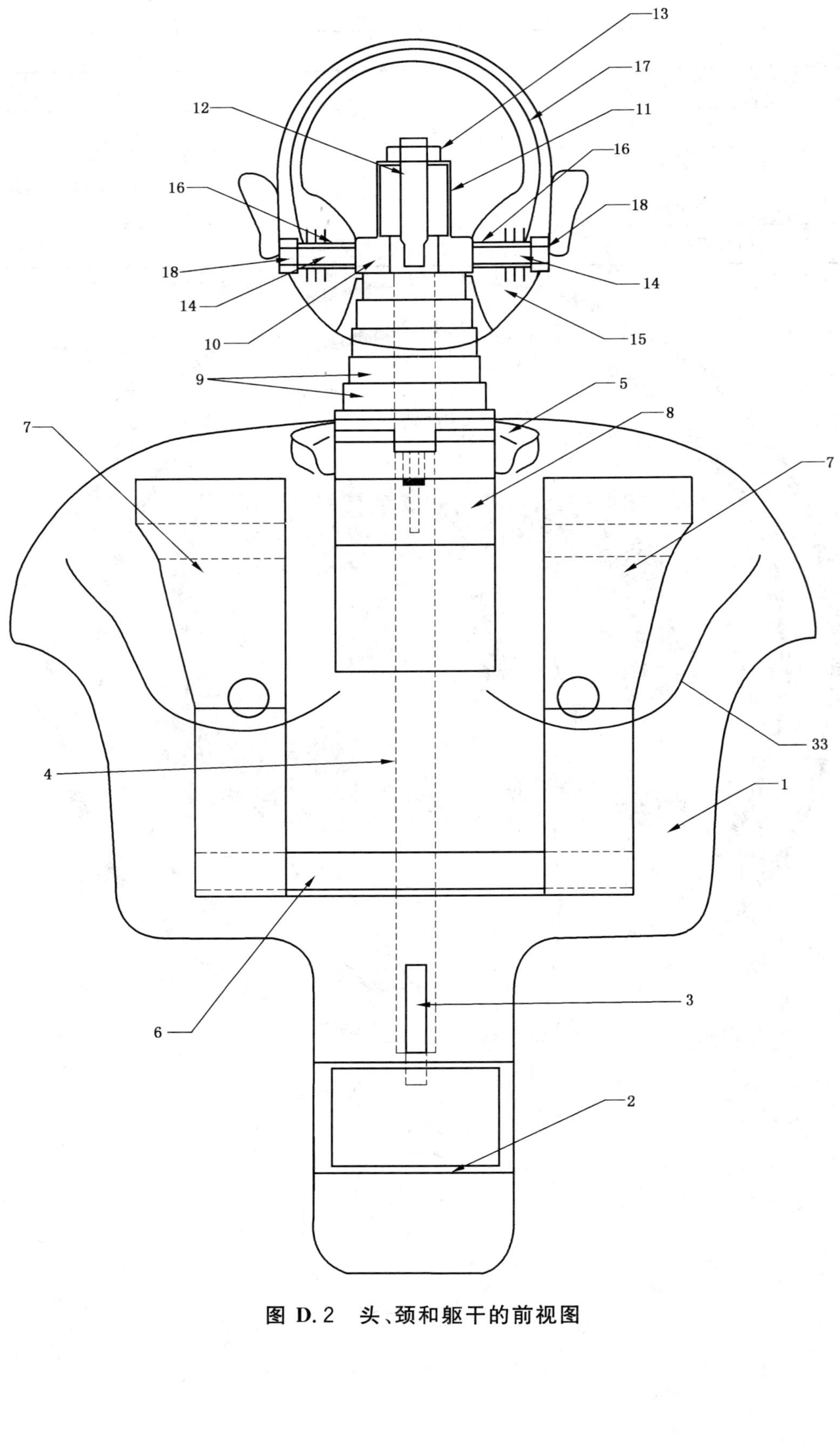

图 D.2　头、颈和躯干的前视图

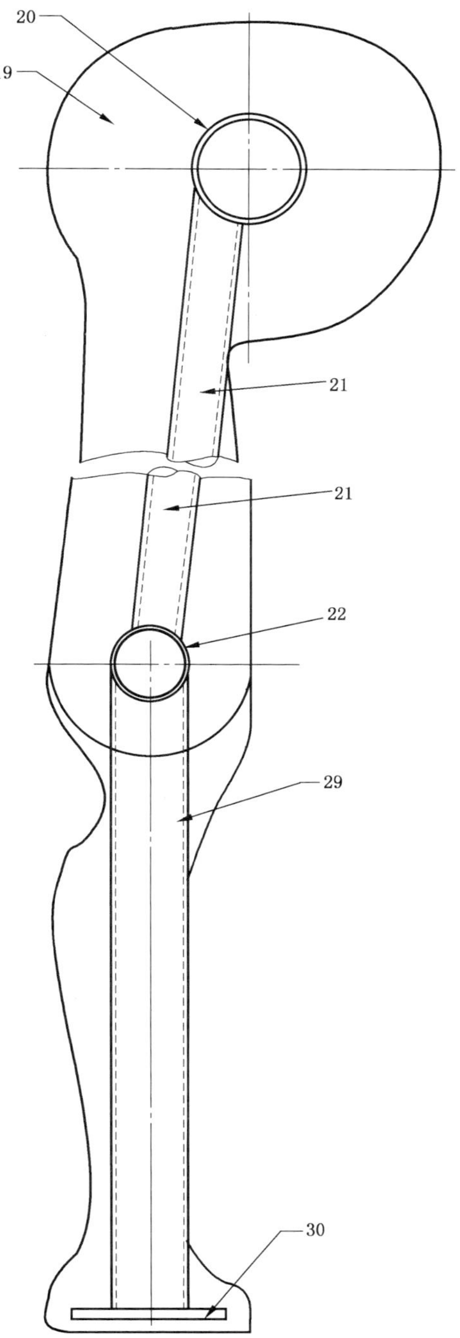

图 D.3　臂、大腿和小腿的侧视图

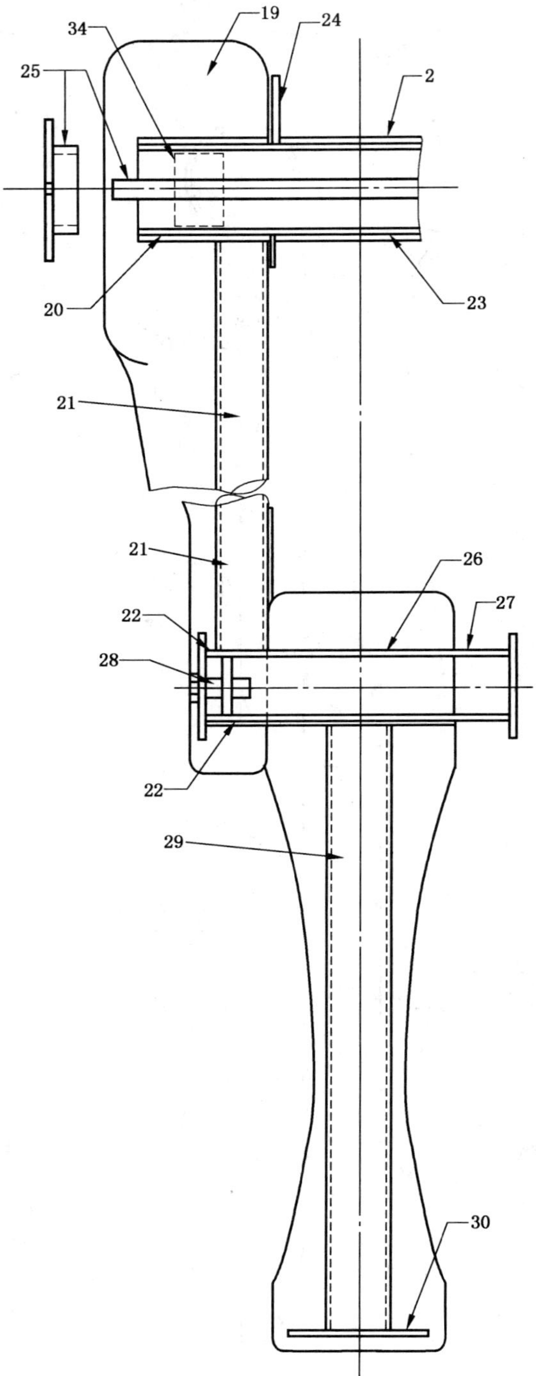

图 D.4 臂、大腿和小腿的前视图

单位为毫米

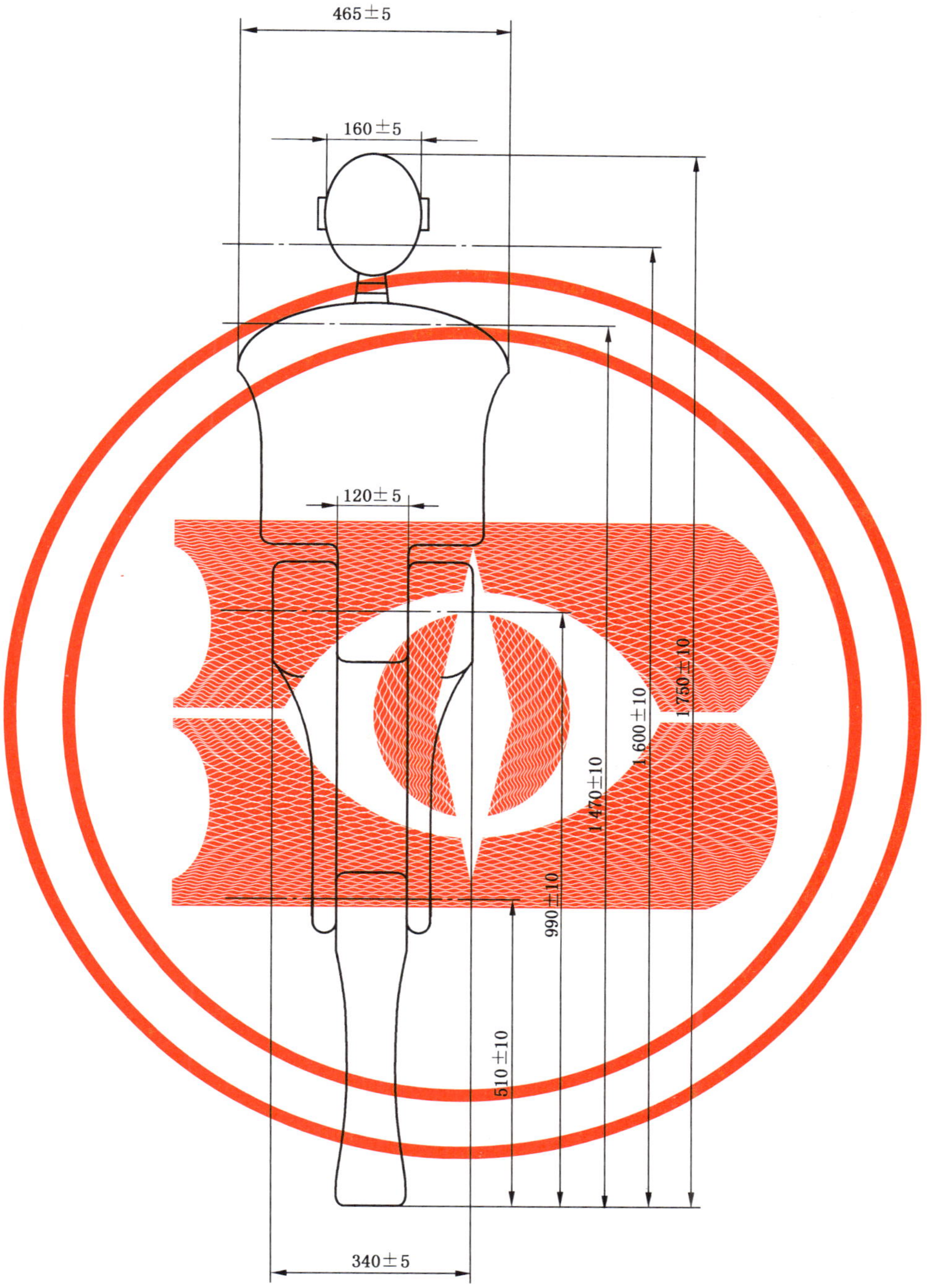

图 D.5 主要尺寸

单位为毫米

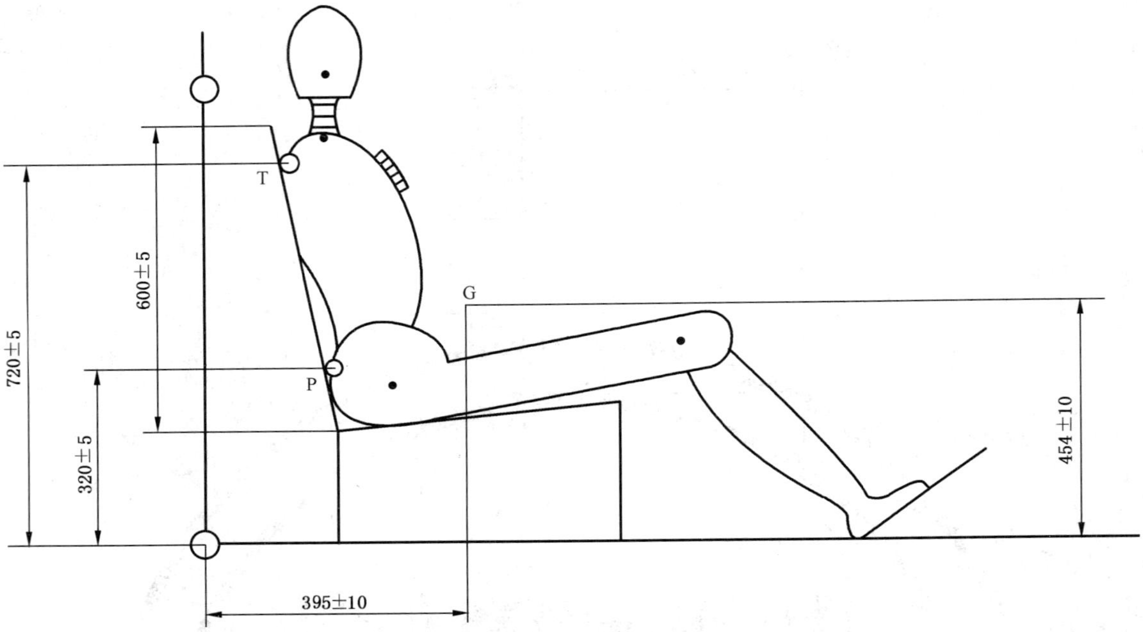

说明：

G——重心；

T——躯干参考点(位于人体模型中心线的后方)；

P——骨盆参考点(位于人体模型中心线的后方)。

注：P点位移的测量不包括绕臀部轴和垂直轴的旋转部分。

图 D.6 重心位置、位移测量点的位置以及肩高

附　录　E
（规范性附录）
试 验 顺 序

表 E.1　试验顺序

章　节	试　验	试　样															
		安全带或乘员约束系统序号					织带序号										
		1	2	3	4	5	1	2	3	4	5	6	7	8	9	10	11
4.1.1、4.1.2、4.2.1.1、4.2.2、4.2.3.1、4.3.1.1	织带或约束系统检验	×															
4.2.2.2、3.26、3.27	带扣检验	×	×	×	×	×											
4.2.2.6、4.2.2.7、5.5.1、5.5.5	带扣强度试验			×													
4.2.3.3、5.5.1	调节件(和卷收器调节件)强度试验			×													
4.2.4、5.5.2	连接件(和卷收器连接件)强度试验			×													
4.2.2.3、5.5.3	带扣低温试验	×	×														
4.2.1.4、5.5.4	刚性件的低温冲击试验	×	×														
4.2.3.2、4.2.3.4、5.5.6	调节方便性				×												
	动态试验前安全带或约束系统的处理和试验																
4.2.2.4	带扣耐久性	×	×														
4.2.1.2、5.2	刚性件的腐蚀性	×	×														
	卷收器的处理																
4.2.5.2.1、4.2.5.3.1、4.2.5.3.3、5.6.2	锁止极限值	×	×														
4.2.5.2.2、4.2.5.3.4、5.6.4	卷收力	×	×														
4.2.5.2.3、4.2.5.3.5、5.6.1	耐久性	×	×														
4.2.5.2.3、4.2.5.3.5、5.2	腐蚀	×	×														
4.2.5.2.3、4.2.5.3.5、5.6.3	粉尘	×	×														

表 E.1（续）

章节	试验	试样															
		安全带或乘员约束系统序号					织带序号										
		1	2	3	4	5	1	2	3	4	5	6	7	8	9	10	11
4.3.1.2、5.4.2.3	织带宽度试验						×	×									
	进行下列试验条件后的织带强度试验：																
4.3.2、5.4.1.1、5.4.2	室内处理						×	×									
4.3.3、5.4.1.2、5.4.2	光照处理								×	×							
4.3.3、5.4.1.3、5.4.2	低温处理										×	×					
4.3.3、5.4.1.4、5.4.2	高温处理												×	×			
4.3.3、5.4.1.5、5.4.2	浸水处理														×	×	
4.2.3.2、5.3	微滑移试验				×	×											
4.4.2、5.4.1.6	磨损试验				×	×											
4.4.1、5.7	动态试验	×	×														
4.2.2.5、4.2.2.7、5.8	带扣开启试验	×	×														
5.1.4	织带样品保留																×

注：表中“×”表示采用处理样品序号。

附 录 F
（规范性附录）
腐蚀试验

F.1 试验设备

F.1.1 试验设备包括：雾室、盐溶液槽，经适当处理的压缩空气源，一个或多个喷嘴，样品支承架，加热雾室的装置，以及必要的控制装置。只要能符合试验所需条件，所用设备的结构尺寸和细节可不予规定。

F.1.2 应使雾室顶或盖上所积聚的溶液不滴落在试件上。

F.1.3 从试件上滴落下的液滴不应回到溶液槽而再次被重新喷雾。

F.1.4 制造该设备的材料不应影响盐雾的腐蚀性。

F.2 雾室中试件的放置

F.2.1 除卷收器外，试件应支撑或悬挂在与垂线方向成 15°～30°之间，并且平行于雾流的水平方向，这取决于被试的主表面。

F.2.2 卷收器应支撑或悬挂在其卷簧轴与雾流呈正交的位置上，卷收器上的织带出口也应对着主雾流方向。

F.2.3 各样件的放置应允许所有样件自由积聚雾滴。

F.2.4 各试件的放置应防止盐溶液从一件试样滴到其他试件上。

F.3 盐溶液

F.3.1 盐溶液应按质量 5 份±1 份盐溶于质量 95 份蒸馏水中配制，所用盐应为氯化钠，不得含镍和铜，干燥状态时含碘化钠不得超过 0.1%，杂质总含量不得超过 0.3%。

F.3.2 应使 35 ℃雾化时所收集的溶液 pH 值在 6.5～7.2 之间。

F.4 空气源

供喷嘴雾化盐溶液的压缩空气，应不含油和杂质，其压力应保持在 70 kN/m^2～170 kN/m^2 之间。

F.5 雾室内条件

F.5.1 雾室内暴露区应保持在 35 ℃±5 ℃的温度，在暴露区内，至少应放置两个干净的收集器，以防试件上或其他聚集处形成液滴，在试件附近放置收集器，一个应尽量靠近喷嘴，另一个应尽量远离所有喷嘴，喷雾量应使每 8 000 mm^2 的水平收集面积上，每个收集器每小时平均收集 1.0 mL～2.0 mL 溶液，至少应测量 16 h 的积集量求出平均值。

F.5.2 喷嘴应予以引导或遮挡，以便喷雾不直接喷向试件。

附 录 G
（规范性附录）
磨损和微滑移试验

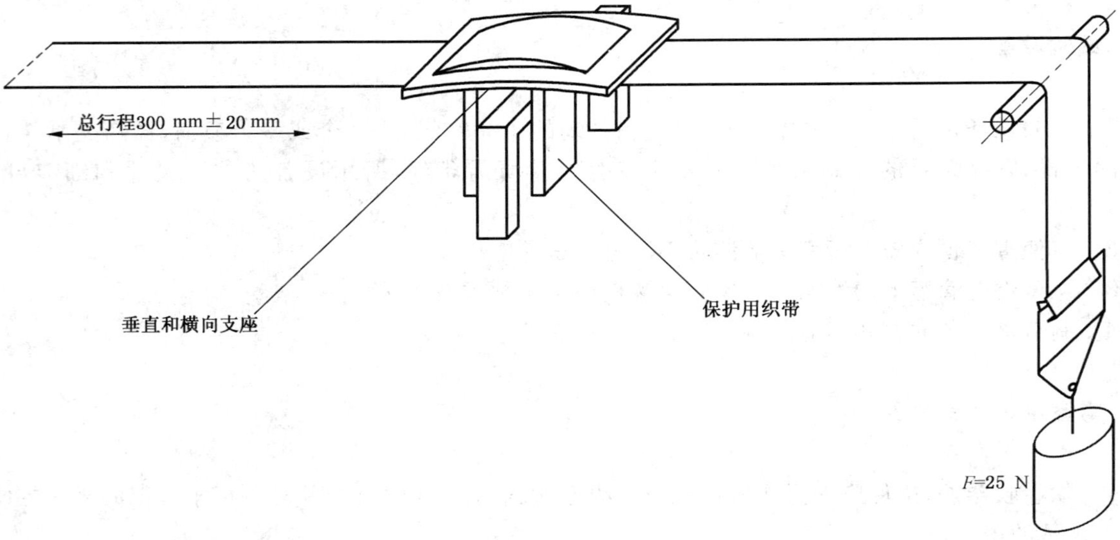

例 a)

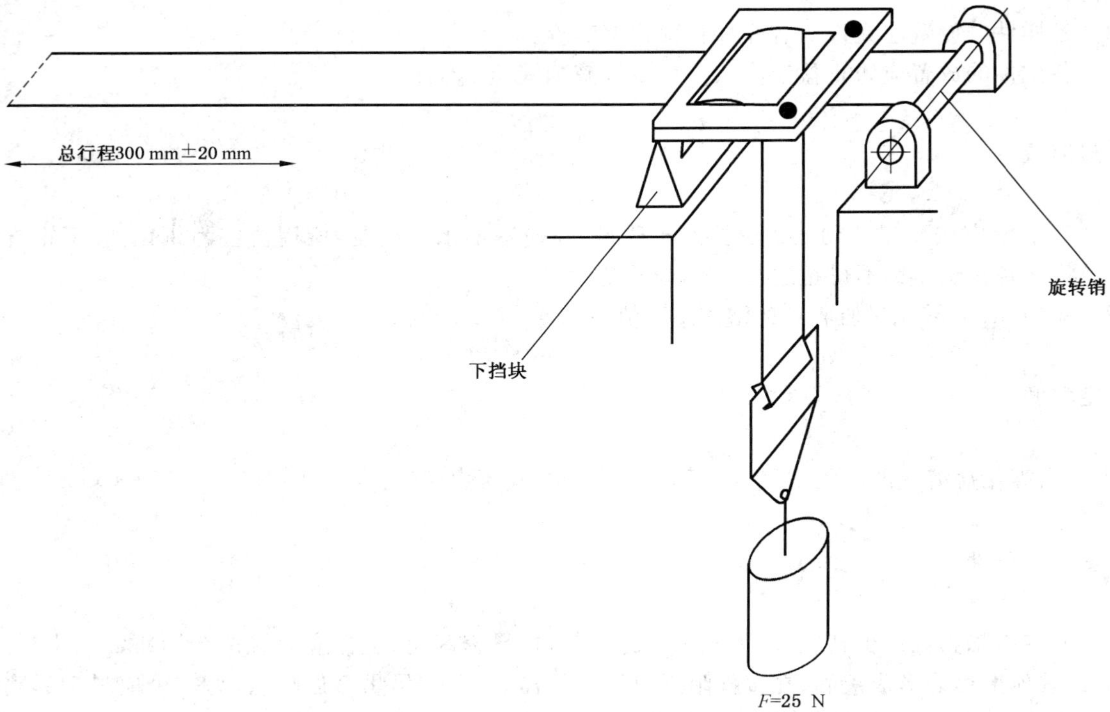

例 b)

注：例 a)和例 b)是根据调节装置的类型确定试验方法的事例。

图 G.1 磨损和微滑移试验(程序 1)

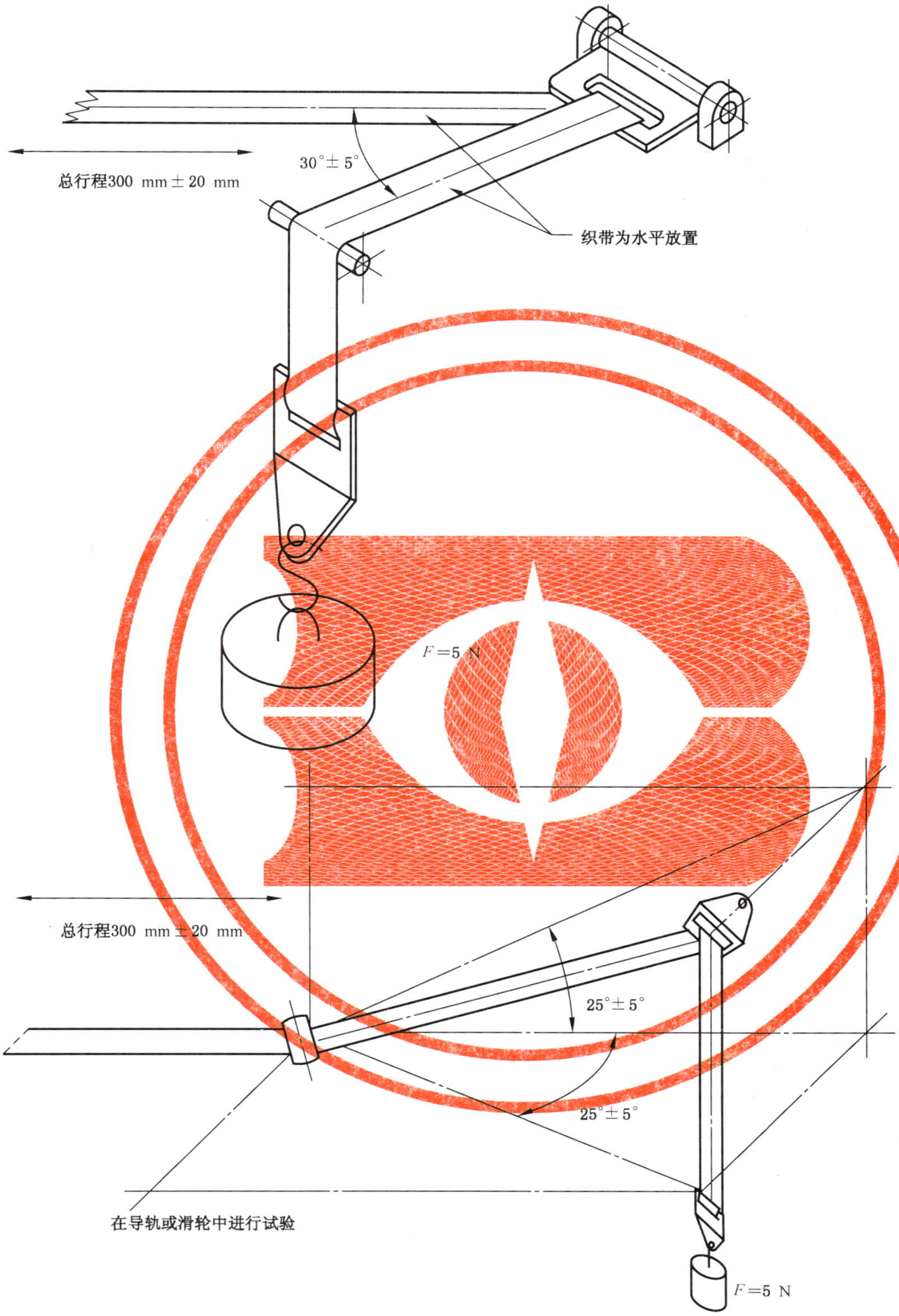

图 G.2 磨损和微滑移试验(程序 2)

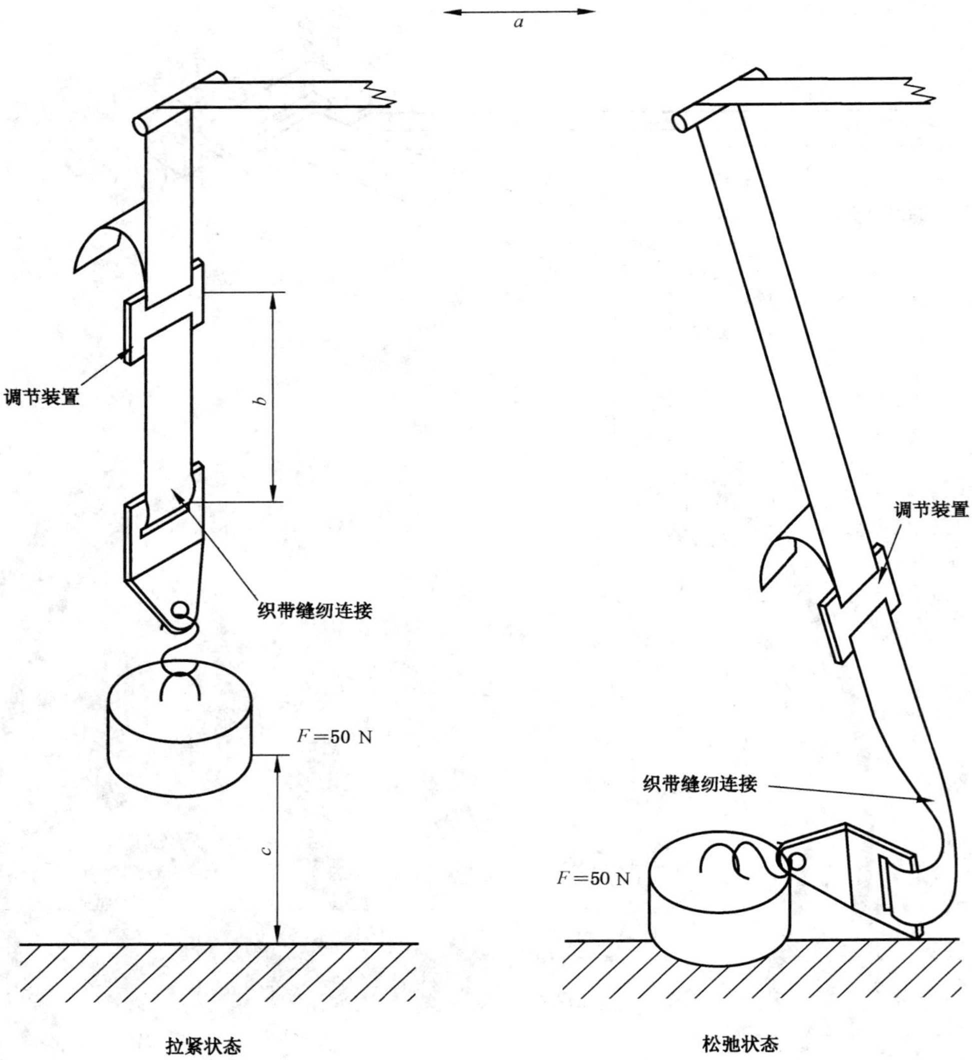

说明：

尺寸名称	尺寸/mm	公差/mm
总行程(a)	300	±20
调节装置(b)	200	—
离地间隙(c)	100	±20

注 1：试验装置中的 50 N 载荷应采用垂直导向方式，避免载荷摆动和织带扭动。

注 2：连接装置应按车上一样的方式施加 50 N 的载荷。

图 G.3 磨损和微滑移试验(程序 3)

附 录 H
（规范性附录）
双带扣试验

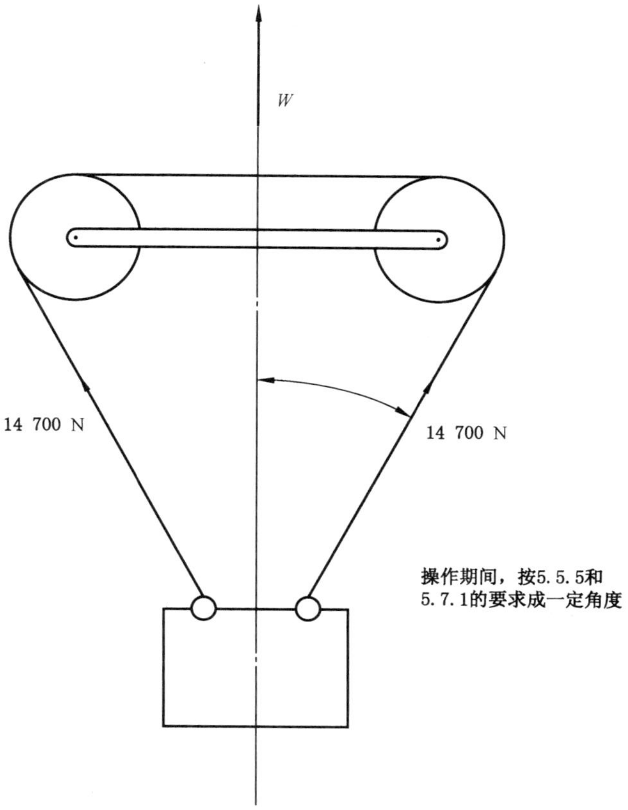

说明：
W——施加的载荷。

图 H.1 双带扣试验

附 录 I
（规范性附录）
卷收器耐久性试验设备示意图

卷收器耐久性试验设备示意图见图 I.1。

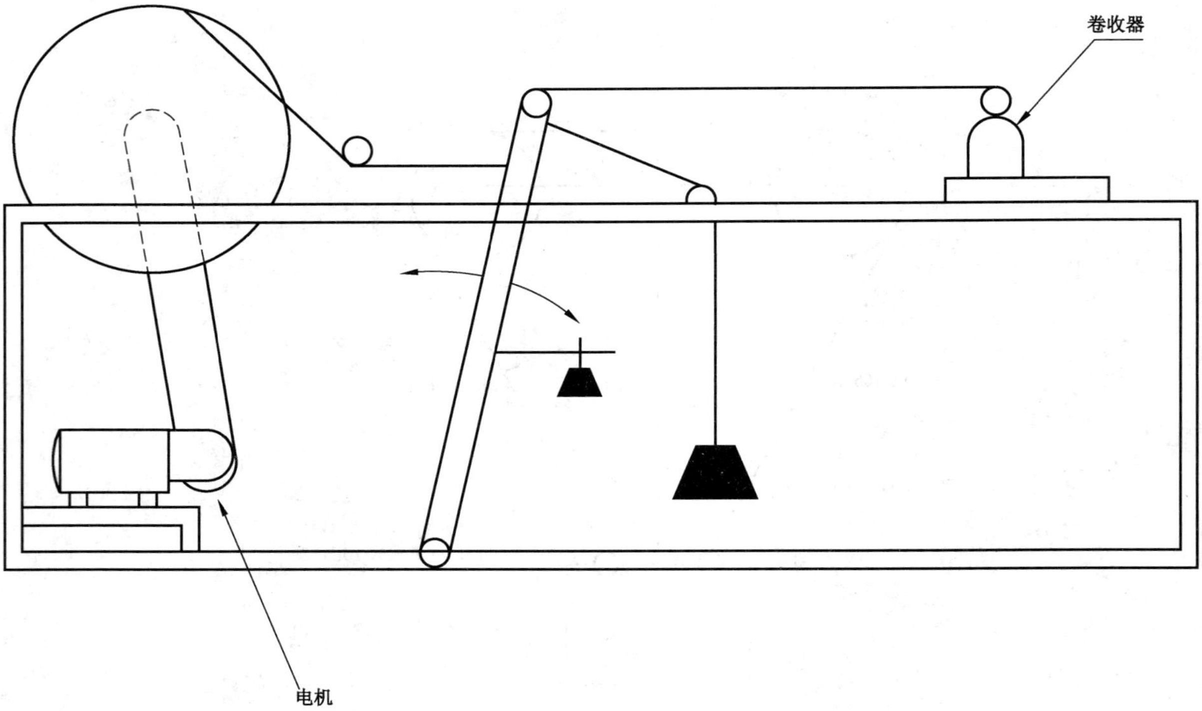

图 I.1 卷收器耐久性试验设备示意图

附 录 J
（规范性附录）
卷收器紧急锁止试验设备示意图

卷收器紧急锁止试验设备示意图见图 J.1。

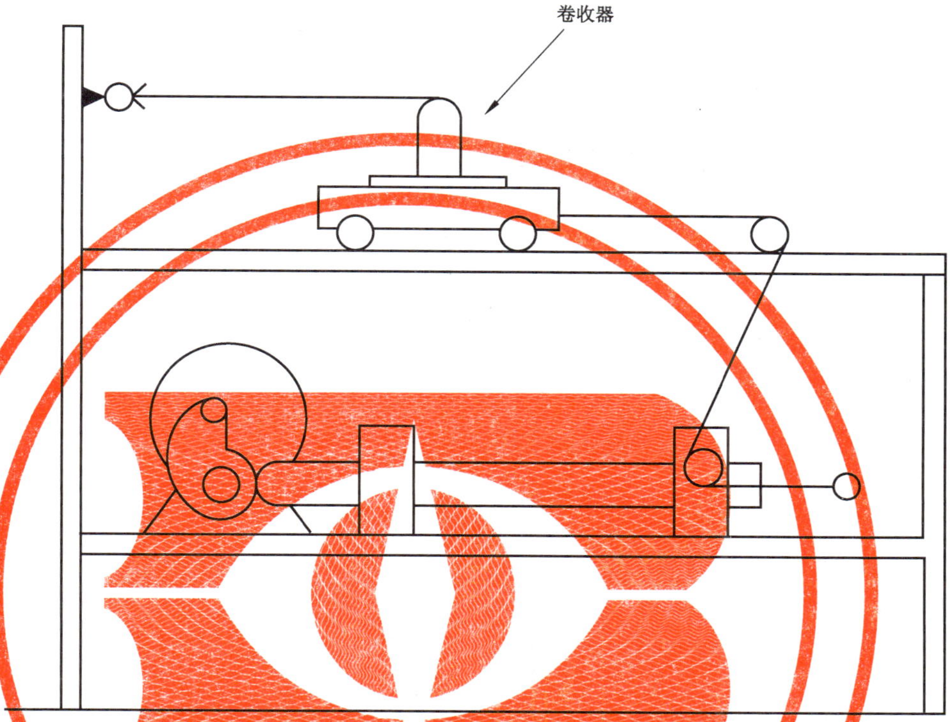

图 J.1 卷收器紧急锁止试验设备示意图

图 J.1 中所示为一套试验装置，其包括电机驱动的凸轮，其随动机构用钢索与装在导轨上的滑车相连接。凸轮设计和电机转速的组合可获得按 5.6.2.2 规定的速度增长率下的加速度，并且行程应调整至超过锁止前织带允许的最大移动量。

滑车上装有可转动的支架，以便使安装在上面的卷收器相对滑车运动方向的位置发生变化。

试验对织带拉出敏感的卷收器时，卷收器应装在合适的固定支架上，并且将织带同滑车连接。

当进行上述试验时，由生产厂家（或指定代理人）提供的任何支架可在试验时使用，以尽可能模拟在车辆上的实际安装情况。

为模拟车辆实际安装所需的任何辅助支架，应由生产厂家（或指定代理人）提供。

附 录 K
（规范性附录）
粉尘试验设备示意图

粉尘试验设备示意图见图 K.1。

单位为毫米

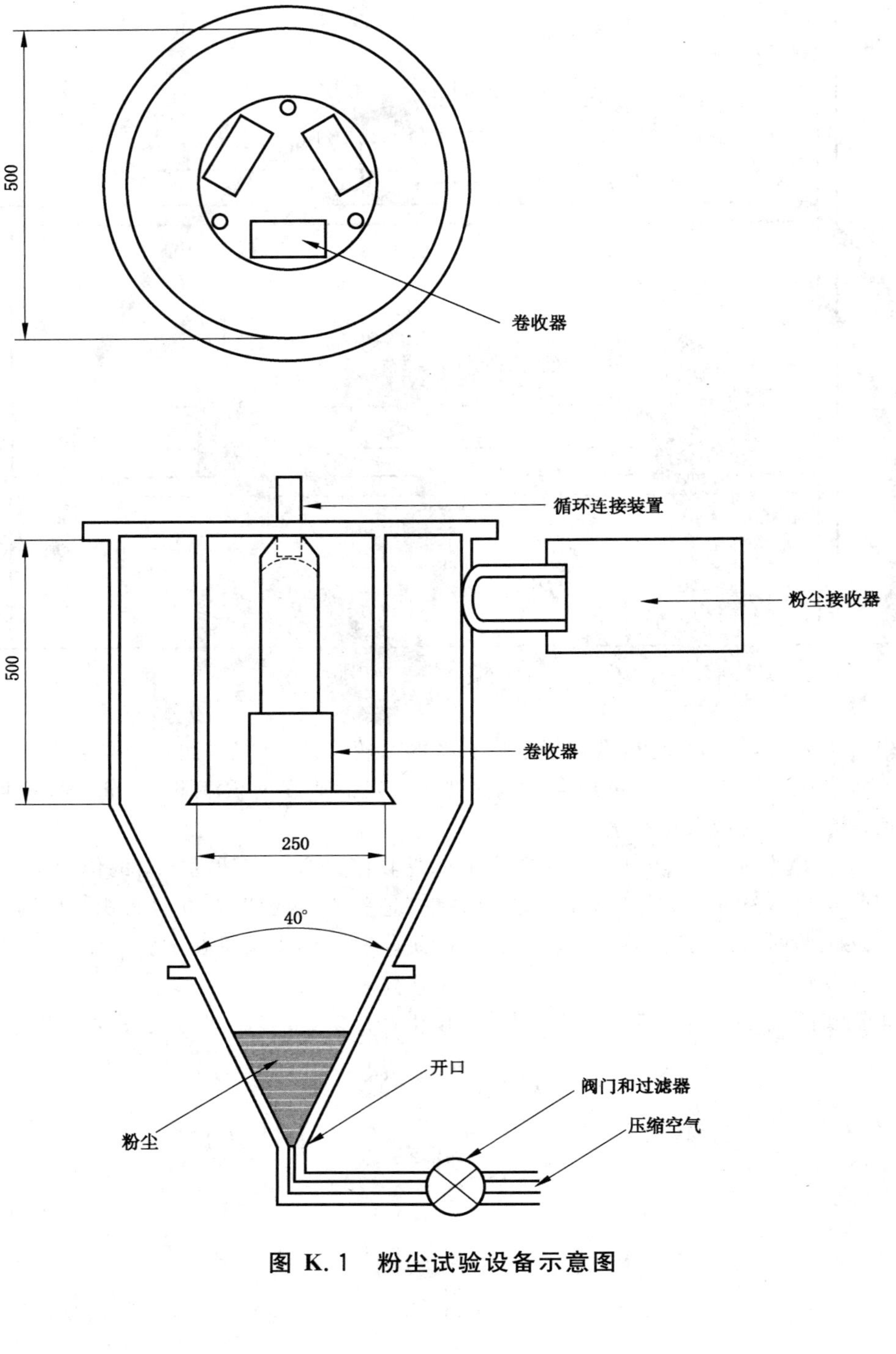

图 K.1 粉尘试验设备示意图

附 录 L
（规范性附录）
滑车、座椅、固定件和停车机构

L.1 滑车

对安全带进行试验时，装有座椅的滑车的质量为 400 kg±20 kg。试验约束系统时，滑车同所连接车辆结构的质量应为 800 kg。如必要的话，滑车和车辆结构总质量以 200 kg 的增量递增，实际质量与规定质量的差值不得超过±40 kg。

L.2 座椅

除约束系统试验外，座椅应是刚性结构，并具有光滑表面，应满足图 L.1 给出各项细节的要求，注意金属件不得与安全带相接触。

L.3 固定件

L.3.1 对于带有 3.14.6 定义的安全带高度调节器的安全带应将该装置固定在刚性框架上，或其通常安装的车辆部件或框架上，且应牢固。

L.3.2 固定点如图 L.1 所示，固定点的标志表示安全带末端在该点处与滑车或力传感器相连接，视具体情况而定。当带扣锁上端与其下固定点位置的距离不大于 250 mm 时，固定点位置为 A、B 和 K，否则为 A_1、B_1 和 K。定点位置的允差规定为：各固定点相应于参考点 A、B 和 K 或 A_1、B_1 和 K（视具体情况）的最大距离为 50 mm。

L.3.3 安装固定点处的构件应牢固，当沿纵向施加 980 N 载荷到上固定点时，其纵向位移不得大于 0.2 mm，滑车结构应使试验中装有固定件的部件不会产生永久变形。

L.3.4 如果需要第 4 个固定件连接卷收器，该固定件：

a） 应固定在过 K 点的垂直纵向平面上；

b） 应能使卷收器按制造商规定的角度安装；

c） 如果上导向件和卷收器织带出口间长度不小于 540 mm，应固定在半径 KB_1=790 mm 的圆弧上，在其他情况下，固定在以 K 为圆心，半径为 350 mm 的圆弧上。

L.4 停车机构

L.4.1 该装置由两个平行安装的吸能器构成，对约束系统进行试验时，该装置名义质量为 800 kg，使用 4 个吸能器。必要时，名义质量每增加 200 kg 应附加一个吸能器，每个吸能器由以下元件组成：

a） 装在滑车上的钢管；

b） 聚氨酯吸能管；

c） 用于插入吸能管的钢制抛光橄榄头；

d） 轴和碰撞盘。

L.4.2 吸能器各部分尺寸见图 L.2、图 L.3、图 L.4。

L.4.3 吸能管材料特性见 L.5。在每次试验前，吸能管应在 15 ℃～25 ℃之间的温度下至少保持

12 h。在安全带或约束系统动态试验时，停车装置应处于与标定试验同样的温度下，允许误差为±2 ℃。停车机构应符合附录 M 的要求，也可使用相同结果的其他装置。

L.5 吸能材料特性

吸能材料特性参数见表 L.1。

表 L.1 吸能材料特性参数

项目		参数值
邵尔 A 硬度		温度为 20 ℃±5 ℃时，95±2
断裂强度		R_0＞3 430 N/cm^2
最小延伸率		A_0＞400％
模量		100％延伸率时：＞1 080 N/cm^2
		300％延伸率时：＞2 350 N/cm^2
低温脆性（ASTM D736 方法）		－55 ℃，5 h
压缩系数（B 方法）		＜45％（70 ℃、22 h）
密度（25 ℃时）		1.05～1.10
空气老化（ASTM D573 方法）100 ℃、70 h	邵尔 A 硬度	最大变化±3
	断裂强度	降低量＜R_0 的 10％
	延伸率	降低量＜A_0 的 10％
	质量	降低量＜1％
浸油老化（ASTM D573 方法中的 1 号油）100 ℃、70 h	邵尔 A 硬度	最大变化±4
	断裂强度	降低量＜R_0 的 15％
	延伸率	降低量＜A_0 的 10％
	体积	膨胀量＜5％
浸油老化（ASTM D573 方法中的 3 号油）100 ℃、70 h	断裂强度	降低量＜R_0 的 15％
	延伸率	降低量＜A_0 的 15％
	体积	膨胀量＜20％
浸蒸馏水老化 70 ℃、7 天	断裂强度	降低量＜R_0 的 35％
	延伸率	增加量＜A_0 的 20％
注：除另有规定外，均按 ASTM D735 的方法。		

单位为毫米

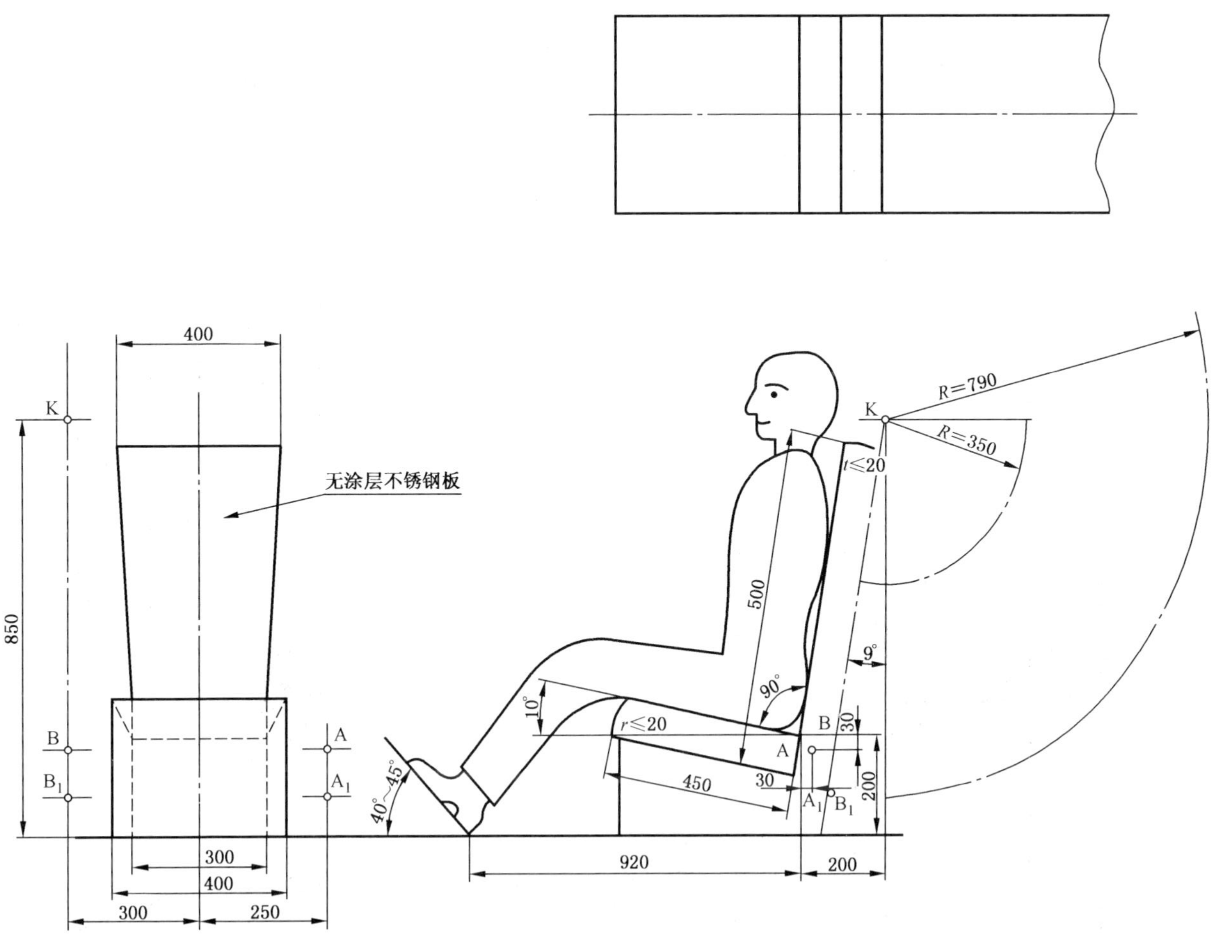

注：公差±5 mm。

图 L.1　滑车、座椅、固定点

单位为毫米

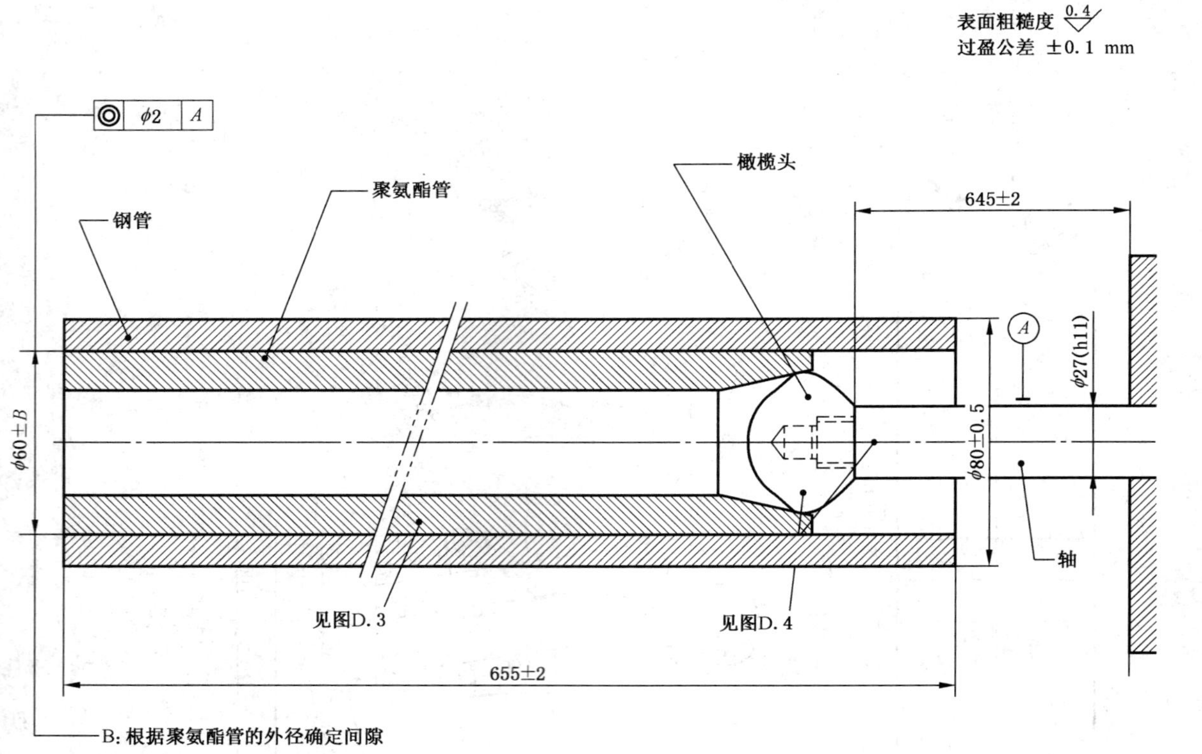

图 L.2 停车位置(已安装)

单位为毫米

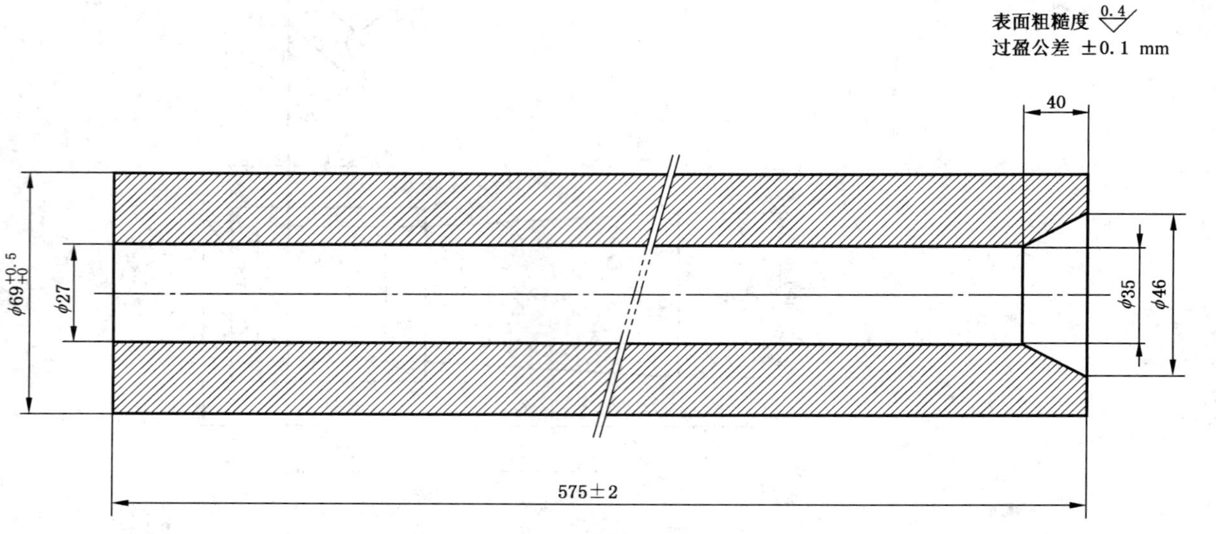

图 L.3 吸能管(聚氨酯管)

单位为毫米

表面粗糙度 0.4

过盈公差 ±0.1 mm

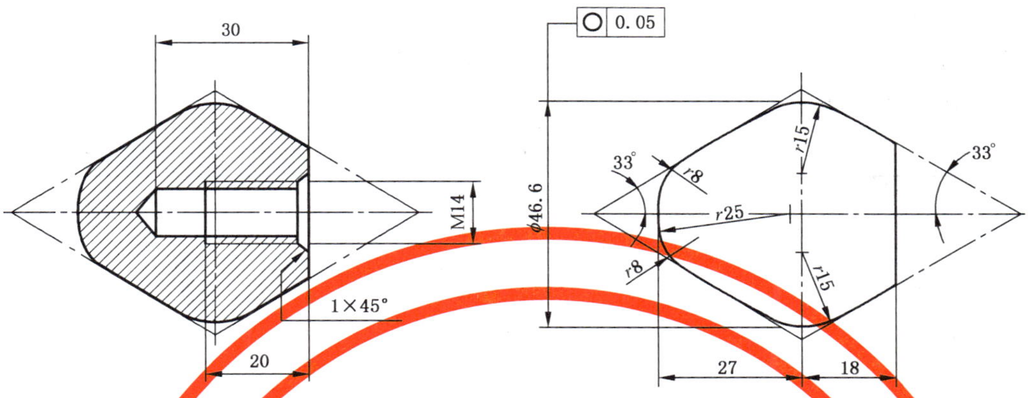

图 L.4 橄榄头

附 录 M
（规范性附录）
滑车减速度或加速度-时间曲线描述

标定和测量程序均应符合 ISO 6487:2002，测量设备应满足对其数据测量通道的要求，测量系统满足通道频率等级为(CFC)60 级的规定。

时间/ms	加速度低限值 g	加速度高限值 g
0	—	20
10	0	—
10	15	—
15	20	—
18	—	32
25	26	—
45	26	—
55	20	—
60	0	32
80	—	0

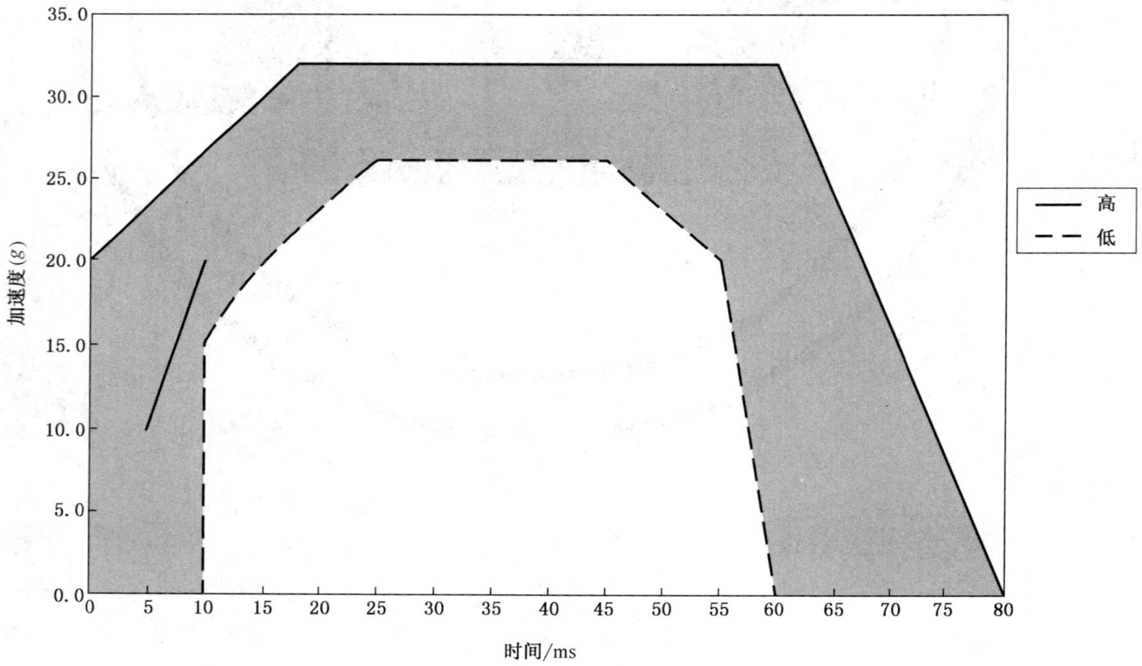

注：附加线段[见 5.7.5b)]仅应用于加速台车。

图 M.1 滑车减速度或加速度-时间曲线

附　录　N
（规范性附录）
安全带与卷收器的最低要求

表 N.1　安全带与卷收器的最低要求

车辆类型	前向乘坐位置				后向乘坐位置
	外侧乘坐位置		中间乘坐位置		
	前排	非前排	前排	非前排	
M_1	Ar4m	Ar4m	Ar4m	Ar4m	B、Br3、Br4m
$M_2 \leqslant 3.5$ t	Ar4m、Ar4Nm	Ar4m、Ar4Nm	Ar4m、Ar4Nm	Ar4m、Ar4Nm	Br3、Br4m、Br4Nm
$M_2 > 3.5$ t M_3	Br3、Br4m、Br4Nm 或 Ar4m、Ar4Nm[c]	Br3、Br4m、Br4Nm 或 Ar4m、Ar4Nm[c]	Br3、Br4m、Br4Nm 或 Ar4m、Ar4Nm[c]	Br3、Br4m、Br4Nm 或 Ar4m、Ar4Nm[c]	Br3、Br4m、Br4Nm
	允许使用腰带的条件见 6.1.7	允许使用腰带的条件见 6.1.7	允许使用腰带的条件见 6.1.7	允许使用腰带的条件见 6.1.7	
N_1	Ar4m、Ar4Nm	Ar4m、Ar4Nm、Br4m、Br4Nm[a]	B、Br3、Br4m、Br4Nm 或 A、Ar4m、Ar4Nm[b]	B、Br3、Br4m、Br4Nm	B、Br3、Br4m、Br4Nm
		如果座椅在通道内侧，允许使用腰带的条件见 6.1.2	如果风窗玻璃在基准区以外，允许使用腰带的条件见 6.1.6		
N_2 N_3	Br3、Br4m、Br4Nm 或 Ar4m、Ar4Nm[b]	B、Br3、Br4m、Br4Nm	B、Br3、Br4m、Br4Nm 或 A、Ar4m、Ar4Nm[b]	B、Br3、Br4m、Br4Nm	B、Br3、Br4m、Br4Nm
	如果风窗玻璃在基准区以外，对于驾驶员座椅允许使用腰带的条件见 6.1.6		如果风窗玻璃在基准区以外，允许使用腰带的条件见 6.1.6		

注 1： A：三点式安全带（腰带和肩带）；B：两点式安全带（腰带）；r：卷收器；m：复合敏感紧急锁止式卷收器（参见 3.14.3 和 3.14.5）；3：自动锁止式卷收器；4：紧急锁止卷收器；N：较高响应阈值。

注 2： 如果安装固定点满足 GB 14167，可用 S 型安全带替换 A 型或 B 型安全带。当使用腰带织带，肩带织带和一个或多个卷收器，一个或两个附加的胯带总成，包括制造商/申请人提供的固定点附件的全背带式安全带作为 S 型安全带满足本标准要求后，这些附加固定点不必满足 GB 14167 的要求。

[a] 参考 6.1.2。
[b] 参考 6.1.6。
[c] 参考 6.1.7。

附　录　O
（规范性附录）
安全带提醒装置试验

O.1　第一级提醒信号

第一级提醒信号要根据以下条件进行试验：

a）　未系安全带；

b）　发动机停止或怠速，车辆没有前后运动；

c）　变速器在空挡位置；

d）　点火开关打开。

O.2　第二级提醒信号

第二级提醒信号要根据以下条件进行试验：

a）　未系安全带；

b）　试验车辆行驶，并且按制造厂的选择，采用以下描述的一条或任意试验条件的组合：

　1）　试验车辆从停止状态加速到 25^{+10}_{0} km/h，并继续按同样的速度行驶；

　2）　试验车辆从停止位置向前行驶至少 500 m；

　3）　车辆在正常运行状态至少 60 s 后，对车辆进行试验。

O.3　第二级提醒信号的试验要求

经过一段时间，第一级提醒信号停止后，应根据 O.2 的规定，在第一级提醒信号停止后对第二级提醒信号进行试验。经过一段时间后第一级提醒信号不能停止，应根据 O.2 的规定，在第一级提醒信号处于激活状态时对第二级提醒信号进行试验。

附 录 P
（资料性附录）
使用说明书

P.1 所有安全带应附带包括 P.2～P.5 内容的使用说明，说明书应使用汉语。

P.2 安装说明书应列举安全带总成适用车型以及将其正确安装于车辆上的方法，包括避免织带磨蚀的警告（若由车辆制造厂安装，则不需要）。

P.3 用户指导书（如果车辆制造商安装了安全带，车辆用户手册中应包含此内容），确保用户从安全带的使用上得到最大益处。此说明书中应涉及：

a） 任何情况下佩戴安全带的重要性。

b） 安全带正确佩戴方法，尤其是：

1） 带扣的指定位置；

2） 佩戴安全带的松紧要求；

3） 织带的正确位置以及避免织带的扭曲；

4） 每个安全带只用于一名乘员的重要性，尤其不要抱着小孩共用一条安全带。

c） 带扣的操作方法。

d） 调节装置的操作方法。

e） 操作可能集成在总成中的卷收器的方法以及检查其是否锁止的方法。

f） 推荐的清洗安全带的方法以及清洗后重新组装的方法。

g） 如果安全带在严重事故中使用过，或表现出了严重磨损的迹象，或被割伤、或可视超载指示仪显示安全带已经不可用，或安全带安装有预紧装置并起作用后，则需要更换。

h） 任何有可能使安全带失效的更换和改动都不允许，尤其是设计上允许拆卸的部件，一定要有重新正确组装的说明。

i） 安全带供成人尺寸的乘员使用的说明。

j） 安全带不使用时的保存方法。

P.4 如果安全带装有 4 N 的卷收器，在安装说明和包装上应指出此安全带不适用于安装在包括驾驶员在内不超过 9 个座位的机动车上。

P.5 对使用跨带总成的所有车辆，制造商/申请人应当为消费者提供安装要求。全背带式安全带的制造商应规定跨带总成固定点的加强单元在车辆上的固定与安装方法。

附　录　Q
（规范性附录）
机动车乘坐位置 H 点和实际靠背角的确定程序

Q.1　目的

本附录所述程序用于确定汽车中一个或几个乘坐位置的 H 点和实际靠背角，以及检验测量数据与车辆制造厂给定的设计技术要求之间的关系[2)]。

Q.2　定义

Q.2.1

基准数据　reference data

某一乘坐位置的下列一个或几个特征：

a）　H 点和 R 点以及它们的关系；

b）　实际靠背角和设计靠背角以及它们的关系。

Q.2.2

三维 H 点装置　three-dimensional H point machine

3-DH 装置

用于确定 H 点和实际靠背角的装置（如图 Q.1）。对该装置的描述见 Q.5。

Q.2.3

H 点　H point

按 Q.4 规定的安放在车辆座椅中的 3-DH 装置的躯干与大腿的铰接中心。H 点位于该装置两侧 H 点标记钮中心线的中点。在理论上 H 点与 R 点一致（允差见 Q.3.2.2）。如果按 Q.4 规定的程序确定，即认为 H 点相对座椅垫结构是固定的，且随座椅的调节而移动。

Q.2.4

R 点或乘坐基准点　R point or seating reference point

由车辆制造厂为每一乘坐位置规定的设计点，相对于三维坐标系来确定。

Q.2.5

躯干线　torso-line

3-DH 装置的探测杆处于最后位置时探测杆的中心线。

Q.2.6

实际靠背角　actual torso angle

过 H 点的铅垂线与躯干线之间的夹角，用 3-DH 装置的背部角量角器测量。理论上实际靠背角与设计靠背角相一致（允差见下面 Q.3.2.2）。

Q.2.7

设计靠背角　design torso angle

过 R 点的铅垂线与车辆制造厂规定的座椅靠背设计位置所对应的躯干线之间的夹角。

2）　在任一非前排座椅的乘坐位置，若 H 点不能用三维 H 点装置或程序确定，只要检测机构认可，可采用制造厂标明的 R 点作为基准。

Q.2.8

乘员中心面　center plane of occupant

C/LO

放置在每一指定乘坐位置上的3-DH装置的中心面,用H点在"Y"轴上的坐标表示。对于单人座椅,座椅中心面即为乘员中心面;对于其他座椅,乘员中心面由制造厂规定。

Q.2.9

三维坐标系　three-dimensional reference system

Q.6描述的系统。

Q.2.10

基准标记　fiducial marks

由制造厂在车身上确定的点(孔、面、标记或压痕)。

Q.2.11

车辆测量位置　vehicle measuring attitude

由基准标记在三维坐标系中的坐标所确定的车辆位置。

Q.3　要求

Q.3.1　数据的提供

为表明符合本标准规定,对要求提供基准数据的每一乘坐位置,应按Q.7规定的格式提供下述全部或适当选择的数据:

a)　R点在三维坐标系中的坐标;

b)　设计靠背角;

c)　将座椅调节到(如果可调)Q.4.2规定的测量位置而需要的全部数据。

Q.3.2　测量数据与设计要求之间的关系

Q.3.2.1　通过Q.4规定的程序所获得的H点坐标和实际靠背角值应分别同制造厂给出的R点坐标和设计靠背角值进行比较。

Q.3.2.2　如果由坐标确定的H点位于水平与铅垂方向边长均为50 mm且对角线交于R点的正方形内,并且实际靠背角偏离设计靠背角小于5°,对于上述乘坐位置,应认为R点与H点相对位置以及设计靠背角与实际靠背角相对关系满足要求。

Q.3.2.3　若符合上述条件,则应采用该R点和设计靠背角来证明符合本标准的规定。

Q.3.2.4　如果H点或实际靠背角不符合Q.3.2.2的要求,则再重新确定两次(共三次)。如果这两次的结果符合要求,则Q.3.2.3规定的条件适用。

Q.3.2.5　如果Q.3.2.4所描述的三次操作中至少有两次的结果不符合Q.3.2.3的要求,或由于车辆制造厂未提供有关R点位置或设计靠背角的数据,而使检验无法进行时,则应取三次测量点的形心或三次测量角的平均值用于本标准涉及R点或设计靠背角的所有场合。

Q.4　H点和实际靠背角确定程序

Q.4.1　按照制造厂的规定准备车辆,并放置在20 ℃±10 ℃的环境中,确保座椅材料达到室温。如果被检验座椅从未有人坐过,则应让70 kg~80 kg的人或装置在座椅上试坐,使座垫和靠背产生变形。

如果制造厂要求，在安放 HPM 前，所有座椅总成应至少保持 30 min 的空载状态。

Q.4.2 按制造厂的要求相对于基准点(见 ISO 4130)安放好车辆，测量出相对于车辆三维参考系的尺寸。座椅位于乘坐基准点，座椅所有各项调节都按制造厂的规定调好。对于有独立垂直方向调节装置或悬挂的座椅，其垂直方向应刚性地固定在制造厂规定的位置。

Q.4.3 将一块平纹细布铺在被检座椅上，这块布应是普通的棉布、针织或非织造布，每平方厘米18.9支纱，重 0.228 kg/m^2。布的尺寸应足够大，防止 HPM 直接接触座椅。如果试验在试验台上进行，HPM 脚下应铺上适当大小的地板覆盖层或其他等效的材料。

Q.4.4 安放 HPM 座板和背板总成，使乘员中心面(C/LO)与 HPM 的中心面重合。应制造厂要求，如果 HPM 安放后过于靠外，以致达到座椅边缘，使 HPM 无法保持水平时，可将 HPM 的中心面相对于 C/LO 向内移动。当 H 点向内移动了必要的距离以使装置保持水平时，则应在测量记录中注明车辆中心面到 HPM 中心面的距离。

Q.4.5 按图 Q.2 所示将腿部部件调整到一个合适的长度。

Q.4.6 将脚和小腿总成装到底板总成上，可单独安装，也可利用 T 形杆和小腿总成安装。通过两个 H 点标记钮的直线应平行于地面，且垂直于座椅的纵向中心面。

Q.4.7 HPM 的脚和小腿应按以下规定安放：

a) 驾驶员座椅位置

1) 腿部采用 50 百分位长度时，脚和腿部总成向前移动使双脚处于自然位置，如果装置的右脚底没有踏到加速踏板，双脚可采取自然状态置于地板上。如有必要，双腿伸至操纵踏板之间。在这种情况下，驾驶员踵点应由制造厂规定。如有必要，可重新调整座板或向后调整腿部和脚部总成，使装置校验横向方位的水平仪处于水平。调整方法如下：

——左脚置于地板或脚趾支承上，使左右脚至 HPM 中心面的距离大致相等。通过两个 H 点标记钮的直线与地面保持水平，与座椅的纵向中心面垂直。

——如果左腿不能与右腿保持平行且左脚不能被结构支承，调整左小腿长度和/或左脚角度，移动左脚直至它能被支承为止。保持两个标记钮的调准状态，然后重新拧紧腿部杆的调整装置。

——当脚部角在最小值 87°，装置的右踵点只能置于脚趾支承上，而不能放到地板上时，则应移动脚部，直到脚踵触及脚趾支承和地板覆盖层的相交处为止，然后再转动脚部直到它与加速踏板接触。

2) 腿部采用 95 百分位长度时，右脚和小腿总成置于加速踏板上，脚踵支承在地板上。按制造厂的规定尽可能向前。将 HPM 的限位销插入脚部总成，使脚部角不小于 87°，装置的脚底与加速踏板接触。如果制造厂有规定，允许将加速踏板压下一段行程。调整方法如下：

——左脚置于地板或脚趾支承上，使左右脚至 HPM 中心面的距离大致相等。通过两个 H 点标记钮的直线与地面保持水平，与座椅的纵向中心面垂直。

——如果左腿不能与右腿保持平行且左脚不能被结构支承，调整左小腿长度和/或左脚角度，移动左脚直至它能被支承为止。保持两个标记钮的调准状态，然后重新拧紧腿部杆的调整装置。

——当脚部角在最小值 87°时，装置的右踵点只能置于脚趾支承上，而不能放到地板上，则应移动脚部，直到脚踵触及脚趾支承和地板覆盖层的相交处为止，然后在转动脚部直到它与加速踏板接触。

b) 乘员座椅位置

1) 除非制造厂另有规定,在所有乘员座椅位置上,两脚中心距设为 254 mm,且与 HPM 的中心面等距。

2) 对于前排外侧座椅,腿部采用 50 百分位或 95 百分位长度时,参见 Q.4.7a)1)中的程序。

3) 对于后排外侧座椅,如果双脚所踏的地板不等高时,可将其中先接触到前排座椅的那只脚作为基准,安排另一只脚的位置,使装置上的横向水平仪指示水平。

4) 对于前排中间座椅,在确定中间座椅的 H 点位置时,如果汽车地板上有通道,则双脚应分别放在通道的两边。

Q.4.8 加载小腿及大腿重块,并调平 HPM。

Q.4.9 将背板前倾到前向限位处,用 T 形杆将 HPM 拉离座椅靠背,然后采用下列方法之一,重新将 HPM 放到座椅上:

a) 如果 HPM 有向后滑动的趋势,让 HPM 向后滑动直到 T 形杆上不再需要向前的水平约束载荷,即直到座板接触到座椅靠背,如有必要,重新调整小腿位置;

b) 如果 HPM 没有向后滑动的趋势,在 T 形杆上施加一个水平后向载荷,使 HPM 向后滑动,直到座板接触到座椅靠背为止。(见图 Q.1)。

Q.4.10 在臀部量角器和 T 形杆外壳相交处,对 HPM 施加 100 N±10 N 的载荷。载荷的作用方向沿着通过上述交点到大腿杆上表面的某一点的直线。然后将背板放回座椅靠背上,并应防止 HPM 在随后的测量过程中向前滑动。

Q.4.11 装上左右臀部重块,再交替加上八块躯干重块,使 HPM 保持水平。

Q.4.12 将背板前倾,以释放对座椅靠背的压力。如果制造厂要求,则在 10°(即在垂直中心面每侧各 5°)的范围内左右摇动 HPM 各三次,以释放 HPM 与座椅之间积累的摩擦力。摇动时,HPM 的 T 形杆可能偏离规定的水平和垂直的基准位置。因此摇动时应对 T 形杆施加适当的侧向载荷,约束 T 形杆的运动。在扶持 T 形杆摇动 HPM 时,应避免在垂直或前后方向加上外部载荷。

在此步骤中,HPM 的双脚不应有任何约束。如果双脚位置变动,暂且不必调整。

小心地将背板放回座椅靠背上,检查装置是否水平。由于在摇动操作时引起双脚移动,双脚按如下方法重新放置:

将左右两脚轮流抬离地板到最小的必要高度,直至两脚不再产生附加的移动。抬脚时,两脚应能自由转动,不施加任何前后或侧向载荷,每只脚放回到放下位置时,脚踵应与地板接触。

上述步骤完成后,如座板不能保持水平,在背板顶端施加一个足够大的侧向载荷,使座椅上的座板达到水平。

Q.4.13 握住 T 形杆,防止 HPM 在座椅上向前滑动,按如下方法进行:

a) 将背板放回到座椅靠背上;

b) 在头部空间探测杆的躯干重心的高度处,交替地施加和撤去一个大于 25 N 的后向水平载荷,直到载荷撤去后臀部量角器指示达到稳定位置为止,确保没有向下或侧向外部载荷施加在 HPM 上。如果 HPM 需要再次调整,将背板前倾,重复进行 Q.4.12 所述的步骤。

Q.4.14 记录所有测量数据和每一指定座椅位置所采用的腿长。

相对于三维参考系,测量实际 H 点的坐标。实际 H 点通过 HPM 两侧的 H 点标记钮测得,H 点位于两标记钮连线的中点。

如果想要测量实际躯干角,将头部空间探测杆旋转到最后位置,调节躯干角水平仪,实际躯干角可由臀部量角器读出。

Q.4.15 如想重新安放 HPM,则在重新安放前,座椅总成应保持至少 30 min 的空载。HPM 在座椅上的加载时间不应超过完成试验所需要的时间。

Q.4.16 如果认为同一排座椅是一样的(如长条座椅、相同座椅等),每排只需确定一个H点和一个实际靠背角。将本附录所描述的3-DH装置安放在该排有代表性的位置上,该位置应是:

a) 对于第一排:驾驶员座椅;

b) 对于其他排:某一外侧座椅。

Q.5 三维H点装置描述[3)](3-DH装置)

Q.5.1 背板和座板

背板和座板用增强塑料和金属制成;它们模拟人体的躯干和大腿,两者机械地铰接于H点处。一个量角器固定在铰接于H点的探测杆上,用于测量实际靠背角。固定在座板上的可调节大腿杆确定大腿中心线,并作为臀部量角器的基准线。

Q.5.2 躯干和小腿部件

小腿杆件在连接膝部的T形杆处与座板总成相连,该T形杆是可调大腿杆的横向延伸。在小腿杆上装有量角器,以便测量膝部角。鞋和脚总成上刻有度数,用来测量脚部角。两个水平仪确定装置的空间位置,躯干各重块放在对应部位重心处,用以提供76 kg男子对座椅相同的压力。应检查3-DH装置的所有关节是否活动自如无明显的摩擦阻力。

---

3) 有关3-DH装置结构的详细资料可向美国汽车工程师学会(SAE)索取。400Commonwealth Drive,Warrendale,Pennsylvania 15096,U.S.A。该装置与ISO 6549:1980叙述的相符合。

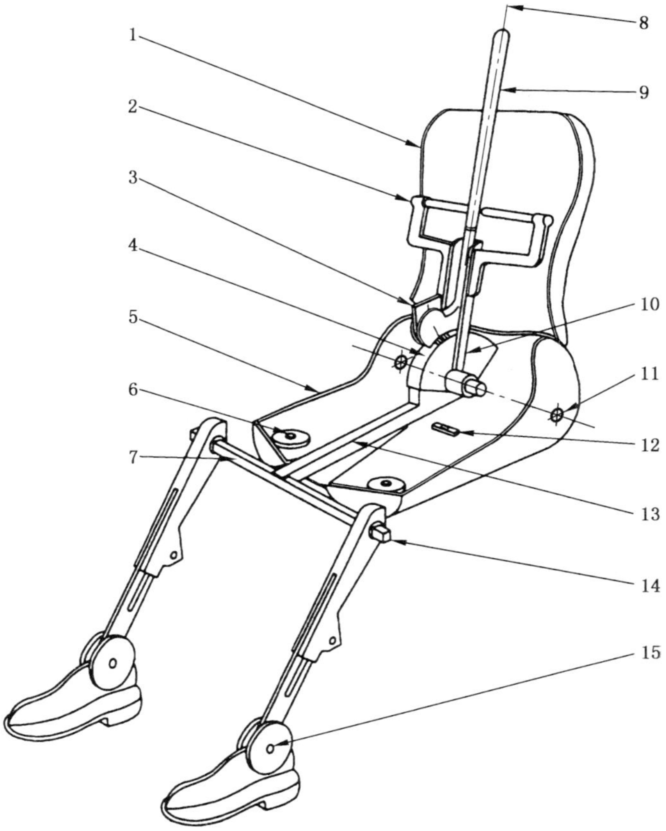

说明：

1 ——背板；

2 ——躯干重块悬挂架；

3 ——躯干水平仪；

4 ——臀部量角器；

5 ——座板；

6 ——大腿重块垫；

7 ——连接膝盖的 T 形杆；

8 ——躯干线；

9 ——头部空间探测杆；

10——躯干角量角器；

11——H 点标记钮；

12——侧向水平仪；

13——大腿杆；

14——膝部量角器；

15——脚部量角器。

图 Q.1　3-DH 构件名称

Q.6 三维坐标系

Q.6.1 三维坐标系用车辆制造厂设立的三个正交平面来定义(见图 Q.3)[4)]。

Q.6.2 车辆测量姿态由车辆在支撑面上的放置位置确定,放置车辆时应使基准标记的坐标与制造厂给定的值一致。

Q.6.3 确定 R 点和 H 点相对于车辆制造厂给定的基准标记坐标。

Q.7 有关乘坐位置的基准数据

Q.7.1 基准数据代码

按顺序列出每一乘坐位置的基准数据。乘坐位置用两位代码表示。第一位是指明从前向后计数座椅排数的阿拉伯数字。第二位是指明该乘坐位置在某一排内位置的大写字母。当沿车辆向前行驶方向观察时,用下列字母表示:

L——左侧;

C——中间;

R——右侧。

Q.7.2 车辆测量姿态的描述

各基准标记的坐标:

X……

Y……

Z……

4) 本基准系符合 ISO 4130:1978 规定。

单位为毫米

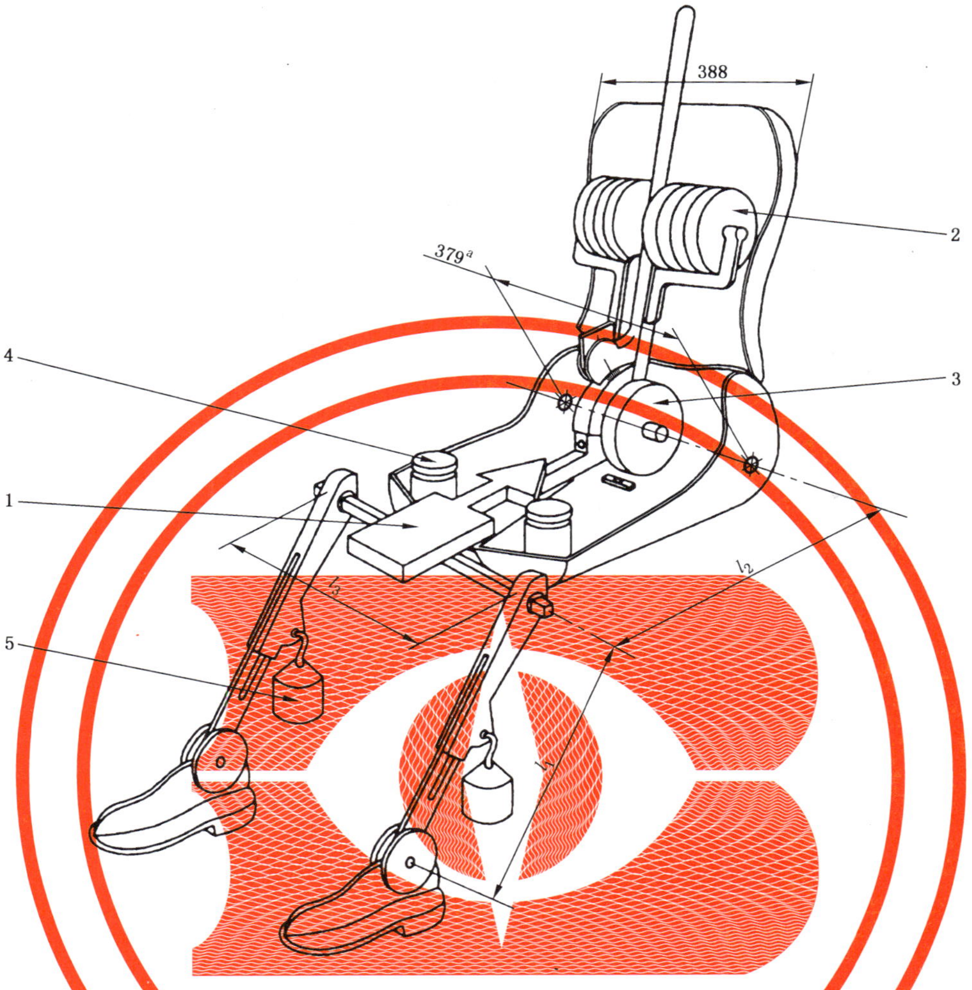

说明：

尺寸	50 百分位	95 百分位
l_1	417.5	459
l_2	431.5	456
l_3	在 108 至 424 间变化	

1——加载的方向和位置；

2——躯干重块；

3——臀部重块；

4——大腿重块；

5——小腿重块。

[a] 不包括 H 点标记钮。

图 Q.2　3-DH 构件的尺寸和载荷分布

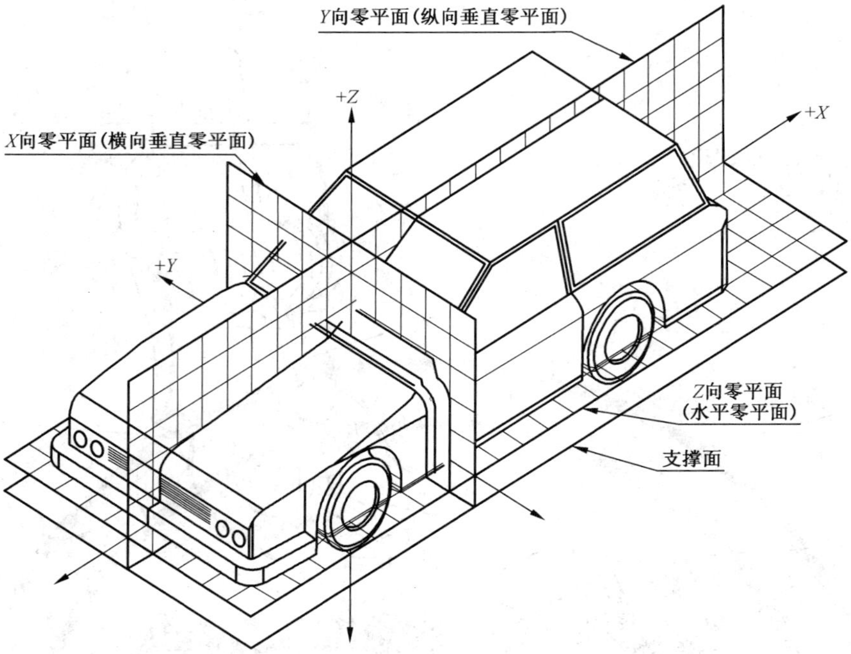

图 Q.3 三维坐标系

Q.7.3 基准数据表

基准数据表见表 Q.1。

表 Q.1 基准数据表

乘坐位置	R 点坐标			设计靠背角	座椅调节技术要求[a]			
	X	Y	Z		水平	铅垂	角度	靠背角
⋮	⋮	⋮	⋮	⋮	⋮	⋮	⋮	⋮
注：其他乘坐位置依次往下填写。								
[a] 划去不适用部分。								